普通高等教育规划教材

Foundation Treatment

地基处理

陈文化 编著

人民交通出版社

内 容 提 要

本书根据土木工程、铁路或公路交通工程、城市地铁交通工程等专业的教学需要，结合我国地基处理的发展情况，依据新的行业规范和专业特色编写而成。全书共分5部分，第1章为绪论；第2章为常见的地基处理方法（置换法、排水固结法、土工聚合物法、注浆加固法）；第3章为特殊土地基处理；第4章为特殊条件下的地基处理技术；第5章为城市交通、环境和重大工程中的地基处理。

本书可作为土木工程、城市地铁交通工程等专业的本科、研究生教材，也可作为工程硕士教材，亦可供相关专业设计、施工人员参考。

图书在版编目（CIP）数据

地基处理／陈文化编著．—北京：人民交通出版社，2011.9

普通高等教育规划教材

ISBN 978-7-114-09061-5

Ⅰ.①地… Ⅱ.①陈… Ⅲ.①地基处理—高等学校—教材Ⅳ.①TU472

中国版本图书馆CIP数据核字（2011）第164207号

书　　名：地基处理
著 作 者：陈文化
责任编辑：王霞（wx@ccpress.com.cn）
出版发行：人民交通出版社
地　　址：（100011）北京市朝阳区安定门外外馆斜街3号
网　　址：http：//www.ccpress.com.cn
销售电话：（010）59757969，59757973
总 经 销：人民交通出版社发行部
经　　销：各地新华书店
印　　刷：北京交通印务实业公司
开　　本：787×1092　1/16
印　　张：18.5
字　　数：460千
版　　次：2011年9月 第1版
印　　次：2011年9月 第1次印刷
书　　号：ISBN 978-7-114-09061-5
定　　价：36.00元

前言 Foreword

编著本书的主要目的是为土木、交通等相关学科的大学本科、工程硕士或研究生提供一本简明扼要的教材。

本书主要介绍了目前国内常用的地基处理或土质改良技术的方法，全书共分 5 章。第 1 章为绪论；第 2 章重点介绍了置换法、排水固结法、注浆加固法、挤密法、土工合成材料、复合地基、强夯法等常用地基处理方法；第 3 章重点介绍特殊土的改良和处理技术，如膨胀土、液化土、盐渍土、湿陷性黄土、冻土；第 4 章介绍了特殊条件下的地基处理技术和特殊环境的地基处理；第 5 章重点介绍重大工程的地基处理问题，如地铁地基加固施工，高速铁路、高速公路、城市垃圾处理，古代建筑、文物保护和拯救中涉及的地基加固问题等。前 3 章适合本科生学习，后面主要是一些可讨论的问题，益于研究生思考。

地基处理技术日新月异，应用的领域越来越广，如公路、高速铁路、桥梁、工业与民用建筑、城市地铁、环境保护，城市垃圾处理与填埋。这些行业都为地基处理技术提供了广阔市场和研究平台。因此，国内越来越重视对本科生和研究生进行地基处理方面的教育。但目前突出问题是可选教材很少，且主要适合工民建方向，适用于铁路、公路、桥隧等专业方向的教材较少。

作者从 2000 年开始为土木工程专业本科生和交通土建两学科的工程硕士开设地基处理课程，期间，铁道部第一设计院、铁三院、隧道工程局、中铁总公司等为本教材提供了大量实例和课题，同时受益于来自一线的设计和施工技术人员的启发，以及作者在几个大型场地（40 万 m^2 以上）的地基处理实践，逐渐提高了认识，才完成了本书初稿。

本书大量参考了国内外一些科研成果、著作和教材，同时也体现了作者的研究成果，如：①水下地基处理技术；②爆破法加固地基；③爆夯法；④冷冻法的起源之说；⑤振冲—真空联合预压法；⑥地基隔震（减震）技术；⑦高速铁路的路（地）基问题；⑧防洪中用到反压置换法；⑨地基抗震（尤其抗液化）处理。这些方法无疑是重要的，而且为本书增添了活力和亮点。其中爆夯法、冷冻法起源之说、振冲—真空联合预压法、DDC 法、地基隔震（减震）技术、高速铁路的路（地）基问题、防洪中用到的反压置换法、水下地基处理技术，首次一次性在教材中体现也是本书的主要价值所在。

常用的地基处理或土质改良技术方法很多，目前流行的案例作品能直接为学生理解的不多，所以，本书的案例选择和教学十分慎重，采取举一反三的方法，简单明了。

地基处理，既是一门技术，又是一门工艺活动，没有定式，千变万化，但万变不离其宗，同时并不是每种方法都能完全圆其理，因此复杂性和难度是客观存在。地基处理必将随其他学科和技术的发展而不断优化，因此这本书也将随技术的进步而不断完善。紧跟最新发展形式，尤其是西部大开发、青藏铁路、奥运工程，突出体现交通、城市环境保护（防渗、垃圾处理）、地铁和工业民用建筑领域内最新技术和成果，突出交通大学的大土木、大交通、大环境背景下涉及的科研进展和新技术是编写此书的最初想法。

囿于编者水平有限，书中存在不足、问题或错误恳请读者指出，以利于进一步完善。

编　者

2011 年 7 月

目录 contents

第1章　绪　　论

1.1　地基处理的概念

我国地域广大、幅员辽阔，自然地理环境差异较大，土质与岩土条件呈区域性，且赋存规律复杂，由此形成的地基情形差异较大。随着国民经济的发展，适合建筑物的天然、良好的和地质条件简单的场地越来越少，越来越多的建筑物修建在地质和岩土条件较差的地方；另外，随着科学技术的发展，建筑物、结构物形式日新月异，结构物的荷载日益增大；对变形要求也越来越严，因而原来一般可被评价为良好的地基，也可能在特定条件下非进行地基处理不可。所以针对不同的地质条件、不同的结构物选定最合适的基础形式、尺寸和布置方案，同时要掌握地基加固与地基设计技术，选取最恰当的地基处理方法。

场地是不受上部建筑物的附加应力场作用的地层，它不仅代表着所划定的土地范围，还应涉及某种地质现象和工程地质问题所概括的地区，在地质条件复杂的地区，还应包括该面积在内的某个微地貌、地形和地质单元。地基是指承托建筑物基础的这一部分很小的场地。建筑物的地基所面临的一般有以下问题：

①强度和稳定性，当地基的抗剪强度不足以支承上部结构的自重及外荷载时，地基就会产生局部和整体剪切破坏；

②变形，当地基在上部结构的自重及外荷载作用下产生过大的变形时，会影响结构物的使用功能；当大于建筑物所能容许的不均匀沉降时，结构可能开裂；

③渗漏，由于地下水在运动中会产生水量的损失，或因潜蚀和管涌而可能导致建筑物发生事故；

④液化，在动力荷载作用下，会引起饱和松散粉细砂或部分粉土产生液化，使土体失去抗剪强度呈近似液体特性的现象，从而导致地基失稳和震陷。

基础是指建筑物向地基传递荷载的下部结构。它具有承上启下的作用，它处于上部结构的荷载及地基反力的共同作用下，承受由此而产生的轴力、剪力和弯矩。另外，基础底面的反力反过来又作为地基上的荷载，使地基土产生应力和变形。

地基处理也称地基加固，是人为改善岩土的工程性质或地基组成，使之适应基础工程需要而采取的措施。经过处理的地基一般称之为人工地基，以便与天然地基相区别。当天然地基很软弱，不能满足地基承载力和变形的设计要求，地基需经过人工处理后，再建造基础者，欧美国家称为地基处理，亦有称地基加固。地基处理的对象主要是软弱地基和特殊土地基，软弱地基系指主要由淤泥、淤泥质土、冲填土、杂填土或其他高压缩性土层构成的地基。地基处理方法按其原理和作用可分为碾压及夯实、换填、排水固结、振密挤密、置换及拌入、加筋法及其他方法七类。同一地基处理方法具有多种处理效果，如碎石桩具有置换挤密、排水和加筋的多重作用，石灰桩有挤密、吸水的作用，吸水后进一步密实等。

1.2 特殊土地基

特殊土地基带有地区性特点，它包括软土、湿陷性黄土、膨胀土、红黏土和冻土等地基。

1.2.1 软土

软弱土是指淤泥、淤泥质土和部分冲填土、杂填土及其他高压缩性土。由软弱土组成的地基称为软弱土地基。淤泥和淤泥质土一般是第四纪后期在滨海、湖泊、河滩、三角洲、冰碛等地质环境下沉积形成的，还有部分冲填土和杂填土。这类土的物理特性大部分是饱和的，含有机质，天然含水率大于液限，孔隙比大于1。当天然孔隙比大于1.5时，称为淤泥；天然孔隙比大于1而小于1.5时，则称为淤泥质土。

软土是淤泥和淤泥质土的总称。它是在静水或非常缓慢的流水环境中沉积，经生物化学作用形成。在外荷载作用下地基承载力低、地基变形大，不均匀变形也大，且变形稳定历时较长，在比较深厚的软土层上，建筑物基础的沉降往往持续数年乃至数十年之久。设计时宜利用其上覆较好的土层作为持力层；应考虑上部结构和地基的共同作用；对建筑体型、荷载情况、结构类型和地质条件等进行综合分析，再确定建筑和结构措施及地基处理方法。施工时应注意对软土基槽底面的保护，减少扰动。对荷载差异较大的建筑物，宜先建重、高部分，后建轻、低部分。对活荷载较大，如料仓和油罐等构筑物或构筑物群，使用初期应根据沉降情况控制加载速率，掌握加载间隔时间或调整活荷载分布，避免过大不均匀沉降。

软土的特性是天然含水率高、天然孔隙比大、抗剪强度低、压缩系数高、渗透系数小，并具有结构性，广泛分布于我国东南沿海地区和内陆江河湖泊的周围，是软弱土的主要土类，通称软土，一般具有下列工程特性：

(1)含水率较高，孔隙比较大

因为软土的成分主要是由黏土粒组和粉土粒组组成，其中黏土粒的矿物晶粒表面带负电荷，它与周围介质的水分和阳离子相互作用并吸附形成水膜，在不同的地质环境中沉积形成各种絮状结构，所以这类土的含水率和孔隙比都比较高，根据统计，一般含水率为35%～80%，孔隙比为1～2。软土的高含水率和大孔隙比不但反映土中的矿物成分与介质相互作用的性质，同时也反映软土的抗剪强度和压缩性的大小，含水率越大，土的抗剪强度越小，压缩性越大。《建筑地基基础设计规范》利用这一特性按含水率确定软土地基的承载力基本值。从软土的天然含水率可以略知其强度和压缩性的大小，欲要改善地基软土的强度和变形特性，首先应考虑采用何种地基处理的方法，降低软土的含水率。

(2)抗剪强度很低

根据土工试验的结果，我国软土的天然不排水抗剪强度一般小于20kPa，其变化范围约在5～25kPa，有效内摩擦角约为20°～35°，固结不排水剪内摩擦角12°～17°。正常固结的软土层的不排水抗剪强度往往是随距地表深度的增加而增大，每米的增长率约为1～2kPa。在荷载的作用下，如果地基能够排水固结，软土的强度将产生显著的变化，土层的固结速率越快，软土的强度增加越快，加速软土层的固结速率是改善软土强度特性的一项有效途径。

(3)压缩性较高

一般正常固结的软土层的压缩系数约为0.5～1.5MPa，最大可达到4.5MPa，压缩指数约为 0.35～0.75。天然状态的软土层大多数属于正常固结状态，但也有部分是属于超固结状态。近代海岸滩涂沉积为欠固结状态，欠固结状态土在荷重作用下产生较大沉降。超固结状态土，当应力未超过先期固结压力时，地基的沉降很小。因此研究软土的变形特性时应注意考虑软土的天然固结状态。先期固结压力和超固结比是表示土层固结状态的一个重要参数，影响土的变形特性和土的强度变化。

(4)渗透性很小

软土的渗透系数一般约为 10^{-8}～10^{-6}cm/s，所以在荷载作用下渗透性增大，特别是含有水平夹砂层的软土层更为显著，这是改善软土层工程特性的一个有利因素。

(5)具有明显的结构性

软土一般为絮状结构，尤以海相黏土更为明显。这种土一旦受到扰动(振动、搅拌、挤压等)，土的强度显著降低，甚至呈流动状态。土的结构性常用灵敏度表示。我国沿海软土的灵敏度一般为 4～10，属于高灵敏土。因此，在软土层中进行地基处理和基坑开挖，若不注意避免扰动土的结构，就会加剧土体的变形，降低地基土的强度，影响地基处理的效果。

(6)具有明显的流变性

在荷载的作用下，软土承受剪应力的作用产生缓慢的剪切变形，并可能导致抗剪强度的衰减，在主固结沉降完毕之后还可能继续产生可观的次固结沉降。

根据上述软土的特点，以软土作为建筑物的地基是十分不利的。由于软土的强度很低，天然地基上浅基础的承载力基本值一般为 50～80kPa，这就不能承受较大的建筑物荷载，否则可能出现地基的局部破坏乃至整体滑动；在开挖较深的基坑时，就可能出现基坑的隆起和坑壁的失稳现象。由于软土的压缩性较高，建筑物基础的沉降和不均匀沉降是比较大的，对于一般四层至七层的砌体结构房屋，最终沉降约为 0.2～0.5m，对于荷载较大的构筑物(储罐、粮仓、水池)基础的沉降一般达 0.5m 以上，有些达到 2m 以上。如果建筑物各部位荷载差异较大，体形又比较复杂，那就要产生较大的不均匀沉降。沉降和不均匀沉降过大将引起建筑物基础标高的降低，影响建筑物的使用条件，或者造成倾斜、开裂破坏。由于渗透性很小，固结速率很慢，沉降延续的时间很长，给建筑物内部设备的安装和与外部的连接带来许多困难；同时，软土的强度增长比较缓慢，长期处于软弱状态，影响地基加固的效果。由于软土具有比较高的灵敏度，若在地基施工中产生振动、挤压和搅拌等作用，就可能引起软土结构的破坏，降低软土的强度。因此，在软土地基上建造建筑物，则要求对软土地基进行处理。

1.2.2 湿陷性黄土

天然黄土在上覆土的自重应力作用下，或在上覆土自重应力和附加应力作用下，受水浸湿后土的结构迅速破坏而发生显著附加下沉的黄土，称为湿陷性黄土。由于黄土浸水湿陷而引起建筑物的不均匀沉降是造成黄土地区事故的主要原因，设计时首先要判断是否具有湿陷性，再考虑如何进行地基处理。应根据建筑物的类别，湿陷性黄土的特性、施工条件和当地材料，并经综合技术经济比较确定地基处理方法。

1.2.3 膨胀土

膨胀土是指黏粒成分主要由亲水性黏土矿物组成的黏性土。它是一种吸水膨胀和失水收缩、具有较大的胀缩变形性能，且是变形往复的高塑性黏土。利用膨胀土作为建筑物地基时，如果不进行地基处理，常会对建筑物造成危害。

1.2.4 季节性冻土和多年冻土

冻土是指在负温条件下，含有冰的各种土。季节性冻土是指该冻土在冬季冻结，而夏季融化的土层。多年冻土是指冻结状态持续三年以上的土层。季节性冻土因其周期性的冻结和融化，因而对地基的不均匀沉降和地基的稳定性影响较大。

1.2.5 冲填土

冲填土是指整治和疏浚江河航道时，用挖泥船通过泥浆泵将泥砂夹大量水分吹到江河两岸而形成的沉积土，南方地区称吹填土。如以黏性土为主的冲填土，因吹到两岸的土中含有大量水分且难于排出而呈流动状态，这类土是属于强度低和压缩性高的欠固结土。如以砂性土或其他粗颗粒土所组成的冲填土，其性质基本上和粉细砂相类似而不属于软弱土范畴。冲填土是否需要处理和采用何种处理方法，取决于冲填土的工程性质中颗粒组成、土层厚度、均匀性和排水固结条件。

1.2.6 杂填土

杂填土是指由人类活动而任意堆填的建筑垃圾、工业废料和生活垃圾。杂填土的成因很不规律，组成的物质杂乱，分布极不均匀，结构松散，因而强度低、压缩性高和均匀性差，一般还具有浸水湿陷性。即使在同一建筑场地的不同位置，其地基承载力和压缩性也有较大差异。对有机质含量较多的生活垃圾和对基础有侵蚀性的工业废料，未经处理不应作为持力层。

1.2.7 可液化土

饱和松散粉细砂包括部分粉土，在动力荷载(机械振动、地震等)重复作用下将产生液化；在基坑开挖时也会产生管涌。

1.2.8 红黏土

红黏土是指石灰岩和白云岩等碳酸盐类岩石在亚热带温湿气候条件下，经风化作用所形成的褐红色黏性土。通常红黏土是较好的地基土，但由于下卧岩面起伏及存在软弱土层，一般容易引起地基不均匀沉降。

1.2.9 污染和有毒土

由于战争或人为形成的土质被有毒生物、化学物质污染的土，如战场、废弃化学物品仓库。

1.3 地基处理的目的

根据工程情况及地基土质条件或组成的不同，地基处理的主要目的有：

提高土的抗剪强度，使地基保持稳定；

降低土的压缩性，使地基的沉降和不均匀沉降减至允许范围内；

降低土的渗透性或渗流的水力梯度，防止或减少水的渗漏，避免渗流造成地基破坏；

改善土的动力性能，防止地基产生震陷变形或因土的振动液化而丧失稳定性；

消除或减少土的湿陷性或胀缩性引起的地基变形，避免建筑物被破坏或影响其正常使用。

对任一工程来讲，处理目的可能是单一的，也可能需同时在几个方面达到一定要求。地基处理除用于新建工程的软弱和特殊土地基外，也作为事后补救措施用于已建工程地基处理，目的是采取各种地基处理方法以改善地基条件，这些措施包括以下五个方面内容。

(1)改善剪切特性

提高土的抗剪强度，使地基保持稳定。地基的剪切破坏表现在建筑物的地基承载力不够：由于偏心荷载及侧向土压力的作用，使结构物失稳；由于填土或建筑物荷载，使邻近地基产生隆起；土方开挖时边坡失稳；基坑开挖时坑底隆起。地基的剪切破坏反映在地基土的抗剪强度不足，因此，为了防止剪切破坏，就需要采取一定措施增加地基土的抗剪强度。

(2)改善压缩特性

地基的高压缩性表现在：建筑物的沉降和差异沉降大；由于有填土或建筑物荷载，邻近地基产生固结沉降；作用于建筑物基础的负摩擦力所引起的建筑物沉降；大范围地基沉降或不均匀沉降；基坑开挖引起邻近地基沉降；由于降水产生地基固结沉降。地基的压缩性反映在地基土的压缩模量指标的大小。因此，需要采取措施以提高地基土的压缩模量，借以减少地基的沉降或不均匀沉降。另外，防止侧向流动（塑性流动）产生的剪切变形，也是地基处理加固的目的。

(3)改善透水特性

地基的透水性表现在：堤坝等基础产生的地基渗漏；市政开挖工程中，因土层内常夹有薄层粉砂或粉土而产生流砂和管涌。以上都是在地下水的运动中所出现的问题。为此，必须研究需要采取何种地基处理措施使地基土不透水或减小其水压力。

(4)改善动力特性

地基的动力特性表现在：地震时饱和松散粉细砂（包括部分粉土）将会产生液化；由于交通荷载或打桩等原因，使邻近地基产生振动下沉。为此，需要研究采取何种措施防止地基土液化，并改善其振动特性以提高地基的抗震性能。

(5)改善特殊土的不良地基特性

主要是指消除或减少黄土的湿陷性和膨胀土的胀缩性等地基处理的措施。

1.4 地基处理方法的分类

地基处理的历史可追溯到古代，我国劳动人民在地基处理方面有着极其宝贵和丰富的经验，许多现代的地基处理技术都可在古代找到它的雏形。根据历史记载，早在两千年前就已采用了软土中夯入碎石等压密土层的夯实法；灰土和三合土的垫层法，也是我国古代传统的建筑技术之一；我国古代在沿海地区极其软弱的地基上修建海塘时，就是采用每年农闲逐年填筑而成，这就是现代堆载预压法中称为分期填筑的方法，利用前期荷载使地基逐年固结，从而提高土的抗剪强度，以适应下一期荷载的施加。近年来地铁、高速公路、高速铁路、大型体育设施等许多重大的工程和复杂的工程在软弱土地基上兴建，工程实践的要求推动了软弱土地基处理技术的迅速发展，地基处理的途径越来越多，考虑问题的思路日益新颖，老的方法不断改进完善，新的方法不断涌现。

地基处理方法的分类可谓多种多样。如按时间可分为临时处理和永久处理；按处理深度可分为浅层处理和深层处理；按处理土性对象可分为砂性土处理和黏性土处理，饱和土处理和非饱和土处理；也可按照地基处理的作用机理进行分类。按作用机理进行地基处理的分类的方法较为妥当，它体现各种地基处理方法的主要特点。地基处理的基本方法，无非是置换、夯实、挤密、排水、胶结、加筋和冷热等处理方法。这些方法也是千百年以前以至迄今仍然有效的方法。

值得注意的是，严格地按照地基处理的作用机理进行分类也是困难的，很多地基处理的方法具有多种处理的效果。如桩具有置换、挤密、排水和加筋的多重作用；石灰桩又挤密又吸水，吸水后进一步挤密软弱土地基。荷载引起的地基附加应力随深度增大而扩散，直至趋近于零，故地基上部一定深度内的土层为主要受力层。

一般情况下，地基的变形和稳定性主要取决于该深度内土的性质。若地基主要受力层是由软弱土组成，则为软弱地基。所谓软弱土，一般是指淤泥、淤泥质土、松散杂填土、欠固结冲填土以及其他高压缩性土。软弱地基承载力一般较低，沉降和不均匀沉降往往较大。若主要为淤泥、淤泥质土，地基沉降会持续较长时间才能稳定。对冲填土和杂填土，计算沉降时还可能需要考虑其自重下的压密变形。若主要受力层是由湿陷性黄土、膨胀土等性质特殊而对工程不利的土层组成的地基，山区土岩组合地基以及岩溶、土洞地基时，都需要进行地基处理，使其成为可靠的地基持力层。

另外，如地基主要受力层内有粉砂、细砂或塑性指数较小的粉土层，当其处于饱和状态，需要考虑动力荷载时易震陷或液化，也应视之为不良地基。因为在结构物传来的机器振动、车辆荷载或波浪力等动力荷载反复作用下，或受到地震力作用时，处于饱和状态的上述土类有可能产生相当大的震陷变形或液化，导致地基承载能力丧失。

地基处理不当常常是造成各种土木工程事故的主要原因，并与整个工程的质量、投资和进度等密切相关。因此，在建筑物的设计和施工过程中都应予以高度重视。对于新建工程，原则上首先应考虑利用天然地基，对于淤泥和淤泥质土宜利用其上覆较好土层作为地基持力层，当上覆土层较薄，应注意避免施工时对淤泥和淤泥质土的扰动；对于冲填、杂填建筑垃圾和性能稳定的工业废料，当均匀性和密实度较好时，均可利用其作为地基持力层；对于有机质含量较多的生活垃圾和对基础有腐蚀性的工业废料等杂填土，未经处理不宜作为地基持力层。若地基软弱，不能满足要求，则需进行处理。

地基处理方法分类事实已不好准确划分，各方法相互借鉴。同时也没有必要将方法分得过多和过细。地基处理的方法详见表 1-1。

地基处理方法的分类 表 1-1

名　称	分　类
排水固结法	常载预压法
	超载预压法
	真空预压法
	电渗排水法
	降低水位法
	真空—振动联合预压法
	塑料排水带排水法

续上表

名　称	分　类
注浆加固法	深层搅拌法(湿法)
	高层喷射注浆法
	渗入性灌浆
	压密灌浆法
	劈裂灌浆法
	电化学灌浆法
热力学法	热加固法
	冷冻结法
土工聚合物法	加筋土
	土工织物
	树根桩
	锚固法
置换法	粉体喷射法
	碎石桩
	CFG 桩
	钢渣桩
	石灰桩
	二灰桩、褥垫
	强夯置换
	换土回填
	低强度水泥砂石桩
	钢筋混凝土疏桩
	砂桩
挤密法	平板振动法、机械碾压法
	重锤夯实法
	振冲法
	干振碎石桩
	沉管挤密碎石桩
	土桩与灰土桩
	渣土桩
	沉管砂桩
强夯法	强夯法
爆破法	爆破法、爆夯法
联合方法	强夯法与置换,强夯法与桩基,挤密法与置换法,三种以上方法同时使用

1.5 地基处理方案的选择和设计原则

各种地基处理方法，都有各自的特点和作用机理，在不同的土类中产生不同的加固效果和局限性。没有哪一种方法是万能的，具体的工程地质条件是千变万化的，工程对地基的要求也是不相同的，而且材料的来源、施工机具和施工条件也因工程地点的不同又有较大的差别。因此，对于每一工程必须进行综合考虑，通过几种可能采用的地基处理方案的比较，选择一种技术可靠、经济合理、施工可行的方案，既可以是单一的地基处理方法，也可以是多种地基处理方法的综合处理。地基处理的效果能否达到预期的目的，首先有赖于地基处理方案选择的是否得当、各种加固参数设计的是否合理。地基处理方法虽然很多，但任何一种方法都不是万能的、都有其各自的适用范围和优缺点。具体工程条件和要求各不相同，地质条件和环境条件也不相同，此外，施工机械设备、所需的材料也会因提供部门的不同而产生很大差异，施工队伍的技术水平、施工条件和经济指标不同都会对地基处理的最终效果产生很大的影响。

应选择地质及岩土条件良好，满足结构物、建筑物的条件和规模，安全性和重要性要求，不污染环境和不产生噪声、材料的供给充足、动力与交通便利，成本合理，技术先进，质量、工期有保证的处理方法。一般地说，在选择确定地基处理方案以前，应充分地综合考虑以下几个方面的因素：

①地质及岩土条件：地形，地质，土的物理与力学性质，地下水条件。

②结构物、建筑物的条件：规模、安全性要求，重要性。

③环境条件：气象条件；噪声、振动情况，振动、噪声可能对周围居民或设施的影响；加固过程中对邻近构筑物是否有影响，以及相应的对策；应查明上下水道、煤气、电信电缆管线的位置，以便采取相应的对策；机械作业、材料堆放过程中涉及施工机械作业和大量建筑材料进场堆放。为此，要解决道路与临时场地等问题，电力与供水条件。

④材料的供给情况，材料的供给、动力与交通情况，尽可能地采用当地的材料，以减少运输费用。

⑤机械施工设备和机械条件。在某些地区有无所需的施工设备和施工设备的运营状况，采用何种加固措施的关键。

⑥工程费用的高低。

⑦操作熟练程度。这也是确定经济技术指标的高低，是衡量地基处理方案选择的是否合理的关键指标。在地基处理中，一定要综合比较能满足加固要求的各种地基处理方案，选择技术先进、质量保证、经济合理的方案。

⑧工期要求：应保证地基加固工期不会拖延整个工程的进展；另一方面，用这段时间，使地基加固后的强度得到提高。由于各地基处理问题具有各自独特的情况，所以在选择和设计地基处理方案时，不能简单地依靠以往的经验，也不能完全依靠复杂的理论计算，还应结合工程实际，通过现场试验、检测并分析反馈不断地修正设计参数，尤其是对于较为重要或缺乏经验的工程，施工前，应先利用室内外试验参数按一定方法设计计算，然后利用施工第一阶段的观测结果进行必要调整。

不同地基处理对土质种类的适用范围，如图 1-1 所示。

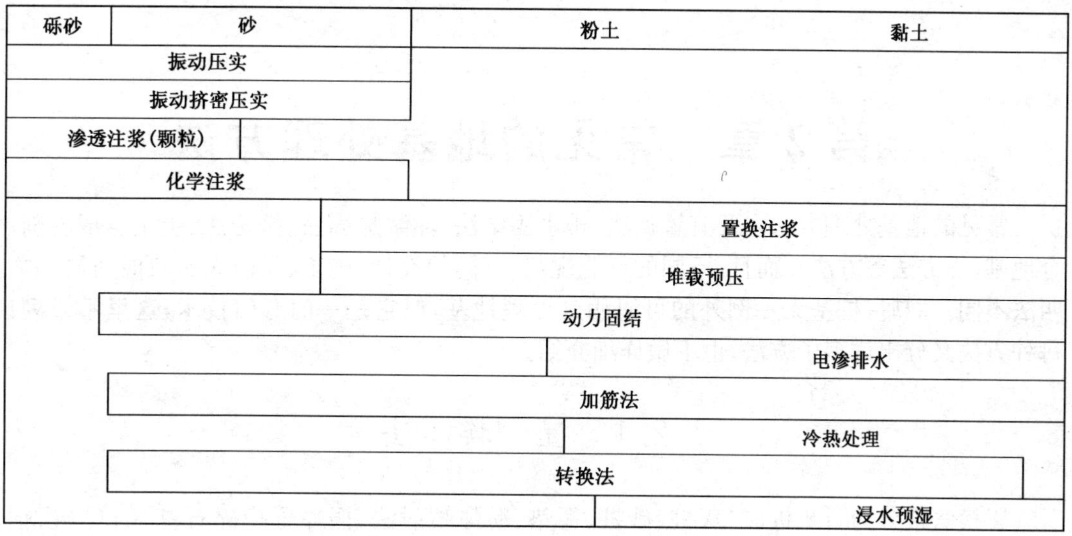

图 1-1 地基处理方法对土壤颗粒的适应

第2章　常见的地基处理方法

常见的地基处理方法主要有置换法、排水固结法、注浆加固法、挤密法、土工合成材料、复合地基、强夯法等方法。而且，不同的行业规范、不同的设计、施工、科研人员有时对同一方法叫法不同。同时，桩基无一例外的可以用来处理地基，但它是一门专门技术，这里不予列出。每种方法又分出许多子方法，也不做详细介绍。

2.1　置　换　法

置换法常分为石灰桩、二灰桩、砂桩、褥垫、粉体喷射法、振冲置换碎石桩、CFG桩、钢渣桩、低强度水泥砂石桩、钢筋混凝土疏桩等方法，见表2-1。

置　换　法　　表2-1

方　　法	加固原理	适用范围
振冲置换碎石桩	利用振冲器或沉桩机，在软弱黏土地基中成孔，再在孔内分批填入碎石等坚硬材料，制成桩体，与原地基土构成复合地基，从而提高地基承载力	不排水剪切强度20～50kPa的饱和软黏土、饱和黄土和冲填土。对不排水剪切强度c_u<20kPa的地基，应慎重对待。能使天然地基承载力提高20%～60%左右
CFG桩	利用振动打桩机沉ϕ300～400mm的桩管，在管内边振边填入碎石、粉煤灰、水泥和水按一定比例的配合材料，形成半刚性桩体，提高地基承载力	淤泥、淤泥质土、杂填土、饱和及非饱和的黏性土、粉土。能使天然地基承载力提高70%以上
钢渣桩	用振动打桩成孔灌注工艺将废钢渣分批投入并振密直至成桩，与地基土一起提高地基承载力	淤泥、淤泥质土、饱和及非饱和的黏性土、粉土。适合于七层以下的建筑物
石灰桩	利用打桩机成孔过程中，沉管对土体的挤密作用和新鲜的生石灰成桩时对桩周土体的脱水挤密作用使周围土体固结；同时由于一系列的物理—化学反应、桩身与桩周土硬壳层组成变形模量较大的桩体，以置换部分软土，提高了地基承载力	渗透系数适中的软黏土、杂填土、膨胀土、红黏土、湿陷性黄土。不适合地下水位以下的渗透系数较大的土层。当渗透系数太小时，软土脱水加固效果不好、对浓酸碱侵蚀的土层宜慎重使用。一般适用于七层以下的工业与民用建筑
二灰桩	以部分粉煤灰代替石灰，利用沉桩过程中对土体的挤密作用和离子交换、胶凝、碳化作用，形成较大强度的桩体，以置换部分软土，提高地基承载力	同上。与石灰桩相比，二灰桩的吸水胀发作用较小
强夯置换	利用数吨或数十吨的重锤从十数米的高空落下，在夯出的直壁夯坑中，倒入置换材料，并连续夯击，逐渐形成直径约2m的碎石桩体	饱和软黏土，一般适合于3～6m的浅层处理
换土回填	将软弱土层挖除，回填性质较好的材料，分层夯实，形成坚硬的垫层，利用垫层本身的高强度和低压缩性，以及扩展附加应力的性能，减少沉降，提高地基承载力	淤泥、淤泥质土、湿陷性黄土、素填土、杂填土地基及暗沟、暗塘等浅层处理，最大深度为3m

续上表

方　法	加 固 原 理	适 用 范 围
低强度水泥砂石桩	用振动打桩成孔灌注工艺，将以砂石为主、掺入少量水泥、粉煤灰等其他工业废料注入土中，形成低强度的水泥砂石桩，同承担上部荷载	淤泥、淤泥质土、饱和及非饱和的黏性土、杂填土、粉土地基
钢筋混凝土疏桩	采用较大桩距(一般大于5～6倍桩径)布置的钢筋混凝土小直径摩擦群桩，使之与承台底土共同承担上部结构的荷载	淤泥、淤泥质土、饱和及非饱和的黏性土、杂填土
褥垫	在同一建筑中，如遇到软硬相差较大的地基时，在较硬的部分铺设一定厚度的土料，形成具有一定压缩性的垫层，使整个建筑物的变形相适应	一部分为岩石或孤石，另一部分为一般土
砂桩	用水力振冲器或沉桩机成孔，填以砂料，使之置换部分软弱黏土并使土中水分逐步排出而固结，从而提高地基承载力	软弱黏性土。但宜慎重，且需要较长的时间，对不排水剪切强度 c_u<15MPa 的软土，应采用袋装砂桩

当软弱土地基的承载力和变形不能满足建筑物要求，而软弱土层厚度又不很大时，可将基础底面下处理范围内的软弱土层部分或全部挖去，然后分层换填强度较大的砂、碎石、素土、灰土、高炉干渣、粉煤灰，或其他性能稳定、无侵蚀性的材料，并压(夯、振)实至要求的密实度为止，这种地基处理方法称为置换法。置换法能提高持力层的地基承载力，减少沉降量，加速排水固结，消除或部分消除土的湿陷性和胀缩性，防止土的冻胀作用，同时，改善土的抗液化性能，是浅层地基处理的一种常用和有效的方法。

置换法适用于淤泥、淤泥质土、湿陷性黄土、素填土、杂填土地基及暗沟、暗塘等的不良地基的浅层处理。换土垫层法是置换法中最常见的一种地基处理方法，按回填材料可分为砂垫层、碎石垫层、素土垫层、灰土垫层等。下面以换土砂垫层法为例介绍置换法一些原理和注意事项，砂垫层的主要作用和作用机理如下。

(1)提高地基承载力

地基中的剪切破坏是从基础底面开始，随着基底压力的增大，逐渐向纵深发展，故用强度较大的砂石等材料代替可能产生剪切破坏的软弱土，就可避免地基的破坏。

(2)减少地基沉降量

一般基础下浅层部分的沉降量在总沉降量中所占的比例较大，若以密实的砂石替换上部软弱土层，就可减少这部分沉降量。以条形基础为例，在相当于基础宽度的深度范围内沉降量约占总沉降量的50%左右，同时由侧向变形而引起的沉降，理论上也是浅层部分占的比例较大，若以密实的砂代替了浅层软弱土，那么就可以减少大部分的沉降量。此外，砂石垫层对基底压力的扩散作用，使作用在软弱下卧层上的压力减小，也相应地减少软弱下卧层的沉降量。

(3)垫层用透水材料可加速软弱土层的排水固结

透水材料做垫层，为基底下软土提供了良好的排水面，不但可以使基础下面的孔隙水迅速消散，避免地基土的塑性破坏，还可加速垫层下软土层的固结及提高强度，但固结效果仅限于表层，对深部的影响并不显著。垫层设计的主要内容是确定断面的合理宽度和厚度。建筑物的不透水基础直接与软弱土层接触时，在荷载的作用下，软弱土地基中的水被迫绕基础两侧排出，因而使基底下软弱土不易固结，形成较大的孔隙水压力，还可能导致由地基土强度降低而产生塑性破坏的危险。砂垫层提供了基底下的排水面，在各类工程中，砂垫层的作用是不同的，房屋建筑物基础下的砂垫层主要起置换的作用；对路堤和土埂等，则主要是利用其排水固结作用。

2.1.1 浅层换土法

根据建筑物对地基变形及稳定的要求，对于换土垫层，既要求有足够的厚度置换可能被剪切破坏的软弱土层，又要有足够的宽度以防止砂垫层向两侧挤动。对于排水垫层，一方面要求有一定的厚度和宽度防止加荷过程中产生局部剪切破坏；另一方面要求形成一个排水层，促进软弱土层的固结。

置换法中，置换层的设计非常关键，它涉及挖方和填方的问题，砂垫层设计的主要内容是确定断面合理的厚度和宽度，使挖方和填方合理，施工的成本、工期和设备处于科学的状态。下面介绍一种常用的砂垫层设计方法。

垫层宽度：条形基础下垫层宽度不宜小于 $b+2z\tan\theta$，扩散角按表 2-2 选取，再根据开挖基坑的坡度进行垫层端面设计。对于重要建筑物还需进行基础沉降验算（砂垫层的变形可忽略）。

压力扩散角（θ）　　表 2-2

z/b	中砂、粗砂、砾砂、砾石、石料、矿渣	粉质黏土、粉煤灰	灰　土
<0.25	0	0	28°
≥0.5	30°	23°	
0.25	20°	6°	
0.25～0.5	线性插值		

垫层厚度：一般按应力扩散法计算，主要根据软弱土和被置换土层埋深确定或参考下卧土层的承载力确定，即满足：

$$\sigma_{cz} < f_{az} \quad [2\text{-}1a)]$$

式中：σ_{cz}——上部结构和换土层对下卧土层顶面的平均压应力；

f_{az}——下卧土层的设计承载力（对于工业民用建筑）。

对于桥梁建筑的桥基换土法，应为：

$$\sigma_{cz} < [\sigma_{az}] \quad [2\text{-}1b)]$$

式中：$[\sigma_{az}]$——容许应力的设计值。

σ_{cz}的求解可参考基础设计规范，主要是土的自重应力和附加应力的组合。

按扩散应力方法设计的砂垫层厚度比较厚，比较保守，方法简单，多采用不出现非线性转折的标准等。如果超过上述标准，则判定地基出现局部剪切破坏，必须停止施加预压荷载，以确保地基的稳定性。一般砂垫层厚度不宜小于 0.5m，不能大于 3m。见图 2-1。

2.1.2 局部深层换土回填

天然地基已经不能够满足支承上部荷载和控制建筑物变形的时候，必须对地基进行加固，也就是把建筑物支承在经过人工处理过的地基土上，即人工地基。人工地基从处理深度上又可分为浅层处理和深层处理。地基处理尤其是深层处理，往往施工工艺和技术较为复杂，工期较长，处理费用在建筑工程投资中占有相当可观的比例。

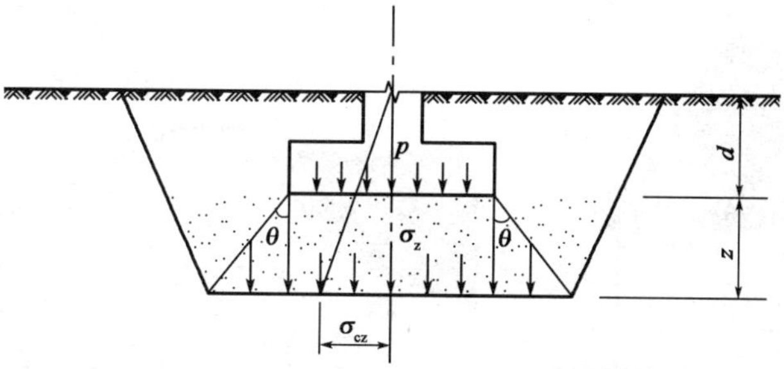

图 2-1　砂垫层剖面图

特殊条件下，地层的深部有局部软弱土层，或严重液化土层，而且软土层或严重液化土层是局部的，体积不是特别巨大（如透镜体状，蜂窝状），同时，在权衡其他方法不奏效，工期、环保等措施不许可的情况下，可以采用局部深层换土回填的方法，而且置换法能根治地基。局部深层换土回填的原理是将深部地层中软弱土层挖除，回填质地坚硬、强度较高、性能稳定、具有抗侵蚀性的材料（砂、碎石、卵石、素土、灰土、煤渣、矿渣等），分层充填，并以人工或者机械方法分层压、夯、振动，使之达到要求的密实度。其形成的坚硬垫层，利用垫层本身的高强度和低压缩性，以及扩散附加应力的性能，减小沉降，抗液化，提高地基承载力。建筑工程中，总是优先考虑采用天然地基或者争取对地基进行浅层处理。只有在浅层处理不能满足要求的时候，才采取深层换土回填加固的处理方法。如某地铁某区间地基抗液化，隧道埋设较深。若采用该法进行地基抗液化处理，即沿地铁线路开挖，将地下埋深 20m 以上的所有饱和粉、砂土层全部挖除，回填性质较好的材料。这样处理后，可以取得非常满意的抗液化处理效果，但相对其他所有方法来说，其工程造价太高，同时对环境破坏严重。深层换土回填处理宜慎重使用，不可大面积使用，大面积使用也是不现实的。

2.1.3　减震（振）层

以上置换法主要用来提高承载力，是以强度较高的材料来完成的。但置换法除了改善地基、地层的强度外，还可以提高地基的刚度，提高地基的抗变形能力，或由次启发而形成新的用法或创意。如在第二次世界大战期间利用置换土层达到减震或隔震目的，修建指挥中心大型油罐或用于军事抗爆等，如图 2-2～图 2-4 所示。

在 1998 年长江大洪水后，利用置换法抗洪，预防管涌现象，在江堤翼侧挖出一定深度的土层换成强度块石等材料可以预防管涌现象。见图 2-5。

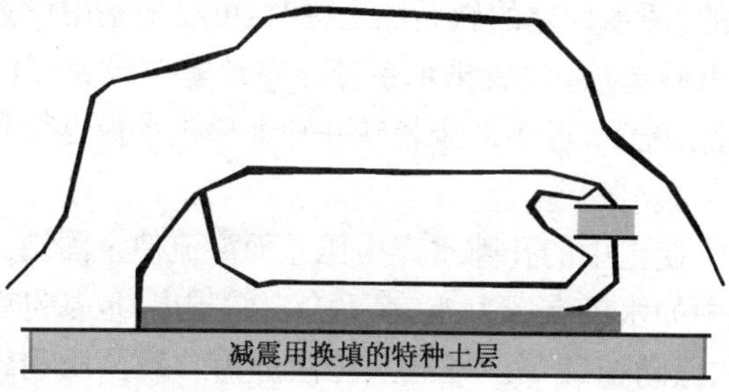

图 2-2　某军事指挥中心的特种土层减震抗爆

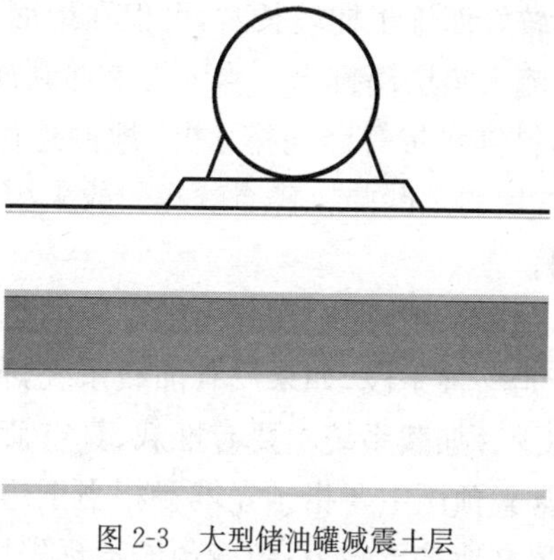

图 2-3　大型储油罐减震土层

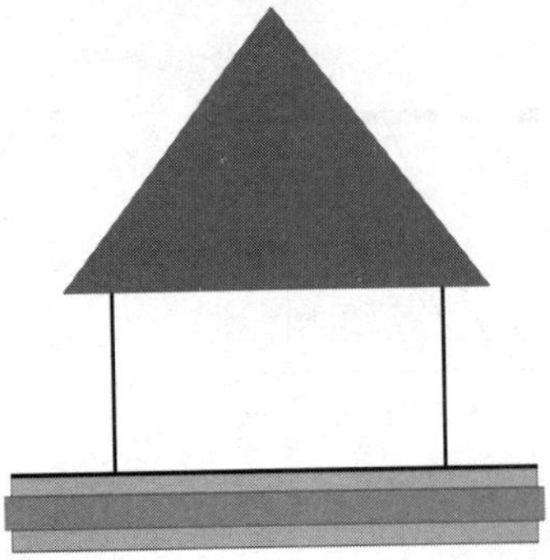

图 2-4　大型粮仓防潮层

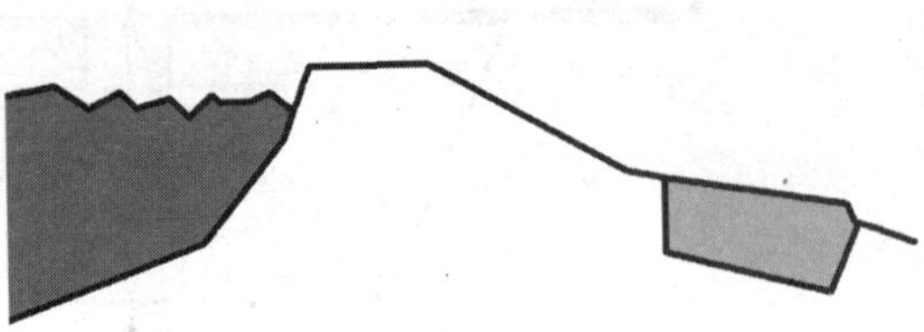

图 2-5　防洪中预防管涌的置换土层加固方法

2.2　排水固结法

排水固结法是对天然地基，或先在地基中设置砂井等竖向排水体，然后利用构筑物本身重量分级逐渐加载，或是在构筑物建造以前，在场地先进行加载预压，使土体中的孔隙水排出，逐渐固结，地基发生沉降，使强度逐步提高的方法。排水固结法的主要适用范围是软弱黏性土层和部分砂土层。黏性土的特点是含水率大、压缩性高、强度低、透水性差且不少情况埋藏深厚。施工简便，作为综合处理的手段，多和其他地基加固方法结合起来使用。

排水固结法由排水系统和加载系统组成，见图 2-6。

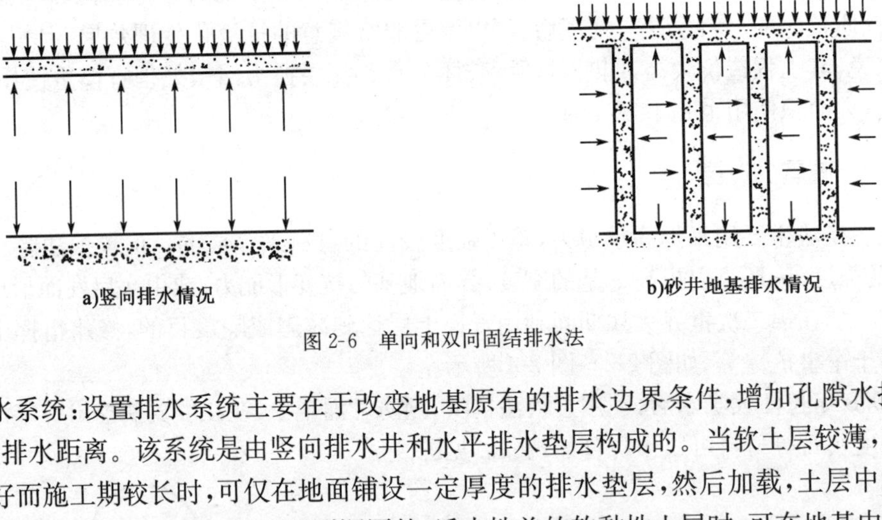

a)竖向排水情况　　b)砂井地基排水情况

图 2-6　单向和双向固结排水法

排水系统：设置排水系统主要在于改变地基原有的排水边界条件，增加孔隙水排出的通路，缩短排水距离。该系统是由竖向排水井和水平排水垫层构成的。当软土层较薄，或土的渗透性较好而施工期较长时，可仅在地面铺设一定厚度的排水垫层，然后加载，土层中的孔隙水竖向流入垫层而排出。当工程上遇到深厚的、透水性差的软黏性土层时，可在地基中设置砂井或塑料排水带等竖向排水井，地面连以排水砂垫层，构成排水系统。在地基中设置竖向排水井，常用的是砂井。普通砂井一般采用套管法施工，近年来袋装砂井和塑料排水板也得到广泛应用。

加载系统：即施加起固结作用的荷载，它使土中的孔隙水产生压差而渗流使土固结。排水系统是一种手段，如果没有加载系统，孔隙中的水没有压力差，水不会自然排出，地基也就得不到加固。加载系统主要有堆载、真空荷载和振动荷载等。堆载预压法分为常载预压和超载预压，常载预压主要指预先堆置相当于建筑物重量的荷载，以达到预先完成或大部分完成地基沉降，提高地基承载力；超载预压指预先堆置超过建筑物永久重量的荷载，以预先完成软土次固结的大部分。

排水系统和加载系统两个系统在设计时总是联系起来考虑。

排水固结法的分类见表 2-3。

排水固结法分类

表 2-3

方 法	加 固 原 理	适 用 范 围
常载预压法	通过在软土上预先堆置相当于建筑物重力的荷载，以达到预先完成或大部分完成地基沉降，并通过地基土的固结以提高地基承载力	淤泥、淤泥质土、冲填土及杂填土，对于厚的泥炭层应慎重对待。常设置砂井或塑料排水板；对黏土层较薄或干层土，也可单独采用堆载。最大加固深度为 20m(具有竖向排水通道)
超载预压法	通过在软土上预先堆置超过建筑物永久重量的荷载，以预先完成软土次固结的大部分	同上，能使软土的次固结得到有效的消除
真空预压法	通过在软土地基上铺设砂垫层，并设置竖向排水通道(砂井，塑料排水板)，再在其上覆盖不透气的薄膜形成一密封层。然后用真空泵抽气，使排水通道保持较高的真空度，在土的孔隙水中产生负的孔隙水压力，孔隙水逐渐被吸出，从而使土体达到固结	软黏土，冲填土地基。一般能形成 78～92kPa 的等效荷载，与堆载预压法联合使用，可产生 130kPa 的等效荷载。加固深度一般不超过 20m
电渗排水法	通过向土中插入的金属电流通以直流电，使土中水流由正极区域流向负极区域，使正极区域土体由于水流排出而固结	饱和低黏性土，砂土，在碳酸钙组成的土、某些工业废料及石灰中，水流可能出现由负极向正极流动
降低水位法	通过从与透水层连接的排水井中抽水，降低地下水位以增加土的自重应力，从而达到预压的目的	渗透系数至少大于 10^{-6} m/s 的砂性土或干层土及下卧层有透水的软土。由于使土体空隙水压力降低而固结，土体不会产生剪切破坏，是一种临时性加固措施
真空—振动联合预压法	真空预压法的基础上，加上振动方法	大面积、深层软基处理。工程大
塑料排水带排水	利用塑料排水带的排水三维排水作用进行排水，用专门的设备，将塑料排水带扎进地层中进行排水	黏土路基和大部分软基处理

排水固结法可以解决以下两个问题：

(1)沉降问题

使地基的沉降在加载预压期间大部或基本完成，使建筑物在使用期间不致产生不利的沉降和沉降差。在完成地基沉降的过程中提高地基承载力。

(2)稳定问题

加速地基土的抗剪强度的增长，从而提高地基的承载力和稳定性，主要是针对提高地基土抗剪强度、缩短工期的工程，可利用其本身的重量分级逐渐施加，使地基土强度的提高适应上部荷载的增加，最后达到设计荷载的要求。

根据排水系统和加压系统的不同，排水固结法可分为堆载预压法(载和超载)、砂井(袋装砂井、塑料排水带)堆载预压法、真空(砂井、袋装砂井、塑料排水带)预压法、堆载—真空预压法、真空预压—振动联合预压法，降水预压法和电渗法。降水预压法和电渗法费用较高，应用极少。行之有效地固结压力的方法有堆载法、真空预压法、联合法等。

2.2.1 堆载预压法

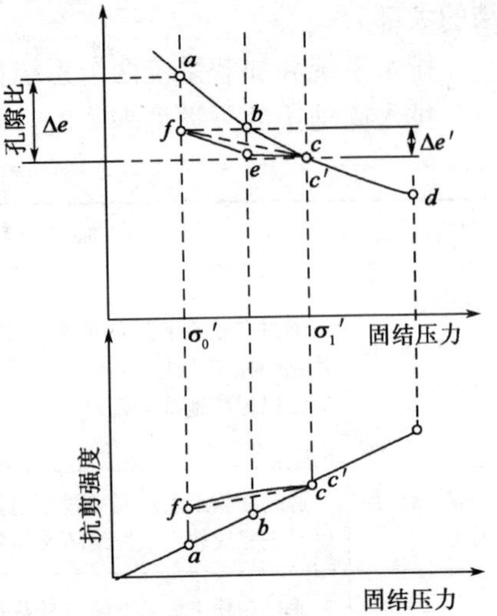

图 2-7 排水固结变形示意图

堆载预压是指在饱和软土地基上施加荷载后，孔隙水被缓慢排出，孔隙体积随之逐渐减少，地基发生固结变形(见图 2-7)。同时，随着超静水压力逐渐消散，有效应力逐渐提高，地基土强度就逐渐增长。当土样的天然固结压力为 σ_0' 时，其空隙比为 e_0，在 e-σ_c' 坐标上其相应的点为 a 点，当压力增加 $\Delta\sigma'$，固结终了是为 c 点，孔隙比减少了 Δe，曲线 abc 称为压缩曲线。与此同时，抗剪强度与固结压力成比例的由 a 点提高到 c 点。所以，土体在受压固结时，一方面孔隙比减少产生压缩，另一方面抗剪强度也得到提高。如从 c 点卸除压力 $\Delta\sigma'$，则土样发生膨胀，图 2-7 中 cef 为卸荷膨胀曲线。如从 f 点加压 $\Delta\sigma'$，土样发生再压缩，沿虚线变化到 c'，其相应的强度包络线如图中所示。从再压缩曲线可清楚地看出，固结压力同样从 σ_0' 增加 $\Delta\sigma'$，而孔隙比减少值为 $\Delta e'$，$\Delta e'$ 比 Δe 小得多。这说明，如在建筑场地先加一个和上部建筑物相同的压力进行预压，使土层固结(相当于压缩曲线上从 a 点变化到 c 点)，然后卸除荷载(相当于膨胀曲线上由 c 点变化到 f 点)在建造建筑物(相当于再压缩曲线上从 f 点变化到 c' 点)，这样，建筑物所引起的沉降即可大大减小。如果预压荷载大于建筑物荷载，即所谓超载预压，则效果更好。因为经过超载预压，当土层的固结压力大于使用荷载下的固结压力时，原的正常固结黏土层将处于超固结状态，而使土层在使用荷载下的变形大为减小。

土力学中，将土在某一压力作用下，自由水逐渐排出，土体随之压缩，土体的密实度和强度随时间增长的过程称为土的固结过程。所以，固结的结果是超静水压力消散，有效应力增长和土体逐步压密的过程。

如地基中某点的总应力为 σ，有效应力为 σ'，孔隙水压力为 u，则三者的关系为：

$$\sigma' = \sigma - u \tag*{[2-2a)]}$$

此时固结度 U 表示为：

$$U = \frac{\sigma'}{\sigma' + u} \tag*{[2-2b)]}$$

则加荷后土的固结过程表示为：

$t=0$ 时

$$u=\sigma, \sigma'=0, U=0$$

$0<t<\infty$ 时

$$u+\sigma'=\sigma, 0<U<1$$

$t=\infty$ 时

$$u=0, \sigma'=\sigma, U=1\text{(固结完成)}$$

用填土等加荷等对地基进行预压，是通过增加总应力 σ，并使孔隙水压力 u 消散来增加有效应力 σ' 的方法。对载预压是在地基中形成超静水压力的条件下排水固结，称为正压固结。

地基土层的排水固结效果与它的排水边界有关。根据固结理论，在达到同一固结度时，固结所需的时间与排水距离的长短平方成正比。软黏土层越厚，一维固结所需的时间越长。如果淤泥质土层厚度大于 10～20m 要达到较大的固结度 $U>80\%$，所需的时间要几年至几十年之久。为了加速固结，最为有效的方法是在天然土层中增加排水途径，缩短排水距离，在天然地基中设置垂向排水体，这时土层中的空隙水主要通过砂井和部分从竖向排出。所以砂井（塑料排水带）的作用就是增加排水条件。为此，缩短了预压工程的预压期，在短期内达到较好的固结效果，使沉降将提前完成，加速地基土强度的增长，使地基承载力提高的速率始终大于施工荷载的速率，以保证地基的稳定性，这一点无论从理论和实践都得到了证实。堆载排水固结法的示意见图 2-8。

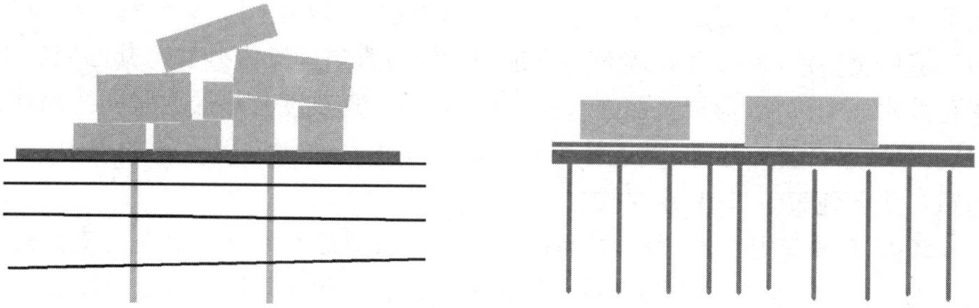

a)堆载预压固结法　　b)堆载—塑料排水板预压排水固结法

图 2-8　堆载排水固结法

2.2.2　真空预压法

真空预压法是 1952 年由瑞典工程师 W·Kjellman 首先提出的。我国于 1980 年起开展了真空预压法的研究，经过多年实践，真空预压法现在广泛运用于货场、仓库、道路以及一般工业和民用建筑，特别适合于堆载要求低于 80kPa 的软土地基的加固。

真空预压法是排水固结法的一种。排水固结法是利用天然地基土层本身的透水性或设置在地基中的竖向排水体，通过与预先在地表进行加载预压或利用建（构）筑物自身重量使土体中孔隙水逐渐排出、土体逐渐固结，地基土逐渐压密，强度逐步提高的方法，或者是利用井点抽水降低地下水位、利用插入土中的通电电极使土中水发生渗流以达到区域土体自重应力的增加，从而使土体逐渐压密的方法。真空预压法即是在需要加固的软基中插入竖向排水通道（如砂井、袋装砂井、塑料排水板等），然后在地面铺设一层透水的砂或砾石，再在其上覆盖一层不透水的薄膜，最后借助抽真空泵和埋设在垫层中的管道，将膜下土体间的空气抽出，在透水材料中产生较高的真空度，土中孔隙水产生负的孔隙水压力和孔压差，使孔隙水逐渐渗流到井中而达到土体排水压密的效果。真空预压加固地基的示意见图 2-9。

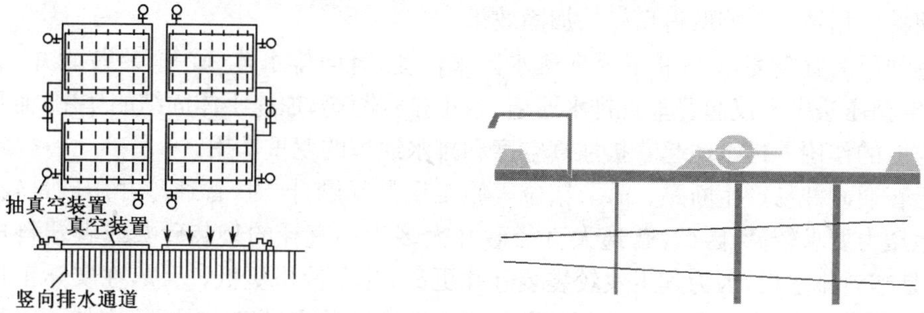

图 2-9　真空预压加固地基示意图

真空预压法与砂井预压法和堆载预压法的区别在于砂井预压法是通过在地表堆载以增加土体的总应力并随超静水压力消散来增加其有效应力，使土体压缩、抗剪强度增长的；而真空预压法则是通过抽取覆盖于地表薄膜内的压力，通过降低膜内土体中的压力，在总应力不变的情况下使孔隙水压减小，有效应力增加，地基强度提高。在抽真空固结过程中，地基土中剪应力不增加，地基不会产生剪切破坏，同堆载预压法相比，真空预压法无须考虑地基的失稳，可一次加足预压"荷载"。在抽真空前，由于密封膜内外都受大气压力作用，土体孔隙中的气体与地下水面以上都是处于相同的大气压状态下；抽气后，密封膜内砂垫层中的气体首先被抽出，其压力逐渐下降，密封膜内外形成一个压差使密封膜紧贴于砂垫层上，这个压差称为"真空度"。砂垫层中形成的真空度，通过砂井逐渐向下延伸。同时真空度又由砂井向其四周的土体扩展，引起土中孔隙水压力降低，形成负的超静孔隙压力，由于真空度自垫层由竖向排水体向土体逐渐衰减，从而形成了孔隙水压差，使土体内孔隙水发生由高水压向低水压的渗流，孔隙水由竖向排水通道汇集至地表砂垫层，由泵抽出。

从 Terzaghi 有效应力原理来看，真空排水预压法加固的整个过程是在总应力没有增加的情况下发生的，加固中，降低了孔隙水压，就相当于增加了土的有效应力。土体在有效应力的作用下得到加固。另一方面，由于地下水位在孔隙水排出后得到降低，使降低范围内的土体从浮重度变成湿重度，自重压力增大，土体得到压密。由于真空预压法是在土体边界上和内部施加真空吸力，在总应力不变的条件下，降低土体孔隙水压力，增加土体有效压应力，实现土体固结的目的。在真空预压过程中，真空压力的施加不会导致土体中剪应力的增长，真空区内土体主要表现为随着真空度的增加而逐渐增大的内挤的收缩变形和土体模量的增大，因而真空预压法不会产生像堆载预压法那样因堆载的增加所出现的土体剪切应力的增大超过土体强度增大速度而出现的失稳破坏，所以，真空预压法不必像堆载预压那样进行分级加载，而可采用一次"加压"的方式进行加载。

对真空预压法来讲，土体越软，抽取的真空度越高，土层受缩变形也越大。由于真空预压变形是内挤的收缩变形，因此，真空预压法不会产生堆载预压法那样向侧向挤出而引起的垂直附加沉降量。在二者产生相同大小的垂直变形时，真空预压法加固的土体的孔隙压密程度要比堆载预压法好。也就是说，在同样情况下，真空预压法的压密效果或固结效果比堆载预压法好。

真空预压法的适用范围：真空预压适用于均质黏性土及含薄粉砂夹层黏性土等地基的加固，尤其适用于新吹填土地基的加固。对于砂性土地基，加固效果不甚理想。一般认为有效加固深度在 10m 以内。对于在加固范围内有足够水源补给的透水层而又没有采取隔断水源补给的措施时，不宜采用真空预压法。对渗透系数小的软黏土地基，真空预压和砂井或塑料排水带等竖向排水相结合方能取得良好的加固效果。

真空预压的真空度，必须依靠竖向排水体来传递，竖向排水体(砂井、袋装砂井、塑料排水板)在真空预压法中不仅起着垂直排水通道、减小排水距离、加速土体固结的作用，而且还起着传递真空度的作用。排水体起着扩散真空度和排水通道的双重作用。

由于普通砂井易产生断颈、缩颈、错位等施工质量问题，同时，普通砂井用砂量较大，施工机械接地压力要求较高，因此，普通大直径砂井大多为小直径的袋装砂井或者塑料排水板替代，尤其是塑料排水板，因为其工效较袋装砂井更高，综合价格更低，所以，在实际工程中得到越来越广泛的应用。另外，真空压力在竖向排水体中的传递，随着深度的增加而明显发生衰减。大量工程实践表明，塑料排水板的真空传递损失率远远低于砂井和袋装砂井，因此，在真空预压工程中，选用塑料排水板的加固效果优于选用砂井的加固效果。从现有的资料看，选用砂井作为竖向排水体的真空预压法的有效影响深度在 10m 左右，且浅层处理效果较为显著。

(1)塑料排水板的直径

塑料排水带的直径受到施工机械、施工方法和土质条件等的限制。如过小，很难保证塑料排水带的连续性，且井阻的影响也越显著；过大则会造成施工机械笨重，增加施工的难度。工程实践表明，塑料排水板的当量换算直径可按下式换算

$$D_{\mathrm{p}} = \frac{2(b+\delta)}{\pi}\alpha \tag{2-3}$$

式中：D_{p}——塑料排水板当量换算直径；

α——换算系数，无试验资料的时候可取 0.75～1.00；

b——塑料排水板宽度；

δ——塑料排水板厚度。

根据工程经验，塑料排水板的直径基本可以定在 120mm 左右。但是具体的数值，要根据施工机械来确定。

(2)塑料排水板的布置形式

塑料排水板在平面上的布置，可分为正方形或等边三角形两种排列形式，见图 2-10，d 为塑料排水板间距，虚线为排水板的影响范围，d_{e} 为排水板的有效排水直径，以圆柱体的有效排水直径 d_{e} 代替。

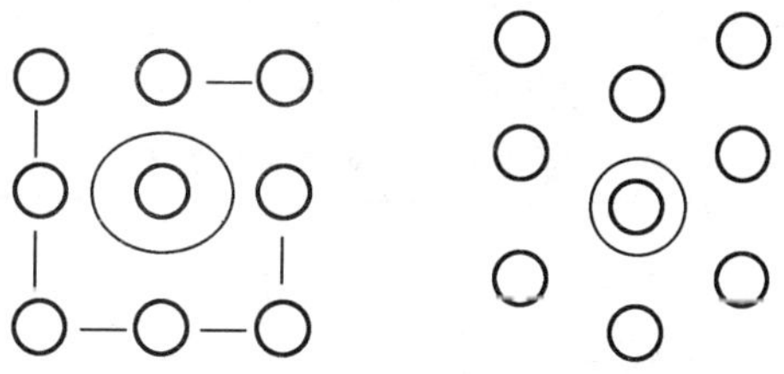

a)正方形布置　　b)三角形布置

图 2-10　塑料排水板布置示意图

考虑到塑料排水板布置成等边三角形的形式，较为紧凑有效，且其影响范围是正六边形，效果较正方形布置要好一些。考虑到协调振冲布孔，具体的塑料排水板的间距，初选间距为 1.73m。对于等边三角形 $d_{\mathrm{e}}=1.05d$，可以换算出塑料排水板的有效排水直径 $d_{\mathrm{e}}=1.82\mathrm{m}$，留待后面校验。

(3)塑料排水板的间距

根据 Terzaghi 一维固结理论，固结所需的时间与排水距离的平方成正比，即塑料排水板的间距越小，排水固结的速度越快。数值分析表明，采用“细而密”的布置方案较好，但实际工程中，间距过小，施工对土的扰动造成的涂抹作用也就越显著，施工难度和造价也将大大提高。

竖向排水体的间距可根据地基土的固结特性、预定时间所要达到的固结度等确定。通常砂井的间距可按井径比 6～8 选取，袋装砂井或塑料排水板的间距可按井径比为 15～20 选用。其中，井径比即 $d_{\mathrm{e}}/d_{\mathrm{w}}$，如前所述，塑料排水板的直径 d_{w} 基本定在 120mm 左右，塑料排水板的有效排水直径 $d_{\mathrm{e}}=1.82\mathrm{m}$，算出井径比 15.2。符合塑料排水板的间距井径比为 15～20 的要求，如此选定。井径比的上限为 20，就是说塑料排水板的间距还可在 1.73m 的基础上适当加

宽，这都是没有问题的。

(4)塑料排水板的长度

塑料排水板的长度应该根据地基加固的厚薄综合考虑。如处理液化地基时，液化土层埋深在5～11m左右。一般情况下，塑料排水板的打入深度应该达到地基土液化层底面以下0.5～1.0m，另外砂填土层的厚度基本亦在0.5～1.0m不等。为保守考虑，并且计算方便，可以确定工程中塑料排水板的长度为13m。

真空预压的面积就是通常所说的塑料排水板的布置范围。真空预压的总面积不得小于整个处理范围外缘所包围的面积，且应超出整个处理范围外缘2～3m。每块薄膜覆盖的面积应尽可能大，如需分块预压时，每块间距不宜超过2～4m，且每块预压区应至少设置两台真空泵。相对此区域的处理范围外缘需向外扩大3～5m进行处理。亦可以根据施工中的具体情况分块预压，对工程加固效果影响不大。

塑料排水板顶部应该铺设排水砂垫层。在缺乏砂料的情况下，可采用砂沟代替垫层，以引出塑料排水板中渗流出来的孔隙水。砂垫层的厚度不宜大于0.4m。砂垫层的宽度一般伸出排水板区外边线不小于2倍的排水板直径。垫层的砂料宜采用透水性较好的中粗砂，其含泥量不得大于4%，其渗透系数不宜小于10^{-2}cm/s。砂料方面，在安插好塑料排水板后，作为孔中的填料，通过振冲器水冲，至地表土层的密实度，待孔洞填满后，铺设砂垫层，效果较好。

抽真空的时间与土质条件和竖向排水体的间距密切相关。欲达到相同的固结度，间距越小，则所需时间越短，在工期较紧时候，可适当采用较小的间距，在工期要求不严的情况下，可适当采用大一些的间距，以降低费用。表2-4为袋装砂井的间距与抽真空的时间关系，采用塑料排水板作为竖向排水体时，也可参考此表。

袋装砂井间距与所需时间关系　　表2-4

袋装砂井间距(m)	固结度(%)	所需时间(d)
1.3	80	40～50
	90	60～70
1.5	80	60～70
	90	85～100
1.8	80	90～105
	90	120～130

加固区内要求达到的平均固结度，一般不得小于80%，如果工期许可，设计要求达到的固结度应尽可能采用更大一些。如抗液化处理，加固区的平均固结度达到80%考虑，基本应该已经符合要求。

真空预压的密封膜应该采用抗老化性能好、韧性好、抗穿刺能力强的不透气材料。密封膜热合时宜用两条热合缝的平搭接，搭界长度应大于15mm。密封膜宜铺设3层，覆盖膜周边可采用挖沟现铺、平铺并用黏土压边、围埝沟内覆水以及膜上全面覆水的等方法进行密封。另外，真空预压的效果和密封膜内所能达到的真空度关系极大。根据国内一些工程的经验，膜内真空度一般可维持在600mmHg柱高左右，相当于80kPa的堆载压力，可将此值作为最大膜内设计真空度，施工中予以注意。膜下管道在不降低真空度的条件下应尽可能少。水平向分布滤水管可采用条状、梳齿状或羽毛状等形式。滤水管一般设在排水砂垫层中，其上宜有100～200mm砂覆盖层。滤水管可采用钢管或塑料管，滤水管在预压过程中应能适应地基的变形。

滤水管外宜围绕铅丝、外包尼龙纱或土工织物等滤水材料。真空管路的连接点应严格进行密封，为避免膜内真空度在停泵后很快降低，在真空管路中应设置止回阀和截门。

2.2.3 真空—振动预压法

真空预压与振动联合加固地基(图 2-11)。在真空预压法加固地基的同时，按一定要求和设计，在一定范围、一定深度土层设置振冲器进行施工，这样的地层既有振冲加固，又有真空预压排水加固，振冲法不仅振密地层，又加速了排水作用，提高了真空预压法加固效果。它是一种全新的方法，在国外大面积地基处理工程中成功应用，取得非常好的效果。它充分发挥两种方法的优势，克服了排水固结法周期长、工效低等缺点，大大提高了地基处理效果，提高了地基的处理深度、强度，缩短工期，降低了成本。

采用真空预压—振冲法施工，为使处理后的地基满足设计要求，必须把住质量检验关。特别是通过现场原型观测资料，分析软基在真空预压加固过程中和预压后的固结程度、强度增量和沉降的变化规律，评价处理效果，同时观测资料也是完善设计和指导施工的依据，并可以完全避免意外工程事故。

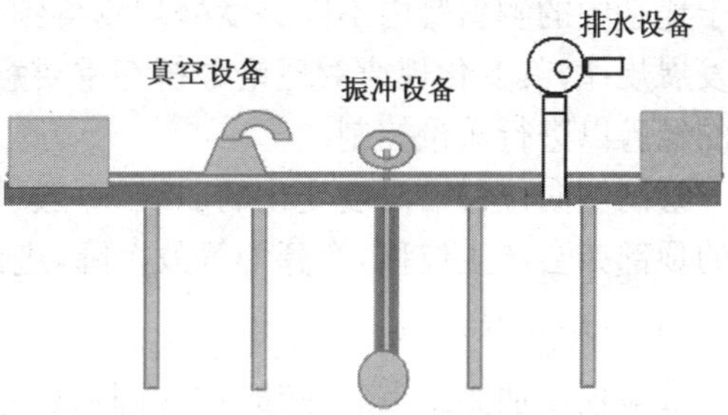

图 2-11 真空预压与振动联合排水固结法

地基的稳定性与施工时的加载速率有密切的关系。加载过程中，一方面地基强度因为排水固结而提高，另一方面由于抽真空作用，地基剪应力也在增大，为了保证地基的稳定性、减小侧向变形引起的附加沉降，必须严格控制使强度的提高与地基中剪应力的增长相适应。为此需进行以下的检验。

(1)孔隙水压力观测

地基中孔隙水压力是指在预压荷载(附加应力)作用下的孔隙水压力增量——超静孔隙水压力，其增长与消散规律，反映了地基土的排水固结特性以及有效应力变化规律。因此，孔隙水压力现场观测资料不论对理论性研究，还是作为质量控制都具有重要的意义。根据测点孔隙水压力—时间变化曲线，即可反算土的固结系数，也可推算该点不同时间的固结度，从而推算强度增长。进行孔隙水压力观测，是质量控制的重要手段之一。

(2)沉降观测

沉降观测是地基处理工程中最基本也是最重要的观测项目之一，观测内容包括：荷载作用范围内地基的总沉降；荷载外地面的沉降和隆起；分层沉降以及沉降速率等。具体地说，就是地表沉降和分层沉降。沉降观测资料反映了地基土载荷作用下的变形特性。利用实测沉降资料可以推算出最终沉降量和由于侧向变形(剪切变形)而引起的沉降，从而可求得固结沉降以及沉降计算经验系数，为更精确的计算沉降积累经验。此外，可根据沉降资料计算地基的平均固结度。

工程中，在加固区内埋设两个分层沉降观测孔。绘制出地表沉降随时间变化的曲线。一般，在真空预压卸载以后，地基回弹，在卸载 24h 后测平均回弹值。如果发现在塑料排水板打设期间地表发生沉降，主要原因可能是打设塑料排水板后土层排水距离减小，在土层自重荷载作用下，处于欠压密状态下的淤泥质黏土产生固结沉降。

通过分层沉降观测点测得并绘制沉降沿深度变化的曲线，看是否真空预压对于施工场地的整个深度范围以内都起到了加固的效果。

通过分层沉降的观测资料，可以分析和研究各土层的压缩性，确定沉降计算中土层的压缩层的深度。荷载外地面的沉降资料，即真空预压区以外，可用以分析沉降的影响范围以确定对邻近建筑物的可能影响。通过以上分析看出，沉降观测资料是验证理论和发展理论的重要依据。

由于土层淤泥层厚度变化极不规律，每个沉降盘测出的沉降量只代表了它下面土层的沉降量。

(3)侧向位移观测

侧向位移是分析预压荷载下地基的稳定性以及由于侧向位移所引起沉降大小的重要依据。我们这里所说的侧向位移观测，主要是指深层侧向位移观测。它是通过测斜仪在预先埋设于地基中的测斜管内不同深度处量测得到不同深度处位移值，以判定某深度处软基挤出变形发展规律，其变化规律对理论分析有重要意义，但作为施工控制的手段目前还没有总结出普遍的经验以进行质量控制。

绘制侧向位移沿深度变化的曲线，一般可看出真空预压过程中，土体向着场地内收缩，土层的顶部亦会产生位移，换算为等效沉降，进而推算出综合沉降。

(4)现场荷载试验

真空预压加固结束后，随即在加固后的地面上进行 1.0m×1.0m 方形荷载承压板试验，采用压重平台反力装置，油压千斤顶加荷，测力环控制荷载，机电百分表观测沉降。第一次加荷至 78kPa，卸荷后再加荷至 88kPa。实测压力和沉降量 p—s 关系曲线。按均质弹性半无限体理论，按下式计算变形模量：

$$E_0 = (1-\mu^2)p/d \cdot s \tag{2-4}$$

式中：μ——土的泊松比；

p——承压板上直线变形阶段的荷载；

s——与 p 对应的承压板沉降量；

d——承压板的直径。

实测压缩模量，满足设计要求的指标即可。荷载试验是根据《建筑地基处理规范》(JGJ 79—2002)中的有关标准进行的。

(5)软土层的十字剪切强度

加固前软土内十字板强度，在地面下 7m、10m 处均设观测点。通过试验，绘制出真空预压加固前后地基土现场十字板强度沿深度变化的曲线。一般，较软弱的土层在加固前后十字板强度提高会很明显。埋藏较深的土层，强度增长要小一些。

(6)静力及动力触探试验

检测地基处理处理效果用静力和动力触探试验是绝对必要的。

(7)室内土性指标试验

加固前后土层的物理力学指标试验结果列表后可见，加固后土性指标有明显的变化。液化土层的含水率、孔隙比大幅减小，土体的三轴强度都有所提高，说明真空预压对各土层均有效果。

(8)环境保护

振冲法—真空预压法地基处理，若在市区施工，对居民造成一定影响。振冲法所用来填充的砂料无毒无味，对环境也没有影响。振冲法施工中用水量较大，且注意采用相应的排污措施。

振冲法—真空预压法施工，在持力层上干铺砂垫层，施打塑料排水板，挖压膜沟，布滤管，铺塑料膜，装真空泵，覆水抽气，卸载，处理压膜沟。整个过程对环境毫无影响。后期使用时，塑料可能会对周围环境产生部分影响。所以，需注意在施工后做好对剩余材料的后期处理工作。

案例 2-1　广西某港口仓库饱和软黏土地基加固设计——排水固结法

(1)工程概况

处理场地为海滩—海滨区的一个大水塘，经平整场地回填而成，场地土层条件自上而下大致为：

①素填土：主要为开山土回填而成，成分不一，由块石、砂、砂页岩等组成，结构疏松，稍湿～湿，厚度分布不均，平均厚度约 5.4m，最大厚度为 10.1m，最小厚度为 1.8m。

②淤泥：主要由黏性土组成，上部夹大量植物根茎，下部含贝壳及朽木，层底部分钻孔夹薄层砺砂，淤泥层平均厚度约 6.5m，最厚达 12.3m，最小厚度为 2.3m。

③砺混黏土：含 2～30mm 的棱角石英砺砂，可塑，稍密～中密，湿，呈透镜状分布，层厚 0.6～4.3m。

④强风化泥质砂岩夹页岩：裂隙发育，局部见小褶皱，母岩因风化结构已被破坏，内部联结力差。厚度不详。

场地内存在两种不同类型的地下水：一类是赋存于填土及淤泥层中的上层滞水，钻探期间测得水位主要为此种类型的地下水，初见水位埋深约 2.10～5.30m，稳定水位埋深约 0.50～3.70m，主要由大气降水及海水补给，水量一般；另一类是赋存于强风化泥质砂岩夹页岩中的孔隙潜水，其富水性较差，水量不丰富。

(2)施工方案设计

①排水系统设计

为了形成良好的排水通道，在待处理场地设置水平和竖直排水体而形成立体排水系统，即在场地上均铺设厚 40cm 中粗砂垫层，设集水井和盲沟，并用盲沟将集水井相连形成良好的水平排水体；打设塑料排水板贯穿淤泥作为竖直排水体，塑料排水板为 SPD-II 型，按等边三角形布置，间距 1.6m。

②强夯参数确定

主要场区强夯参数如表 2-5 所示。对于淤泥厚度较大，填土层较薄的局部区域，其单击夯能适当减小，且采用两遍点夯，每遍每点 2 击。强夯采用 80t 履带式吊机，夯锤重 15t，锤直径 2.5m，采用自动脱钩装置。表 2-5 中的夯击击数是根据以下三个条件综合确定的：

a.最后两击的平均夯沉量不大于 100mm；

b.夯坑周围地面不发生过大的隆起；

c.不因夯坑过深而发生起锤困难。为了方便施工需填土 1.0m 左右至设计标高，与原有的老填土一起作为静荷载预压 10d 以上，然后进行强夯施工。

(3)加固效果监测分析

在强夯施工前后分别对处理场地进行了土的物理力学试验、荷载试验、重型动力触探、静力触探和十字板剪切等试验检测项目。

场地加固前后土的物理力学试验表明，场区经动力排水固结法处理后，土的物理力学性质均得到了明显改善。

主要夯击施工参数表 表 2-5

场区	第一遍点夯			第二遍点夯			第三遍点夯			满夯	
	夯点布置（m^2）	单击夯能（kN·m）	击数	夯点布置（m^2）	单击夯能（kN·m）	击数	夯点布置（m^2）	单击夯能（kN·m）	击数	单击夯能（kN·m）	击数
S1	6.0×7.0 加梅花点	2000	6～7	两遍并一遍	2000	6～7	6.0×7.0 加梅花点	1200	5	800	2
S2	6.0×7.0	2000	6～7	6.0×7.0	2000	6～7	6.0×7.0	1200	5	800	2

场区表层土载荷实验表明，加固后场区的地基土承载力特征值达到 200kPa 左右，地基土变形模量大于 11.0MPa，满足工程要求。

场区填土层重型动力触探试验结果显示填土层经加固后其承载力和压缩模量得到了大幅度提高。

场区强夯前后静力触探试验显示场区 10m 左右深度范围内的土体均得到了一定程度的加固作用。

场区淤泥层十字板剪切试验典型结果显示场地经加固后，场区原状土抗剪强度均有明显增长。

2.3 强 夯 法

强夯法处理地基是将重锤（100～400kN）从高处自由落下（落距 6～40m），给地基施以强大的冲击力和振动，从而提高地基土的强度或抗变形能力，降低其压缩性。强夯法由于其施工简单、快捷、经济等特点，现已广泛的应用于工业与民用建筑、公路和铁路、机场跑道及码头的地基加固中。强夯置换材料可采用级配良好的块石、碎石、矿渣、建筑垃圾等坚硬粗颗粒材料，但粒径大于 300mm 的颗粒含量不宜超过全重的 30%，最大处理深度达 40m。

用强夯法加固松软地基，一般要根据现场的工程地质条件和工程的使用要求，正确的选用多个强夯参数与施工工艺，才能达到有效加固与经济的目的。其中单点夯击能、最佳夯击能的确定将直接影响强夯的加固深度与效果。由于土质的复杂性，使强夯参数与施工工艺的选择较为复杂。当强夯法应用于非饱和土时，压密过程基本上同实验室中的击实法（普氏击实法）相同，在饱和无黏性土的情况下，可能会产生液化，压密过程同爆破和振动压密的过程相似，强夯对饱和细颗粒土的效果尚不明确，成功与失败的例子均有报道。对于这类饱和细颗粒土，需破坏土的结构（图 2-12），产生超孔隙水压力以及通过裂隙形成排水通道，孔隙水压力消散，土体才会被压密。颗粒较细的土达不到颗粒较粗的土那样的加固程度。

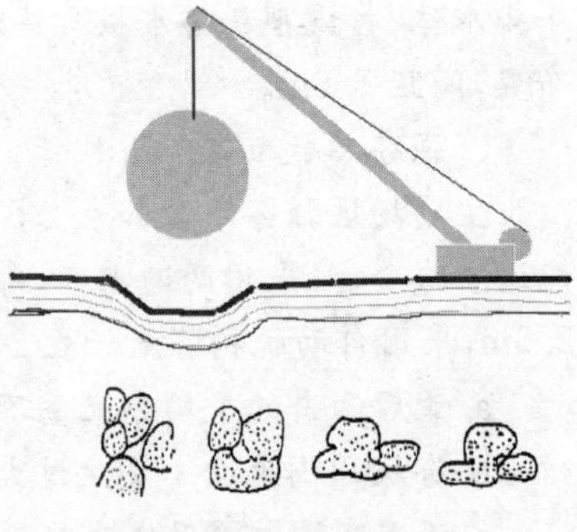

图 2-12 强夯加固地基示意图

夯击点成网格布置，夯击能相互叠加，所以在夯击点周围就产生了垂直破裂面，夯坑周围就出现冒水、冒气现象。按此观点，对于饱和细粒土强夯后，土体中超孔隙水压力将较迅速的排出。强夯法适用于加固碎石土、砂土、杂填土、湿陷性黄土和低饱和度的粉土与黏性土。对于高饱和度的粉土与黏性土，在经过试验论证后，才可以使用，且宜设置竖向排水通道。强夯的振动可能会对周围环境造成不良影响。强夯使地基表面松动。因此，强夯的结果，在地基中沿深度常形成性质不同的三个作用区：在地基表层受到界面波和剪切波的干扰形成松动区；在松动区下面某一深度，受到压缩波的作用，使土层产生沉降和土体的压密，形成加固区；在加固区下面，冲击波逐渐衰减，不足以使土产生塑性变形，对地基不起加固作用，称为弹性区。

在强夯的过程中，根据土体中的孔隙水压力、动应力和应变关系，加固区内波对土体的作用可分为三个阶段：

①加载阶段

即夯击的一瞬间，夯锤的冲击使地基土体产生强烈的振动和动应力，在波动的影响带内，动应力和孔隙水压力急剧上升，而动应力往往大于孔隙水压力，动的有效应力使土体产生塑性变形，破坏土的结构。对于砂土，迫使土的颗粒重新排列而密实；对于黏性土，土骨架被迫压缩，同时由于土体中的水和土颗粒两种介质引起不同的振动效应，两者的动应力差大于土颗粒的吸附能时，土中部分结合水和毛细水从颗粒间析出，产生动力水聚结，形成排水通道，制造动力排水条件。

②卸载阶段

即夯击动能卸去的一瞬间，动的总应力瞬息即逝，然而土中孔隙水压力仍然保持较高的水平，此时孔隙水压力大于有效应力，因此，土体中存在较大的负有效应力，引起砂土的液化。在黏性土地基中，当最大孔隙水压力大于小主应力、静止侧压力及土的抗拉强度之和时，土体开裂，渗透性迅速增大，孔隙水压力迅速下降。

③动力固结阶段

在卸载之后，土体中仍然保持一定的孔隙水压力，土体就在此压力作用下排水固结。在砂土中，孔隙水压力消散甚快，约 3～5min，使砂土进一步密实，在黏性土中，孔隙水压力消散较慢，可能要延续 2～4 周。如果有条件排水固结，土颗粒进一步靠近，重新形成新的水膜和结构连接，土的强度逐渐恢复和提高，达到加固地基的目的。

上述三个过程称为动力固结。如果在加载和卸载阶段所形成的最大孔隙水压力不能使土体开裂，也不能使土颗粒的水膜和毛细水析出，动荷载卸去后，孔隙中水未能迅速排走，则孔隙水压力很大，土的结构已被扰动破坏，又没有条件排水固结，土颗粒间的触变恢复条件又较慢，在这种情况下，不但不能使黏性土加固，反而使土扰动，降低了地基土的抗剪强度，增大土的压缩性。因此对饱和黏性土进行强夯，应根据波在土中传播的特性，按照地基土的性质选择适合的强夯能量，同时又要注意设置排水条件和触变恢复条件，才能使强夯获得良好的加固效果。在施工前，必须进行现场动力固结试验，探讨强夯加固土体的规律，选择强夯能量和方法，检验是否能产生动力排水固结和触变恢复。否则，就不易在饱和黏性土地基中获得良好的效果，有些工程在饱和软土中进行强夯未能获得预期的效果，甚至破坏了土的结构，这是因为在饱和黏性土中强夯不易控制达到动力固结的缘故。强夯作用下的非饱和土的强夯机理是夯击能量产生的波和动应力的反复作用，迫使土发生塑性变形，使得土变得密实，提高土的抗剪强度和地基刚度。

强夯加固深度是地表以下一定深度土体在经强夯以后各种强度指标均比原地基有所提高，对工程应用而言，还必须满足设计要求，只有被加固了的土体才能称为加固深度。而影响深度要比较广泛，土体的强度指标可提高，也可降低，只要土的特性有所改变即可理解为受其影响，即称为影响深度。强夯加固深度应当是多变量的函数，即加固深度应当受夯锤形状和尺寸、落距、夯距、夯击数、土的性质、夯点顺序、地下水位的高低等因素的影响。任何公式考虑一个或几个变量都是不全面和不完善的。

影响强夯加固深度的主要因素有以下几方面。

①夯击能

夯击能可分为单击夯击能和单位夯击能。单击夯击能即夯锤重与落距的乘积，一般根据工程要求的加固深度来确定。单位夯击能指施工场地单位面积上所施加的总夯击能。加固深度一定时，单位夯击能的大小与地基土的类别有关，在相同条件下细颗粒土的单位夯击能要比粗颗粒土的单位夯击能大些，此外结构类型、载荷大小和要求处理的深度也是选择单位夯击能的重要因素。单位夯击能过小难于达到预期的加固效果；单位夯击能过大，不仅浪费能源，而且对饱和土强度反而会降低。强夯的单位面积夯击能，应根据地基土类别、结构类型、荷载大小和处理冻度等综合考虑，并通过现场试夯确定。在一般情况下，对于粗颗粒土可取 1000～4000kN·m/m^2，细颗粒土可取 1500～5000kN·m/m^2。

②夯击次数

夯击次数是强夯设计中的一个重要参数。夯击次数一般通过现场试夯来确定，常以夯坑的压缩量最大，夯坑周围的隆起量最小为确定原则，目前常通过现场试夯得到的夯击次数与夯沉量的关系曲线来确定。对碎石土、砂土、低饱和度的湿陷性土和填土等地基，夯击时夯坑周围往往没有隆起或虽有隆起但其量很小，在这种情况下，应尽量增加夯击次数，以减少夯击遍数。但对于饱和度较高的黏性土地基，随着夯击次数的增加，土的孔隙体积因压缩而逐渐减小，但因这类土的渗透性较差，故孔隙水压力逐渐增长，并促使夯坑下的地基土产生较大的侧向挤出，而引起夯坑周围地面的明显隆起，此时如继续夯击，并不能使地基土得到有效夯实，反而造成夯击能浪费。

③夯击遍数

夯击遍数应根据地基土的性质确定，一般来说，由粗颗粒土组成的渗透性强的地基，夯击遍数可少些；反之，由细颗粒土组成的渗透性差的地基，夯击遍数应多些。根据我国的工程实践经验，一般夯击遍数为两遍，最后再以低能量满夯，夯击遍数可适当增加。夯点分布见图2-13。

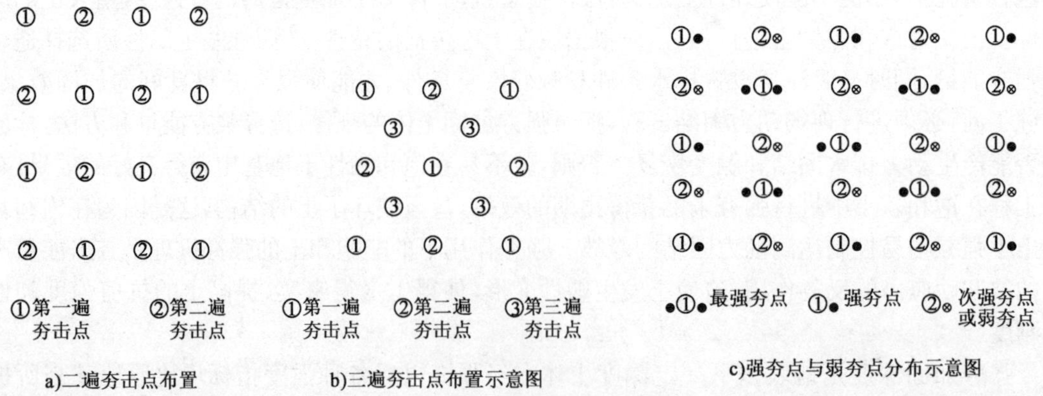

图 2-13　夯点分布示意图

④夯点间距

夯击点间距的布置是否合理与夯实效果和施工费用直接相关，不合理的夯点分布示意图见图2-14。夯击点间距的确定一般根据地基土的性质和要求加固的深度而定，对于细颗粒土，为便于超孔隙水压力的消散，夯点间距不宜过小，当要求加固深度较大时，第一遍的夯点间距更不宜过小，以免夯击时在浅层形成密实层而影响夯击能往深处传递。此外，还必须强调，若各夯点之间的距离太小，在夯击时上部土体向已经夯成的夯坑中侧向挤出，从而造成坑壁坍塌，夯锤歪斜倾倒，进而影响夯实效果。有些工程采用一个夯坑紧接一个夯坑的连夯方法，已被实践证实夯击效果较差。当然，夯点间距过大，也会影响夯实效果。根据国内的经验，第一遍夯击点工程实践表明，经强夯法加固后的地基，其承载力可提高200％～500％，此外，地基深层土也能得到加固且能消除不均匀沉降现象，还能改善砂土抵抗振动液化的能力。强夯法最适宜用在处理粗颗粒土地基及地下水在地表下2～3m、处理深度15m以内的地基。

夯点按次序分为强夯点和弱夯点、一次夯点、二次夯点和补夯点。

强夯法的有效加固深度，应根据现场试夯或当地经验确定。在缺少试验资料时，可按表2-6确定。

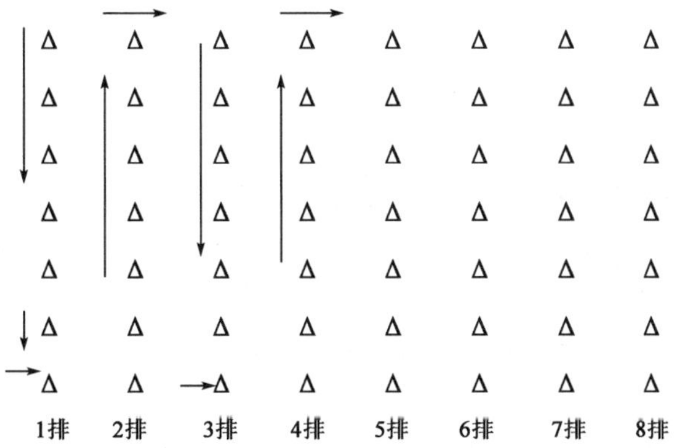

a)整排整排地夯击示意图

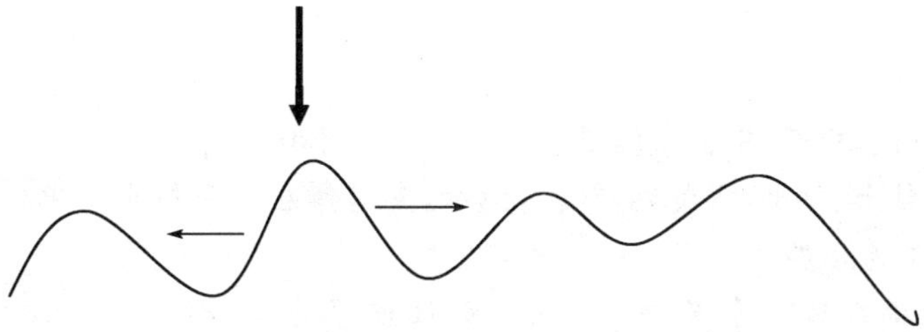

b)不合理的加固会引起地层流动

图2-14　不合理的夯点分布示意图

强夯法的有效加固深度　表2-6

单击夯击能(kN·m)	碎石土、砂土(m)	粉土、黏性土、黄土(m)
1000,2000,3000,4000	5～6,6～7,7～8,8～9	4～5,5～6,6～7,7～8
5000	9～9.5	8～8.5
6000	9.5～10	8.5～9
8000	10～10.5	9～9.5

对高饱和度的粉土与软塑—流塑的粉性土等软弱地基可采用在夯坑内回填块石、碎石等粗颗粒材料进行强夯置换，但应通过现场试验确定其适用性。强夯置换法的有效加固深度可按下式确定：

$$H \approx \sqrt{M \cdot h} \tag{2-5}$$

式中：H——有效加固深度(m)；

M——夯锤重量(t)；

h——落距(m)，由现场试验确定。

案例 2-2 某住宅区地基处理设计方案——强夯法

(1)工程概况

某住宅区规划总用地面积 151977m²，其中绿化用地面积 77538m²(绿化率 51.02%)。道路广场面积 32948m²(占 21.68%)，因此实际建筑占地面积为 41491m²(占 27.30%)，总建筑面积 85344m²。本小区住宅均设计为 3～4 层的单幢或连体别墅，共计 9 种户型 52 幢。拟建场地原为耕地，近期逐渐整平填高，其标高约为＋26.0m。

(2)场地地质条件

据勘察报告，场地内表层为人工堆积层，其下为新近沉积层，再下为第四纪冲、洪积层，地层自上而下分述如下：

人工堆积层：

①层素填土：黄褐色，稍密，湿～稍湿，以黏质粉土、粉质黏土为主，含有少量砖渣、灰渣，厚 0.30～3.40m，层底标高为 20.63～24.08m。

新近沉积层：

②层粉质黏土：褐黄色，可塑，湿～饱和，夹有黏质粉土，高压缩性。厚 0.24～3.50m，局部 4.50m 左右，层底标高为 19.25～24.06m，局部 18.25m 左右。

③层粉、细砂：褐黄色、灰色，中下密～中密，中低压缩性，厚 0.30～5.40m。

④层粉质黏土、重黏质粉土：灰色，可塑，饱和，含有白色小螺壳，局部夹有砂质粉土及黏土层。中高压缩性，厚 3.10～7.60m。

第四纪沉积层：

⑤层细砂：灰色，中密，中低压缩性。厚 1.90～4.80m。

⑥层重粉质黏土、黏土：褐黄色，可塑，饱和，夹有薄层砂质粉土。中～中高压缩性。钻至深度 15.50m 时仍为此层。

该场区钻探揭露地下水为潜水，静止水位埋深为 1.50～4.00m，水位标高 21.21～23.19m，1994 年 3 月勘察时水位标高 20.80～23.02m。目前水位比 1994 年 3 月勘察时略有抬升。根据附近水质分析资料，地下水对混凝土无腐蚀性。历年(1959 年)最高地下水位标高为 24.00m，近 3～5 年最高地下水位标高为 20.50m。

(3)地基处理方案选择

由于本住宅小区占地面积较大，土质情况不均匀，地表普遍分布有一层厚度不均匀的新填土，新填土在完成自重固结的过程中将会产生不小于 8%～12% 自身厚度的固结沉降。所以，如果新填土不做妥善处理，不仅会影响新建筑物的地基稳定，对小区内的地下管网、小区道路、停车场等设施均会造成不同程度的破坏，尤其是在不同功能的交接过渡区。比如，小区道路与建筑物的接口处极易发生开裂、错位等现象，类似的工程问题在新填土地区屡见不鲜。由此可见，妥善地处理好本小区新填土的沉降，尤其是不均匀沉降的问题，是非常重要的。因此，为了确保本小区建成的每幢住宅安全使用，从总体上降低工程造价，并且加快建造速度，按照每种户型结构的特点、基底作用荷载和具体的地质条件，因地制宜的选用不同的地基处理方案。

设计院提出的建筑物基底作用荷载在120～150kPa之间，也就是说经地基处理后的地基承载力的标准值需大于120～150kPa。按该项规定，本场地中的人工回填土①层和新近沉积层粉质黏土②层及局部区域的淤泥质黏土，均属于地基加固的对象土层。

对于体型较长的连体别墅，虽然土质有差异，但经地基处理后，可以达到相对比较均匀，上部结构可不再设置沉降缝。

地基加固的方法有很多，建设单位针对上部结构的特点和所在位置的具体土质条件，选用下述两种地基处理方法。

①强夯法

a. 对于广场、道路、辅助建筑、管沟等公用场地选用100tm强夯加固法。

b. 对于住宅楼下(含周围一定的范围)，当地下水位埋藏较深，而需要加固的回填土①层和粉质黏土层②(以下合称软弱土层)的厚度小于6m，且其层底标高又高于地下水位时，采用200tm强夯加固地基。

c. 对于住宅楼下的地下水位的埋深小于软弱土层的厚度，且软弱土层的厚度大于7m时，采用单击强夯能量为300tm强夯法加固地基。

②水泥土桩

a. 对于软弱土层的厚度大于8m，地下水位埋深小于6m，或局部有淤泥质土的住宅楼采用深层搅拌法加固地基。

b. 对于住宅楼下的地下水位的埋深大于软弱土层的厚度，且软弱土层的厚度小于6m但又因客观条件无法强夯时，采用夯实水泥土桩法加固地基。

(4)地基处理方案设计

①由于本住宅区的运动广场、小区道路、市政管网等公共场地均位于新近回填土上，土层处于松散的状态，远未完成自重固结沉降，在雨水浸泡下，将产生极不均匀的“湿陷”变形。决定采用技术成熟、加固效果显著、施工费用低廉的低能级强夯加固法，主要加固对象为新填土。本场地回填土的埋藏厚度一般不超过4.5m。

a. 单击夯击能量P的选择

强夯法有效加固深度的计算公式如下：

$$H = K\sqrt{P} = K\sqrt{WS} \tag{2-6}$$

式中：H——有效加固深度(m)；

S——夯锤落距(m)；

W——锤重(t)；

K——影响系数，可取0.35～0.70。

针对本工程的集体情况K值取为0.45。

则夯击能量：

$$WS = \left(\frac{H}{K}\right)^2 = \left(\frac{4.5}{0.45}\right)^2 = 100\text{tm}$$

选用W=10t的重锤，则落距H=10m。

b. 夯击次数 N 的计算

对于地下水位以上的人工回填土的场地，平均夯击能$\overline{E}$应达到 80tm/m^2。选择夯点间距为 3.0m×3.0m(单点加固面积 $A=9\text{m}^2$)，则夯击次数

$$N=\frac{\overline{E}A}{WS}=\frac{80\times 9}{10\times 10}=7.2\ \text{击}$$

经综合考虑，决定选用 8 击。

②根据本场地工程地质勘察报告提供的本小区住宅楼处的地质资料和上部建筑队地基承载力和变形的要求，位于本小区东部和中部的大部分住宅楼的人工填土层和粉质黏土的厚度不超过 6m，且这些楼座处地下水埋深又大于 6m，因此也可采用中等能量的强夯法对楼底座地基进行加固。

a. 单击夯击能量的选择

通过上述得 $WS=178$tm，选用 200tm 级的单击夯击能量，即 $W=15$t 的重锤，落距 $H=$14m。夯点间距为 3.5m×3.5m。

b. 夯击次数 N

对于位于地下水位以上的人工回填土和饱和的粉质黏土的平均夯击能$\overline{E}$应达到 120tm/m^2。计算得 7.4 击，经综合考虑，决定选用 8 击。

c. 加固效果

经 200tm 强夯加固后的有效地基承载力可达 140kPa，压缩模量可达 10MPa。

d. 建筑物轴线外加一排保护夯点

③本小区东部和北部一小部住宅楼位处的人工填土层和饱和粉质黏土的厚度大于 7m，而地下水的埋深也在地面下 7m 左右，由于地下水的存在，会阻止夯击能量向下传递，将大大降低中小能量强夯的加固效果，因此，对这些楼座可选用高能级的强夯加固法。

a. 单击夯击能量的选择

计算得 $WS=306$tm，选用 300tm 级的单击夯击能量，即选用 $W=20$t 的重锤，落距 $H=$15m。夯点间距为 4.0m×4.0m。

b. 夯击次数 N

对于此种土质条件，平均夯击能$\overline{E}$应达到 150tm/m^2。计算得 8 击，经综合考虑，决定选用 9 击。

c. 加固效果

经 300tm 强夯加固后的有效地基承载力可达 160kPa，压缩模量可达 15MPa。

d. 建筑物轴线外加一排保护夯点

④对于位于本小区南部的 4 座住宅楼的土质相对本场地而言是最差的，人工填土层和粉质黏土的厚度达 8m，而地下水的埋深在地面下 7m 处，且局部夹杂淤泥质土，加之上部结构的荷载也相对较大(达到 150kPa)，而且与这几座楼相距不远的马路对面有几幢小高层住宅正在进行结构外装修施工，因此强夯法施工的唯一弊端——振动、噪声对这些装修房屋会产生不利的影响，所以这几座楼采用深层搅拌水泥土复合地基。

a. 复合地基置换率 m

控制桩长：桩身穿过填土层和粉质黏土层进入粉细砂层③1.0m。复合地基承载力 $f_{spk}=$150kPa，桩间土的承载力 $f_{spk}=100$kPa，单桩承载力取 120kN，则根据：

$$f_{spk} = mR_a/A_p + \beta(1-m)f_{sk}$$

可得 $m=18\%$。

b. 桩间距 s

当桩径 $d=0.6$m，采用正方形布桩时，一根桩分担的处理面积 1.58m^2。

因此桩间距 $s=1.25$m。

⑤因客观原因无法强夯时，采用水泥土桩法加固地基。

a. 复合地基置换率 m

控制桩长：桩身穿过填土层和粉质黏土层进入粉细砂层③1.0m。复合地基承载力 $f_{spk}=150$kPa，桩间土的承载力 $f_{spk}=100$kPa，单桩承载力取 60kN，则计算得 $m=16\%$。

b. 桩间距 s

当桩径 $d=0.4$m，采用正方形布桩时，一根桩分担的处理面积 0.785m^2。

因此桩间距 $s=0.85$m。

(5)结论

依上述设计可将本小区具体的地基加固范围划分为五个区，如表 2-7 所示。

表 2-7

区　号	地基加固方法	适 用 部 位
I	100tm 强夯加固法	广场、道路、辅助建筑物、市政管网
II	200tm 强夯加固法	1 号楼～9 号楼，24 号楼～48 号楼
III	300tm 强夯加固法	14 号楼～19 号楼，49 号楼～52 号楼
IV	深层搅拌桩加固法	10 号楼～13 号楼
V	夯实水泥土桩加固法	20 号楼～23 号楼

本住宅区的地基处理施工结束后，经检验全部符合设计及有关规范要求。目前，52 幢住宅楼已全部封顶，地基沉降量大大小于设计要求，说明本地基处理的综合方案技术上是可靠的。

2.4 挤 密 法

2.4.1 挤密法处理地基

挤密法是以振动或冲击等方法成孔，然后在孔中填入砂、石、土、石灰、灰土或其他材料，并加以捣实成为桩体，按其填入的材料分别称为砂桩、砂石桩、石灰桩、灰土桩等，常见分类见表 2-8。挤密法一般采用打桩机或振动打桩机施工的，也有用爆破成孔的。挤密桩主要靠桩管打入地基中，对土产生横向挤密作用，在一定挤密功能作用下，土粒彼此移动，小颗粒进入大颗粒的空隙，颗粒间彼此靠近，空隙减少，使土密实，地基土的强度也随之增强。由于桩体本身具有较大的强度和变形模量，桩的断面也较大，故桩体与土组成复合地基，共同承担建筑物荷载。但两者的作用是不同的：砂桩的作用主要是挤密，故桩径较大，桩距较小；而砂井的作用主要是排水固结，故井径小而间距大，避免破坏地基土的天然结构。在砂土中，通过机械振动挤压或加水振动可以使土密实。挤密桩主要应用于处理松软砂类土、消除湿陷性的效果是显著的。

挤密法分类 表2-8

方法	加固原理	适用范围
平板振动法	由电动机带动两个偏心块以相同速度反向转动而产生很大的垂直振动力，使土层夯实	无黏性土或黏粒含量少，透水性较好的松散的杂填土，仅限于表层处理
机械碾压法	通过压路机、推土机、羊足碾等其他压实机械来压实地基表面土体	软土、湿陷性黄土、膨胀土和季节性冻土，仅限于表层处理
重锤夯实法	利用1.5～3.0t的重锤，从2.5～4.5m的高度自由下落的冲击能来夯实土体	地下水位以上的稍湿的黏性土、砂土湿陷性黄土、杂填土和分层填土，仅限于浅层处理
夯坑基础	利用5～10t的锥形夯锤，从6～7m高处落下所夯出的夯坑为基槽，直接浇筑混凝土建筑基础。由于夯击使下部土体得以夯实，侧壁得以挤密，从而提高了地基承载力，减少了压缩沉降	软黏土、非饱和的黏性土、无黏性土松散的杂填土、湿陷性黄土。在饱和的黏性土中，宜在夯击时不断加入石渣或煤渣等
强夯挤密法	利用80～300kN的重锤从8～20m的高处落下的冲击能，以夯击地基土，在地基土中产生冲击波和很大的动应力，使地基土得到密实	碎石土、砂土、填杂土、素填土、湿陷性黄土和低饱和度的粉土与黏性土，对于高饱和度的粉土与黏性土，在经试验论证后，才可使用，且宜设置竖向排水通道。最大处理深度达40m。强夯的振动可能会对周围环境造成不良影响
振冲法	利用振冲器的水平振动力使饱和的无黏性土和砂质粉土液化，颗粒重新排列而密实。如在振冲同时填入砂、石等其他材料，对土层还具有挤密作用	不添加砂、石材料的振冲致密法一般宜用于0.75mm以上颗粒占土体20%以上的砂土。添加砂、石材料的振冲致密法宜用于颗粒小于0.005mm的黏粒含量不超过10%的粉土和砂土
爆破挤密法	利用炸药爆炸所产生的强大的冲击波使地基土挤密或饱和的松砂发生液化，颗粒重新排列而趋于密实	饱和的松砂（$Dr<0.5$）、非饱和疏松的湿陷性黄土和粉土。但对中密（相对密度$Dr>0.6$）以上的砂土，不宜采用该法。爆破力对周围建筑物可能产生破坏，处理后土质不均
干振碎石桩	利用干法振动成孔器成孔，使土体在成孔和填石成桩过程中被挤向周围土体，从而使桩周土体得以挤密，同时挤密的桩周土和碎石桩	松散的（轻便触探试验捶击数$N_{10}\leqslant 25$）非饱和黏性土、杂填土、松散的素填土，二级以上的非自重湿陷性黄土。适用于7层以上的工业与民用建筑
沉管挤密碎石桩	利用成孔过程中沉管对土的横向挤密及振密作用，使土体向桩周挤压，桩周土体得以挤密，同时分层填入并夯实碎石，形成碎石桩	松散的非饱和黏性土、杂填土、湿陷性黄土、疏松的砂性土。对饱和软黏土，宜慎重使用
土桩与灰土桩	利用在成桩过程中，沉管对土的横向挤压作用，使孔内的土挤向周围，使得桩间土得以挤密。再将准备好的素土或灰土分层填入桩孔内，分层捣实	地下水位以上的湿陷性黄土、素土、杂填土，但当含水率大于23%及饱和度超过0.65时，挤密效果较差。该法不适用于地下水位以下的土层
渣土桩	利用成孔过程中的横向水平力挤密，使土体向桩周挤密。挤密的桩间土同由碎石、碎瓦等建筑垃圾及其他工业废料构成的桩体共同承载	杂填土、湿陷性黄土、软土、粉土及酸碱腐蚀环境的土层，常用于处理7层以下的工业与民用建筑
沉管砂桩	利用成孔过程中沉管对土的横向挤密或兼有振密作用，使得桩周土体得以密实。夯填的砂体与挤密的桩间土共同构成复合地基	松散的砂土、砂质粉土、非饱和的黏性土、杂填土、素填土。不适合于饱和的黏性土

振冲法是一种常用的挤密法，振冲法可以处理素填土、杂填土、湿陷性黄土等，将土挤密或消除湿陷性，振冲法是利用振冲器，在构成比原来抗剪强度高和压缩性小的地层，振冲器为圆筒形，筒内由一组偏心铁块、潜水电机和通水管三部分组成。潜水电机带动偏心铁块使振冲器产生高频振动，通水管接通高压水流从喷水口喷出，形成振动水冲作用。振冲法的工作过程是用吊车或卷扬机把振冲器就位后；打开喷水口，开动振冲器；在振冲作用下使振冲器沉到需要加固的深度；然后边往孔内回填碎石，边喷水振动，使碎石密实，逐渐上提，振密全孔；孔内的填料越密，振动消耗的电量越大，常通过观察电流的变化，控制振密的质量；这样就使孔内填料及孔周围一定范围内土密实。

在砂土中和黏性土中振冲法的加固机理是不同的。在砂土中，振冲器对土施加重复水平振动和侧向挤压作用，使土的结构逐渐破坏，孔隙水压力逐渐增大。由于土的结构破坏，土粒便向低势能位置转移，土体由松变密。当孔隙水压力增大到一定值时，土骨架的有效应力降低，土体开始液化。振动液化与振动加速度有关，而振动加速度又随着离振冲器的距离增大而衰减。

振冲法所形成的振冲碎石桩是散体桩的一种，所谓散体桩就是指无黏接强度的桩，由散体桩和桩间土组成的地基称为散体桩地基。基于在松软土中所构成桩体的刚硬程度不同，复合地基可以分为散体桩（包括砂桩和振冲碎石桩），柔性桩（包括石灰桩和旋喷桩），刚性桩（包括预制桩和灌注桩）。散体桩可以就地取材，不需要用钢铁，木材和水泥，甚至可以用工业或生活垃圾，不仅造价低廉而且利于环保，因此颇受人们的欢迎。

振冲法是以起重机吊起振冲器，启动潜水电机偏心快，使振冲器产生高频振动，同时开动高压水泵，使高压水喷嘴射出，在振动作用下，将振冲器逐渐沉入土中的设计深度，清孔后即从地面向孔内逐段填入碎石，每一段填石大约为 30～50cm，不停地投石振冲，经振挤，密实度达到设计要求后方提升振冲器，再填筑另一段，如此重复填料和振密，直到地表，由此在地基中形成大直径的密实碎市桩体，形成桩体与桩间土体共同工作的复合地基，其承载力较原松软地基大为提高，而沉降与不均匀沉降将显著减小。

振冲挤密法分为振冲置换法和振冲密实法两种，其中振冲置换法是利用一个产生水平向振动的管状设备在高压水流下边振冲边在软弱土地基中成孔，再在孔内分批填入碎石等坚硬材料制成的一根根桩体，桩体和原来的土体复合。在制桩过程中，填料在振冲器的水平向振冲力的作用下挤向孔壁的软土中，从而桩体直径扩大，当这一挤入力与土的约束力平衡时，桩体不再扩大。因此，原土层强度越低，当抵抗填料挤入的约束力平衡时，造成的桩径就越粗，但若原土的强度太低，以致土的约束力始终不能平衡使填料挤入孔壁的力，就不能成桩，本法也就不再使用。振冲挤密法主要适用于黏性土，人工填土，黄土等地基处理。

（1）振冲法的优点

①由于振冲法直接作用在地基深层软弱土部位，对软弱土施加的侧向振动挤压力大，因而使土密实的效果好。

②对于不均匀的天然土地基，在平面和深度范围内，由于地基的振密程度可以随地基软硬程度而对不同的填料进行调整，使加固后成为较均匀的地基。

③施工机具简单，操作方便，施工速度快，加固质量容易控制。

④不需要用钢材和水泥，仅用碎石、砂砾、卵石等硬质材料，造价低。

⑤对于天然软弱土地基，经过振冲填以碎石等粗骨料，成状后改变了地基的排水条件，可以加速地震时超孔隙水压的消散，有利于地基的抗震和防止砂土液化。

(2)振冲密实法

振冲密实法一方面依靠振冲器的强力振动使饱和砂层发生液化，砂颗粒重新排列，孔隙减小；另一方面依靠振冲器的水平振动力，在加回填料的情况下还通过填料使砂层挤压加密。与振冲置换的主要区别是前者在地基中以紧密的桩体材料置换一部分地基土，而后者是使松砂变密。

在振冲器的重复水平振动和侧向挤压作用下，砂土的结构逐渐破坏，孔隙水压力迅速增大。但由于结构破坏，土粒有可能向低势能位置转移，这样土体由松散变密。当孔隙水压力达到主应力时，土体开始变为流体。土在流体状态时，土颗粒不再连续，这种连接又不再被破坏，因此，土体变密的可能性将大大减小。研究指出，振动加速度达到 0.5g 时，砂土结构开始破坏；1.0～1.5g 时，土体变为流体状态；超过 3g 时，砂体发生剪胀，此时，砂体不但不变密，反而由密变松。

试验资料表明，振动加速度与离振冲器距离的增大趋势呈指数函数型衰减。从振冲器侧壁向外根据加速度的大小可以顺次分为紧靠侧壁的流态区、过渡区和挤密区，挤密区外是无挤密作用的弹性区。见图 2-15。只有过渡区和挤密区才有显著的挤密效果。过渡区和挤密区的大小不仅取决于砂土的性质(例如起始相对密度、颗粒大小、形状和级配、土颗粒相对密度、地应力、渗透系数等)，还决定于振冲器的性能(例如振动力、振动频率、振幅和振动历时等)。若砂土的起始相对密度越低，抗剪强度必然越小，则使砂土结构破坏所需的振动加速度也越小，这样挤密区的范围就越大。由于饱和能降低砂土的抗剪强度，可见水冲不仅有助于振冲器在砂层中贯入，还能扩大挤密区。在实践中会遇到这样的情况，如果水冲的水量不足，振冲器难以进入砂层，其道理就在这里。

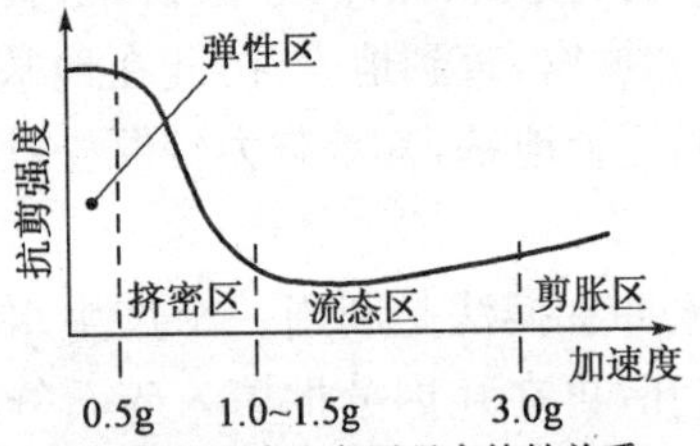

a)振动加速度和各区强度特性关系

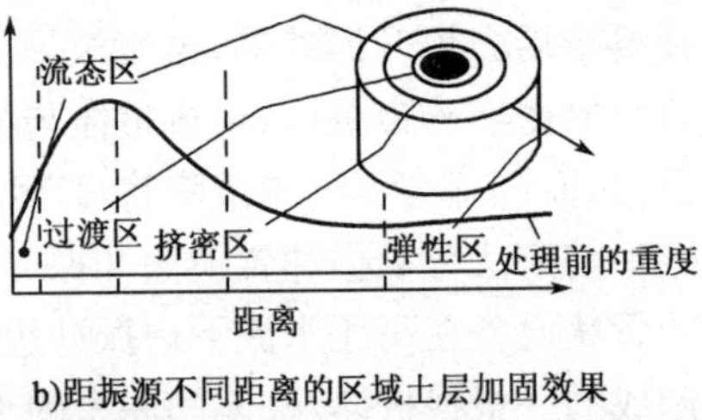

b)距振源不同距离的区域土层加固效果

图 2-15　振冲特性与过渡区、挤密区和挤密区

一般来说，振动力越大，影响距离就越大。但是过大的振动力，扩大的多半是流态区而不是挤密区，因此，挤密效果不一定成比例地增加。振冲器在一般常用的频率范围内，频率越高，产生的流态区越大。所以，高频率振冲器虽然容易在砂层中贯入，但是挤密效果并不理想。砂土颗粒越细，越容易产生宽广的流态区。由此可见，对于粉层，振冲挤密的效果不好。缩小流态区的有效措施是向流态区灌入粗砂、砾石或碎石等粗粒料。若在砂石层中用碎石、卵石等透水性较好的填料制成的一系列桩体，这种粗大的桩体具有排水功能，能有效地消散地震等震动引起的超孔隙水压力，从而使液化现象大为减少。

振冲法加固砂土机理：室内和现场试验都表明，砂层中有排水桩体，相应于某一加速度的抗液化临界相对密度都有很大降低。

砂土是单粒结构，密实的单粒结构已经接近稳定状态，在荷载作用下不会产生较大的变形，而疏松的单粒结构，颗粒间的空隙越大，颗粒位置越不稳定，在动荷载或静荷载的作用下会产生交大的变形。特别是在动荷载的作用下更显著，其体积可以减小 20%。因此疏松的砂土不能作为建筑地基。振冲法加固地基的主要目的是提高土的承载力和模量。在施工过程中，由于水冲使松散砂土处于饱和状态，砂土在强烈的高频强迫振动下产生液化，并重新排列致密。在桩孔中填入大量的粗骨料后，强大的振动力会将其挤入周围土中，使砂土的相对密度增加，孔隙率降低，干密度和内摩擦角增大，土的物理力学性能得到了极大改善。

①挤密效应

对振冲挤密法，在上述三种加密作用下，使砂土的相对密度增加，孔隙比减小，干密度和内摩擦角增大，土的物理力学性能得以改善，使地基承载力大幅度提高。国内对大量的振冲法加固的地基一加固效果较弱的桩间土中心测试，其相对密度普遍可达70%～75%以上，大部分可以提高到80%以上。如果需要更高的密度，只需要适当缩小振冲孔的孔即可。国外资料显示，只要小于0.0074mm的细颗粒含量不超过10%时，利用振冲法均可得到挤密效应。见图2-16、图2-17。

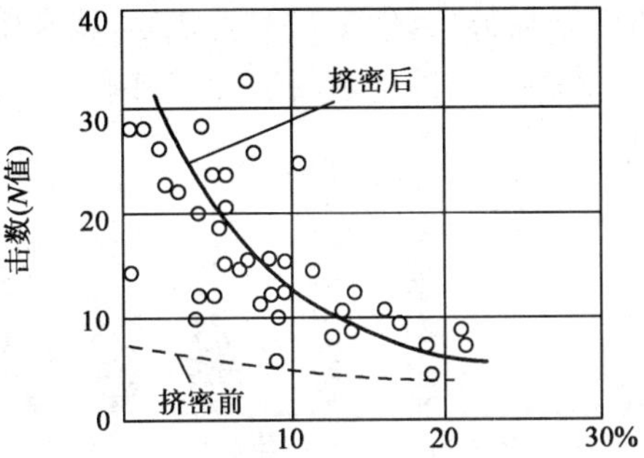

图2-16　颗粒含量对加密效果的影响

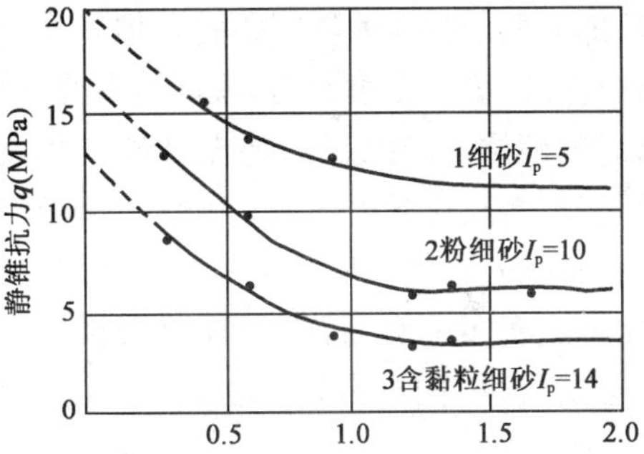

图2-17　细颗粒含量对增加贯入阻力的影响

②排水减压效应

振冲法加固砂土时，向桩孔内填充填充反滤性好的粗颗粒，在地基中形成渗透性能良好的人工竖向排水通道，可以有效地消散和防止超孔隙水压力的增高，并可以加快地基的排水固结。

③预振效应

某处理后的砂土，密实度为54%，相当于密实度80%的未经过处理的砂土的抗液化能力。同时，采用振冲法处理过的砂基，其振动的孔隙水压力较未处理砂基降低2/3左右，已具有较好的抗液化性作用。

(3)振冲施工技术

该工程进行的对粉细砂地基进行地基抗液化处理，宜采用加填料的振密工艺。主要有以下几种。

①间断填料法

成孔后把振冲器提出孔口，直接往孔内倒入一批填料然后在下降振冲器使填料振密，每次填料都这样反复进行，直到全孔结束。间断填料法的成桩顺序是：振冲器对准桩位，振冲成孔，将振冲器提出孔口，向桩孔内填第一次料(每次填料的高度限制在0.8～1.0m)，将振冲器再放入孔内将桩料振实，直到整根桩制作完毕。见图2-18。

②连续填料法

连续填料法是将间断填料法中的填料和振密合为一步来做，即连续填料法是边把振冲器缓慢向上提升(不提出孔口)，边向孔中填料的施工方法，连续填料法的成桩顺序是：振冲器对准桩位，振冲成孔，振冲器在孔底留振，从孔口不断填料，边填边振，上提振冲器(上提距离约为振冲器锥头长度，约为0.3～0.5m继续振密，填料到整根桩制作完成，见图2-19。

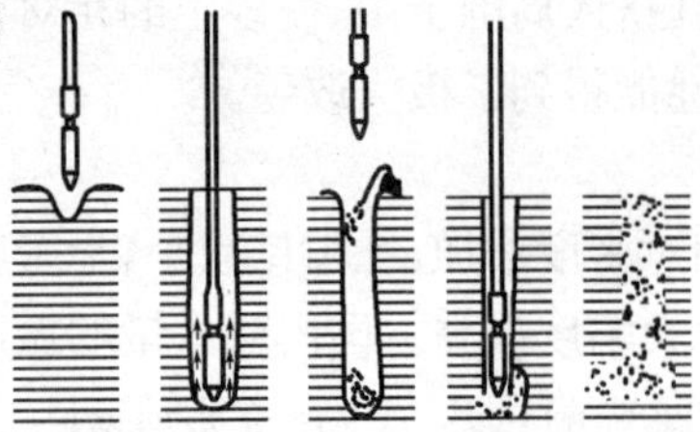

图2-18 间断填料法制桩步骤图

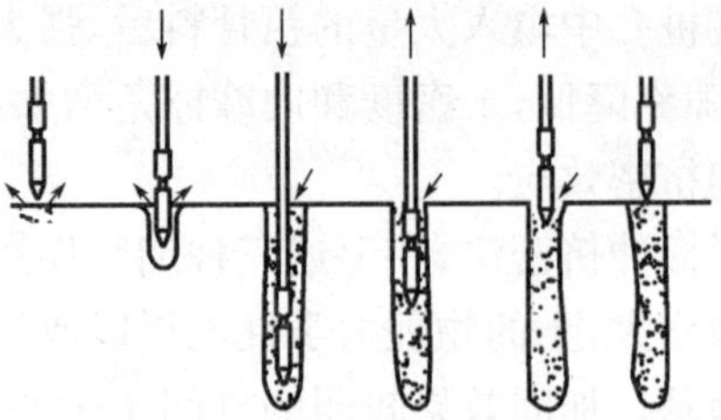

图2-19 连续填料工艺振冲施工过程图

③综合填料法

相当于前两种填料的组合施工法。这种施工法是第一次填料，振密过程采用的是间断填料法，即成孔后将振冲器提出孔口填一次料后，然后再下降振冲器，使填料振密之后，就采用连续填料法，即第一批填料后，振冲器不提出孔口，只是边填边振。综合填料法的成桩顺序是：振冲器对准桩位，振冲成孔，将振冲器提出孔口，向桩孔内填料(填料高度过0.8～1.0m)，将振冲器再放入孔内将石料压入桩底，挤密，连续不断向孔内填料，边填边振，达到密实电流后，将振冲器缓慢上提，继续振冲达到密实后，再向上提，如此反复操作直至整根桩完成。见图2-20。

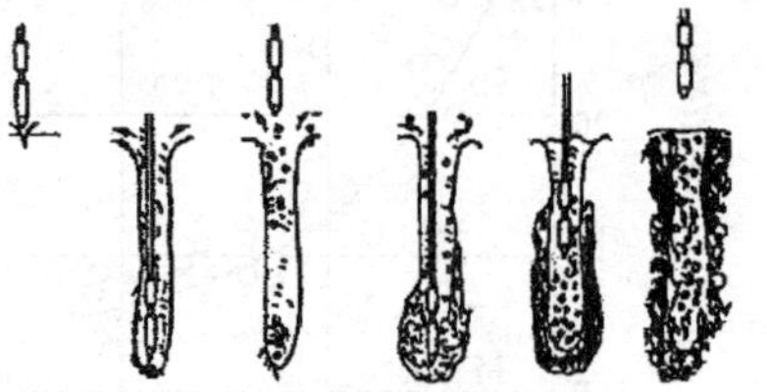

图2-20 综合法振冲施工顺序示意图

连续填料法振冲器不提出孔口，制桩效率高，制成桩体密实度较均匀，施工简单，操作方便，适合机械化作业。连续填料法必须严格控制振冲器上提高度。每次上提高度必须在0.3～0.5m，不宜大于0.5m，否则，就会造成桩体密实度不均匀。连续填料法由于施工振动水中的扰动，在桩底部形成松软的扰动区，桩底填料不易振密，影响加固质量。综合填料法施工不仅避免前两种方法的缺点，而且提高了地基的加固效果。由于综合填料法在孔底压入并振捣密实了回填石料，桩底端头密实度和强度显著提高，改善了石料和地基土的受力特性。

振冲器施工的机具与设备主要有：振冲器，起吊设备，供水系统，排污系统，填料系统，电控系统以及维修设备等。

a. 振冲器

由于水平振动挤密土的效果远大于垂直振动的效果，约为垂直振动效果的4～5倍，故一般采用的振冲器主要是产生水平振动。借助于偏心块在定轴旋转时的惯性力，使振冲器产生有一定频率和振幅的水平向振动力，振冲器的结构主要由电动机，振动器，减振器与导管和通水管组成。

电动机：提供动力设备，由于需要水下作业，故这里可以选用潜水电动机。

振动器：振动外壳为无缝钢管制成，两侧翼板为防止振动器作业时的扭转，壳内安装带有偏心组块的空心转动轴，并通过弹性联轴器与电动机连接。

扇片：安装在振冲器的侧步，扇片的作用是防止振动器在土体中工作时发生转动。实践表明，在振动时扇片能强烈地冲击过渡区的侧面，从而可以增大挤密的效果。当然增加扇片数量时，挤密效果不会成比例地增加，它只起到扩大振冲器直径的作用。

减振器与导管：减振器是为保证振冲器能在独立地水平振动，同时又减少对上部导管甚至吊车臂的影响。一般采用橡胶减振器。导管是用以起吊振冲器和保护电缆与水管。

通水管：通水管是穿过电机与振动器的空心轴连接于射水管，作业时高压水由射水管喷射而出。

振冲器是振冲法的主要构件，其参数的选择是一个综合性的问题，与设备的性能、布桩间距、工程造价和挤密效果都有很大的关系。振冲器的主要参数有振动频率、振幅和加速度。

振动频率：振冲器在振密松散土体时，振冲器将使周围土体移动，产生相对位移而加密实。实践表明，当土粒的振动与强迫振动处在共振状态时的振密效果最佳。砂土自振频率约为1400r/min，故振冲器频率的选取可以在这个值左右。

振幅：振冲器的振幅在一定范围内可压缩的土体，在相同的振动时间，振幅大的沉降量也大，加密效果最好，但若太大也不利于土体的密实。我国振冲器的振幅设计值一般在10cm左右。

加速度：前面已经论述过当振动加速度达到0.5g时，砂土结构开始破坏；1.0～1.5g时，土体变为流体状态；超过3.0g时，砂体发生剪胀，此时砂体不但不变密，反而由密变松。因此振动加速度是反映其振动强度的主要指标，并只有当加速度达到一定值后对土体的破坏方起作用。国内常用的振冲器发生的振动加速度约在10g左右。

国内常用的ZCQ30号振冲器，其主要参数如下：

功率	30kW	转速	1450r/s	偏心距	5.7cm
激振力	90kN	振幅	5mm	加速度	12g
外径	351mm	全长	1935mm	总重	940kg

b. 电控系统：电控系统为振冲法施工的主要设备之一，负担着整个场地的施工供电，还具有控制施工质量的功能，主要由电控柜、起动柜和保护装置组成。振冲施工时，需要有380V的工业电源，若需发电机，一台30kW振冲器需要配置一台48～68kW柴油发电机。

电控柜：由进户电源、继电器、各种按钮、磁力起动器以及指示灯等主要构件组成。

起动柜：为了克服振冲起动时电压过高，因此用起动柜中的自藕边压器进行振冲器浆压起动。

保护设备：主要有过载保护、短路保护、欠压保护以及漏电保护等。

c. 给水设备：由于振冲作业需用大量水冲，而且水压较高，故振冲施工一般采用二级供水系统。一级为从水源至施工用水箱，二级为从水箱至振冲器。供水压力的调节采用人工控制回水大小来实现，为了安装使用方便，各种水泵的口径应统一。为满足正常施工要求，供水系统应保证水压力大于500kPa，保证连续供水，流量大约20m^3/h。水压越高，流量越大，振冲器的贯入速度也越高。

d. 起吊设备：常用的起吊设备有汽车吊，履带吊或自行井架专用车。但由于施工线路较大，应选用操作灵活，移动方便的汽车吊和在水上使用的船吊。与30kW振冲器相配置的吊车最大起吊值大约为16t。

e. 装载机：装载机主要用于制桩填料，一般斗容积为1～2m^3。

f. 排污系统：振冲作业产生大量的污水，若不及时排出，则会严重影响场地的环境和施工条件，为满足环保条件，应根据现场情况挖掘排污沟渠，集污池和储存污泥地点，水上作业区段还应该有专用的排污船。

(4)振冲挤密法施工

①施工前准备工作

水通：一方面保证施工中的需水量，另一方面也要把施工中产生的水污水引开。压力水应由水泵送出通过胶管进入各个振冲器的水管，出口水压一般为400～600kPa。每个振冲器的管线上应设有一个小阀门，以便按需要随时间调节水量。各施工车产生的水泥应通过明沟集中引入沉淀池，水上施工产生的水泥应用专门的运输船运到岸上，以免污染湖水。沉下来的浓泥浆挖出后应设法运至预先安排的存放地点，余下比较清的水泥可以重复使用。

电通：电源电料应满足振冲器、供水泵、污水泵及照明要求，并保证施工中的电源稳定，电压过低或过高都会影响施工或损坏振冲器的电机。一般要用到三相和单相电源，电压应为工业电压380V左右。

料通：在加固区附近应设置若干个堆料场，确定的原则是一方面要使从料场到各个施工车的运送距离最短；另一方面要防止运送路线对施工作业线路的干扰，料场上要有足够的填料，尽量避免停工的现象，还要有足够的运送设备。

场地平整：对于地面施工的区段，一方面要尽量清理和尽可能平整地表，若地表的强度很底，则可以铺以适当的垫层以利于施工机械的行走；另一方面要清除地基中的障碍物如废地下水道、大石块、废混凝土块、大木块等，防止阻碍振冲器工作，甚至损坏振冲器。

②试桩

所谓试桩就是在正式施工作业前划出一定的区域，结合工程桩选出一定的桩数和部位进行质量检测，一方面确定最佳的施工参数；另一方面是摸清处理处理效果，制桩的难易程度以及可能出现的问题，再进行改进；另外，还可以采用不同的填料、不同桩距、不同的施工工艺拟定几种可能的试桩情况，以便从中优选出既满足设计要求，又是最经济合理的碎石桩加固方案。其中，在试桩中很重要的两个问题是选择控制电流和确定振冲孔的间距，对于大范围施工的情况，应尽可能采用较高的控制电流和较大的间距以减少孔数，加快施工进度。对于30kW的振冲器，可以选用55～60A控制电流进行不同间距的振冲密实试验，测定各方案的加密效果，再从加密效果均满足设计要求的那些方案中选择最佳值。

③施工组织

施工组织包括选定施工工艺，施工顺序，计算施工期内所需配备的机具设备，耗用的水管，电量及石料，排出施工进度计划表及相应的网络图，场地设备的布置等。这些情况都应该遵循一定的原则。

电源：施工所需要的用电应是在现场不超过30m距离之内设置配电箱，电压为380V左右。对应与30kW振冲器，每台机组的电量不少于100kW。

水源：振冲作业的水量大，压力高，故应在距离施工区域不超过60m范围内提供无强烈气味，不含泥沙的水源，水量需要应该满足每台机组不少于20t/h。

排污出处：由于振冲作业会产生大量的污泥浆水，将严重影响环保与施工，必须建立排污沟或沉淀池等。每台机组需要提供容积不小于300m^{3}的沉淀池，沉淀后的清水可以二次使用。

填料：填料最好就地取材，应选用既满足工程要求价格又相对低廉的硬质材料，如碎石、卵石、砾石、矿渣等。填料本身的强度不得低于300kPa，含泥量应小于10%。

主控室：主控室为施工作业的中枢，应设置于地势较高，距离适中的位置，水上作业应有一条专门的主控船，使操作人员视野广阔。同时，水箱、清水泵与水压调节系统等均宜布置在主控室的周围。

吊车：吊车的位置应与振冲前进的方向统一考虑，最大限度地发挥吊车回转半径和杆长的优势，尽量减少移动吊车的次数。

④施工过程

a. 操作步骤

对准桩位，开水开电，检查水压，电源和振冲器的空载电流是否正确。

开动施工车，使振冲器以 1～2m/min 的速度在土层中徐徐下沉，注意在振冲器在下沉过程中的电流值不得超过电机的额定值，万一超过，必须减速下沉或者暂停下沉，或者向上提升一段距离，借助于高压水冲土后再继续下沉。

当振冲器达到设计加固深度以上 30～50cm 时，开始将振冲器往上提，直至孔口，提升速度可以增至 5～6m/min。

重复上述步骤一至二次，如果孔口有泥块堵住，应把它挖去。最后将振冲器停留在设计加固深度以上 30～50cm 处，借助循环水使孔内的泥浆变稀，这一过程叫清孔。进行清孔1. 2min后将振冲器提出孔口，准备加填料。

往孔内到 0. 15～0. 5m^3 的填料，将振冲器沉至填料中进行振实，这样，振冲器不仅使填料振密，并且使填料挤入孔壁的土中，从而使桩径扩大。由于填料的不断挤入，孔避上的约束力逐渐增大。一旦约束力与振冲器产生的振力相等时，桩径不再扩大，这时振冲器中的电机的电流迅速增大，当电流达到规定的值后，则需要提起振冲器继续往孔内到一批填料，然后再下降振冲器继续进行振密，如此重复操作直至该深度的电流达到规定值为止。每倒一批填料进行振密，都必须记录深度，填料量，振密时间和电流量。电流的规定值称为密实电流，一般由现场制桩试验决定。

重复上一步骤，自下而上地制作桩体至孔口，完成一根桩。

关闭振冲器和水，移到下一孔继续进行。

b. 振密工艺

对于粉土层和细砂层，应该采用加填料的振密工艺。施工时的水压，水量不必很大。因为这种砂层的漏水量不大，水量过大或压力太高必然会使孔口回水量过大流速增大，从而将带出大量的细颗粒使地面淤高，其结果只是增加了填料量，并不能直接达到挤密的效果。在疏松的粉细砂中造孔比较容易，一般不会发生塌孔；虽然如此，造孔的速度也不应过快，一般控制在每分钟 1～2m，使孔周围的砂土有足够的振密时间，在施工过程中应根据具体情况及时调节水压和水量。此外，振冲器应始终保持悬垂，使造成的孔尽可能垂直。孔底达到设计深度后，应将水压和水量减小至维持孔口有一定量回水但没有大量细颗粒带走的程度，此时用装载机等运料工具将填料堆放在振冲器护筒周围，填料将在水平作用下依靠自重沿护筒周壁下沉至孔底。填料后借振冲器的水平振动力将填料挤入周围土中，从而使砂层挤密。由于砂层逐渐变密，砂层抗挤入的阻力也不断增大。这迫使振冲器输出更大的功率，引起电机电流值不断升高，当达到规定的电流值时将振冲器上升一段距离，继续进行投料振密。如此逐段进行至孔口，上升距离约为振冲器锤头的长度，即 30～50cm，上升距离不应过大，否则容易出现振密不充分甚至漏振的现象。

对于中粗砂中的振冲，可以不加填料就地振密，即利用中粗砂的自行塌陷代替外加填料，由于振密的厚度大，其工效远胜于其他方法。在施工中遇到的主要困难是振冲器不易贯入，可以采取以下两个措施：一是加大水量，二是加快造孔速度。这些措施是否有效都应当通过正式施工前的现场试桩试验加以仔细验证。施工中应严格控制质量，做到不漏振、不漏孔，确保加固效果。如在施工中发生底部漏振或电流未能达到控制值从而造成质量事故，在施工后很难采取补救措施。这是因为上部砂层已经振密，再振冲将会很困难。

⑤质量控制

水量要充足，使孔内充满水，可以防止塌孔，但不易过多，否则，易将填料回出流走。水量应视土质及强度而定，对强度较低的软土，水压可以小些；对强度较高的土，水压应较大。在成孔过程中，要降低水压，以免破坏桩底下的土。加料振密过程中，水压和水量都应较小。

控制加料振密过程中的密实电流，规定值应依据现场制桩试验，一般为振冲潜水电动机的空载电流加上10～15A。在制桩时，不能把振冲器刚接触填料的一瞬间的电流作为密实电流。瞬时电流可能高达100～120A，但只要把振冲器停住不下降，电流值立即变小，并不能反映密实电流。只有振冲器在固定深度上振动一定时间而电流稳定在某一数值，这一稳定电流才反映填料的密实电流程度，要求稳定电流超过规定的密实电流时，该段桩体才算制作完成。

施工中填料量不应过猛，应勤加料，每次不应太多。应注意在最深处的桩体，为达到规定的密实电流所需要的填料远比制作其他部分多，因为开始阶段的加料有相当一部分从孔口向孔底下落过程中被粘在各深度的孔壁上，只有少量能落到孔底。

⑥工程进度

单桩时间：如每根桩长20m，振冲器造孔的时间为2m/min，则单桩需要10min；留振时间一般为0.04m/s，单桩需要8.3min；提升速度为5m/min，单桩需要4min，加料大约需要5min，则制作一根桩的时间大约为0.5h。

制桩时间：考虑1.2的扩大系数。

施工时间：由于振冲法噪声大，在市区施工时必须严格控制施工时间，以免扰民。其中在市区施工时，每天从8:00～12:00和15:00～23:00施工12h；野外可以全天24h施工，在市区施工前应对地表场地进行清理，同时考虑在正式施工前设备的安装及试桩。

(5)质量检验与评价

振冲碎石桩复合地基，由于发挥了碎石桩的多种功能，使复合地基有了一系列工程效应，以满足工程建设与结构对地基的要求。然而，碎石桩的功能与复合地基的各种效应，能否充分地发挥，发挥程度如何，与土层的性质，碎石桩的布置，桩体质量，桩间土的工程性能的改善以及施工质量等因数有关。因此，复合地基工程质量的好坏，实为一个受多种因数控制的复杂问题。振冲碎石桩复合地基的检测和评价包括两方面：一是施工质量的检验和评估，主要是检验，评价碎石桩的质量好坏，如桩数、桩位偏差、桩径、桩体密实度是否合乎要求等，若不符合要求，则需要研究进行补救措施；二是振冲碎石桩复合地基的功效检验与评价，验证其能否满足设计方面提出的抵抗地震液化的能力是否达到规定的要求。关于施工质量的检验主要是对振冲碎石桩进行质量测定，常采用的方法有单桩荷载实验和桩体动力触探实验。而碎石桩复合地基的功效检验，则有单桩复合地基荷载试验，多桩复合地基大型荷载实验，桩间土的荷载试验，标准贯入试验，静力触探试验等。检验的基本原则：

①检验的起始时间：地基土由于振冲器施工而产生了较大超孔隙水压力和土体的扰动，使土的工程性能暂时产生较大的削弱。土中超静孔隙水压力的消散，扰动土工程性能的稳定，都需要一定的时间，为反映今后复合地基土的真实工程性能，就应使地基有一适当的实效时间。对于这里所遇到的砂土，可以间隔一周左右进行检验。

②检验桩，点的选择：碎石桩的质量优劣，受多种因素影响，如土层性质、制桩工艺的控制、填料的性质与数量等，各桩质量差异不可能控制得完全一致，期间存在人们难以掌握的差异，即质量差异的随机性。根据经验，检验桩点的位置应遵循随机性为主，判定性为辅，按平面均布，选择一些有针对性的点。对于复合地基荷载试验，宜以判定性为主，随机性为辅，即在桩体

和桩间土的基面上，选择具有较好的代表性或具有疑义的点进行检验。对情况较复杂的且加固面积较大的代表性或有疑义的点位进行检验。因此检验的时间在完成1/3工作量后提前进行检验，以发现问题并即时处理。当检验发现复合地基的加固质量存在问题时，应分析原因，估计后果，采取必要的补救措施。

③检验点的数量：振冲碎石桩复合地基所形成的碎石桩具有较大的数量，若每根桩都进行检验，必然耗资大，为时长，也无必要。通常是以随机性与判定性结合的办法，选择一定数量有代表性的能综合反映总体实际情况的桩点进行检验。其中主要以动力触探，标准贯入，静力触探和少量的荷载试验检验。其中荷载试验可按每400根桩随机抽取一根；动力触探取总数的2%；静力触探取总数的1%，且深度大于20m，标准贯入实验可以取总数的0.5%，且深度大于20m。

④检验的具体方法

a.室内土工试验：通过地基处理前后桩间土的物理性质指标的变化来验证处理效果，验证的项目有含水率，重度，孔隙比，压缩模量和抗剪强度指标。

b.静力触探和动力触探试验：静力触探试验可以用来检验桩间土的加固效果及碎石桩本身的施工质量，桩体的测点应位于桩体轴心，桩间土测点应包括几根桩之间的形心点，一般认为该点是碎石桩加固效果的最差点。将测试的结果与抗震规范或有关液化势的判别标准进行对比分析，以最终确定加固后地基的抗液化能力。

c.标准贯入试验：标准贯入试验是用一个带有直径为51mm的对开口取土器的专门贯入器，以63.5kg的锤，从0.76m高度自由落下，先把取土器打入孔底0.15m(不记录锤击)数，然后打入0.3m所需的锤击数即为N值，对选取的桩每隔1m进行一个标准贯入度N值计算。

d.载荷试验：包括平板载荷试验和孔内载荷试验两种，在试验前应对固结体的加载部位进行加强处理，以防止加载时由于受力不均而破坏。

e.质量的总体评价：振冲碎石桩复合地基经过土力学基本试验后，其抽查结果一般不会完全相同，总有一定的差异，有的碎石桩很密实，有的就会差些。即使同一根碎石桩，有的桩段检验属密实，有的又属于欠密实，甚至为松散段。如何合理评价桩和复合地基的总体施工质量，目前尚缺乏法定的规程。

(6)环境评价

由于振冲法施工从地面作业，因此需要对地面建筑物进行处理，必然会破坏地表环境，产生一定量的尘土，会对大气产生污染。具体表现在：

①若在水中施工，对水体生态产生负面影响，尤其对其中的水生物非常不利。

②地面施工振动大，虽然可以控制施工时间，不至于影响市民的正常休息，但是施工所产生的噪声也会对城市产生噪声污染。

③所用的填料无毒无害，不会对生态环境和人体产生负面影响。

2.4.2 振冲法处理液化地基

振冲器的强力振动使松砂在振动荷载作用下，颗粒重新排列，体积缩小，变成密砂，或使饱和砂层发生液化，松散的单粒结构的砂土颗粒重新排列，空隙减小；另一方面，依靠振冲器的水平振动力，在加回填料情况下，还通过填料使砂成挤压加密，所以这一方法被称为振冲密实法。实践证明；装在容器中的散粒物质受到一定的振动作用或敲击就会产生沉陷或密实，同样，饱和松散砂土受到振动时抗剪强度迅速下降，一定范围内受振颗粒在自振及上覆压力下，重新排列致密。在动荷载作用下，砂土的抗剪强度为：

$$\tau=(\sigma-\Delta u)\tan\varphi \tag{2-7}$$

式中：σ——砂土所受的正应力(kPa)；

Δu——砂土所在位置的超静孔隙水压力(kPa)；

φ——砂的内摩擦角(°)。

当振冲器在加固砂土时，尤其是饱和砂土，在振冲器的水平荷载作用下，土体中孔压迅速增大使土的抗剪强度减小，土粒有可能相低势能位置转移，这样土体由松变密，形成较为紧密的稳定结构以适应旧的应力条件。可是孔压在振动作用下会继续增大，导致砂土的抗剪强度为零，土体开始变为流体，砂土结构遭到破坏，出现砂土液化现象。砂土液化后，在上覆荷载和振动作用下，砂土颗粒有重新排列，使砂土空隙比减小，相对密度增大，承载力提高。

振冲器在振动时，能产生较大的振动加速度，这一振动产生的水平力沿水平方向传播，在传播中很快衰减，土体获得这种振动能量后将产生振动，这就是土质点的强迫振动。若强迫振动的频率接近土体的自振动频率时，土体振动将会特别显著，也会促进土体液化。

振动加速度与离振动器的距离有关。从振动器侧壁内外根据加速度的大小，可以依次划分为紧靠侧壁的剪胀区(紧则振动器侧壁，该区振动加速度值大，砂土处于剪胀状态)，流态区(砂土受到较强的振动并受高压水冲击，土体处于流体状态，土颗粒有时连接有时不连接)，过渡区和挤密区(砂土经受振动，结构开始逐渐破坏，但土颗粒仍保持连接，能够通过土骨架传递振动应力，并使砂土变密，形成新的密实结构的土)，挤密区以外是无挤密效果的弹性区(砂土受到的振动小，土体处于弹性变形区，不能获得显著加密)，只有过渡区和挤密区才有明显的加密作用。过渡区和挤密区的大小不仅取决于砂土的性质，诸如起始相对密度、颗粒大小、形状和级配、土颗粒的比重、地应力和渗透系数等，还取决于振动器的性能，诸如振动力、振动频率、振幅和振动历史，如砂土的起始相对的密度越低，必然抗剪强度越小。振冲器在土中是一个移动的点振源，因此，剪胀区、流态区、振密区不是固定的，随着振冲器在土中的移动，剪胀区可以变为流态区、挤密区、弹性区。

采用振冲法加固松散砂基，分不填料和填料(常为碎石等粗粒径材料)两种情况。采用振冲碎石桩加固砂土地基，除了振冲器直接对松散砂土地基有加密作用外，由于振冲孔中填满碎石，振冲器在填料时的振动还能挤密砂土地基，所以，填料加固效果更加显著。振冲过程对松散砂基有加密作用。

①振挤作用：振冲器的水平振动力通过土的骨架传递(或有填料时振冲器在填料时的振动，还能挤密桩剪砂土)将周围土挤压密实。

②振浮作用：通过振冲器振动四周围土体内超静空隙水压力升高，促进土颗粒间结构粒破坏，再形成稳定的结构形式。

③固结作用：在砂土上覆有效应力作用下，超静空隙水压力消散时产生排水固结压密。振冲碎石桩加固松散砂土地基的主要目的是提高地基土的承载力和模量，并增强抗液化能力。

④挤密效应：振冲挤密法使砂土的相对密度增加，孔隙比减小，干密度和内摩擦角增大，土的物理力学性能得以改善，使地基承载力大幅度提高。我国对地震地区的广泛调查并从室内试验可知，当地震烈度为7、8、9度时，在相对密度分别达到55%、70%、80%及其以上时，则不会产生液化。国内对大量的振冲法加固的地基加固效果较弱的桩间土进行测试，其相对密度普遍可达颗粒含量对加密效果的影响70%～75%以上，大部分可以提高到80%以上。如果需要更高的密度，只需要适当缩小振冲孔的孔即可。国外报道中指出，只要小于0.0074的细颗

粒含量不超过10%时，利用振冲法均可得到挤密效应，如图 2-21 所示。

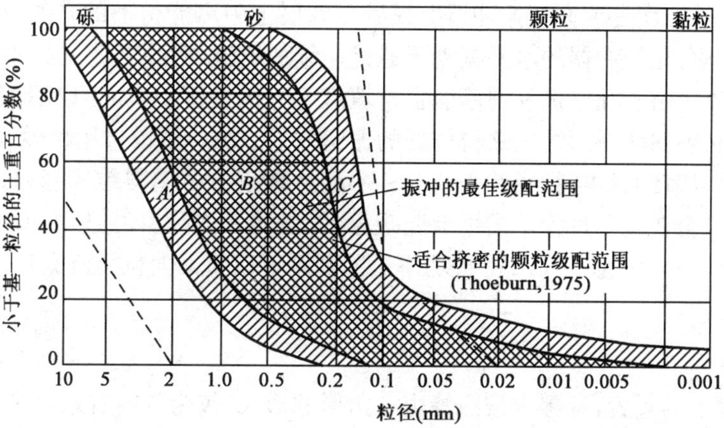

图 2-21　适合振动挤密的颗粒级配曲线范围

⑤排水减压作用：振冲密实加固松散砂基的排水减压作用类似与砂基中的砂桩的排水减压作用。简单地来说，就是砂土地基振冲加密并设置碎石桩，不仅地基的相对密度增加，而且也改善了排水条件，能降低振动时产生的超静孔隙水压，提高抗液化能力。

⑥砂基的预震效应：振冲密实法加固松软砂基可对砂基产生预震作用，其原理是这样的，砂土的液化特性除了与土的相对密度有关外，还与其振动应力历史有关。在振冲法施工中，例如振冲器以 1450 次/min 的振动频率，98m/s 的加速度和 90kN 的激振力振入土中，施工过程是填入料和地基土在挤密的同时获得强烈的预震，这对砂土地基的抗液化能力是极为有利的。

几个技术参数：

(1)处理范围

振冲法在处理抗液化区域时应在线路的两边适当加宽，加宽的范围视土层的液化程度而定，对于中等或严重液化区，应在地铁线路的每边设置 2～4 排保护桩。

(2)桩长

由于液化层深度较深，达到地面下 15～18m，并且液化层下的土层在地铁开挖后也有液化的可能。规范规定，若其液化层分布在地表下 20m 处则可以不考虑其在地震作用下的可能性，故若采用振冲法桩长应至少打入地表下 20m。

(3)桩径

根据经验，振冲密实法制成的桩直径大约为 0.8～1.2m。

(4)布桩形式

振冲法布桩的形式主要有等边三角形和正方形，前者的效果好，但是施工进度慢，并且造价较高，多用于处理大范围地基处理；而后者多用于单独基础和条形基础，工程造价相对较低。对于南京地铁地基处理的大型工程应从保证质量的角度出发选用等边三角形布桩。

(5)桩距

振冲孔位的间距应视砂土的颗粒组成，液化层情况和振冲器功率而定。对于 30kW 振冲器，间距一般为 1.8～2.5m；使用 75kW 振冲器，间距可以达到 2.5～3.5m。

(6)填料

填料的作用一方面是填充在振冲器上提后在砂层土中可能留下的孔洞，另一方面是利用填料作为传力介质，在振冲器的水平振动下通过连续加填料，将砂层进一步挤压加密。对于中粗砂，振冲器上提后由于孔壁极易坍落能自行填满下方的孔洞，从而可以不加填料；但对于大多数细砂土质，必须加填料后才能获得较好的振密效果。填料可以选用粗砂、砾石、矿渣等，应在当地就地取材以节约成本，粒径约为 0.5～5cm，从理论上讲填料粒径越粗，挤密效果越好，但是若粒径太大，会在施工过程中发生卡壳现象，影响施工进程。若选用 30kW 振冲器，填料的最大粒径宜在 5cm 内，对于 75kW 大功率振冲器则可以将最大粒径放宽到 10cm。

(7)工程参数

①桩位布置

桩位在平面上的布置，工程中按照等边三角形的形式，较为紧凑有效。三角形布桩较正方形布桩可获得更好的挤密效果。

②桩长的确定

振冲法的桩长由加固地层厚度和振冲器的技术性能确定。

③桩径

桩径一般应根据地质情况和成桩设备等因素确定，一般为 300～800mm，对挤密地基宜取小直径，对饱和软土宜取大直径。适用于饱和黏性土的振冲置换碎石桩的直径一般为 0.8～1.2m，可按每根桩所用的填料量估算。

④桩距的确定

振冲碎石桩的桩距确定与多种因素有关，砂土的粒径级配、密实的要求，振冲器的功率、施工工艺等都有影响。砂土粒径越细，密实要求越高，桩距应越小。目前，缺乏理论的计算分析，主要基于工程经验确定，具体应根据现场试验确定。

2.4.3 挤密砂桩作用机理

(1)在松散砂土地基中的作用原理

①挤密作用

砂土属于单粒结构，是典型的散体桩体。其组成单元为松散粒状体，渗透系数大。单粒结构总处于松散或紧密状态。在松散状态时，颗粒的排列位置是很不稳定的，在动力和静力作用下会重新进行排列，趋于较稳定的状态。即使颗粒的排列接近较稳定的密实状态，在动力和静力的作用下也将发生位移，改变其原来的排列位置。松散砂土在振动力的作用下，其体积可以缩小很多。

强夯法施工时，松散的砂土再桩管下沉时所产生的很大的横向挤压力的作用下，颗粒的相对位置发生移动，孔隙比减小，密实度增大，地基的承载力得到提高。土体致密的主要原因是挤密作用，通常情况下，有效的挤密范围可达 3～4 倍的桩径。当然，振动沉管法施工时，沉桩时的横向挤压力使土体挤向四周发生横向的挤密变形产生同样的效果。

砂土地基的承载能力和抗液化能力随密实度的减小，其承载力和抗液化能力也减小。采用锤击法或者振动沉管法，在砂土和粉土沉入桩管时，对其周围都会产生很大的横向挤压力。桩管将地基中等于桩管体积的砂挤向桩管周围的土层，使其孔隙比减少，密度增加。

由于挤密砂桩在成桩过程中，施工工艺不同，其加固作用也有很大差异。无论采用哪种施工工艺都能对松散砂土地基产生较大的挤密作用。在土中沉管（或沉桩）时，桩管周围的土因为受到挤压、扰动而发生变性和重塑。挤密砂桩使砂土地基挤密到临界孔隙比以下，以防止砂土在地震或其他振动时发生液化；由于形成了强度高的挤密砂桩，提高了地基的抗剪强度和水平抵抗力；加固后大大减少了地基的固结沉降；由于施工的挤密作用，使砂土地基变得十分均匀，地基承载力也大幅度提高。

②振密作用

振动沉管，特别是采用垂直振动的激振力沉管时，桩管四周的土体受到挤压，同时，桩管的振动能量以波的形式在土体中传播，引起桩四周土体的振动。在挤压和振动作用下，土的结构逐渐破坏，孔隙水压力逐渐增大。由于土结构的破坏，土颗粒重新排列，向具有较低势能的位置移动，从而使土由较松散状态变为较密实状态。随着孔隙水压力的进一步增大，达到大于主应力数值的时候，土体开始液化成流体状态，流体状态的土变密实的可能性很小，如果有排水通道（砂桩），土体中的水此时就沿着排泄通道排出。施工中可见喷水冒砂现象，随着孔隙水压力的消散，土粒重新排列、固结，形成新的结构。由于孔隙水排出，土体的孔隙比降低，密实度得到提高。

当采用振动沉管法施工时，一方面沉桩时的横向挤压力使土体挤向四周发生横向的挤密变形，另一方面沉管和拔管留振时桩管的振动能量以波的形式在土中传播，引起桩管周围地基土的强烈振动，使桩周土体在竖向发生振密变形。土层致密的原因既有土体的挤密作用又有振密作用，振密作用产生的致密效果甚至大于挤密效果，振动的有效径向振密范围可达 6 倍桩管直径。

振密作用的大小不仅与砂土性质，如起始密度、湿度、颗粒大小、应力状态有关，还与振动或成桩机械的性能，如振动力、振动频率、振动持续时间有关。因此，振密作用影响范围越大，振密作用越显著。

③抗液化作用

首先，砂桩法形成的复合地基，其抗液化作用主要由于挤密砂桩的挤密或同时兼有的振密作用。周围土层的密实度增加，结构强度提高，表现在土层的标准贯入击数增加，从而提高了土层本身的抗液化能力。

其次，砂桩为周围土体提供了良好的排水通道，可以加速挤压和振动所产生的超孔隙水压力的消散，降低孔隙水压力上升的幅度，因而提高了桩间土的抗液化能力。某砂土、粉土场地不同桩距加固前后的标贯数对比试验表明，加固后桩间砂土的标贯击数由 10 击以下提高到 30 击左右，粉土的标贯击数也提高到加固前的 1.8 倍左右。砂土、粉土的密实度均有很大的改善。加固后的标贯击数均大于地震烈度为 9 度的标贯数临界值。

砂土的液化特性不仅与相对密度和排水体有关，还与砂土的振动应变史有关。国内外大量的不排水循环应力试验结果表明，预先受过适度水平的循环应力即预振的试样，将具有较大的抗液化强度。由于振动成桩过程中，桩间土受到了多次预振作用，因此使地基土的抗液化能力得到提高。

有资料显示，在 1964 年日本新泻发生 7.7 级地震时，大部分砂基发生液化，震害严重，而经过振冲处理的 2 万 m^2 的油罐厂房基本没有破坏，基础仅下沉了 20～30cm，同一地点相邻的几个厂房，虽然已打了深 7m、直径约 0.3m 的钢筋混凝土摩擦桩，但还是发生了明显的倾斜和沉陷。另外，未经处理的建筑物都遭到了严重的破坏。

(2)在软弱黏性土中的作用

在软弱黏性土中砂桩的加固原理是置换和排水作用，即以密实的砂桩取代同体积的软弱黏性土，共同承担上部荷载，由于砂桩的刚度较软黏土高，在荷载作用下，地基中的压力向砂桩集中，桩周土承受的压力减小，从而相应减小了沉降，提高了地基承载力；同时，砂桩良好的透水性，大大缩短了周围土层的排水距离，加快了固结排水的速度，从而促进了地基得固结沉降，改善了地基的整体稳定性。挤密砂桩主要适用于松散的砂土、粉土、素填土和杂填土等地基。对于含水率高、透水性差的软黏土，如不联合预压处理，处理后地基仍将发生较大的沉降，因此，只有对不以变形为控制的工程，才可考虑在饱和黏土地基上采用砂桩法处理。

2.4.4 人工夯实和机械压密法(图 2-22、图 2-23)

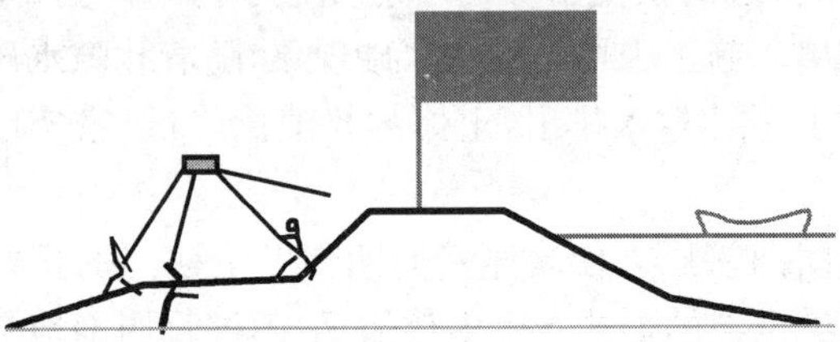

图 2-22 人工夯实修筑水利工程

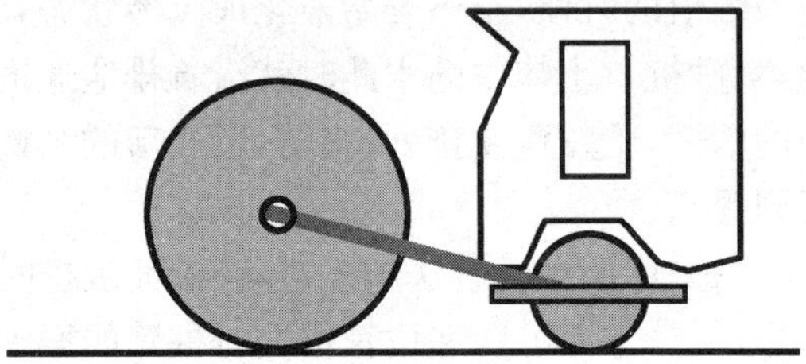

图 2-23 机械压密场地

2.5 复合地基

当天然地基不能满足建(构)筑物对地基的要求时，需要进行地基处理，形成人工地基，以保证建(构)筑物的安全与正常使用。按加固原理分类，地基处理方法主要有置换、排水固结、振密、挤密、灌入固化物、加筋法、冷热处理等。经过地基处理形成的人工地基中也有些地基已不再具备原来土质的材料的地基，变成复合材料，或是混合体、组合体地基，甚至地基的结构也发生了变化，受力和承载特性发生较大变化，尤其地基中引入“桩”的地基，强度和地基刚度都有较大不同。材料和“力”复杂组合的含义更浓，在评价、分析和计算地基承载力和地基刚度时，按一体化的模糊结构体或按复合结构工程体分析更合理、更具现实意义，但复合体必须满足特定的条件，如引入桩体时，必须满足一定的影响间距和尺寸。

复合地基是指天然地基在地基处理过程中部分土体得到增强，或被置换，或在天然地基中置加筋材料，加固区是由基体(天然地基土体或被改良的天然地基土体)和增强体两部分组成的人工地基。在荷载作用下，基体和增强体共同承担荷载的作用。

复合地基类型主要有砂石桩复合地基，水泥土桩复合地基，低强度桩复合地基，土桩、灰土桩复合地基，钢筋混凝土桩复合地基，薄壁筒桩复合地基和加筋土地基等。目前，复合地基技术在房屋建筑(包括高层建筑)、高等级公路、铁路、堆场、机场、堤坝等土木工程建设中得到广泛应用。

复合地基设计应满足承载力和变形要求。对于地基土为欠固结土、膨胀土、湿陷性黄土、可液化土等特殊土时，其设计要综合考虑土体的特殊性质选用适当的增强体和施工工艺。

2.5.1 复合地基的分类

- 复合地基
  - 散体材料桩复合地基
    - 砂桩复合地基
    - 碎石桩复合地基
    - 矿渣桩复合地基
  - 预制桩复合地基
    - 土挤密桩复合地基
    - 石灰桩复合地基
    - CFG 桩复合地基
    - 夯实混凝土桩复合地基
    - 灰土挤密桩复合地基
    - 水泥土搅拌桩复合地基
    - 旋喷桩复合地基
  - 根据复合地基工作机理分类
    - 竖向增强体复合地基
    - 散体材料桩复合地基
    - 黏结材料复合地基:柔性桩与刚性桩
    - 水平向增强体复合地基

根据地基中增强体的方向又可分为水平向增强体复合地基和竖向增强体复合地基。竖向增强体复合地基通常称为桩体复合地基。目前在工程中应用的竖向增强体有碎石桩、砂桩、水泥土桩、石灰桩、灰土桩、各种低强度桩和钢筋混凝土桩等。根据竖向增强体地基的性质,又可将其分为三类:散体材料桩、柔性桩和刚性桩。柔性桩和刚性桩也可称为黏结材料桩。严格地讲,桩体的刚度不仅与材料性质有关,还与桩的长径比、土体的刚度有关,应采用桩土相对刚度来描述。水平向增强体复合地基主要指加筋土地基。随着土工合成材料的发展,加筋土地基应用愈来愈多。复合地基是指由两种刚度(或模量)不同的材料(桩体和桩间土)组成,共同承受上部荷载并协调变形的人工地基。根据桩体材料的不同,复合地基中的许多独立桩体,其顶部与基础不连接,区别于桩基中群桩与基础承台相连接,因此独立桩体亦称竖向增强体。

复合地基可按增强体设置方向、增强体材料、是否设置垫层、增强体长度进行分类(图 2-24)。复合地基中增强体除竖向设置和水平向设置外,还可斜向设置,如树根桩复合地基。在形成桩体复合地基中,竖向增强体可以采用同一长度,也可采用不同长度,采用长短桩形式。长桩和短桩可采用同一材料制桩,也可采用不同材料制桩。例如:短桩采用散体材料桩或柔性桩,长桩采用钢筋混凝土桩或低强度混凝土桩。

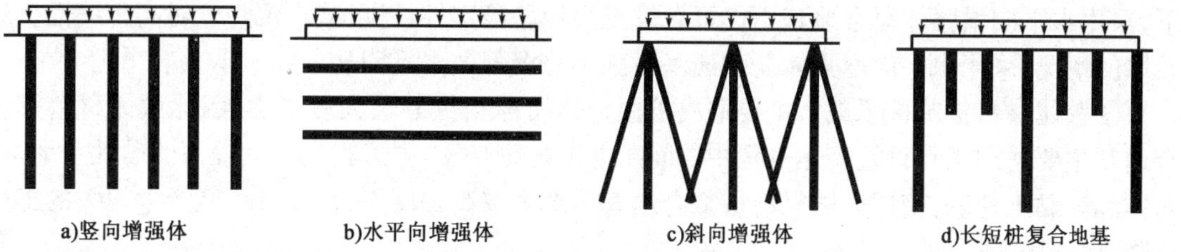

图 2-24 增强体地基

长短桩复合地基中长桩和短桩可相间布置,长桩和短桩除相间布置外也可采用中间长四周短或四周长中间短两种形式布置。复合地基沉降四周长中间短的布置形式要比中间长四周短的布置形式小一些,而上部结构中的弯矩则要大不少。在工程实践中究竟取哪一种形式较合适,应视具体情况确定。

对增强体材料，水平向增强体多采用土工合成材料，如土工格栅和土工布等；竖向增强体可采用砂石桩、水泥土桩、低强度混凝土桩、薄壁筒桩、土桩与灰土桩、渣土桩和钢筋混凝土桩等。

在建筑工程中桩体复合地基承担的荷载通常通过钢筋混凝土基础或筏板传递，而在路堤工程中，荷载是由刚度比钢筋混凝土板小得多的路堤直接传递给桩体复合地基。前者基础刚度比增强体刚度大，而后者路堤材料刚度往往比增强体材料刚度小。理论研究和现场实测表明，刚性基础下和路堤下复合地基性状具有较大的差异。填土路堤下复合地基称为柔性基础下复合地基。柔性基础下复合地基的沉降量远比刚性基础下复合地基的沉降大。为了减小柔性基础复合地基的沉降，应在桩体复合地基加固区上面设置一层刚度较大的“垫层”，防止桩体刺入上层土体，并充分发挥桩体的承载作用。对刚性基础下的桩体复合地基有时需设置多层柔性垫层以改善复合地基受力状态。按照不同的分类方法，复合地基可分为：

①按增强体设置方向，复合地基常用形式可分为竖向、水平向和竖向与斜向结合（如树根状）等几类。

②按增强体材料，可分为以下四类：土工合成材料（如土工格栅和土工布等）、砂石桩、水泥土桩（土桩、灰土桩和渣土桩等）和各类低强度混凝土桩和钢筋混凝土桩等。

③按基础刚度和垫层设置，复合地基常用形式可分为刚性基础（设垫层、不设垫层）和柔性基础（设垫层、不设垫层）。

④按增强体长度，复合地基常用形式可分为等长度和不等长度（长短桩复合地基）。

长短桩复合地基中长桩和短桩布置可采用长短桩相间布置，外长中短布置和外短中长布置。

在工程中应用的复合地基具有很多种类型，要建立可适用于各种类型复合地基承载力和沉降计算的统一公式是困难的，或者说是不可能的。在进行复合地基设计时一定要因地制宜，不能盲目套用一般理论，应该以一般理论作指导，结合具体工程进行具体问题具体分析。

复合地基常用形式很多，合理选用复合地基形式可以取得较好的社会效益和经济效益。经过综合分析提出下述选用原则：

①在选用复合地基形式时应坚持具体工程具体分析和因地制宜的选用原则。应根据工程地质条件，工程类型，使用要求综合考虑，应充分利用地方材料，通过综合分析达到合理选用复合地基形式的目的。

②水平向增强体复合地基主要应用于提高地基稳定性。在高压缩性土层不是很厚的情况下，采用水平向增强体复合地基不仅可有效提高地基稳定性，还可减小沉降。对高压缩性土层较厚的情况，采用水平向增强体复合地基对减小总沉降效果不明显。

③散体材料桩单桩承载力主要取决桩周土体所能提供的最大侧限力，因此散体材料桩复合地基主要适用于在设置桩体过程中桩间土能够振密挤密，强度得到较大提高的砂性土地基。对饱和软黏土地基，使用散体材料桩复合地基承载力提高幅度不大，而且可能产生较大的工后沉降，应慎用。

④对深厚软土地基，为了减小沉降应采用增加桩体长度，以减小加固区下卧层压缩量。若软土层很厚，可采用刚度较大的桩体复合地基，也可采用长短桩复合地基以减小地基处理费用。

⑤采用刚性基础下黏结材料桩复合地基形式时，视桩土相对刚度大小决定在刚性基础下是否设置柔性垫层。桩土相对刚度较大，而且桩体强度较小时，设置柔性垫层较有必要。刚性

基础下黏结材料桩复合地基，通过设置柔性垫层可有效减小桩土应力比，改善接近桩顶部分桩体的受力状态。桩土相对刚度较小，或桩体强度足够时，也可不设置柔性垫层。

⑥填土路堤下采用黏结材料桩复合地基时，应在桩体复合地基上铺设刚度较好的垫层，如土工格栅砂垫层，灰土垫层等。垫层的铺设可防止桩体向上刺入，增加桩土应力比，充分利用桩体的承载潜能。不设垫层的黏结材料桩体复合地基，特别是桩土相对刚度较大的复合地基不设垫层在填土路堤下应慎用。

基础刚度对复合地基性状的影响：基础刚度对复合地基性状影响明显。早期复合地基多用于建筑工程，无论是条形基础还是筏板基础都有较大的刚度，连同上部结构可视为刚性基础。刚性基础下复合地基中，桩体和桩间土的沉降量是相等的。早期关于复合地基承载力和变形计算理论的研究都是针对刚性基础下复合地基的。一些计算方法和参数都是基于对刚性基础下复合地基性状的研究得出的。随着复合地基技术在高等级公路建设中的应用，人们将刚性基础下复合地基承载力和沉降计算方法应用到填土路堤下复合地基承载力和沉降计算。实践表明，计算值与实测值相差较大，而且是偏不安全的，有时还可能造成事故。

2.5.2 复合地基作用机理

(1)解释

①桩体作用：复合地基是许多独立桩体与桩间土共同工作，由于桩体的刚度比周围土体大，在刚性基础底面发生等量变形时，地基中应力将重新分配，桩体产生应力集中而桩间土应力降低，故复合地基的承载力和整体刚度高于原地基，沉降量有所减少。复合地基中的桩体，也称竖向增强体。

②加速排水固结：碎石桩、砂桩具有良好的透水特性，可加速地基的排水固结。此外，水泥土类桩在某种程度上也可加速地基固结。地基固结不仅与地基土的排水性能有关，还与地基土的变形特性有关。虽然水泥土类桩会降低地基土的渗透系数，但它同样会减少地基土的压缩系数，而且，减少幅度比渗透系数的减小幅度要大。因此，加固后的水泥土同样可起到加速排水固结的作用。

③挤密作用：砂桩、土桩、石灰桩、碎石桩等在施工过程中由于振动、挤压、排土等原因，可对桩间土起到一定的密实作用。此外，由于生石灰具有吸水、发热和膨胀等作用，对桩间土同样起到挤密作用。

④加筋作用：加筋体提高地基的承载力和整体刚度外，还可提高土体的抗剪强度，增加土坡的抗滑能力。

(2)破坏模式

复合地基发生破坏与桩型、桩身强度、土层条件、荷载形式及复合地基上基础结构的形式有关，可分刺入破坏、鼓胀破坏、整体剪切破坏和滑动破坏。

①刺入破坏　桩体刚度较大，地基土强度较低的情况下较易发生桩体刺入破坏。桩体发生刺入破坏后，不能承担荷载，进而引起桩间土发生破坏，导致复合地基全面破坏。刚性桩复合地基较易发生此类破坏。

②鼓胀破坏　在荷载作用下，桩间土不能提供足够的围压来阻止桩体发生过大的侧向变形，从而产生桩体鼓胀破坏，并引起复合地基全面破坏。散体材料桩复合地基往往发生鼓胀破坏，在一定的条件下，柔性桩复合地基也可能产生此类形式的破坏。

③整体剪切破坏　在荷载作用下，复合地基将出现塑性区，在滑动面上桩和土体均发生剪切破坏。散体材料桩复合地基较易发生整体剪切破坏，柔性桩复合地基在一定条件下也可能发生此类破坏。

④滑动破坏　在荷载作用下复合地基沿某一滑动面产生滑动破坏。在滑动面上，桩体和桩间土均发生剪切破坏。各种复合地基都可能发生这类形式的破坏。

(3)构造褥垫层作用

复合地基与桩基础在构造上的区别是桩基础中群桩与基础承台相连接，而复合地基中的桩体与浅基础之间通过褥垫层过渡。复合地基的褥垫层可调节桩土相对变形，避免荷载引起桩体应力集中，有效保证桩体正常工作。根据复合地基工作机理可将复合地基作下述分类(图2-25)。

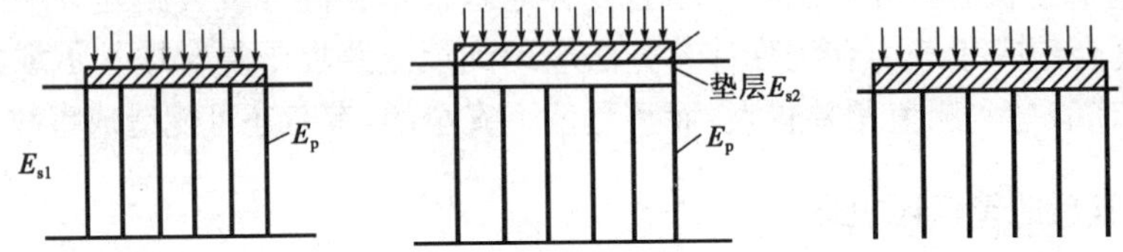

图 2-25　复合地基示意图

在荷载作用下，增强体和地基土体共同承担上部结构传来的荷载是复合地基的本质。然而如何设置增强体以保证增强体与天然地基土体能够共同承担上部结构传来的荷载是有条件的；这也是在地基中设置的增强体能否形成复合地基的条件。

当增强体为散体材料桩时，各种情况均可满足增强体和土体共同承担上部荷载，因为，散体材料桩在荷载作用下产生侧向鼓胀变形。当增强体为黏结材料桩时情况就不同，在荷载作用下，桩和桩间土沉降量相同，可保证桩和土共同承担荷载。在荷载作用下，通过刚性基础具有一定厚度的柔性垫层的协调，也可保证桩和桩间土共同承担荷载。因此在承台传递的荷载作用下，通过增强体和桩间土体变形协调可以达到增强体和桩间土体共同承担荷载作用，形成复合地基。承台荷载作用下，开始增强体和桩间土体中竖向应力大小大致上按两者的模量比分配，但是随着土体产生蠕变，土中应力不断减小，而增强体中应力逐渐增大，荷载向增强体上转移。若桩间土承担的荷载比例极小，特别是若遇到地下水位下降等因素，桩间土体进一步压缩，桩间土可能不再承担荷载。在这种情况下增强体与桩间土体难以形成复合地基以共同承担上部荷载。在实际工程应用中，为了有效减小沉降，复合地基中增强体设置一般都穿透最薄弱土层，落在相对好的土层上。如何保证增强体与桩间土体形成复合地基共同承担上部荷载是设计工程师应该注意的。设计时应重视各种材料模量之间的关系。以保证在荷载作用下通过桩体和桩间土变形协调来保证桩和桩间土共同承担荷载。因此，采用黏结材料桩，特别是采用刚性桩形成复合地基时需要重视复合地基的形成条件。在实际工程中不能满足形成复合地基的条件，而以复合地基进行设计是不安全的。这种情况高估了桩间土的承载能力，降低了复合地基的安全度，可能造成工程事故。

路堤工程中不存在刚性基础。为了防止桩体向上刺入填土路堤，应在复合地基加固区上设置一层刚度较大的垫层，如灰土垫层、土工格栅垫层等，以保证桩体和土体共同承担荷载。

案例 2-3　朔黄重载铁路沿海段软基处理案例分析

(1)工程概况

地层均为第四系松散堆积层，其基本承载力分别为：黏土，900～210kPa；砂黏土，100～

230kPa;粉砂,中密,基本承载力 100kPa;细砂,中密,基本承载力 200kPa,建议采用桩基础。桥址区场地平均剪切波速为 151.1～197.2m/s,属中软场地层,场地类别为II类。

(2)土层资料

线路所经地区自起点至 DK468+000 段地震基本烈度为 VII 度地震区,其中 DK459+430～DK459+535,埋深 13.0～14.6m 砂黏土、K462+240～K462+300,埋深 10.0～13.0m 砂黏土为地震可液化层,建议采用相应的地基处理措施。

①盐渍土

主要分布在 DK523+650 至终点,总长度为 24686m,易溶盐含量为 0.50%～3.52%,其类型为弱氯盐渍土及中氯盐渍土。离海边越近,易溶盐含量越高。毛细水强烈上升高度为 2.20～3.25m,具有吸湿、膨胀、溶陷等特性,影响路基稳定,并对建筑物有腐蚀作用,与此有关的工程应采用相应的处理措施,其分布段落为:

DK523+650～DK524+400,DK530+360～DK531+400,两段地层均为第四系全新统海陆交互沉积层(Q_4^{mc}),岩性为砂黏土,黄褐色,硬塑～流塑,层厚 0.0～4.2m。地表下 1.0m 深度范围内平均易溶盐含量为 0.54%。为弱氯盐渍土。毛细水强烈上升高度为 2.5～3.25m。

DK533+200～DK533+370,本段地层为第四系全新统海陆交互沉积层(Q_4^{mc}),岩性为砂黏土,黄褐色,软塑,层厚 2.0～2.2m,分布于表层。地表下 1.0m 深度范围内平均易溶盐含量为 0.98%,为弱氯盐渍土。毛细水强烈上升高度为 2.3～3.1m。

DK524+000～DK544+500,本段地层为第四系全新统海陆交互沉积层(Q_4^{mc}),DK524+000～DK543+400 表层岩性为砂黏土,黄褐色,硬塑～流塑,层厚 2.5m～10.0m;DK543+400～DK544+500 表层岩性为黏土,黄褐～灰褐色,硬塑～流塑,层厚 0.0～6.0m。地表下 1.0m深度范围内平均易溶盐含量为 0.67%～0.92%,为弱氯盐渍土。毛细水强烈上升高度为 2.7～3.35m。

DK548+700～DK549+450,本段地层为第四系全新统海陆交互沉积层(Q_4^{mc}),岩性为砂黏土,黄褐色,灰色,硬塑～流塑,层厚大于 2.8m。地表下 1.0m 深度范围内平均易溶盐含量为 0.90%,为弱氯盐渍土。毛细水强烈上升高度为 2.3～2.9m。

DK552+300～DK553+000,本段地层为第四系全新统海陆交互沉积层(Q_4^{mc}),岩性为砂黏土,黄褐色,硬塑～流塑,层厚 5.2～10.0m。地表下 1.0m 深度范围内平均易溶盐含量为 1.07%,为中氯盐渍土。毛细水强烈上升高度为 2.2～3.0m。

DK556+600～DK559+000,本段地层为第四系全新统海陆交互沉积层(Q_4^{mc}),岩性为砂黏土,黄褐色,灰色,硬塑～流塑,层厚大于 5.0m。地表下 1.0m 深度范围内平均易溶盐含量为 DK556+600～DK557+600 段为 1.38%～1.53%,为中氯盐渍土;DK557+600～DK559+000 段为 0.62%～0.71%,为弱氯盐渍土。毛细水强烈,上升高度为 2.2～3.25m。

DK562+100～DK564+300,本段地层为第四系全新统海陆交互沉积层(Q_4^{mc}),岩性为砂黏土,黄褐色,灰色,硬塑～流塑,层厚大于 5.0m。地表下 1.0m 深度范围内平均易溶盐含量为 DK562+100～DK563+000 段为 0.55%,为弱盐渍土;DK563+000～DK564+300 段为 0.11%,为中氯盐渍土,毛细水强烈,上升高度为 2.5～3.0m。

DK572+300～DK574+106,本段地层为第四系全新统海陆交互沉积层(Q_4^{mc}),岩性为砂黏土,黄褐色,灰色,硬塑～流塑,层厚大于 4.0m。地表下 1.0m 深度范围内平均易溶盐含量为 DK572+330～DK573+400 段为 0.56%,为弱盐渍土,DK573+000～DK574+106 段为 1.11%～2.51%,为中氯盐渍土。毛细水强烈上升高度为 2.5～3.2m。

DK574＋900～DK586＋900。本段地层为第四系全新统海陆交互沉积层(Q_4^{mc})，岩性为砂黏土，黄褐色，灰色，硬塑～流塑，最大揭露深度4.0m。地表下1.0m深度范围内平均易溶盐含量为1.63%～3.52%，为中氯盐渍土。毛细水强烈上升高度为2.3～2.8m。

②膨胀土

主要分布于DK478＋900～DK485＋500及DK488＋800～DK501＋100段表层，厚度为1.5～6.0m。自由膨胀率F_s＝40%～50%，属弱膨胀土。

③软土

主要分布于DK489＋900至终点，其分布段落为：(Q_4^{al+pl})，岩性为淤泥质黏土，浅灰色，流塑，埋深3.4～5.2m，层厚0.0～4.0m。硬壳、硬底岩性均为砂黏土。

DK512＋900～DK514＋150。本段软土层为第四系全新统海陆交互沉积层(Q_4^{mc})，岩性为淤泥质黏土，灰褐色，流塑，埋深3.5～4.8m，层厚0～2.1m。硬底地层岩性为砂黏土、黏土。

DK524＋930～DK525＋600。本段软土层为第四系全新统海陆交互沉积层(Q_4^{mc})，岩性为淤泥质黏土，灰褐色，流塑，埋深3.0～5.3m，层厚0～2.5m。硬壳地层岩性为砂黏土，硬底地层岩性为砂黏土、黏土。

DK526＋000～DK529＋500，本段软土层为第四系全新统海陆交互沉积层(Q_4^{mc})，岩性为淤泥质黏土，分上下两层。第一层，灰褐色，流塑，埋深2.5～3.9m，层厚为0～2.6m，前期固结压力127kPa。第二层，灰色，流塑，埋深5.4～8.9m，层厚0～6.8m，前期固结压力132kPa。第一层软土硬壳地层岩性为砂黏土，硬底地层岩性为黏土。第二层软土硬壳地层岩性为黏土(为第一层软土硬底)，硬底地层岩性为砂黏土。

DK531＋782～DK533＋940，本段软土层为第四系全新统海陆交互沉积层(Q_4^{mc})，岩性为淤泥质砂黏土、淤泥质黏土。淤泥质砂黏土，灰褐色，流塑，埋深6.3～9.3m，层厚0～4.0m，前期固结压力149kPa。硬壳地层岩性为砂黏土、黏土，硬底地层岩性为砂黏土。

DK534＋600～DK536＋288，本段软土层为第四系全新统海陆交互沉积层(Q_4^{mc})，岩性为淤泥质砂黏土、淤泥质黏土。淤泥质砂黏土，灰褐色，流塑，埋深4.3～6.5m，层厚1.0～5.6m。局部夹淤泥质黏土透镜体。硬壳地层岩性为砂黏土、黏土，硬底地层岩性为砂黏土。

DK536＋972～DK539＋160，本段软土层为第四系全新统海陆交互沉积层(Q_4^{mc})，分布有两层淤泥质黏土和一层淤泥质砂土。第一层淤泥质砂土，灰褐色，局部浅灰色，流塑，埋深2.1～10.1m，层厚为1.0～7.6m，前期固结压力132kPa；淤泥质砂黏土，灰褐色，灰色，流塑，埋深2.1～10.6m，层厚为1.0～8.2m，前期固结压力100kPa；第二层淤泥质黏土，灰褐色，流塑，埋深10.0m，层厚为5.0～7.8m。硬壳地层岩性为砂黏土、黏土，硬底地层岩性为砂黏土。

DK540＋260～DK541＋280，本段软土层为第四系全新统海陆交互沉积层(Q_4^{mc})，岩性为淤泥质砂黏土、淤泥质黏土。淤泥质砂黏土，浅灰，灰褐色，流塑，埋深5.7～8.0m，层厚1.0～8.8m。淤泥质黏土，灰褐色，流塑，埋深14.1m，层厚0～4.2m。硬壳地层岩性为砂黏土、黏土，硬底地层岩性为砂黏土。

DK541＋600～DK542＋000，本段软土层为第四系全新统海陆交互沉积层(Q_4^{mc})，岩性为淤泥质黏土，灰褐色，流塑，埋深5.7～8.0m，层厚1.0～8.8m。淤泥质黏土，灰褐色，流塑，埋深2.7～3.6m，层厚0～1.9m。呈透镜状分布。硬壳地层岩性为砂黏土，硬底地层岩性为黏土。

DK549＋620～DK550＋050，本段软土层为第四系全新统海陆交互沉积层(Q_4^{mc})，岩性为淤泥质黏土，灰褐色，流塑，埋深2.7～3.4m，层厚0～2.0m。呈透镜状分布。硬壳及硬底地层岩性均为砂黏土。

DK556+650～DK557+100，本段软土层为第四系全新统海陆交互沉积层(Q_4^{mc})，分布有三层淤泥质黏土。第一层淤泥质黏土，黄褐色，流塑，埋深2.5～3.0m，层厚1.4～1.9m，其力学指标为$\gamma=18.2kN/m^3$、$c=20kPa$、$\varphi=6.8°$；第二层为淤泥质黏土，灰色，流塑，埋深10.1～10.3m，层厚为2.0～2.5m，其力学指标为$\gamma=17.4kN/m^3$、$c=20kPa$、$\varphi=3.2°$；第三层为淤泥质黏土，黄褐色，流塑，埋深14.6m，层厚为1.9m，其力学指标为$\gamma=17.4kN/m^3$、$c=20kPa$、$\varphi=3.2°$。硬壳及硬底地层岩性为砂黏土，硬壳力学指标为$\gamma=17.4kN/m^3$、$c=26kPa$、$\varphi=28.8°$。

局部夹黏土透镜体。

DK566+850～DK567+600，本段软土层为第四系新统海陆交互沉积层(Q_4^{mc})，岩性为淤泥质黏土，浅灰色，灰色，流塑，埋深4.8～5.2m，层厚0～2.1m。呈透镜体状分布。硬壳地层岩性为砂黏土，硬底地层岩性为砂黏土。

DK586+988～DK588+966，本段软土层为第四系全新统海相沉积层(Q_4^{m})，分布有三层软土。第一层淤泥质黏土，黄褐色，流塑，分布于地表，层厚1.1～1.8m，其力学指标为$\gamma=18.9kN/m^3$、$c=10kPa$、$\varphi=8.0°$；第二层为淤泥质黏土，灰色，流塑，埋深5.0m，层厚为0～2.1m，呈透镜体状，分布范围小，其力学指标为$\gamma=17.9kN/m^3$、$c=4.0kPa$、$\varphi=1.2°$；第三层为淤泥质黏土，灰色，流塑，埋深10.8～12.0m，层厚3.5～3.8m，其力学指标为$\gamma=18.6kN/m^3$、$c=9.0kPa$、$\varphi=3.2°$。硬壳及硬底地层岩性为砂黏土，硬壳力学指标为$\gamma=17.4kN/m^3$、$c=26kPa$、$\varphi=2.8°$。软土间地层岩性为砂黏土，其力学指标为$\gamma=19.5kN/m^3$、$c=16kPa$、$\varphi=12.2°$。硬底砂黏土力学指标为$\gamma=18.8kN/m^3$、$c=19kPa$、$\varphi=3.8°$。

DK589+074.1～DK594+000，本段软土层为第四系全新统海相沉积层(Q_4^{m})，为淤泥质黏土及淤泥质砂黏土，分布于表层及地表下8.1～13.5m。淤泥质黏土，黄褐色，流塑，分布于地表，层厚0.0～3.0m，分布于DJ589+074.1～DK592+800，灵敏度St=3.7；淤泥质砂黏土，黄褐色，灰色，流塑，层厚0.0～4.3m，分布于DK592+300～DK592+800淤泥质黏土之下、DK592+800～DK594+350表层及DK594+350～DK594+400地表下0～6.0m，灵敏度St=4.4；下部淤泥质黏土，灰色，流塑，层厚0～3.7m分布于DK589+530～DK592+430地表下8.1～13.5m之间。

软土层分布总长度为24540m埋深2.0～17.0m，最大厚度9.0m。有机物含量一般为2.6%～10.0%，软土具有天然含水率高、孔隙比大、压缩性高、透水性能差和强度低等特性。

(3)处理方案——粉喷桩方法

粉喷桩的设计：

①桩径：粉喷桩的桩径通常是按粉喷钻机确定的，目前常采用的粉喷钻机的钻孔直径为0.5m，即取粉喷桩的直径为0.5m。

②固化剂选用42.5级普通硅酸盐水泥，掺入量通常为被搅拌土质量的7%～15%，取15%，即桩喷粉量50kg/m。

③粉喷桩的桩距1.5m×1.3m(排距)。

④桩长。根据规范设计桩长应穿过软土层进入硬土层(持力层〈3-2〉洪砂)50cm。

相关计算如下：

第①标段，加固区域：$326\times60=19560m^2$

①单桩承载力计算

单桩承载力分为极限值、标准值和设计值。

单桩极限承载力是指桩体结构不发生破坏和桩周围土不出现整体破坏、桩基础不丧失整体稳定情况下的最大承载能力。设单桩竖向极限承载能力为 R_u，高速公路路基荷载一般为 100～200kPa，取 $R_u=200kN$，单桩承载力 $R_k=\frac{R_u}{2}=100kN$；考虑到上部荷载等条件后，单桩竖向承载力设计值 R 可计为 $R=1.2R_k=120kN$。

根据《建筑地基基础设计规范》中推荐单桩承载力标准值计算公式为：

$$R_k = \eta f_{cu} A_p \tag{2-8}$$

$$R_k = \bar{q}_s U_p L + \alpha A_p q_p \tag{2-9}$$

式中：A_p——桩的截面积（m^2）；

f_{cu}——与水泥土配合比相同的标准试块，在标准养护条件下 90d 龄期的无侧限抗压强度平均值（标准试块可用 70.7mm 边长的立方体，也可用 50mm 边长的立方体，或土工五侧限标准体）。在无任何资料时，对 f_{cu} 值建议按下列取值：对水泥土，300～3000kPa，对砂土和粉土取高值，对黏土取低值。详见表 2-9；

η——桩身强度折减系数，可取 0.35～0.50；

$\bar{q}_s$——正常固结土中桩周界面的平均摩阻力（kPa），由地质资料获得，当无资料时，对于淤泥土可取用 4～7kPa，对于淤泥质土可用 6～12kPa，对于一般黏性土可取用 10～15kPa；

U_p——桩的周长（m）；

L——桩身有效长度（按永久桩计）（m）；

q_p——桩端天然地基土的承载力标准值，可按现行国家标准《建筑地基基础设计规范》（GB 50007—2002）的有关规定来确定，查土力学资料得冲积—洪积砂层桩端天然地基土的承载力标准值 1000kPa；

α——桩端天然地基土的承载力折减系数，可取 0.4～0.6。

各标段设计桩长 表 2-9

标段号及加固长度	土层分布	软土层厚度	设计桩长
①DK526+000～DK526+829	〈1〉8.1m〈2-1〉10.0m 〈2-2〉3.8m〈3-1〉4.4m 〈3-2〉4.0m	8.1+0.0+3.8+4.4=16.3m	16.8m
②DK526+829～DK527+760	〈1〉4.0m〈2-1〉1.5m 〈2-2〉5.6m〈3-1〉5.4m 〈3-2〉2.1m	4.0+1.5+5.6=16.5m	17.0m
③DK527+760～DK528+885	〈1〉4.0m〈2-1〉2.1m 〈2-2〉4.2m〈3-1〉3.9m 〈3-2〉5.0m	4.0+2.1+4.2+3.9=14.2m	14.7m
④DK528+885～DK529+500	〈1〉4.8m〈2-1〉4.1m 〈2-2〉1.1m〈3-1〉6.3m 〈3-2〉2.2m	4.8+4.1+1.1=16.3m	16.8m

根据公式(2-8)：

$$R_k = \eta f_{cu} A_p = 0.4 \times 3000 \times \frac{\pi \times 0.5^2}{4} = 235.5kN$$

根据公式(2-9)：

$$R_k = \bar{q}_s U_p L + \alpha A_p q_p = 10 \times \pi \times 0.5 \times 16.3 + 0.5 \times \frac{\pi \times 0.5^2}{4} \times 1000 = 354.04\text{kN}$$

取其中较小的值作为单桩承载力标准值，即取 $R_k=235.5\text{kN}$。

②桩体强度计算

根据上部荷载计算单桩承载力设计值，$R_k=\frac{R_u}{2}=100\text{kN}$，桩体的实际强度为：

$$q = \frac{R_k}{A_p} = \frac{100}{\pi \times 0.5^2/4} = 509.56\text{kPa}$$

③复合地基承载力计算

由于粉喷桩桩身强度较刚性桩低，在垂直荷载作用下有一定的压缩变形，在桩身压缩变形的同时，其周围的软土也分担一部分荷载，形成了柔性桩复合地基。粉喷桩复合地基的承载力标准值可按下式计算：

$$f_{ck} = m\frac{R_k}{A_p} + \beta(1-m)f_s \tag{2-10}$$

$$=0.102\times\frac{235.5}{\pi\times0.5^2/4}+0.8(1-0.102)\times107.5=199.6\text{kPa}$$

式中：f_{ck}——复合地基承载力标准值；

m——面积置换率，计算方法见公式；

f_s——桩间土天然承载力标准值；

R_k——单桩竖向承载力标准值；

A_p——桩的截面积；

β——桩间土承载力折减系数，当桩端为软土时，可取0.5～1.0；当桩端土为硬土时，可取0.1～0.4；当不能考虑桩间软土的作用时，可取零。

根据公式：$f_s=\frac{8.1\times90+0.0\times60+3.8\times90+4.4\times155}{16.3}=107.5\text{kPa}$。

④面积置换率和总桩数的计算

f_{ck}为上部结构对地基要求达到的承载力，取高速公路路基最大荷载为200kPa，则：

$$m = \frac{f_{ck}-\beta f_s}{(R_k/A_p)-\beta f_s}$$

$$=\frac{200-0.8\times107.5}{235.5/(\pi\times0.5^2/4)-0.8\times107.5}=0.102 \tag{2-11}$$

总桩数可由下式求得：

$$n_p = \frac{mA}{A_p} = \frac{0.102\times326\times60}{\pi\times0.5^2/4} = 10167\text{ 根}$$

式中：n_p——总的粉喷桩数；

A——基础地面积，对于路堤来说来说加固区路堤基地面积。

⑤复合地基实际承载力计算

复合地基实际承载力按以下公式计算：

$$f_{zk} = \frac{n_p R_k + (A-n_p A_p)f_s}{A}$$

$$=\frac{10167\times235.5+(19560-10167\times\pi\times0.5^2/4)\times107.5}{19560}$$

$$=218.9\text{kPa} \tag{2-12}$$

式中：f_{zk}——复合地基最终实际承载力值；

f_s——桩间土实际承载力标准值；

n_p——总桩数；

R_k——单桩承载力；

A——基础总面积；

A_p——单桩截面积。

第②标段，加固区域：$262\times60=15720\text{m}^2$

①单桩承载力计算

根据公式(2-8)：

$$R_k=\eta f_{cu}A_p=0.4\times3000\times\frac{\pi\times0.5^2}{4}=235.5\text{kN}$$

根据公式(2-9)：

$$R_k=10\times\pi\times0.5\times16.5+0.5\times\frac{\pi\times0.5^2}{4}\times1000=357.2\text{kN}$$

取其中较小的值作为单桩承载力标准值，即取 $R_k=235.5\text{kN}$。

②桩体强度计算

$$q=\frac{100}{\pi\times0.5^2/4}=509.56\text{kPa}$$

③复合地基承载力计算

$$f_s=\frac{4.0\times90+1.5\times60+5.6\times90+5.4\times155}{16.5}=108.5\text{kPa}$$

$$f_{ck}=0.102\times\frac{235.5}{\pi\times0.5^2/4}+0.8(1-0.102)\times108.5=200.35\text{kPa}$$

④面积置换率和总桩数的计算

$$m=\frac{200-0.8\times107.5}{235.5/(\pi\times0.5^2/4)-0.8\times107.5}=0.102$$

$$\text{n}_p=\frac{0.102\times262\times60}{\pi\times0.5^2/4}=8171\text{ 根}$$

⑤复合地基实际承载力计算

$$f_{zk}=\frac{8171\times235.5+(15720-8171\times\pi\times0.5^2/4)\times108.5}{15720}=219.8\text{kPa}$$

第③标段，加固区域：$278\times60=16680\text{m}^2$。

①单桩承载力计算

$$R_k=0.4\times3000\times\frac{\pi\times0.5^2}{4}=235.5\text{kN}$$

$$R_k=10\times\pi\times0.5\times14.2+0.5\times\frac{\pi\times0.5^2}{4}\times1000=320.94\text{kN}$$

取其中较小的值作为单桩承载力标准值，即取 $R_k=235.5\text{kN}$。

②桩体强度计算

$$q=\frac{100}{\pi\times0.5^2/4}=509.56\text{kPa}$$

③复合地基承载力计算

$$f_s=\frac{4.0\times90+1.5\times60+5.6\times90+5.4\times155}{16.5}=108.5\text{kPa}$$

$$f_{ck}=0.102\times\frac{235.5}{\pi\times0.5^2/4}+0.8(1-0.102)\times108.5=200.35\text{kPa}$$

④面积置换率和总桩数的计算

$$m=\frac{200-0.8\times107.5}{235.5\div(\pi\times0.5^2\div4)-0.8\times107.5}=0.102$$

$$n_p=\frac{0.102\times262\times60}{\pi\times0.5^2\div4}=8171$$

⑤复合地基实际承载力计算

$$f_{zk}=\frac{8171\times235.5+(15720-8171\times(\pi\times0.5^2/4))\times108.5}{15720}=219.8\text{kPa}$$

第④标段，加固区域：$180\times60=10800\text{m}^2$

①单桩承载力计算

$$R_k=0.4\times3000\times\frac{\pi\times0.5^2}{4}=235.5\text{kN}$$

$$R_k=10\times\pi\times0.5\times16.3+0.5\times\frac{\pi\times0.5^2}{4}\times100=353.91\text{kN}$$

取其中较小的值作为单桩承载力标准值，即取 $R_k=235.5\text{kN}$

②桩体强度计算

$$q=\frac{100}{\pi\times0.5^2\div4}=509.56\text{kPa}$$

③复合地基承载力计算

$$f_s=\frac{4.8\times90+4.1\times60+1.1\times90+6.3\times155}{16.3}=107.5\text{kPa}$$

$$f_{ck}=0.102\times235.5/(\pi\times0.5^2/4)+0.8(1-0.102)\times107.5=199.63\text{kPa}$$

④面积置换率和总桩数的计算

$$m=\frac{200-0.8\times107.5}{235.5\div(\pi\times0.5^2\div4)-0.8\times107.5}=0.102$$

$$n_p=\frac{mA}{A_p}=\frac{0.102\times180\times60}{\pi\times0.5^2\div4}=5614$$

⑤复合地基实际承载力计算

$$f_{zk}=\frac{5614\times235.5+[10800-5614\times(\pi\times0.5^2\div4)]\times107.5}{10800}=218.95\text{kPa}$$

(4)粉喷桩复合地基的施工工艺

粉喷桩施工机械：粉喷桩施工主要机具是钻机、喷粉机、空压机和搅拌钻头。

①钻机

钻机是粉喷桩施工的主要成桩机械。它必须满足：

a. 动力大、扭矩大，适合大直径钻头成桩。钻头直径一般为 50cm。

b. 具有正向转进，反转得升的功能。

c. 提升力大，并能实现匀速提升。

②喷粉机

喷粉机是定时设置发送粉体材料的设备，它是粉喷搅拌法加固软土地基施工中的关键设备。粉体发送器的工作原理如图 2-26 所示。

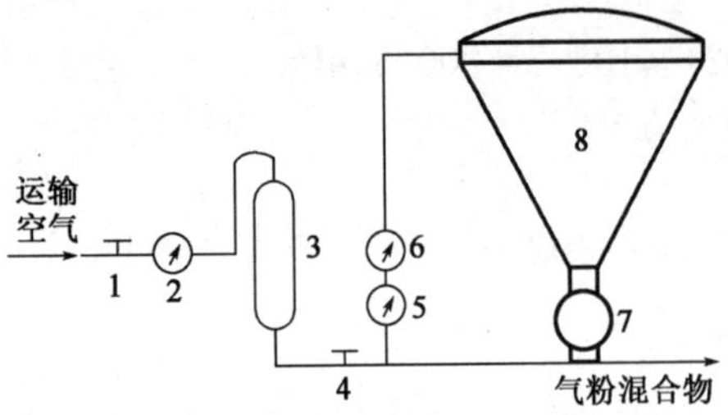

图 2-26　粉体发送器的工作原理

1-节流阀;2-流量计;3-气水分离器;4-安全阀;5-管道压力表;6-水泥罐压力表;7-发送器;8-水泥罐

由空压机送来的压缩空气,通过节流阀调节风量的大小,进入“气水分离器”,使压缩空气中的气水分离。然后,“干风”到达粉体发送器喉管,与“转鼓”定量输出的水泥混合,成为水泥与压缩空气混合体,进入钻机的“旋转龙头”,通过空心钻杆喷入地下。

③空压机

粉喷法的粉体喷出,是以空压机作为风源。空压机的选型,主要受加固工程的地质条件和加固深度所控制。

④搅拌钻头

粉喷搅拌法凭借搅拌钻头叶片的搅拌作用使水泥与软土混合,因此搅拌钻头的形状直接影响水泥与土的搅拌效果。钻头的形式应保证反向旋转提升时,对桩中土体有压密作用,而不是使水泥和土向地面翻升导致降低桩体质量。

粉喷水泥搅拌法施工工艺:

①放样定位及深层搅拌机定位。当地面不平时,应使起吊设备保持水平。根据设计要求,布好深搅拌桩位,拟订施工线路。将搅拌机移位至施工桩位处后定位,桩位误差不得大于 50mm。

②调平钻机平台,使钻机钻杆垂直度误差不得大于 1%。

③开机搅拌。调解钻机档位,逐渐加速,将钻头顺钻进至设计深度;如遇硬土难以钻进时,可以降档钻进,放慢速度。在钻进时始终保持连续送压缩空气,以保证喷灰口不被堵塞,钻杆内部不进水,保证下一道工序送灰时顺利通畅。

④粉体材料及掺入量。其掺入量为 50kg/m。

⑤提升钻杆喷粉搅拌。用反转法边搅拌边提升边喷粉。按 0.5m/min 速度提升,提升到设计停灰面时,应慢速原地搅拌 2～3min。

⑥重复搅拌。为保证粉体充分搅拌均匀,须将搅拌头再次下沉搅拌到原设计深度,再提升搅拌,速度控制在 0.5～0.8m/min。

⑦防止施工污染环境。在提升至距地面 0.3～0.5m 处时应停止喷粉。在通管路时应在孔口设置防灰保护装置。

⑧粉喷桩施工机具应有专门的自动计量装置。

⑨移位。一根桩施工完毕后移机,重复上述方法逐根施工。当间距较小时,以跳桩施工,以防止对已成桩的扰动。

主要施工工艺:地表整平→放桩位线→测高程粉喷桩施工→挖基坑→凿桩头→碎石垫层→检查验收。

(5)质量控制和效果检验

粉喷桩现场质量检测:

现场检测具有直观、工效高、代表性强、避免取样运送过中程的扰动等优点。但每一种方法都有一定的局限性,因此,进行粉喷桩检测时,尽量采用多种方法综合评价,并辅以一定的室内试验。

现场检测的任务是要对所有桩的质量及基地加固作出评价,主要是确定合格桩和不合格桩的数量。不合格桩包括桩长不够，断桩、缩径、直径达不到设计要求、桩体成型差、强度低、偏位太大等。在地基加固方面主要是测出复合地基承载力值、单桩承载力、复合地基的变形模量等。针对粉喷桩的需要，施工完成后结合下列方法进行全面检查。

①测量放线检查

全部桩完成后进行基槽开挖。基槽开挖后，按设计桩长截掉桩顶多余部分，再用经纬仪和水准仪进行测量。经过测量检查了解桩的偏位、桩顶标高、开挖标高等情况。

②人工直接观察

基槽开挖后，组织人力对现场直接进行检查，了解桩的成形、桩径、缺桩、桩顶强度、桩顶质量、桩位偏离等情况。在这些检查项目中，除桩顶强度外，其余均用视力检查确定。

③桩身取样强度检验

制桩后7d内用轻便触探器对桩进行一般性检查。由于轻便触探器的检查结果只能定性而不能定量，因此，经轻便触探器检查后，如对某些桩体有怀疑时应对这些桩身取样，进一步做更精确的检查.即用钻机对桩身取芯样，制成50mm×50mm×50mm试块进行无侧限抗压强度试验，用以测定桩体强度。采用钻探取芯时应对桩身上、中、下各部位(每米均应有芯样)，检查频率为总桩数的2%；按复搅段(上段)和单搅段(下段)区分，上段(3m长)以取芯和无侧限抗压强度为准，相对弱的芯样应进行无侧限抗压强度测试。整个桩的28d龄期芯样最低强度应大于0.5MPa，下段以标准贯入试验锤击数为准，最后对整根桩综合评价。

④轻便触探

按桩数的20%抽取进行轻便触探试验，判断桩体的密实性、均匀性、地基处理前后的承载力及变形性质等。由于目前公路技术标准尚未对粉喷桩制定详细的技术标准，该工程参照相关行业标准：N_{10}轻便触探在7d龄期时，每击不大于10mm或贯入10mm击数不少于10击，并不少于原状土层击数的两倍为合格。

⑤静载试验

取一个单桩做静载试验，测复合地基承载力和变形模量。单桩承载力设计标准应根据设计掺灰量及土质情况确定，28d龄期单桩承载力应大于125MPa(单桩直径50cm)。采用静载荷试验检测单桩、复合地基承载力，对于检测不合格的桩应进行等量补桩，不合格率超过10%时，应扩大检测范围按相同频率继续进行检测：当不合格率超过30%时应对整个路段进行补桩。

⑥地基处治均匀性评价

采用瑞利波评价地基处治的均匀性，判断地基土的液化特性；按网络状布置测线，一般间距为20m，每一处治方法场地沿纵向为2条，沿横向最少为2条，最多为6条。

⑦预期质量目标

根据以上检测数据确定粉喷桩施工是否达到预期质量目标。如满足质量要求就可以在本标段进行推广。如不能满足质量要求，需查出原因，认真解决，并根据改进后的方案再做试验。

粉喷桩质量控制：

粉喷桩施工根据成桩试验确定的技术参数进行，操作人员随时记录压力、粉喷量、钻进速度、提升速度等有关参数的变化，并满足下列要求。

①严格控制喷粉标高和停粉标高，不中断喷粉。确保桩体长度；严禁在尚未喷粉的情况下进行钻杆提升作业。

②桩身要求在地面以下桩长范围内进行重复搅拌，使固化料与地基土均匀拌和；施工中如

发现喷粉量不足、整桩复打、复打的喷粉量不小于设计用量。如遇停电、机械故障等原因，喷粉中断时，必须复打，复打时重叠段大于1m。

③施工机具设备的粉体发送器配置粉料的计量装置，并记录水泥的瞬时喷入量。严禁无粉料计量装置的粉体发送器投入使用；储灰罐容量应不小于一根桩的用灰量加50kg；当储量不足时，不得对下一根桩开始施工；钻头直径的磨损不得大于1cm。

④控制重复搅拌时的提升和下沉速度。以保证加固深度范围内每一深度均得到充分搅拌。

⑤粉喷桩施工允许偏差应符合表2-10的规定。

粉喷桩施工允许偏差 表2-10

项次	项目	单位	允许偏差	检查方法和频率
1	桩距	cm	∓10	抽查2%
2	桩径	cm	不小于设计值	抽查2%
3	桩长	cm	不小于设计值	查施工记录
4	竖直度	%	1.5	查施工记录
5	单桩喷粉量	%	不小于设计值	查施工记录
6	强度	MPa	不小于设计值	抽查5%

2.6 土工聚合物

2.6.1 土工合成材料

土工聚合物是土工用合成纤维制品的总称，土工聚合物参考分类见表2-11，它包括土工织物、土工纤维、建筑纤维、土工格栅等。按其制造方法又可大致分为纺织型织物，无纺型纤维制品、编织品、组合型纤维制品、土工网、土工垫、土工格栅，土工薄膜和复合组合材料等。其中土工织物又称土工纤维，是土工聚合物中应用较广的一种。土工聚合物具有质地柔软、质量轻、整体连续性好、抗拉强度高、耐腐蚀性和抗微生物侵蚀性好的特点。无纺型的土工聚合物的当量直径小、反滤性高，是一种极好的反滤材料。土工聚合物如未经特殊处理(如涂干炭)，一般对紫外线的辐射有敏感性，但如埋在地下时，土工聚合物具有较长的使用寿命，一般可达三十年以上。土工聚合物主要具有加筋、排水、反滤和隔离等作用，用于堤坝、路基、挡土墙、水工构筑物、海岸、河岸等工程，同砂井等联合，常用于大型油罐等地基的加固中，土工聚合物的主要用途，可参见表2-12、表2-13。

土的加筋，是指在人工填土的路堤或挡墙内铺设土工合成材料(或钢带、钢条、尼龙绳等)，或在边坡内打入土锚(或土钉、树根桩、碎石桩等)，这种人工复合的土体，可承受抗拉、抗压、抗剪和抗弯作用，借以提高地基承载力、减少沉降和增加地基稳定性。这种加筋作用的人工材料称为筋体。土的加筋在我国古代早有所见，我国劳动人民早已用草秸等材料掺入泥盖屋、打土坯，用柴枝褥垫修路。汉武帝时以草枝建造长城，这些均有史可查。现代土的加筋技术的发展始于20世纪60年代初期，法国工程师Henri Vidal首先在试验中发现，当土中掺有纤维材料时，其强度可明显提高到原有天然土强度的好几倍，并由此提出了土的加筋概念和理论。土工织物是由合成材料制成的多孔织物，合成材料有聚丙烯、聚酯、聚乙烯、尼龙、聚氯乙烯、玻璃和其混合物。土工织物的厚度为10～300mm，最宽为9m，最长达到610m，从粗砾到细石都可用土工织物作反滤材料。根据加工制造方法的不同，土工织物包括纺成型织物、非织型织物、格栅型织物和复合土工织物。土工织物主要有六方面用途：隔离作用、加固作用、反滤作用、排水作用、防止雨水冲蚀作用以及作柔性模板。有些文献将碎石桩、砂桩、加筋土、土工合成材料、土层锚杆和土钉技术、树根桩和锚定板等均属于土的加筋范畴。其应用实例见图2-27～图2-29。

土工聚合物　　表2-11

方　法	加固原理	适用范围
加筋土	通过拉结挡土墙的带状拉筋与填土的摩擦力来平衡或减少作用于挡土墙的土压力	人工填土、砂土的路堤、挡墙、桥台、水坝
土工织物	利用土工织物的高强度、韧性等力学性能，以扩散土中应力，增大土体的刚度或抗拉强度，与土体构成各种复合土工结构	砂土、黏性土和软土的加固，或用作反滤、排水和隔离的材料
树根桩	就地灌注的小直径灌注桩（ϕ75～250mm），土体与树根桩共同提高地基承载力，增加地基的稳定性和减少沉降	各类土。主要用于既有建筑物的加固及稳定土坡、支挡结构物
锚固法	通过锚固在边坡或地基岩层或土体中受到拉杆件的锚固力，承受由于土压力、水压力或风力所施加于结构的推力，维持结构的稳定	可靠锚固的土层或岩层。对软弱黏土宜通过重复（二次）高压灌浆或采用多段扩体或端头扩体以提高锚固力。对液限＞50%的黏性土，相对密度D_r＜0.3的松散砂土及有机质含量较高的土层，均不得作为永久性锚固（＞2年）地层

土工聚合物的功能　　表2-12

用　途	土工聚合物的功能			
	隔离作用	排水作用	加　筋	反滤作用
铺设在高压缩性土层上的堤坝或基础之下		√	√	—
填土的施工，均装在土工编织袋中	√	√	√√	—

土工聚合物的部分性能指标　　表2-13

土工聚合物类别	重量	极限抗拉强度	破坏时的应变（%）	应变为10%时应力—应变图上的割线模量（单位）
编织型				
单纤维聚丙烯	1.9～3.8	17～70	20～40	70～270
多纤维聚丙烯	3.8～12	35～210	15～40	175～700
多纤维聚酯	2.25～11.2	26～350	10～30	175～1050
无纺型（非编织型）				
熔化联结的连续纤维	0.75～3.8	3～35	30～100	17～90
针刺孔的厚膜	3.8～13.5	7～35	40～150	10～50
土工格栅				
聚丙烯	2.25～3.8	9～35	10～20	90～225
聚乙烯	3.8～11.2	9～88	10～20	50～700

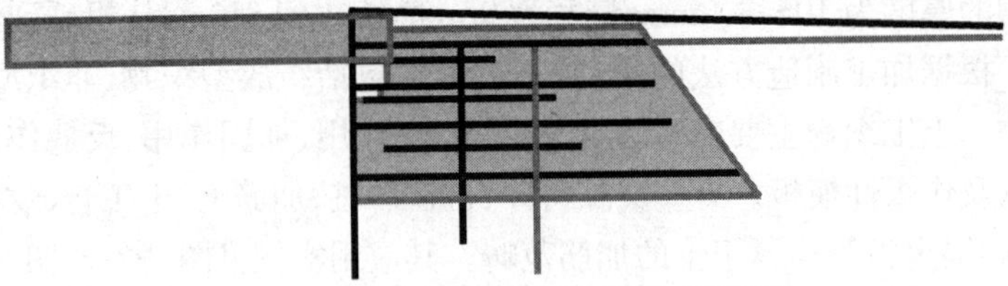

图 2-27　加筋材料用于路桥过渡防止不平顺

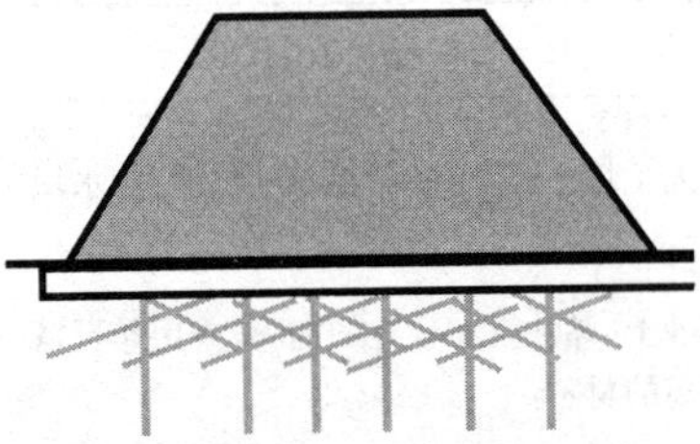

图 2-28　土工格栅用于多年冻土、膨胀土路基处理

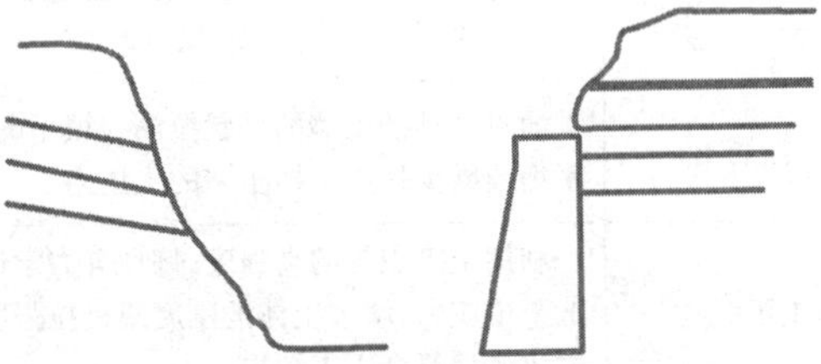

图 2-29　加筋体加固边坡和挡土墙

2.6.2　加筋土

加筋土系由填土、在填土中布置一定量的带状拉筋，以及直立的墙面板三部分组成一个整体的复合结构。这种结构内部存在着墙面土压力、拉筋的拉力、及填料与拉筋间的摩擦力等相互作用的内力，这些内力互相平衡，保证了这个复合结构的内部稳定。同时，加筋土这一复合结构还要能抵抗拉筋尾部后面填土所产生的侧压力，即为加筋土挡墙的外部稳定，从而使整个复合结构稳定。

法国工程师 Henri Vidal 于 1963 年首次提出了土的加筋方法与设计理论，并在 1965 年法国普拉聂尔斯成功地建成了世界第一座加筋土挡墙。于 1978 年、1979 年、1984 年和 1988 年分别在澳大利亚的悉尼、美国的匹兹堡、法国的巴黎和日本的福冈召开了多次国际会议。法、英、美、日和德国等已制订了加筋土工程的规范、条例和技术指南。1979 年云南省田坝矿区储煤场修建了加筋土挡墙。现今加筋土技术已广泛用于路基、桥梁、驳岸、码头、储煤仓、槽道和堆料场等。目前我国最高的是陕西“故邑”高达 35.5m 加筋土挡墙；最长的是重庆沿长江滨江长达 5km 公路驳岸墙。

加筋土挡墙有以下特点：

①它的最大特点是可做成很高的垂直填土，从而可减少占地面积，这对不利于开挖的地区、城市道路以及土地珍贵的地区而言，有着巨大的经济意义。

②面板、筋带可在工厂中定型制造加工，构件全部预制，实现了工厂化生产，不但保证质量，且降低了原材料消耗。

③由于构件较轻，施工简便，除需配备压实机械外，不需配备其他机械，施工易于掌握，施工快速，且能节省劳力和缩短工期。

④充分利用材料性能，以及土与拉筋的共同作用，因而使挡土墙结构轻型化，其所使用混凝土体积相当于重力式挡土墙的 3%～5%。由于加筋土挡土墙面板薄，基础尺寸小，当挡土墙高度超过 5m 时，加筋土挡土墙的造价与重力式挡土墙相比可降低造价 40%～60%，墙越高经济效益越佳。

⑤加筋土挡土墙系由各构件相互拼装而成，具有柔性结构的性能，可承受较大的地基变形，因而可应用于软土的地基上。

⑥加筋土挡土墙结构的整体性较好，且它所特有的柔性能够很好地吸收地震能量，较其他类型的挡土结构稳定性强，具有良好的抗震性能。

⑦面板的形式可根据需要，拼装完成后造型美观，适合于城市道路的支挡工程。

加筋土主要适用于公路加筋土挡墙和公路梁（板）式加筋土桥台等构筑物，路基的侧向挤出问题比较突出，如何提高土的抗拉强度，鉴于受压性能为主的混凝土中增加了能承受抗拉的钢筋后，改善了混凝土的抗拉性能。20 世纪 60 年代 Henri Vidal 用三轴试验证明，在砂土中加入少量纤维后，土体的抗剪强度可提高四倍多。他认为在土样试件上施加竖向压力时，一定会产生侧向膨胀。若将不能产生侧向膨胀（与土相比）的拉筋埋入试件中，由于拉筋与土之间的摩擦，就会阻止试件产生侧向膨胀，随着垂直压力增加，水平约束力也成比例增加，只有当土与拉筋间失去摩擦或拉筋断裂，试件才能产生破坏。加筋可以改变侧向变形条件下土体中应力状态。受此启迪，从而发展了“加筋土”。

2.6.3 土工聚合物的作用机理

①反滤作用：利用无纺型土工织物的较小当量直径所形成的与砂大致相同的渗透性，取得同一般砂砾反滤层一样的反滤作用。在有渗流的情况下，将一定规格的土工织物铺设在被保护土层上，在容许流畅通的同时，又阻止土粒的移动，从而防止土体的流失和管涌。

②排水作用：利用某些内部具有排水通道（如盲沟、塑料排水板）的土工纤维的良好的三维透水性，使水能沿土工织物内部的排水通道迅速排出。

③隔离作用：利用土工织物的高抗拉、抗撕裂性，良好的柔韧性，整体性和耐酸碱、耐生物侵蚀性能，将渗透性较土工织物大的两种材料相互隔开，以发挥其各自的作用。当被隔离的材料之间无水流作用时，还可以采用不透水薄膜隔离。

④加固作用：土工织物对软土的加固作用主要体现在水平加筋上（图 2-30）。复合地基中，土工织物主要处于受拉状态下，土工织物在产生拉伸应力的同时，对土体产生了一个类似于侧向约束的压力的作用，使得复合土体具有一个较高的抗剪强度和变形模量。宏观上讲，在土体可能产生楔入（冲切）破坏时，铺设的土工织物将阻止破坏面的出现，从而提高地基承载力。当地基承受较大的荷载而发生变形时，土工织物与土体界面上的摩擦阻力将增大并增强对土体侧向变形的限制；高模量的土工织物在受拉后将产生垂直向上的分力起支承荷载的作用；从而减小了地基的竖向变形，增大了地基承载力和地基的稳定性。

图 2-30　土工材料基坑边坡加固

土工织物对土层的侧限作用，主要反映在对浅层土体的侧向位移约束，对较深均匀软土作用则不很明显。对于坝堤下软土地基所进行的离心模拟试验情况绘制的地基土的水平位移随深度变化曲线，Rowe 和 Soderman 指出，对于深度超过堤顶宽 0.5 倍的均匀沉积土层，即使用高模量的加筋物，对土堤稳定性的提高作用也是很有限的。但对于强度随深度明显增长的软土，对于深度超过顶宽 0.5 倍的软土，数值分析表明，土堤破坏高度与土工织物的模量有关；土堤破坏时，土工织物的加筋作用随土工织物模量的增加而增加。

目前对土工合成材料与土体相互作用及其对土工合成材料变形的影响的研究还有待深入，重要的一点是土工合成材料长期使用性能与效果的合理评估也值得关注，如老化和使用寿命等有待进一步研究。

2.7 注浆加固法

注浆加固法主要有高压喷射注浆法，深层搅拌法，渗入性灌浆，压密灌浆法，电化学灌浆法。见表 2-14。

注浆加固法 表 2-14

方　法	加固原理	适用范围
深层搅拌法（湿法）	利用水泥浆等材料作为固化剂，通过特制的深度搅拌机在地基深部就地将软土和固化剂强制拌和，使软土硬结而提高低级承载力	淤泥，淤泥质土，含水量较高地基承载力不大于 120kPa 的黏性土，粉土等软土地基。在有较厚泥炭土层的软土地基注意其适用性；并可适量添加磷石膏以提高搅拌桩桩身强度。当地下水中含有大量硫酸盐时，宜采用抗硫酸盐水泥，防止硫酸盐的侵蚀。冬季施工应注意负温影响。适合于七层以下建筑
高压喷射注浆法	利用钻机把带有喷嘴的注浆管钻到预定深度的土层，将浆液以高压冲切土体，使土体与浆液搅拌混合，并按一定的浆土比例和质量重新排列，在土中形成一个固化体	淤泥，淤泥质土、黏性土、黄土、砂土、人工填土和碎石土等地基
渗入性灌浆	在不使地层结构受到扰动和破坏的压力作用下，使浆液渗入到土层空隙和裂隙中，凝固、硬化、从而加强地基土强度	用普通水泥配制的灌浆材料适用于渗透系数 $k>10^{-3}$m/s 的土，用超细水泥（$d_{50}=3\sim4$um）配制的灌浆材料适用于 $k=10^{-1}\sim10^{-2}$m/s 的土。黏土水泥灌浆适用于渗透系数 $k>10^{-4}$m/s 的土。化学灌浆适用于渗透系数 $k>10^{-6}$m/s 的土层
压密灌浆法	通过钻孔，将压浆管放入到预定深度的土层，向土中压入用高黏滞性土、水泥和水调成的浆液，在压浆点周围形成灯泡形空间。因浆液的挤压作用产生上抬力，从而引起地层局部隆起，以此纠正建筑物的倾斜	软弱黏性土，具有大孔隙或孔穴的地基土、中砂、湿陷性黄土。常用以调整既有建筑物的不均匀沉降
劈裂灌浆法	在较高的灌浆压力作用下，浓浆克服土体的初始应力和抗拉强度，在土体内产生水力劈裂和置换作用，形成交叉的结石网格，形成较高强度的空间性刚性骨架。在水力劈裂过程中，土体中自由水和毛细水被排走，表面水被吸收，土体发生固化和化学硬化作用，使土体再次得以加固	粉土、软黏土，处理效果难以预测

续上表

方　　法	加固原理	适用范围
电化学灌浆法	通过电化学作用，促使在通电区域内含水量降低，形成渗浆"通道"，并同时向土中灌注浆液，使之在"通道"上与土粒胶结成具有一定力学强度的加固体	饱和黏土、粉质黏土。若灌浆材料为胶体时，仅适用于渗透系数 $k>10^{-3}$ m/s 的净砂。不适合于电导性土

2.7.1 高压注浆法

高压注浆法于20世纪60年代后期发明于日本，它是利用钻机把带有喷嘴的注浆管钻进土层的预定位置后，以高压设备使浆液或水成为20～40MPa的高压射流从喷嘴射出，强力冲击破坏土体，同时，转杆以一定的速度渐渐向上提升，浆液将与土颗粒搅拌混合，浆液凝固后便在土中形成一个固体。高压注浆法是在静压注浆的基础上应用高压喷射技术而逐渐创立起来的。静压注浆法是化学处理地基的方法之一，它把注浆管置于土层或岩石裂隙中，以较低的压力，把能凝固的浆液以填充、裂隙、渗透和挤压的方法注入其内，浆液产生凝胶，便把原来松散的土固结为有一定强度的整体结构，从而起到加固地基的作用。对颗粒细小的砂类土或含泥砂量大的黏性土等软弱地基，由于浆液不能均匀渗透，静压注浆加固效果也许不能完全适应生产建设要求。随着科学技术的发展，现代工业提供了高压泵、钻机等先进的技术设备，水力采煤的应用和高压水喷射流切割技术的发展，于是在静压注浆的基础上，产生了新型高压喷射注浆法。高压旋喷注浆法所形成的固体结构形状与喷射流移动的方向有关，一般分为旋喷，定喷和摆喷三种形式，定喷施工时，喷嘴一面喷射一面提升，喷射的方向固定不变，固结体形状如板状桩或壁状；摆喷法施工时，喷嘴一面喷射一面提升，喷射的方向呈较小角度来回摆动，固体形状如较厚墙状。这两种方法通常用于基坑处理，改善地基土的水流性质和稳定边坡等工程。旋喷法施工时，喷嘴一面喷射一面旋转并提升，固结休呈圆柱状，可以用于加固地基，提高地基的抗剪强度，改善土的变形性质，使土体在上部结构荷载的直接作用下，不会产生破坏或过大的变形，也不会导致土层超孔隙水压力的上升而发生液化。旋喷法施工后在地基中形成的圆柱体，称为旋喷桩。

高压旋喷注浆法是以高压喷射流直接冲击破坏土体，浆液与土以置换的形式自行拌和为均匀的固结体，喷射的能量大。从施工方法、加固质量到适用范围，不但与静压注浆法有所不同，而且与其他地基处理方法相比，更有独到之处。

(1)高压注浆加固机理解释

①高压水喷射流的性质

高压水喷射流是通过高压发生设备，使它获得巨大能量后，从一定形状的喷嘴，用一种特定的流体运动方式，以很高的速度连续喷射出来的能量高度集中的一股液流。见图2-31。

②高压喷射流的种类和构造

a. 单管喷射流为单一的高压水泥浆喷射流。

b. 二重管喷射流为高压浆液喷射流与其外部环绕的压缩空气喷射流，组合为复合式高压喷射流。

c. 三重管喷射流由高压喷射流与其外部环绕的压缩空气喷射流组成，亦为复合式高压喷射流。

d. 多重管喷射流为高压水喷射流。

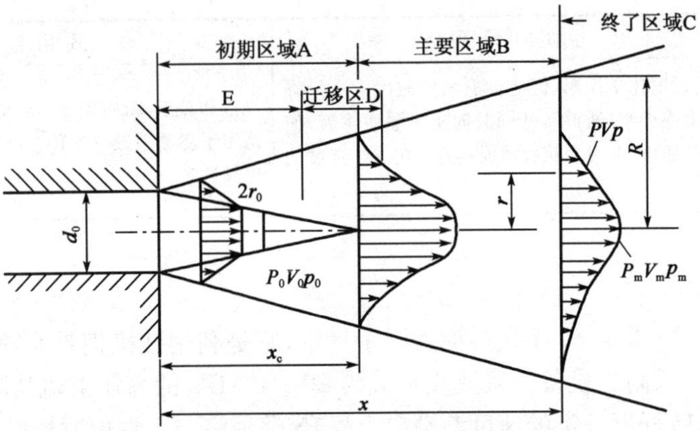

图 2-31 高压水喷射流加固机理

单管旋喷注浆使用高压喷射水泥浆流和多重管的高压水喷射流，它们的射流构造如图2-31所示。高压喷射流可由三个区域所组成，即保持出口压力的初期域A，紊流发达的主要区域B和喷射水变成不连续喷流的终期区域C等三部分。

在初期区域小，喷嘴口处速度分布是均匀的，轴向动压是常数，保持速度均匀的部分向前面逐渐变小，当达到某一位置后，断面上的流速分布不再是均匀的，速度分布的这一部分称为喷射核(E区)，喷射核末端扩散宽度稍有增加，轴向动压有所减小的过渡部分称过渡区。

二重管旋喷注浆的浆、气同轴喷射流，与三重管旋喷注浆的水、气同轴喷射流除介质不同外，都是在喷射流的外围同时喷射圆筒状气流，它们的构造基本相同。

初期区域A内，水喷流的速度大于喷嘴出口的速度，但由于水喷射与空气流相冲撞及喷嘴内部表面不够光滑，以至从喷嘴喷射出的水流较紊乱，再加以空气和水流的相互作用，在高压喷射水流中形成气泡，喷射流受干扰，在初期区域的末端，气泡与水喷流的宽度一样。在迁移区域D内，高压水喷射流与空气开始混合，出现较多的气泡，在主要区域B内，高压水喷射流衰减，内部含有大量气泡，气泡逐渐分裂破坏，成为不连续的细水状态，同轴喷射宽度迅速扩大。经比较，水、气同轴的初期区域长度增加3～6倍。

破坏土体的结构强度的最主要因素是喷射动压，破坏力的计算公式为：$P=\rho \cdot Q \cdot V_m$（式中：ρ——密度；Q——流量；V_m——平均速度）。为了取得较大的破坏，需要增加平均速度，也就是增加旋喷压力，一般要求高压脉冲泵的工作压力在20MPa以上，这样就使喷射流像刚体一样，冲击破坏土体，使土体与浆液搅拌混合，凝固成固结体。喷射流在终期区域，能量衰减很大，不能直接冲击土体使土颗粒剥落，但能对有效射程的边界土产生挤压力，对四周土体有压密作用，并使部分浆液进入土粒之间的空隙里，使固结体与四周土紧密相依，不产生脱离现象。单射流虽然具有巨大的能量，但由于压力在土中急剧衰减，故此破坏土的有效射程较短，当在喷嘴出口的高压水喷流的周围加上圆筒状空气射流，进行水、气同轴喷射时，空气流使水或浆的高压喷射流从破坏土体上将土粒迅速吹散，使高压喷射流有效射程大大提高，表明高速空气具有防止高速水射流动压急剧衰减的作用。旋喷时，高压喷射流在地基中，把土体切削破坏，一部分细小的土粒被喷射的浆液置换，随着液流被带出，在横断面上土粒按质量大小有规律的排列起来，小颗粒在中部居多，大颗粒多数在外侧或边缘部分，形成了浆液主体搅拌混合，压缩和渗透等部分，经过一定时间便凝固成强度较高渗透系数较小的固结体。

③固化原理(水泥与土的固结机理)

高压喷射所采用的硬化剂，主要为水泥浆，并添加防沉或加速凝固的外加剂。当水泥与水拌和后，首先产生的是铝酸三钙水化物和氢氧化钙，可溶于水中，但溶解度不高，很快就达到饱和，这种化学反应连续不断的进行，析出一种胶质物体。这种胶质物体有一部分混在水中悬浮，后来就包围在水泥微粒的表面，形成一层胶凝薄膜。所生成的硅酸钙水化物几乎不溶于水，只能以无定形状的胶质包围在水泥微粒的表层，一部分渗入水中。水泥各种成分所生成的胶凝膜，逐渐发展联结起来成为胶凝体，此时表面为水泥的初凝状态，开始有胶粘的性质。此后，水泥各成分在不缺水不干固的情况下，继续不断的按上述水化程序发展，增强和扩大，就产生了下列现象：胶凝体增大并吸收水分使凝固加速，结合更密；结晶体与胶凝体相互包围渗透并达到一种稳定状态，这就是硬化的开始；水化作用继续深入到水泥微粒内部，使未水化部分再来参加以上化学反应，到水分完全没有以及胶质凝固和结晶充盈为止。但无论水化时间持续多长，很难将水泥微粒内核全部水化完，所以，水化过程是一个长久的过程，在这个过程中，固结体强度将不断提高，见图 2-32。

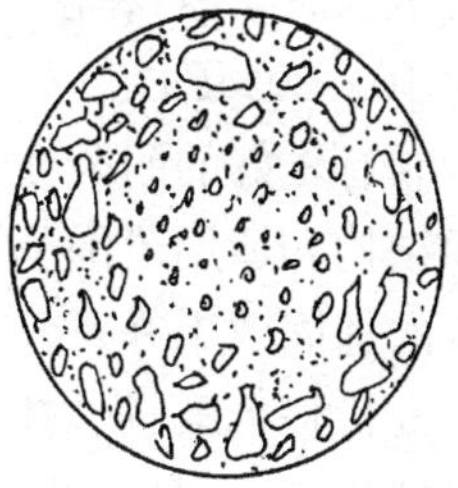
图 2-32　土粒排列结构示意图

旋喷注浆法是通过高压发生装置，使液流获得巨大的能量后，经过注浆管道从一定形状的喷嘴中，以很高的速度喷射出来，形成了一股能量高度集中的流液，直接冲击到破坏土体，并使浆液与土搅拌混合，便在土中凝固成为一个具有特殊结构体的固结体，从而使地基得到加固。旋喷加固时，高压喷射流的流态，结构和喷射速度等基本形态，对加固地基的质量和经济利益都起到关键作用。

④高压水喷射流的性质

高压水喷射流是通过高压发生设备获得巨大能量后，从一定形状的喷嘴，用一种特定的流体运动方式，以很高的速度连续喷射出来的，是能量高度集中的一股液流。在高压高速的条件下，喷射流具有很大的功率，即在单位时间内从喷嘴中射出的喷射流有很大的能量。高压喷射流可由三个区域组成，即保持出口压力的初期区域，紊流发达的主要区域和喷射水变成不连续喷流的终期区域三部分。

⑤喷射流对土体的破坏作用

单射流虽然具有巨大的能量，但由于压力在土中急剧减弱，因此，破坏土的有效射程较短，致使旋喷固结体的直径较小。当在喷嘴出口的高压水喷射流的周围加上圆筒状空气射流进行水、气同轴喷射时，空气流使水或浆的高压喷射流从土体上将土颗粒迅速吹散，使高压喷射流的喷射破坏条件得到改善，阻力大大减少，能量消耗降低，因而，增大了高压喷射流的破坏能力，形成的旋喷固结体直径较大。

进行旋喷时，高压喷射流在地基中，把土体切削破坏。一部分细小的土颗粒被喷射的浆液所置换，随着液流被带到地面上（俗称冒浆），其余的土粒与浆液搅拌混合。在喷射动压力、离心力和重力的共同作用下，在横断面上土颗粒按质量大小有规律的排列起来，小颗粒在中部居多，大颗粒多数在外侧或边缘部分，形成了浆液主体搅拌混合，压缩和渗透等部分，经过一定时间便凝固成强度较高渗透系数较小的结固体。由于旋喷体不是等颗粒的单体结构，固结质量也不均匀，通常是中心部分强度低，边缘部分强度高。

(2)旋喷注浆法的主要特征

①适用的范围广：旋喷注浆法不再像静压注浆那样，以调整浆液材料配方和注浆工艺去适应不同土质和土层结构的传统做法，而以高压喷射流直接破坏并加固土体，固结体的质量明显

提高，适用范围扩大。它既可用于工程新建之前，也可用于工程修建之中，特别是用于工程落成之后，显示出不损坏构筑物的上部结构和不影响运营使用的长处。

②施工简便：旋喷施工时，只需在土层中钻一个孔径为 50mm 或 100mm 的小孔，便可在土中喷射成直径为 0.4～4.0m 的固结体。而且能灵活地成型。它既可在钻孔的全长成柱型固结体，也可仅作其中一段，如在钻孔底部或钻孔的中间任何部位。

③固结体形状可以控制：为满足工程的需要，在旋喷过程中，可调整旋转速度的提升速度、增减喷射压力或更换喷嘴孔径改变流量，使固结体成为设计所需要的形状。

④确保固结体的强度：根据采用不同的浆液种类和配方，即可获得所需的固结体强度。当前采用水泥浆液，黏性土固结体的抗压强度最高为 5～10MPa，砂类土固结体的抗压强度最高可达 10～20MPa。

⑤有较好的耐久性：在一般的软弱地基中加固，高压喷射工艺和其他施工工艺相比，因其加固结构和适用范围不同，加固效果虽不能一概而论，但从使用的浆液性质来看，能预期得到稳定的加固效果并有较好的耐久性能。

⑥价格低廉：喷射的浆液是以水泥为主，化学材料为辅。除了在要求速凝超早强时使用化学材料以外，一般的地基工程均使用料源广阔价格低廉的 325 号或 425 号普通硅酸盐水泥。若处于地下水流速快或含有腐蚀性元素、土的含水率大或固结强度要求高的场合下，则可根据工程需要，在水泥中掺入适量的外加剂，以达到速凝、高强、抗冻、耐蚀和浆液不沉淀等效果。此外，还可以在水泥中加入一定数量的粉煤灰，这既利用了废料，又降低了注浆材料的成本。

⑦浆液集中，流失较少：旋喷时，除一小部分浆液由于采用的喷射参数不适，沿着管壁冒出地面外，大部分浆液均聚集在喷射流的破坏范围内，很少出现在土中流窜到很远地方的现象。冒出地面的浆液经沉淀、去砂和析出清水过滤后，即可重复再用。

⑧设备简单管理方便：旋喷的全套设备均为我国定型产品或专门设计制造。结构紧凑、体积小、机动性强，占地少，能在狭窄和低矮的现场施工。施工管理简便，在旋喷过程中，通过对喷射的压力、吸浆量和冒浆情况的量测，即可间接地了解旋喷的效果和存在问题，以便及时调整旋喷参数或改变工艺，保证固结质量。

旋喷压力一般均为 20MPa 左右，似乎存在着很大的危险性。其实，高压设备上有安全阀或自动停机装置，当压力超过规定时，阀门便自动开启泄浆降压或自动停机，不会因堵孔升压造成爆炸事故。此外高压管路(直径 19mm 的三层钢丝裹绕高压胶管及钢铁的注浆管)的安全使用压力达 40MPa，爆破压力为 120MPa，一般是不易损坏的。只要按规定进行维护管理，可以说是安全的。即使在胶管或注浆管上产生裂口时，由于浆液为非压缩性物质，压力瞬时降至常压，不会发生爆炸和碎片飞散现象。

旋喷注浆使用震动钻或工程地质钻机钻孔，以电动机或内燃机驱动高压泵和在二重管或三重管旋喷时使用电动空压机。这些机具的振动很小，噪声也较低，不会对周围建筑物带来振动的影响和产生噪声公害，此外，注浆材料是以水泥为主，更不存在污浊水域、毒化饮用水源的问题。因此，旋喷注浆法为振动小噪声低无污染符合现代城市建设和环境保护要求的一种施工方法。

(3)固结体的基本性质

粘砂土、砂黏土、粉砂、细砂、中砂、粗砂、砾砂、砾石土、黄土、淤泥及杂填土经过旋喷注浆后，由松散的土固化为体积大、重量较轻、渗透系数小和坚硬耐久的固结体，固结体的主要特点：

①直径较大:旋喷固结体的直径大小与土的种类和密实程度有较密切的关系。单管旋喷注浆加固体直径一般为0.4～0.8m。三重管旋喷注浆加固体直径可达1.5～2.5m。二重管旋喷注浆加固体直径介于二者之间。

②固结体的形状:在均质土中旋喷的圆柱体比较匀称。在非均质或有裂隙土中旋喷的圆柱体不匀称,甚至在圆柱体旁长出翼片。由于喷射流脉动和提升速度不均匀,固结体的外表很粗糙,三重管旋喷固结体受气流影响,在黏砂土中外表格外粗糙。在深度大的土中,如果不采取其他的措施,旋喷圆柱固结体可能出现上粗下细似胡萝卜的形状。

③重量轻:固结体内部的土粒少并含有一定数量的气泡。因此,固结体的重量较轻,小于或接近于原状土的重度。固结体内部的土块大小及数量与提升速度有关,提升过快,被喷射流冲切下来的土块不能得到充分破碎便与浆液搅拌混合,内部的土块直径较大且数量较多。

④透气透水性差:固结体内虽有一定的孔隙,但这些孔隙间并不贯通为封闭型,而且固结体有一层较密至的硬壳,其渗透系数达10^{-6}s·cm以上,具有一定的防渗性能。

⑤强度:固结体的无侧限抗压强度最高可达10～20MPa,完全能满足一般构筑物对地基的沉陷和稳定的要求。但固结体的抗折强度较低,约为抗压强度的1/5～1/10。

⑥其他:用普通硅酸盐水泥旋喷的固结体,抗冻、抗蚀和抗干的性能较差,在有冻结、腐蚀和干燥的条件下旋喷时,应针对不同问题掺入合适的添加剂。

(4)适用范围

①适用土质条件

旋喷注浆加固地基技术,主要适用于软弱土层,如第四纪的冲(洪)积层、残积层及人工填土等。这些正是构筑物地基常出现病害需要进行处理的地层。实践证明,砂类土、黏性土、黄土和淤泥都能进行旋喷加固,一般效果较好。解决了小颗粒土不易注浆加固的难题。但对于砾石直径过大、砾石含量过多及有大量纤维质的腐殖土,旋喷质量较差,有时甚至还不如静压注浆的效果。但是对于地下水流速过大,旋喷浆液无法在注浆管周围凝固、无填充物的岩溶地段、永久冻土和对水泥有严重腐蚀的地基,均不宜采用旋喷注浆法。

②工程使用范围

从固结体的目前性质来看,旋喷注浆法宜作为地基加固和基础防渗之用。按用途,可分为增加地基强度、挡土围堰及地下工程建设、增大土的摩擦力及固结力,减小振动防止砂土液化、降低土的含水率、防止洪水冲刷和防渗帷幕七类工程。具体情况如下:

a. 增加地基强度:提高地基的承载力,整治既有构筑物的沉裂,防止局部地表下沉,反力后座基础。加强盾构法及顶管法的后座,形成反力基础。

b. 挡土围堰及地下工程建设:防护邻近构筑物,地下工程建设,地下铁道、隧道工程及管道暗挖工程等均或采用旋喷注浆。防止基坑底部隆起,

c. 增大土的摩擦力及固着力:防止小型坍方滑坡,锚固基础。

d. 减少振动防止砂土液化:减小机械设备基础的振动,防止砂土地基震动液化。

e. 降低土的含水量:整治路基翻浆冒泥,防止地基冻胀。

f. 防止洪水冲刷:防止洪水对桥涵路堤及水工建筑物基础的淘刷。

g. 防渗帷幕:河堤、水池的防漏及坝基防渗,帷止管道漏气,防止管道漏气,地下连续墙的补缺,防止涌砂冒水。

(5)设备和施工参数

①注浆泵:注浆管是施工中最重要的设备之一,注浆泵应有足够的排水量,泵压应大于最

大注浆量的1/4，以保证注浆工作顺利进行。对于高压注浆，它是通过泵的作用，把低压吸入的浆液或水以高压排出，从而使喷嘴处液流压力升高。喷嘴处液流压力越大，喷射流的破坏力也就愈大，固结体的尺寸也就愈大。在单管和二重管处多使用高压泥浆泵，而在三重管施工采用高压水泵。由于在地下施工，其外形尺寸不应过大，通过比较价格，最大压力等多种因素，这里可以选用国内生产的3W-6B型高压水泵，其最大压力在32MPa，最大泵量在85L/min，功率为55kW。

②钻机：由于高压喷射注浆施工必须把注浆管放置地层预定深度内，且要求喷射注浆工艺用的钻机除有一般钻机的功能外，还要求带动注浆管以一定的转速和一定的提升速度的功能，因此需要对普通的工程地质钻进行改进。通过比较这里可以选用改进后的XJ—100型工程地质钻机。

③泥浆泵：采用高压水作为载能介质冲击破坏和搅动土体的旋喷方式中，必须配备泥浆泵。在旋喷的同时，向加固的部位压注硬化剂（这里是水泥浆），以便及时地与被搅动的土体混合在一起，将旋喷时造成的空隙充满，使作用范围内的土体得到加固。为使与钻机配套，这里选用BW-150型泥浆泵，因为它具有多档变素速变量，结构紧凑，重量轻，迁移方便，操作简便等特点，其主要参数入下：泵压1.8～7MPa，泵量15～32L/min，驱动功率7.4kW，重约500kg，外形尺寸为1800×800×1000。

④空气压缩机：为了扩大高压载能液流破坏土体的范围，在高压液流周围送进0.7MPa左右的压缩空气，造成环状的空气流，就需要配备空气压缩即施工运用，常用的是活塞式可移动的空压机，为了减少噪音，应尽量选用电动式空压机。通过比较这里可以选用沈阳空压机厂生产的YV-6/8型空压机。其主要参数如下：排气量6m^3/min，压力0.8MPa，功率40kW，重量约2t。

⑤三重管：三重管由导流器，转杆和喷头三部分组成，在喷射流过程中，三种介质不得在三重管内串流。导流器：由外壳和芯管组成，外壳上有三个卡口式或接口，通过软管与高压水泵，空气压缩机和泥浆泵连接，旋喷作业时，芯管旋转，外壳不动。芯管由内，中，外三管重合在一起的组合加工件，介质从芯管的三个端口进入芯管内，导流器芯管底部与三重钻杆相连并随之转动。钻杆：是将导流器输送来的介质注入到地层中预定深度的特别管道，上接导流器，下接喷头，使三重管成为一个整体，主要由内、中、外管组成。三根管按直径大小套在一起，轴线重合，内管输送高压水，中管输送压缩空气，外管输送浆液。喷头：实现水、气同时喷射和浆液注入装置，上接三重钻杆，是三重管最底部的构件。喷头在插入地层预定深度后射流破坏土体。见图2-33。

⑥搅拌机：泥浆搅拌机和上料浆液贮储桶共同组成制浆系统，根具经验，单机高压喷射注浆时，泥浆搅拌机的容积在1.2m^3左右，转速为30～40r/min。为使浆液高速搅拌，达到均匀混合的目的，这里可以选用M-200型外环式高速搅拌机。

⑦喷嘴：喷嘴是将高压泵输送来的液体最大限度地转换成射流动能的装置，安装在喷头侧面，其轴线与钻杆轴线成90°或120°的夹角，一般有圆柱形，收敛圆锥型和流线型三种。实验表明，流线型喷嘴的射流性最好，但是这种喷嘴很难加工，在实际工作中很少用到，而收敛圆锥形喷嘴的喷流系数，流量系数和流线型喷嘴所差无几，有比较容易加工，价格相对便宜，故在此选用收敛圆锥形喷嘴。

⑧胶管：输送浆液的胶管一般采用钢丝缠绕液压胶管，其工作压力不低于喷浆泵压。输送压缩空气的胶管一般由3～8层帆布缠裹制成，工作压力10MPa以上，内径20mm。

⑨水：三重管高压喷射注浆，主要是靠高压水切割，破坏土体，成桩直径和成桩质量与高压

水的工作状态有密切的关系。前面已经论述了射流对土体的破坏力与射流的平方成正比，而流速又决定于水泵施加的压力，水的压力越大，射流破坏力越大，射程越远，成桩直径也越大。喷量由高压水泵的性能决定，在选用的 3W-6 型高压水泵中取 80L/min，工作压力取 30MPa，一个喷嘴时半径为 2.74mm。特别注意的是，喷嘴的内径对高压喷射的影响很大，喷射流与内径的四次方成反比。在流量一定时，喷嘴内径±0.2mm 的变化可以引起喷射压力 10MPa 的变化，因此应根据施工条件选取规格，并在施工过程中经常检查喷嘴的磨损情况和是否畅通。

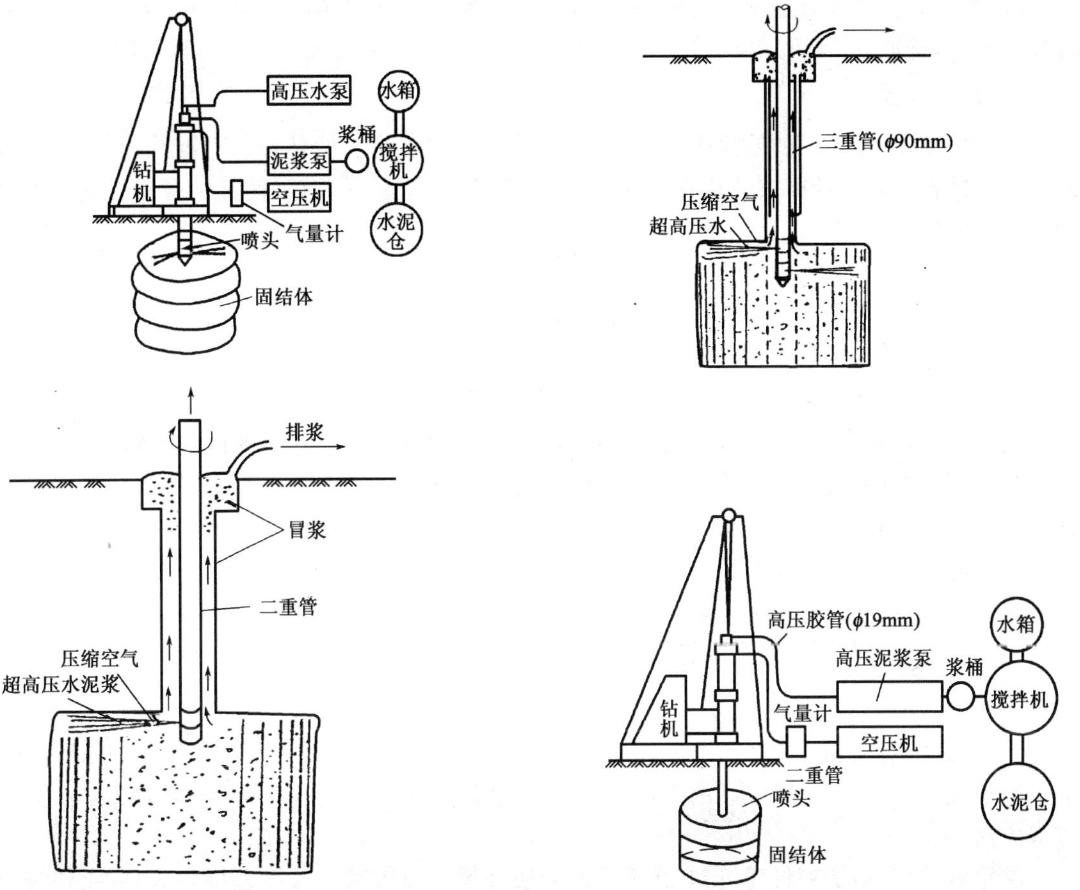

图 2-33　注浆管示意图

⑩气：三重管在环境高压水射流外围，同时喷射高压空气，使高压水的轴动压力衰减及扩散率变缓，增大了射流核迁移区的长度，扩展了射流切割土体范围，而且水，气同时作用于土体增强了土体的破坏能力。压力一般选用 0.7MPa，风量一般为 3～6m^3/min。

⑪浆液：通过喷射浆液，使与被高压射水破坏松散的土体搅拌混合，并填充被高压气、水携出孔外的土体所遗留的空隙。浆液的流量是一项关键性的参数，不仅与注浆压力及喷嘴内径有关，而且必须与旋喷桩直径及注浆管的提升速度相适应。一般桩的直径较大，单位时间浆液流量也要较大，但为了防止因浆管提升过快，造成旋喷桩直径偏小，施工中多采用注浆量较小的注浆泵，这样在浆嘴内径一定时，注浆压力也较小。通过综合各方面的因素，并从现有设备考虑，设定浆液压力为 3MPa，流量为 100L/min，孔径为 10mm。

⑫注浆管的提升：试验表明，注浆管的提升速度与旋喷桩的直径的平方成反比，所以旋喷桩的直径对提升速度有很大的影响。由于提升速度与成桩质量，成桩直径，工作效率和工程成本都有密切的关系，并且不应太大，否则将会导致旋喷桩直径过小，因此应该合理选取。根据试验及施工经验选取 10cm/min。

⑬旋转速度：注浆管与旋转速度的关系是，旋转速度越快，浆液对土体的作用时间越短，成桩直径越小；旋转速度减慢，成桩直径将会增大，但是当旋转速度减慢到一定程度后，浆液对同一高度范围内的土体的重复切割次数也会减少，反而降低了破坏和置换土体的作用，成桩直径也会减少。因此，在提升速度一定时，旋转速度有最佳值，在该值附近成桩直径最大，并应与提升速度配合，选取 8r/min。

(6)施工程序

①钻机就位：将使用的钻机安置在盾构管片预留的孔位上，使钻杆头对准孔位的中心，同时为保证钻孔达到设计要求的垂直度，钻机就位后，必须做水平校正，使其钻杆轴线对准钻孔中心线位置。

②钻孔：将钻头钻入预定的地层中。

③插管：将旋喷注浆管插入地层预定的深度，由于这里使用地质钻机，在钻孔完毕后必须拔出岩芯管，并换上旋喷管插入预定深度。在插管过程中，为防止泥砂堵塞喷嘴，可以边射水，边插管，但需要注意的是水压不应太大，否则容易将孔避射塌。

④旋喷作业：当旋喷管插入预定深度后，应立即按设计配合比搅拌浆液，指挥人员宣布旋喷开始时，即提升喷管。现场技术人员必须时刻注意检查注浆流量、风量、压力、旋转提升速度是否符合设计要求，并做好记录，绘制作业过程曲线。

⑤冲洗：当旋喷提升到设计标高后，旋喷即告结束。施工完毕后应把注浆管等机具设备冲洗干净，管内机内不得残余水泥浆。

⑥移动机具进行下一个孔的施工。

(7)旋喷工艺

①固结体：对不同的地层土质的情况，选用合适的旋喷参数，才能获得均匀密实的固结体。在一般情况下，若遇到土质较硬的土，可以采用增加压力和流量或适当降低旋转速度和提升速度等方法。

②重复喷射：由旋喷机理可知，在不同的介质环境中有效喷射长度差别很大，对土体进行第一次喷射时，喷射流冲击对象为原状结构土，若在原位进行重复喷射，则喷射流所冲击破坏的对象已经变为浆土混合体，冲击破坏所遇到的阻力将减少。因此，在一般情况下，重复喷射有增加固结体直径的效果，但是由于增径率难以控制和影响施工速度，所以在实际施工是不把它作为增径的主要措施，只在发现浆液喷射不足而影响了固结质量时使用。

③冒浆处理：在旋喷过程中，往往有一定数量的土粒，随着一部分浆液沿着注浆管管壁冒出管外，通过对冒浆的观察，可以及时了解土层情况，旋喷的效果和旋喷参数的合理性。根据经验，冒浆量小于注浆量的 20％为正常现象，若超过 20％或者完全冒浆时，应查明原因并采取相应的措施。若是由于土层中有较大的孔隙引起的冒浆，则可以在浆液中掺加适量的速凝剂，缩短固结时间，把浆液控制在一定的范围内；而一般冒浆过大的原因是由于施工参数选用不当所致，可以适当提高喷射压力，缩小喷嘴孔径和加注浆管的提升速度和旋转速度等。

④隧道内施工的特殊工艺：由于隧道内空间狭小，并且盾构设备已占有了很大的空间，因

此必须对高压注浆的设备进行修改。因为需要进行倾斜和向上注浆，因此，钻机的支架需要转动灵活。可以利用盾构施工的轨道安装小车运输注浆设备和浆液，浆液的配置可以在盾尾进行。需要注意的是必须合理布局，配置人员，最大限度地利用有限的轨道，协调配合盾构施工。

(8)质量检测

①质量检验的意义：喷射注浆法加固范围和效果与土质情况，施工中采用的技术参数均有密切的关系，目前虽然有一些应用经验，但是要准确地用理论的方法确定设计施工的方法还是有困难，在大多数情况下还是要通过现场和室内试验来确定施工的最佳参数，以提高工作效率。目前常用旋喷固结体系在地层下直接形成，属于隐蔽工程不同于其他地基工程，因而不能直接观测到旋喷桩桩体的质量，必须用科学的，比较合理的方法检验其加固效果。旋喷注浆法是通过高压发生装置，使液流获得巨大的能量后，经过注浆管道从一定形状的喷嘴中，以很高的速度喷射出来，形成了一股能量高度集中的流液，直接冲击到破坏土体，并使浆液与土搅拌混合，便在土中凝固成为一个具有特殊结构体的固结体，从而使地基得到加固。然而，旋喷桩的功能能否充分地发挥，发挥程度如何，与土层的性质，旋喷桩的布置，桩体质量，桩间土的工程性能的改善以及施工质量等因数有关。因此，旋喷桩地基工程质量的好坏，实为一个受多种因数控制的复杂问题。故对于南京地铁的地基处理后的桩体质量，只能于加固处理后进行必要的质检，根据检查的资料的整理，分析后才能做出比较切合实际的评价。

②检验的内容：固结体的整体性和均匀性。固结体的有效直径。固结体的垂直度。固结体的耐久性。固结体的强度特性。

③检测与评价：旋喷桩复合地基的检测和评价包括两方面，一是施工质量的检验和评估，主要是检验，评价旋喷桩的质量好坏，如桩数，桩位偏差，桩径，桩体密实度是否合乎要求等，若不符合要求，则需要研究进行补救措施；二是旋喷桩地基的功效检验与评价，验证其能否满足设计方面提出的抵抗地震液化的能力是否达到规定的要求。

检验的起始时间：一般应为注浆 28d 后。

桩点的选择：旋喷桩的质量优劣，受多种因素影响，如土层性质，制桩工艺的控制，浆液配置等，各状质量差异不可能控制得完全一致，期间存在人们难以掌握的差异，即质量差异的随机性。根据经验，检验桩点的位置应遵循随机性为主，判定性为辅，按平面均布，选择一些有针对性的点。对于复合地基荷载实验，宜以判定性为主，随机性为辅，即在桩体和桩间土的基面上，选择具有较好的代表性或具有疑义的点进行检验。对情况较复杂的且加固面积较大的代表性或有疑义的点位进行检验。由于土层情况复杂，因此，检验的时间在完成 1/3 工作量后提前进行检验，以发现问题并即时处理。当检验发现复合地基的加固质量存在问题时，应分析原因，估计后果，采取必要的补救措施。

④检验点的数量

由于在处理地基时，振冲碎石桩复合地基所形成的碎石桩具有较大的数量，若每根桩都进行检验，必然耗资大，为时长，也无必要。通常是以随机性与判定性结合的办法，选择一定数量有代表性的能综合反映总体实际情况的桩点进行检验。其中主要以动力触探，标准贯入，静力触探和少量的荷载实验检验。其中荷载实验可按每 400 根桩随机抽取一根，动力触探取总数的 2%，静力触探取总数的 1%，标准贯入试验可以取总数的 0.5%。

⑤检验方法

开挖检验：旋喷完毕后，待凝固具有一定强度后，即可开挖。这种方法的工作量虽很大，但由于固结体完全暴露出来，因此能比较全面地检查旋喷固结体的质量，垂直度和固结形状，是当前较好的一种方法。

室内试验:在设计过程中,先进行现场地质调查,并取得现场地基土,以标准稠度求得理论旋喷固结体的配合比。施工室可以作为浆液配方,先作现场旋喷试验,开挖观测并制作标准试件进行各种力学试验,与理论配合比比较,是一种现场的补充试验。

钻孔检查:可将已旋喷好的固结体中钻取出岩芯通过视觉,嗅觉和触觉来观察判断其固结体整体性,并将所取岩心做成标准试件进行室内力学物理性实验,以求得其强度特性,或检查其施工质量,鉴定其是否合乎设计要求。

标准贯入实验:旋喷固结体的标准贯入实验是在旋喷固结体的中部,一般距旋喷注浆孔的中心 0.15~0.2m 进行,使用一个带有直径为 51mm 的对开失取土器的专门贯入器,以63.5kg的锤,从 0.76m 高度自由落下,先把取土器打入孔底 0.15m(不记录锤击)数,然后打入0.3m所需的锤击数即为 N 值,对选取的桩每隔 1m 进行一个标准贯入度 N 值计算。

载荷试验:包括平板载荷试验和孔内载荷试验两种,在试验前应对固结体的加载部位进行加强处理,以防止加载时由于受力不均而破坏。

(9)质量的总体评价

旋喷桩地基经过土力学基本实验后,其抽查结果一般不会完全相同,总有一定的差异,有的桩很密实,有的就会差些。即使同一根旋喷桩,有的桩段检验属密实,有的又属于欠密实,甚至为松散段。如何合理评价桩和旋喷桩地基的总体施工质量,目前尚缺乏法定的规程,要结合当地土层的具体情况,将工程中自检的规定如下:

①评定项目

保证项目:保证项目是指定的旋喷桩的桩数,每根桩的桩长,桩径等,其方法为现场观察和检查施工记录。

基本项目:基本项目为旋喷桩的承载力及桩体的密度。其检验方法为荷载试验,标贯,动力触探试验,静力触探等。

允许偏差项目:允许偏差项目仅指旋喷桩成桩后的桩心与设计桩心的偏差距离。检验方法为现场拉线或尺量检查。

②评定标准:评定标准分为合格,基本合格和不及格三类。

a. 保证项目:

桩数符合设计图纸要求为合格,否则为不合格。

填料量达到设计要求为合格,否则为不合格。

b. 基本项目:

桩体承载力:用荷载试验结果确定的旋喷桩承载力的标准值。合格:选取桩的荷载试验达到承载力标准时满足设计要求。基本合格:当荷载试验中有一组不合格时,应增补两根桩再进行试验,若增补桩合格则可以判定为基本合格。不合格:当试验桩有 20%不合格或当增补桩中有一组不合格,则可以判定为不合格。

桩体的密实度:根据动力触探贯入 10cm 的锤击数进行判别。抽选数根状判别桩体的密实度,判别标准为:击数大于等于 7 击/段者为密实桩段;击数在 5~6 击/段为欠密实段;击数小于 5 击/段为疏松段。密实桩:密实数量占检验总数 80%以上。松散段小于 5%。欠密实桩:符合下列条件之一。a. 密实数量小于检验总数的 80%,大于 60%;b. 密实数量小于检验总数的 60%,松散段小于 20%,连续出现 5 个松散段。松散桩:出现下列情况之一为松散段。a. 密实数量小于检验总数的 60%,松散段大于 20%;b. 连续出现 5 个松散段的部位多于两处。

旋喷桩总体质量:分为合格,基本合格或不合格。合格:抽检中超过75%为密实桩,其余为欠密实桩为合格。基本合格,出现下面情况之一为基本合格:抽检中超过50%为密实桩,其余为欠密实桩;抽检中不超过25%为松散桩,且松散桩的两次补桩检验无松散情况。不合格,出现下面情况之一为不合格:抽检中超过50%为松散桩;抽检中超过25%不超过50%为松散桩,且松散桩的两次补桩检验出现一次松散情况。允许偏差项目:合格桩的中心偏离设计桩心的距离应小于桩直径的五分之一;基本合格桩的中心偏离设计桩心的距离大于桩直径的五分之一但在基槽内,可以继续使用;不合格桩桩位的偏差大于桩直径的五分之一,且部分或全部在基槽外,影响加固体的质量为不合格桩;

桩位偏差的总体评价。合格:合格的桩数占总桩数的95%以上,且无不合格桩。基本合格:合格的桩数占总桩数的80%以上,且无不合格桩或合格的桩数占总桩数的95%以上,不合格桩数在5%以下。不合格:不合格的桩数占总桩数的5%以上。

③等级评定

旋喷桩复合地基质量的好坏主要与所构筑的旋喷桩质量有关,依赖于旋喷桩的质量。因此旋喷桩质量的总体评价即为复合地基质量的总体评价,基于以上的各项指标进行最终的评定。优良:保证项目必须达到合格,基本项目必须达到合格,允许偏差项目必须达到合格。合格:保证项目必须达到合格,基本项目必须达到基本合格,允许偏差项目必须达到基本合格。

(10)环境评价

高压注浆法采用地下作业,会破坏地表环境,会对生态环境带来破坏,但地下施工振动小,几乎不会对城市产生任何噪声污染。设有专门的排污设备,及时排出产生的砂浆。所用的浆液无毒无害,不会对生态和人体产生负面影响。浆液中加入的一部分粉煤会为工业废料,即可以达到降低成本的目的,有利于环保。

案例 2-4 南京地铁许府巷站—南京站地基抗液化处理设计——高压注浆法

(1)工程概况

南京地铁南北线一期工程许府巷站—南京站区间段位于南昌路—龙盘路之间,要穿越中央路,3～6层房屋的住宅,古城墙及玄武湖,龙盘路下,长度1460.46m(里程桩K12+659.69～K14+120.15)。区间段采用盾构隧道家圆形装配式衬砌。根据平面示意图,线路主要技术指标见表2-15:

线路技术指标　表2-15

区　间	许府巷站—玄武门站			
里程	K12+680～K12+880	K12+880～K13+370	K13+370～K13+860	K13+860～K14+130
设计标高	−2.652～−6.652	−6.652～−8.122	−8.122～−6.162	−6.162～−1.302
设计坡度	2%	0.3%	0.4%	1.8%

(2)区域地质概况及场地地震效应

①区域地质概况

南京地区属于扬子准地抬之二级构造单元下扬子坳陷褶皱带,有着长期的沉积和构造发展史。按地质力学的观点,其恰位于淮阳山字形构造前弧东翼和宁镇反射弧西翼的转折部位,区内各组方向的断裂发育,基岩切割破碎,对地应力积累不利。

江苏省地震局1991年完成的《南京市地震小区划工作报告》对南京市地震地质特征和地震活动进行了分析研究认为，区内广泛存在着三级阶地和四级埋葬阶地表明，区内新构造运动以及间歇性的升降运动为特征，区内规模较大的断裂大多形成于印支期和燕山期。喜山期虽有活动但无论从规模上，强度上来较前期小的多，弱的多，且愈近近代活动强度愈加减弱。按其走向，区内可划分北东向、北北动向、北西向（包括北西西向及北北西向）和近东西向四组主要断裂。根据其活动性，又可将四组断裂分为三种类型：

a. 晚第三纪以前活动过，现无明显活动迹象的老断层，断裂面胶结良好。北东向断裂属于此类断裂。这一组断裂形成于印支期，燕山期仍有一定活动性，至喜山期则活动不明显。

b. 第三纪以来的活动断裂，断层面胶结较松。北北动向、北西向这两组断裂属于此类。两组断裂形成于燕山期，燕山期活动明显，中更新世纪晚期北西向断裂仍有活动。北西向南京湖属断裂是一条区域性断裂，为宁芜断陷盆地的东北界。根据有关资料介绍该断裂与南京地区地震活动关系密切。《南京地区地震小区划工作报告》则认为此断裂形成较早，白垩纪时期活动性已明显减弱，断裂两侧的第四纪沉积土层无明显变化对断层进行测龄，为(13.87±1.04)万年，该断层最近一次活动时代应该在晚更新世以前。

c. 第四纪的活动断裂，其特点是第四纪土层无错断标志，但第四纪沉积及现代地震活动受其控制，近东西向这组断裂属此类，其形成于燕山期末喜山期初。

根据《南京市地铁南北线一期工程场地地震安全性评价（地震烈度复核及断裂活动性评价）工作报告》，南京自公元123年至1979年3月为止发生过300余次地震，其中位于南京的地震有15例，在这15例地震中破坏性地震有五次，大多数集中于浦镇—湖熟断裂带。而位于北东向长江断裂带的仅有一次无感地震，说明这一地区的断裂活动性不大，南京市地震活动的特点是：

基底由柔性岩石组成，为厚八九千米的古生代或中生带地层。区内各组方向断裂发育。切割破碎，对地应力积累不利，因此，南京地区地震活动多以小震活动方式不断释放能量。这种小震活动有时频率高。但随时间变化的差异大。

破坏性地震的强度不大，频率也底。

南京地区的地震活动主要受外地地震波及影响。由于地震烈度衰减较大，这种影响所造成的烈度较低，因此，南京是不考虑远震影响的城市。

根据以上分析，本场地应属于区域基本稳定场地。南京地区设防烈度为七度。地铁作为生命线工程。应根据有关规范的规定采取适当的构造措施，提高其结构抗震能力。

②场地地震效应

根据国家颁布的《中国地震烈度区划图》(50年超越概率10%)区划资料，南京地区基本烈度为7级，且不考虑远震影响。

许府巷站—南京站区间位于古河道及漫滩之上，基岩埋藏深度变化较大，上覆土层主要为软弱黏性土及饱和砂性土组成。根据初勘(99130-N8)区间报告中波速测试资料，地面以下15.0m深度范围内土层实测平均剪切波速 $V_{sm}=113.5$m/s，判定为软弱场地土，III类建筑场地。

场地卓越周期估算根据玄武门站(01005)、许府巷站(00154)及原区间报告(99130-N8)中场地土层剪切波速测试结果表明：玄武门站—许府巷站估算场地卓越周期 $T_0=0.517\sim1.087$s，许府巷站—南京站估算场地卓越周期 $T_0=1.073$s。计算结果见表2-16：

计 算 结 果 表 2-16

孔　　号	计算深度 H(m)	卓越周期估算值 T_0(s)	备　　注
DTN28	25.0	0.517	利用资料
DTN39	33.0	0.724	
DTN46	48.0	1.073	
BDX3	43.3	1.022	
BDX7	41.8	0.813	
BDW17	42.0	1.087	

(3)场地液化情况

根据《铁路工程抗震设计规范》和岩土工程的规定，设计烈度为七度，有可能液化土层的地段，可按标准贯入法判定液化可能性，计算深度至地面下 20m。当实测标准贯入锤击数 N 值小于液化临界标准贯入锤击数 N_{cr} 值时，应判为液化土。N_{cr} 值按下列公式计算：

$$N_{cr} = N_0 \times a_1 \times a_2 \times a_3 \times a_4$$

式中：N_{cr}——液化临界标准贯入锤击数(击)；

N_0——当 d_s 为 3m，d_u 为 2m，a_4 为 1 时土层的液化临界标准贯入锤击数应符合下列规定：设计烈度 7 度时为 8，8 度时为 12，9 度时为 16；

a_1——地下水埋深 d_u(m)修正系数，$a_1=1-0.065(d_u-2)$；

a_2——标准贯入点的深度 d_s(m)修正系数，$a_2=0.52+0.175d_s-0.05d_s^2$；

a_3——上覆非液化土层的厚度 d_u(m)修正系数，$a_3=1-0.05(d_u-2)$；

a_4——粘粒含量百分比 ρ_c 修正系数，$a_4=1-0.17\sqrt{\rho_c}$。

在许府巷站—南京站站区间场地上部分布有②～$1c_{2-3}$粉土、②～$1d_{3-4}$粉砂夹细砂、②～$2c_{2-3}$粉土、②～$2b_{2-3}$粉砂夹细砂、②～$3d_{2-3}$粉细砂液化计算结果见表 2-17：

计 算 结 果 表 2-17

点　　号	试验中点深度 d_s(m)	实测击数 N(击)	上覆非液化层厚度 d_u(m)	黏粒含量 ρc(%)	临界击数 N_{cr}(击)	液化判别
②～$1c_{2-3}$						
BXN2-2	2.85	9	1.5	8.3	4.6	不液化
-3	4.65	8	1.5	2.3	8.3	液化
BXN7-2	3.15	5	2.7	1.0	6.9	液化
BXN9-3	4.15	9	3.4	1.5	7.5	不液化
BXN14-3	3.85	10	2.9	1.8	6.9	不液化
-4	4.65	12	2.9	2.3	7.3	不液化
BXN16-4	4.75	5.5	3.8	1.6	7.8	液化
BXN21-4	6.15	13	5.8	2.3	7.3	不液化
BXN33-1	2.15	5.5	2.9	12.6	3.0	不液化
BXN37-1	2.35	5	2.9	6.2	4.5	不液化
BXN43-3	4.65	6	3.7	4.3	6.6	液化

续上表

点　　号	试验中点深度 d_s(m)	实测击数 N(击)	上覆非液化层厚度 d_u(m)	黏粒含量 ρc(%)	临界击数 N_{cr}(击)	液化判别
②～1$d_{3\text{-}4}$						
BXN2-4	6.35	6	1.5	3.1	9.175	液化
-5	7.15	6	1.5	1.2	11.297	液化
-6	9.15	8	1.5	0.5	13.720	液化
BXN7-3	4.35	6	2.7	1.7	7.5	液化
-4	6.15	11	2.7	1.8	8.876	不液化
-5	7.65	10	2.7	2.2	9.571	不液化
-6	9.15	10	2.7	1.6	10.921	液化
BXN9-4	5.65	12	3.4	2.2	8.190	不液化
-5	7.15	4	3.4	4.0	8.120	液化
-6	8.65	7	3.4	1.6	10.575	液化
-7	10.15	11	3.4	0.4	12.903	液化
-8	11.15	11	3.4	3.5	10.239	不液化
BXN14-5	6.15	6	2.9	1.9	8.659	液化
-6	7.65	8	2.9	2.9	8.943	液化
-7	9.15	6	2.9	3.6	9.271	液化
-8	10.65	9	2.9	1.9	11.179	液化
-9	12.15	13	2.9	1.1	12.602	不液化
BXN16-5	6.25	8	3.8	2.5	8.336	液化
-6	9.15	12	3.8	1.6	9.942	不液化
-7	9.15	11	3.8	2.1	10.313	不液化
BXN21-5	8.05	14	5.8	0.7	9.6	不液化
-6	9.15	22	5.8	1.1	9.8	不液化
-7	11.15	7	5.8	1.5	10.2	液化
BXN23-3	6.15	7	5.4	0.4	8.8	液化
-4	7.65	5.5	5.4	2.3	8.1	液化
-5	10.15	5	5.4	6.3	7.2	液化
BXN28-2	3.3	8	5.4	1.0	8.0	液化
-3	4.7	10	1.5	2.9	8.1	不液化
-4	6.2	6	1.5	1.4	10.5	液化
-5	7.7	15	1.5	0.5	12.8	不液化
BXN31-2	3.65	22	0.6	4.5	6.8	不液化
-3	5.15	6	0.6	2.3	9.3	液化
-4	6.65	10	0.6	0.2	13.1	液化
-5	8.15	12	0.6	0.0	15.6	液化
BXN33-2	3.85	9	1.4	2.2	7.8	不液化

续上表

点　　号	试验中点深度 d_s(m)	实测击数 N(击)	上覆非液化层厚度 d_u(m)	黏粒含量 ρc(%)	临界击数 N_{cr}(击)	液化判别
-3	5.35	7.5	1.4	0.4	10.9	液化
-4	6.65	8	1.4	2.3	10.1	液化
-5	8.15	11	1.4	0.7	12.9	液化
-6	9.75	8	1.4	1.7	12.7	液化
BXN37-2	3.65	8	1.4	3.2	7.077	不液化
-3	4.85	8	1.4	0.4	10.397	液化
-4	6.45	11	1.4	2.2	10.032	不液化
-5	7.85	15	1.4	1.3	11.902	不液化
BXN39-1	2.75	7	0.9	1.4	7.34	液化
-2	4.15	15	0.9	1.1	9.092	不液化
-3	5.15	7	0.9	1.3	9.908	液化
②～$2c_{2-3}$						
BXN2-7	10.65	4	1.5	3.6	11.3	液化
BXN31-6	9.65	8	0.6	4.8	10.6	液化
-8	10.85	15	0.6	2.6	12.8	不液化
-10	12.35	8	0.6	8.5	9.4	液化
②～$2d_{2-3}$						
BXN7-8	12.15	17	2.7	7.5	8.3	不液化
-9	13.65	9	2.7	4.6	10.3	液化
-10	15.15	15	2.7	1.7	12.9	不液化
-11	16.65	10	2.7	6.2	9.6	不液化
BXN9-9	12.15	16	3.4	1.0	12.9	不液化
-10	13.65	13.5	3.4	1.9	12.3	不液化
-11	15.15	14	2.9	5.1	10.1	不液化
BXN14-10	13.65	18	2.9	1.8	12.3	不液化
-11	15.15	21	2.9	1.6	12.767	不液化
-12	16.65	18	2.9	5.6	9.837	不液化
-13	18.45	18	2.9	1.7	12.804	不液化
BXN16-8	10.65	15	3.8	4.5	9.335	不液化
-9	12.15	11	3.8	0.8	13.004	液化
BXN16-10	13.65	10	3.8	0.4	14.182	液化
-11	15.15	13	3.8	2.7	11.721	不液化
-12	16.65	11.5	3.8	1.6	129.8	液化
BXN21-8	12.15	13	5.8	8.3	6.801	不液化
-9	13.65	11	5.8	5.3	8.406	不液化
-10	15.15	7	5.8	12.3	5.708	不液化

续上表

点　　号	试验中点深度 d_s(m)	实测击数 N(击)	上覆非液化层厚度 d_u(m)	黏粒含量 ρc(%)	临界击数 N_{cr}(击)	液化判别
-11	16.65	13	5.8	5.1	8.812	不液化
BXN23-6	13.15	9	5.4	4.4	8.821	不液化
-7	14.65	10	5.4	4.3	9.122	不液化
-8	16.15	8	5.4	4.6	9.092	液化
BXN23-9	17.65	9	5.4	2.0	10.917	液化
BXN28-7	10.70	8	1.5	0.3	15.294	液化
-8	12.20	13	1.5	3.8	12.261	不液化
-9	13.70	10	1.5	2.3	13.610	液化
-10	16.70	12	1.5	1.7	14.771	液化
BXN31-11	14.15	9	0.6	4.3	12.495	液化
-12	15.65	11	0.6	3.1		
BXN2-10	19.85	11	1.5	3.3	12.8	液化
BXN7-12	18.65	18	2.7	3.5	11.4	不液化
BXN9-12	16.65	22	3.4	1.0	13.8	不液化
-13	18.15	14	3.4	3.8	8.6	不液化
BXN16-13	18.15	17	3.8	5.4	10.0	不液化
BXN21-12	18.15	15	5.8	1.5	11.3	不液化
BXN23-10	19.65	11	5.4	4.7	9.0	不液化
BXN28-11	19.20	20	1.5	1.0	15.7	不液化
BXN31-13	17.50	16	0.6	4.9	12.4	不液化
②～3d_{2-3}						
BXN7-12	18.65	18	2.7	3.5	11.4	不液化
BXN9-12	16.65	22	3.4	1.0	13.8	不液化
-13	18.15	14	3.4	3.8	8.6	不液化
BXN16-13	18.15	17	3.8	5.4	10.0	不液化
BXN21-12	18.15	15	5.8	1.5	11.3	不液化
BXN23-10	19.65	11	5.4	4.7	9.0	不液化
BXN28-11	19.20	20	1.5	1.0	15.7	不液化
BXN31-13	17.50	16	0.6	4.9	12.4	不液化
②～1c_{2-3}						
DTN41-2	2.75	5	2.5	11.0	8.6	液化
DTN42E-1	3.75	7	3.4	4.3	5.7	不液化
-2	5.15	10	3.4	1.3	8.2	不液化
DTB11-1	1.85	6	0.2	1.76	2.3	不液化
DTB13-1	2.85	8	1.2	1.7	7.2	不液化
-2	4.35	6	1.2	2.3	8.3	液化

续上表

点　　号	试验中点深度 d_s(m)	实测击数 N(击)	上覆非液化层厚度 d_u(m)	黏粒含量 ρc(%)	临界击数 N_{cr}(击)	液化判别
②～$1d_{3-4}$						
DTN41-4	4.78	4.5	2.5	2.4	7.7	液化
-6	6.45	4	2.5	1.6	9.5	液化
-8	9.55	6	2.5	0.1	13.8	液化
DTN42-4	8.15	8	4.3	1.6	9.4	液化
DTN42E-3	6.15	10	3.4	3.1	7.8	不液化
-4	7.15	10	3.4	2.4	8.8	不液化
-5	8.15	9	3.4	1.9	9.8	不液化
-6	9.15	10	3.4	1.1	11.1	液化
-7	10.15	10	3.4	1.9	10.8	液化
DTN45-6	6.75	6	6	3.0	7.1	液化
-8	8.25	6	6	2.4	8.2	液化
DTB10-1	3.25	8	0.4	1.9	7.7	不液化
-2	4.15	10	0.4	2.0	8.6	不液化
-3	5.15	11	0.4	2.1	9.482	不液化
-4	6.15	8	0.4	2.1	11.289	液化
-5	7.15	11	0.4	2.1	11.152	液化
-6	8.15	7	0.4	1.2	12.824	液化
-7	9.15	11	0.4	2.1	12.528	液化
DTB11-2	2.85	7	0.2	2.9	6.848	不液化
-3	4.15	10	0.2	2.6	8.298	不液化
-4	5.15	9	0.2	1.5	10.054	液化
-5	6.15	5	0.2	3.3	9.583	液化
-6	7.15	4	1.2	1.4	11.930	液化
-7	8.25	9	1.2	1.6	12.557	液化
-8	9.15	15	1.2	2.2	12.547	不液化
DTB13-3	5.35	7	1.2	3.0	8.710	液化
②～$2c_{2-3}$						
DTB10-8	10.15	8	0.4	8.9	8.960	液化
-9	11.35	9	0.4	8.7	9.064	液化
-10	12.15	9	0.4	6.1	10.808	液化
②～$2d_{2-3}$						
DTN42-6	10.85	12	4.3	4.4	8.77	不液化
DTN42-8	15.35	13	11	4.0	9.66	不液化
DTN42E-8	11.15	9	3.4	3.4	10.062	液化
-10	13.15	11	3.4	3.1	10.863	不液化

续上表

点　　号	试验中点深度 d_s(m)	实测击数 N(击)	上覆非液化层厚度 d_u(m)	黏粒含量 ρc(%)	临界击数 N_{cr}(击)	液化判别
-11	14.15	7	3.4	2.4	11.645	液化
DTN45-13	13.25	10	6.0	0.4	12.002	液化
-15	14.65	13	6.0	6.0	8.047	液化
DTB10-11	13.15	20	0.4	6.3	10.952	不液化
-12	14.15	15	0.4	6.9	10.781	不液化
-13	15.15	13	0.4	6.0	11.530	不液化
DTB10-14	16.15	14	0.4	4.6	12.668	不液化
-15	17.15	19	0.4	2.4	14.748	不液化
②～$3d_{2-3}$						
DTB10-16	18.15	19	0.4	4.0	13.2	不液化
-17	19.15	19	0.4	4.5	12.7	不液化

根据上述计算结果可知，该区间②～$1c_{2-3}$稍～中密粉土、②～$1d_{3-4}$松散～稍密粉砂夹细砂、②～$2c_{2-3}$稍～中密粉土、②～$2d_{2-3}$稍～中密粉砂夹细砂为可液化土层，②～$3d_{2-3}$粉细砂为不液化土层。

(4)岩层编号及含义

岩层编号中包含了成岩时代、岩石风化程度及强度(表 2-18)。

J_{3L}表示上侏罗纪龙王山组；

J_{2L}表示中三叠纪周冲村组；

地层编号及含义　　　　表 2-18

土的名称	代　号	状态或密实度	代　号	备　注
黏土	a	硬塑	1	
		可塑	2	
		软塑	3	
		流塑	4	
粉质黏土	b	硬塑	1	
		可塑	2	
		软塑	3	
		流塑	4	
粉土	c	密实	1	
		中密	2	
		稍密	3	
砂土	d	密实	1	其中： f 表示粉砂； x 表示细砂
		中密	2	
		稍密	3	
		松密	4	
混合土	e			碎石类土与粉质黏土或砂土的混合土

(5)许府巷站—南京站站区间岩土层详细描述

①人工填土层(Q_4^{ml})一层号①

①～1 杂填土:褐灰色,松散～稍密,主要由碎石、碎砖混土填积,层厚 0.3～1.6m,道路部分表层为混凝土或沥青路面及其碎石垫层;

①～$2b_{2-3}$素填土:褐灰～灰黄色,软～可塑,由粉质黏土夹粉土、黏土及少量碎砖石填积。层顶埋深 0～2.5m,层厚 0.5～3.1m;

①～$3a_4$ 淤泥～淤泥质填土:灰黑色～黑色,流塑,夹大量腐植物及少量碎砖石,玄武湖、鱼塘及河沟部分为淤泥,暗塘暗沟部分为淤泥质填土。层顶埋深 0.4～2.0m,层厚 0.2～2.9m。

②全新世冲淤积土层(Q_4^{al})一层号②

②～$1b_{2-3}$粉质黏土:灰黄～灰色,软～可塑,部分为低塑性土(I_p=11—12),局部为黏土(I_P=18),中等压缩性。层顶埋深 1.1～3.3m,层厚 0.8～3.5m,分布城墙内外两侧地段;

②～$1a_4$ 淤泥质黏土:灰色,流塑,含大量有机质,高压缩性,层顶埋深 3.0～4.0m,层厚 2.0～2.4m,仅分布于场地中部(见 BXN20、BXN23 孔);

②～$1c_{2-3}$粉土:灰黄～灰色,饱和,稍密～中密,部分为低塑性(I_p=11～12),软～流塑粉质黏土,该土层透水性较好,含水较丰富,具中等压缩性,层顶埋深 1.5～4.3m,层厚 0.3～4.2m;

②～$1d_{3-4}$粉砂夹细砂:灰色,饱和,松散～稍密,含云母,该层含水丰富,透水性好,层顶埋深 2.0～8.0m,层厚 1.6～8.0m,本区间北端缺失;

②～$2c_{2-3}$粉土:灰色,饱和,稍～中密,局部为低塑性淤泥质粉质黏土～粉质黏土,呈中等压缩性。层顶埋深 8.0～11.4m,层厚 1.6～8.0m,分布于本区间南部及中东部;

②～$2b_4$ 淤泥质粉质黏土～粉质黏土:灰色,流塑,低塑性土,高压缩性,高灵敏度。层顶埋深 6.1～15.8m,层厚 1.0～10.4m,本区间古河道河床范围内该土层缺失;

②～$2d_{2-3}$粉砂夹细砂:灰色,饱和,稍～中密,局部夹薄层粉质黏土,含水丰富,透水性好。层顶埋深 9.5～15.0m,层厚 2.0～8.9m,分布于本区间古河道河床范围:

②～$3d_{2-3}$粉细砂:灰色,饱和,稍—中密,局苯夹薄层粉质黏土,含水丰富,透水性好。层顶埋深 15.0～19.0m,层厚 3.8～11.5m,分布于本区间古河道河床范围;

②～$3c_3$ 粉土:灰色,饱和,稍密,仅见于本区间 DTN45C 及 DTN45 孔。埋深 23.5～24.5m,层厚 0.7～1.7m;

②～$3b_{3-4}$粉质黏土:灰色,软～流塑,部分为淤泥质粉质黏土,中～高压缩性。层顶埋深 15.8m,层厚 2.6～5.9m,分布于本区间北部古河道漫滩范围;

②～$4d_{1-2}$粉细砂:灰色,饱和,中密～密实,局部夹粉土,含水丰富,透水性好。层顶埋深 18.0～28.5m,层厚 5.6～14.5m,分布于本区间古河道河床范围;

②～$4b_4$ 粉质黏土:灰色,软～流塑,局部为淤泥质粉质黏土,中～高压缩性。层顶埋深 28.0～37.0m,层厚 4.5～13.0m,分布于本区间古河道河床深槽底部;

③晚更新世～全新世冲洪积成因土层(Q_3^{al+pl});

③～2～$2b_{2-3}$粉质黏土:灰～绿灰色,软～可塑,中等偏高压缩性。层顶埋深 16.5～25.5m,层厚 2.8～2.4m,分布于本区间东部;

③～2～$2b_2$ 粉质黏土:绿灰～褐灰色,可塑,中等压缩性。层顶埋深 14.1～17.0m,层厚 3.5～9.0m,分布于本区间东部;

③～3～1$(a+b)_{1-2}$粉质黏土～黏土：褐黄～灰黄色，可～硬塑，夹颗粒铁锰结核，中低压缩性。层顶埋深21.6～22.3m，层厚1.2～2.4m，分布于本区间南端及中部局部地段；

③～3～$2b_{2-3}$粉质黏土：褐黄～灰黄色，软～可塑，大多为低塑性土，夹粉土，中低压缩性。层顶埋深23.6～30.0m，层厚2.6～8.0m，分布于本区间南端及中东部；

③～3～$2b_2$ 粉质黏土：灰～灰黄色，可塑，夹薄层粉砂，中低压缩性。层顶埋深21.5～24.5m，层厚约3.6m，分布于本区间东端（见BXN41、BXN43孔）；

③～3～$2(a+b)_{1-2}$粉质黏土～黏土：褐黄色，可～硬塑，中低压缩性，层顶埋深19.5～23.8m，层厚未穿，分布于本区间东端；

③～3～$3d_2$，粉细砂：灰色，中密。层顶埋深29.8～30.9m，层厚0.3～0.7m，呈透镜体状分布于本区间南端；

③～$4b_{2-3}$粉质黏土：灰～灰黄色，可～软塑，中等偏高压缩性；层顶埋深36.5～41.5m，层厚3.8～5.2m，分布于本区间中部；

③～$4b_2$ 粉质黏土：灰色，可塑，部分硬塑，低塑性土，中等偏低压缩性。层顶埋深31.5～37.3m，层厚2.5～7.7m，分布于本区间的东部；

③～4e粉质黏土混粗砂卵砾石：灰色，可塑，卵砾石含量一般在10%左右，部分地段约30%左右，粒径一般在1～6cm之间。层顶埋深17.8～42.5m，层厚0.4～3.0m，呈零星分布。

④基岩

a. 上侏罗纪龙王山组火山岩（J_{31}）

J_{31}～l强风化安山质角砾凝灰岩：紫红夹灰黄～棕褐色：风化强烈呈土状，局部呈碎块状。层顶埋深34.5～35.5m，未钻穿，分布于本区间南端；

J_{31}～2中风化安山质角砾凝灰岩：黄色～紫灰色，节理裂隙发育，裂隙部分被方解石充填，部分被泥质充填，岩芯基本完整，块状结构。分布范围同上，本区间基本未钻至该层。

b. 中三迭统周冲村组沉积岩（T_{2z}）

T_{2Z}～2中风化灰岩：灰黄～浅灰色，见少量节理裂隙，岩芯基本完整，有溶蚀现象，局部呈蜂窝状，夹角砾状灰岩及泥灰岩。层顶埋深40.2m，层厚2.45m，仅见于本区间南端的BDXl5孔。

c. 燕山期岩浆岩（S）

S～1强风化闪长玢岩：灰黄色，风化强烈呈砂土状，原岩结构构造尚清晰可辨。层顶埋深18.4～45.3m，层厚0.6～4.8m，分布于本区间东部；

S～2中风化闪长玢岩：灰黄～浅灰色，节理裂隙较发育，岩芯不完整，属硬质岩类。层顶埋深23.2～46.3m，该层未钻穿，本区间仅见BXNl6、BXN20及DTN45孔。

（6）路面情况及液化土层的分布

南京地铁南北线一期工程许府巷站—南京站区间段位于南昌路—龙盘路之间，要穿越中央路，3～6层房屋的主宅及商业楼，包括油料技术培训中心商业楼，住宅楼；73853部队商业大楼，住宅楼；古城墙（高6m）；鱼池；玄武湖；龙盘路下，长度约为1460m。其中玄武湖段大约400m长，鱼池段大约150m长。

通过前面对液化土层的判别②～$1c_{2-3}$稍中密粉土、②～$1d_{3-4}$松散。稍密粉砂夹细砂、②～$2c_{2-3}$稍中密粉土、②～$2d_{2-3}$稍中密粉砂夹细砂为可液化土层，具体产状如下：

①②～$1c_{2-3}$粉土：灰黄～灰色，饱和，稍密～中密，部分为低塑性（$I_p=11～12$），软～流塑粉质黏土，该土层透水性较好，含水较丰富，具中等压缩性。层顶埋深1.5～4.3m，层厚0.3～

4.2m；

②②～1d_{3-4}粉砂夹细砂：灰色，饱和，松散～稍密，含云母。该层含水丰富，透水性好，层顶埋深2.0～8.0m，层厚1.6～8.0m，本区间北端缺失；

③②～2c_{2-3}粉土：灰色，饱和，稍～中密，局部为低塑性淤泥质粉质黏土～粉质黏土，呈中等压缩性。层顶埋深8.0～11.4m，层厚1.6～8.0m，分布于本区间南部及中东部；

④②～2d_{2-3}粉砂夹细砂：灰色，饱和，稍～中密，局部夹薄层粉质黏土，含水丰富，透水性好。层顶埋深9.5～15.0m，层厚2.0～8.9m，分布于本区间古河道河床范围；

根据前面的液化土层情况，在这里将南京地铁南北线一期工程许府巷站—南京站区间段（全长1460m）分为四段，具体情况如下：

从K12＋660～K12＋800为中等液化区域，全长140m。

从K12＋800～K12＋880为严重液化区域，全长80m。

从K12＋880～K13＋900为中等液化区域，全长1020m。

从K13＋900～K14＋120为轻微液化区域，全长220m。

(7)处理方案——高压注浆法

南京地铁一号线许府巷至南京站区采用盾构施工，初次衬砌采用预制混凝土。每个管片宽1000mm，厚300mm，中间预留直径为50mm的注浆孔。由于环与环之间错缝相连，因此，分为一类环和二类环，如图2-34所示。

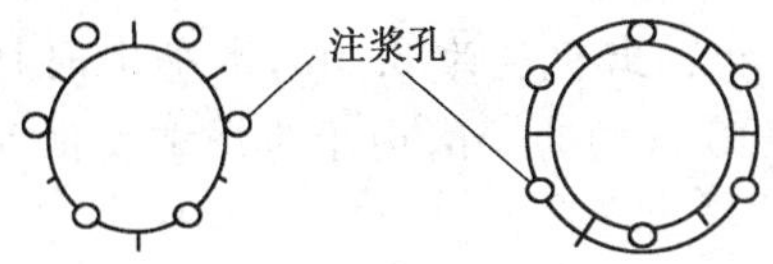

a)一类环　　b)二类环

图2-34　一类环和二类环

由于这里采用三重管法，直径统一为2m，桩长根据布桩的形式所定。由于在地表以下20m深的土层可以忽略其液化问题，因此，向下的长度达到地表以下20m就可；水平和向上布桩的长度应视土层的液化程度而取隧道半径（3.17m）的1～1.5倍。为加强整体抗液化能力，桩与桩应相切，由于桩径为2m，因此桩间距为2m，每间隔一个环注一排浆。（其中隧道的间距为7m）由于环与环错缝相连，因此，所注的旋喷桩都在同一类环上，通过比较，选用第二类环进行注浆，具体过程及施工量（表2-17）的计算如下：

①从许府巷至南京站方向大约K12＋660～K12＋800区间为中等液化区，长度为140m，底板平均厚度为15m，如图2-35。

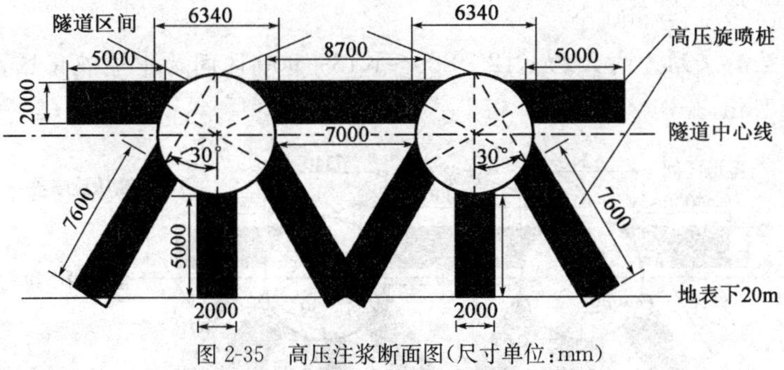

图2-35　高压注浆断面图（尺寸单位：mm）

竖直向下注浆为5m；同时斜向下30°角直至地表下20m处，计算出长度为7.6m；水平中间打通，计算出长度为8.7m，两边各向外注隧道半径的1.5倍约为5m，不需要向上注浆。故：

区间的排数为：140/2＝70排

每排注浆长度：8.7＋5×4＋7.6×4＝59.1m

区间总延米为：59.1×70＝4137m

注浆量：$Q=1.1\times(3.14\times1\times1)\times4137\times0.5=7145m^3$（1.1为损失系数，0.5为考虑土灰比为1∶1时，有一半桩由原土组成）

处理液化层面积为：$140\times30=4200m^2$

处理液化层体积为：$4200\times(6.34+5)=47628m^3$

区间总桩数：9×70＝630个

②从许府巷至南京站方向大约K12＋800～K12＋880区间为严重液化区，长度为80m，底板平均厚度为16m，如图2-36。

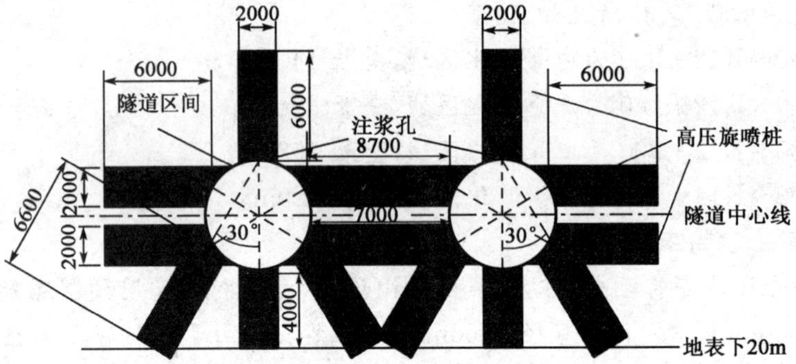

图2-36 高压注浆断面图（尺寸单位：mm）

竖直向下为4m；同时斜向下30°角直至地表下20m处，计算出长度为6.5m；水平中间打通，计算出长度为8.7m，注两排；两边各向外注隧道半径的1.5倍约为5m，由于为严重液化再放长到6m，注两排；向上也注6m。故：

区间的排数为：80/2＝40排

每排注浆长度：8.7×2＋4×2＋6×6＋6.5×4＝87.4m

区间总延米为：87.4×40＝3496m

注浆量：$Q=1.1\times(3.14\times1\times1)\times3496\times0.5=6038m^3$（1.1为损失系数，0.5为考虑土灰比为1∶1时，有一半桩由原土组成）

处理液化层面积为：$80\times32=2560m^2$

处理液化层体积为：$2560\times(6.34+4+6)=41961m^3$

区间总桩数：40×14＝560个

③从许府巷至南京站方向大约K12＋880～K13＋900区间为中等液化区，长度为1020m，底板平均厚度为18m，如图2-37。

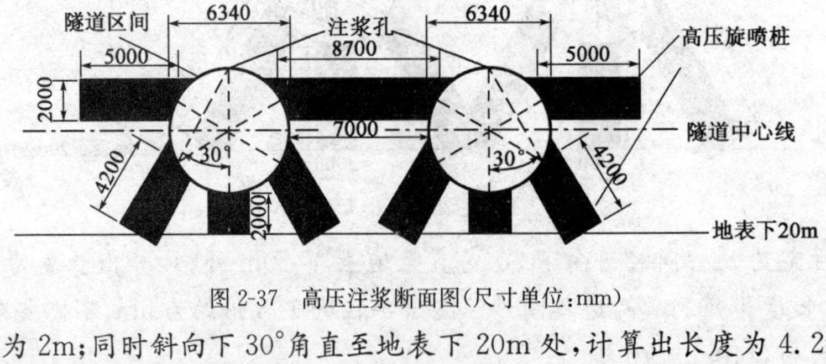

图2-37 高压注浆断面图（尺寸单位：mm）

竖直向下为2m；同时斜向下30°角直至地表下20m处，计算出长度为4.2m；水平中间打通，计算出长度为8.7m，两边各向外注隧道半径的1.5倍约为5m，不需要向上注浆。故：

区间的排数为：1020/2＝510 排

每排注浆长度：8.7＋5×2＋4.2×4＋2×2＝39.5m

区间总延米为：39.5×510＝20145m

注浆量：$Q=1.1\times(3.14\times1\times1)\times20145\times0.5=34790m^3$（1.1 为损失系数，0.5 为考虑土灰比为 1∶1时，有一半桩由原土组成）

处理液化层面积为：$1020\times30=30600m^2$

处理液化层体积为：$4200\times(6.34+2)=255204m^3$

区间总桩数为：510×9＝4590 个

④从许府巷至南京站方向从大约 K13900～K14120 区间为轻微液化区，长度为 220m，底板平均厚度为 16m，如图 2-38。

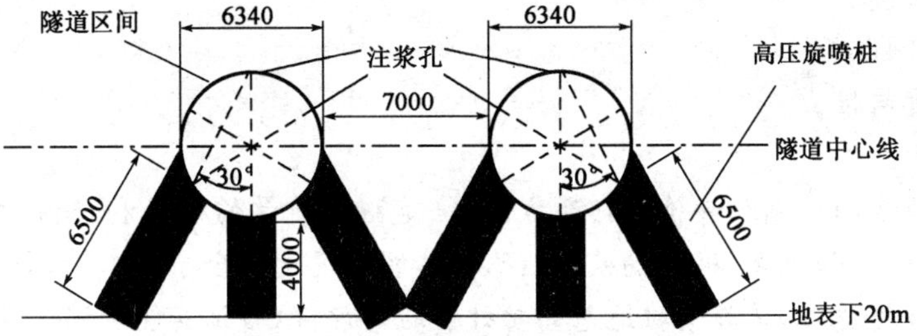

图 2-38　高压注浆断面图（尺寸单位：mm）

竖直向下为 4m；同时斜向下 30°角直至地表下 20m 处，计算出长度为 6.5m，由于液化程度轻微，因此不需要水平注浆和向上注浆。故：

区间的排数为：220/2＝110 排

每排注浆长度：6.5×4＋4×2＝34m

区间总延米为：34×110＝3740m

注浆量：$Q=1.1\times(3.14\times1\times1)\times3740\times0.5=6459m^3$（1.1 为损失系数，0.5 为考虑土灰比为 1∶1时，有一半桩由原土组成）

处理液化层面积为：$220\times26=5720m^2$

处理液化层体积为：$5720\times4=22880m^3$

综上，工程量见表 2-19。

工 程 量 计 算 表　　表 2-19

区　间	（一）	（二）	（三）	（四）	总　计
液化程度	中等	严重	中等	轻微	—
平均底板深(m)	15	16	18	16	—
区间长度(m)	140	80	1020	220	1460
排距(m)	2	2	2	2	—
排数(m)	70	40	510	110	730
区间桩数(个)	630	560	4590	660	6440
单排桩长(m)	59.1	84.7	39.5	34	—
注浆量(m^3)	7145	6038	34790	6459	54432

续上表

区　间	(一)	(二)	(三)	(四)	总　计
总延米(m)	4137	3496	20145	3470	31581
处理面积(m^2)	4200	2560	30600	5720	43080
处理体积(m^3)	47628	41961	225204	22880	337673

(8)质量检测

①检验的内容

固结体的整体性和均匀性。

固结体的有效直径。

固结体的垂直度。

固结体的耐久性。

固结体的强度特性。

②检测与评价

旋喷桩复合地基的检测和评价包括两方面:一是施工质量的检验和评估,主要是检验,评价旋喷桩的质量好坏,如桩数,桩位偏差,桩径,桩体密实度是否合乎要求等,若不符合要求,则需要研究进行补救措施;二是旋喷桩地基的功效检验与评价,验证其能否满足设计方面提出的抵抗地震液化的能力是否达到规定的要求。检验的起始时间:一般应为注浆28d后。桩点的选择:旋喷桩的质量优劣,受多种因素影响,如土层性质,制桩工艺的控制,浆液配置等,各状质量差异不可能控制得完全一致,期间存在人们难以掌握的差异,即质量差异的随机性。根据经验,检验桩点的位置应遵循随机性为主,判定性为辅,按平面均布,选择一些有针对性的点。对于复合地基荷载实验,宜以判定性为主,随机性为辅,即在桩体和桩间土的基面上,选择具有较好的代表性或具有疑义的点进行检验。对情况较复杂的且加固面积较大的代表性或有疑义的点位进行检验。由于南京地铁许府巷段至南京站下面的土层情况复杂,因此检验的时间在完成1/3工作量后提前进行检验,一发现问题并及时处理。当检验发现复合地基的加固质量存在问题时,应分析原因,估计后果,采取必要的补救措施。

检验点的数量:由于在处理南京地铁许府巷至南京站区间时,振冲碎石桩复合地基所形成的碎石桩具有较大的数量,若每根桩都进行检验,必然耗资大,为时长,也无必要。通常是以随机性与判定性结合的办法,选择一定数量有代表性的能综合反映总体实际情况的桩点进行检验。其中主要以动力触探、标准贯入、静力触探和少量的荷载试验检验。

其中荷载试验可按每400根桩(总数6440)随机抽取一根,总数大约为16根;

动力触探取总数的2%,大约129根;

静力触探取总数的1%,大约64根;

标准贯入试验可以取总数的0.5%,大约32根。

③检验方法

开挖检验:旋喷完毕后,待凝固具有一定强度后,即可开挖。这种方法的工作量虽很大,但由于固结体完全暴露出来,因此能比较全面地检查旋喷固结体的质量、垂直度和固结形状,是当前较好的一种方法。

室内试验:在设计过程中,先进行现场地质调查,并取得现场地基土,以标准稠度求得理论旋喷固结体的配合比。施工室可以作为浆液配方,先作现场旋喷试验,开挖观测并制作标准试件进行各种力学试验，与理论配合比比较，是一种现场的补充试验。

钻孔检查：可将已旋喷好的固结体中钻取出岩芯通过视觉，嗅觉和触觉来观察判断其固结体整体性，并将所取岩芯做成标准试件进行室内力学物理性试验，以求得其强度特性，或检查其施工质量，鉴定其是否合乎设计要求。

标准贯入实验：旋喷固结体的标准贯入试验是在旋喷固结体的中部，一般距旋喷注浆孔的中心 0.15～0.2m 进行，使用一个带有直径为 51mm 的对开口取土器的专门贯入器，以63.5kg 的锤，从 0.76m 高度自由落下，先把取土器打入孔底 0.15m（不记录锤击）数，然后打入 0.3m 所需的锤击数即为 N 值，对选取的桩每隔 1m 进行一个标准贯入度 N 值计算。

载荷试验：包括平板载荷试验和孔内载荷试验两种，在试验前应对固结体的加载部位进行加强处理，以防止加载时由于受力不均而破坏。

2.7.2 灌浆法

灌浆法就是利用气压、液压或电化学的原理，把某些能固化的浆液注入各种介质的裂隙、孔隙，以改善灌浆对象的物理力学性质，适应各类土木工程需要的方法。通过向地层灌入各类浆液，减少地层的渗透性，并提高地层的力学强度和抗变形能力。就其效果而言，任何一类灌浆，都可归属于防渗灌浆或加固灌浆的范畴。灌浆法是指一切使浆液与地层发生填充、置换、挤密等物理和化学变化的地基处理方法，包括压力灌浆、高压喷射、深层搅拌等，但习惯上仍是指压力灌浆。

加固灌浆和防渗灌浆虽然目的不同，所用灌浆材料和工艺也有些差异，但这两种灌浆法所用的浆材都具有一定的力学强度，而且灌浆结果都必然会减少物体的孔隙率和提高物体的密度，所以，防渗灌浆和加固灌浆的功能总是并存的。

在渗入性灌浆中，浆液在介质中的运动，是以不破坏介质原有的结构和孔隙尺寸为前提的。浆液在压力的作用下，使孔隙中存在的气体和自由水被排挤出去，浆液充填裂隙或孔隙，形成较为密实的固化体，从而使地层的渗透性减小，强度得到提高。对于粒状浆材（如水泥、膨润土等），最多只能灌入粒径不小于 0.1mm 的细砂及以上的土层或比细砂直径更大的裂隙；对于化学浆材，最多只能灌入粉土层中。

压密灌浆是用极稠的浆液（坍落度 25～50mm）以高压快速通过钻孔强行挤入弱透水性土中的灌浆方法。由于弱透水性土的孔隙是不进浆的，因此，不可能产生传统充填型的渗入性灌浆，而是在注浆点集中地形成近似球形的浆泡，通过浆泡挤压邻近的土体，使土体被压密，承载力得到提高。在浆泡的直径或体积较小时，压力主要是径向（水平向）的，随着浆泡的扩大，在地层内部出现了复杂的径向和切向应力体系。在灌浆体邻近区，出现大的破裂、剪切和塑性变形带。这一带的地基土密度由于扰动而降低。随着地基土距灌浆体接合面距离的增加，地基土变形逐渐以弹性变形为主，地基土密度得到明显的增加。压力灌浆有渗入性灌浆、压密灌浆、劈裂灌浆三个加固作用组成。

压密灌浆的最大优点是它对于最软弱土层区域能起到最大的压密作用。压密灌浆法一般用于比中～细砂细的粉细砂中，也可用于有充分排水条件的黏土和非饱和黏性土，此外，还可用来调整不均匀沉降，进行纠偏托换，以及在大开挖或隧道开挖时对邻近土进行加固，但在加固深度小于 1～2m 时，加固质量很难保证，除非其上原有建筑物能提供约束。

劈裂灌浆是指在较高的灌浆压力作用下，将较稀的浆液通过钻孔施加于弱透水性的地基中，当浆液压力超过地层的初始应力和抗拉强度时，使土层内产生水力劈裂，浆液进入裂隙扩散到更远的区域，浆液的可灌性和扩散距离都得到增大，加固范围大大扩大。

劈裂灌浆初次出现的劈裂面往往是阻力最小的小主应力面，劈裂压力与地基中的小主应力及抗拉强度成正比；液体愈稀，注入愈慢，则劈裂压力愈小；当液体压力超过劈裂压力时，劈裂面突然产生并且迅速扩展，浆液进入裂隙，灌浆压力下降。在土体劈裂后继续灌注大量浆液，则灌浆压力会缓慢提高，小主应力有所增加。一旦注浆压力提高到大于土中的中间主应力，就会在中间主应力面产生新的劈裂面，如此继续进行，在钻孔附近形成网状浆脉。形成浆脉网的另一原因是土体的不均匀性以及薄弱结构面的存在。浆脉网在提高土体内的法向应力之和的同时，还缩小了大、小主应力之间的差值，从而既提高土体的刚度，又提高土体的稳定性。由于劈裂灌浆是通过浆脉来挤压和加固邻近土体的，虽然浆脉压力较小，但与土体的接触面却很大，且远离灌浆孔处的浆脉压力与灌浆孔处相差不大。因此，劈裂灌浆适合于大体积土体的加固。

灌浆工程中所用的浆液是由主剂（原材料）、溶剂（水或其他溶剂）及各种外加剂混合而成，通常所指的灌浆材料系指浆液中的主剂。灌浆材料基本上可分为两类。一类是固体颗粒的灌浆材料，例如水泥、黏土、砂等，用固粒浆材制成的浆液，其颗粒处于分散的悬浮状态，是悬浊液。另一类是化学灌浆材料，例如甲凝、丙凝、环氧树脂等，由化学浆材制成的浆液，是真溶液。在传统的渗透性灌浆中，化学浆材由于具有黏度低、胶凝时间可精确控制、不受颗粒尺寸效应的影响等优点，较粒状浆材有更广泛的应用范围，但是由于化学浆材或多或少都存在一定的毒性，易引起环境污染，其耐久性值得考虑。

灌浆材料主要包括：
- 黏土浆、水泥浆、水泥黏土浆、硅粉水泥浆粉煤灰水泥浆
- 水玻璃
- 环氧树脂、单宁类、聚氨酯类、丙烯酰胺
- 水泥—水玻璃

附：注浆法应用图例（图 2-39）

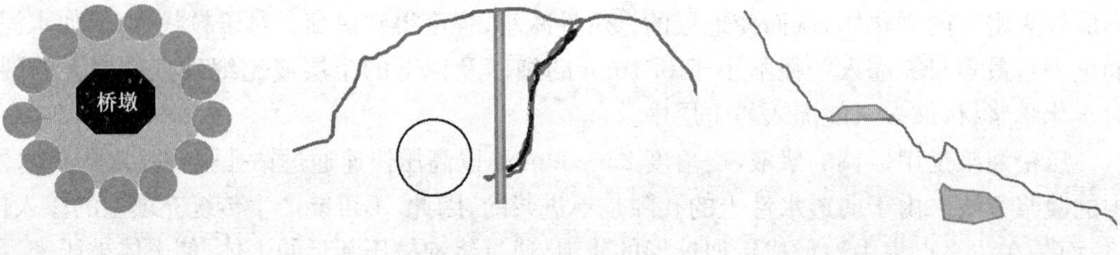

a)注浆法用于桥梁施工基坑堵水　b)某隧道施工注浆堵断层水　c)注浆法充填干枯溶洞防止铁路基变形

图 2-39　注浆法应用图例

案例 2-5　广州地铁赤沙车辆段地基抗液化处理设计——静压灌浆法

(1)工程概况

广州市地下铁道二号线首期工程赤沙车辆段内工程主要为：线路路基、道路、房建及桥涵；有出入段线、试车线、修车线等线路共 31 条；有综合办公楼、材料总库、运用库、检修库等房屋建筑 26 处；有车辆检查坑、车辆洗刷机、龙门式起重机等设备及构筑物 8 座；有铁路桥、公路桥、道岔桥、改沟小桥 7 座，通道涵 1 座。

(2)区域特征

①地貌和地面特征

a.赤沙车辆段及综合基地勘察范围位于黄埔涌南岸、赤沙涌东侧，在赤沙涌注入黄浦涌的

交汇处。此处为海陆交互相沉积，地势低平，原地面标高为3.04～6.43m。其内河曲(支流)发育，并汇入赤沙涌，有些河曲已成为废弃河道。原种植大量果树或经济类作物，有大面积的池塘。现在果树已被砍伐，地面开始填土。

b. 地铁桥和通段公路桥所在的黄埔涌宽约105m，河床中泓线高程为2.70～3.10m。北岸河堤高程约为7.4～9.0m，南岸河堤高程约为7.9～8.0m，一般高于堤内原地面1.85m。

c. 赤沙涌护堤工程所在的赤沙涌宽约20m，在车辆段一侧河堤高程约为6.0m，堤内为果园和小涌沟，勘察时树木砍伐工作尚未完成。河堤由土堤构筑。

d. 出入段线和通段公路在磨碟沙站附近的地面为新修建的新港东路，向南方向延伸至黄埔涌北岸，属于河流冲积而成的河漫滩，早已开辟为农田(旱地)，在靠近新港东路有工厂分布。

②地质构造

根据广州市基岩地质构造图，北亭—天河断裂的主干断裂经过石榴岗至七星岗。北亭—天河断裂为北西走向，在石榴岗至七星岗的断裂面倾向不明。

在石榴岗至七星岗一带，断裂构造线呈格子状分布，并控制着沉积物的分布，赤沙车辆段就位于其中，即西侧赤沙涌为北亭—天河断裂的主干断裂，北侧(黄埔涌北岸)为一条支断裂。

赤沙涌西侧的地层为上白垩统三水组康乐段(K_2s^1)，东侧的地层为上白垩统大朗山组三元里段(K_2d^1)，黄埔涌北岸的地层为上白垩统三水组东湖段(K_2s^{2a})

③地层

勘察范围的地层表层为第四系(Q)，下伏基岩为白垩统上统(K_2)，中间缺失第三系。

a. 第四系(Q)

第四系包括全新统(Q_4)和上更新统(Q_3)，由耕植土和少量素填土、杂填土(Q_4^{ml})，淤泥、淤泥质土、淤泥质砂(Q_4^{mc})，海相冲积砂层(Q_{4+3}^{mc})，洪积—冲积砂层、土层(Q_3^{al+pl})等组成。其下缺失中更新统和下更新统。

b. 白垩系上统(K_2)

在广州市基岩地质构造图上，勘察范围的基岩主要为白垩统上统大朗山组三元里段(K_2d^1)，三水组东湖段(K_2S^{2a})分布在黄埔涌北岸。

三元里段(K_2d^1)：

在区域地质上，三元里段(K_2d^1)岩性为紫红色、暗红色粉砂岩、细砂岩，夹砂砾岩、砾岩，部分地段为砾岩、含砾砂岩，泥质、钙质胶结，岩相变化大。三元里段(K_2d^1)分布在黄埔涌及其以南区域，黄埔涌北岸也有分布岩性为细砂岩、含砾砂岩、粗砂岩、粉砂岩；棕红色或紫红色；泥质、钙质胶结，部分铁质胶结。岩层东西走向，倾向正北，倾角42°。

东湖段(K_2S^{2a})：

在区域地质上，东湖段(K_2S^{2a})的岩性以暗紫色、紫红色泥岩为主，夹青灰色泥灰岩，含微薄层石膏。东湖段(K_2S^{2a})分布在黄埔涌北岸，岩性为深红色泥质粉砂岩、细砂岩和粗砂岩；泥质胶结，层状构造，碎屑物主要为砂粒，次生方解石脉充填在裂隙中。

④河流水文

黄埔涌宽约100m，自西向东流，是流经广州市区的珠江水系(下称“珠江”)开始进入三角洲河网的一条支流；赤沙涌宽约20～25m，注入黄埔涌。黄埔涌的河流水位为4.52m(涨潮水位，1999年5月25日10:40时测)，水闸的水位痕迹为5.12m。

珠江径流年内分配很不均匀，汛期为4～9月，流量占全年径流量的80～85%，最大月径流量一般出现在5月份或6月份；珠江是感潮河段，潮型属不规则半日潮，每天基本上有二涨二落，往复流十分明显，日平均潮差一般为1.5m左右。黄埔涌亦如此。

⑤地震烈度

根据广东省地震局、广东省建委1990年《广东省地震烈度区划图》(1:1800000)，赤沙车辆段及综合基地地震基本烈度为VII度。

⑥气候

广州市市区位于北回归线以南，属于南亚热带季风气候。全年降水丰沛，雨季明显，日照充足。夏季炎热，冬季一般比较温暖。

在季风环流控制下，冬半年(9月至翌年3月)受大陆冷高压影响，吹偏北风，天气干燥，降水较少；夏半年(4月至8月)受海洋气流的影响，吹偏南风，天气炎热，降水量大。

热带气旋、暴雨、寒潮也经常出现。

每年5～10月是广州热带气旋活动的季节(中心附近最大风力达到12级或以上的称台风)；7～9月，热带气旋影响和袭击广州的可能性较大，是盛行风季节。

(3)岩土分层及其特征

①岩土分层

根据岩土的工程特征及其成因，将广州地铁二号线首期工程赤沙车辆段及综合基地的土层和岩层自上而下细分为九层，各层内有必要的再细分亚层。各岩土分层及其特征如下：

a.人工填土层(Q_4^{ml})

在赤沙车辆段及综合基地主要为耕植土层，个别区域有杂填土分布。在图、表上的代号均为"〈1〉"。耕植土层以黏粒为主，含少量粉粒；上部颜色为灰黄～灰白色、杂黄色，下部为灰～深灰色；呈可塑状，个别情况呈软塑状和硬塑状；稍湿～潮湿；含植物根系。杂填土层主要由碎砖块、混凝土碎块、炉渣的混合物组成，含粗砂；灰～灰黑色、砖红色；松散。

b.淤泥层(Q_4^{mc})

在赤沙车辆段及综合基地分为二个亚层，即海陆交互淤泥、淤泥质土层及海陆交互淤泥质砂层。在图、表上代号为"〈2〉"。

海陆交互淤泥、淤泥质土层(Q_4^{mc})：主要为淤泥质土层，有钻孔揭示有淤泥分布。在图、表上代号均为"〈2—1〉"。淤泥主要由粘粒及有机质组成，有机质含量较高，具有黏性；灰～深灰色；为流塑状，孔隙比一般大于1.5，含水饱和；底部偶含粉砂。淤泥质土层主要由黏粒及有机质组成，具有黏性；灰～深灰色；为流塑～软塑状，含水饱和；含贝壳碎片，一般底部含粉砂、粉细砂。

海陆交互淤泥质砂层(Q_4^{mc})：以中砂、细砂为主，其次为粗砂；深灰色；呈松散状，含水饱和；含淤泥、有机质和少量灰白色贝壳碎片。局部夹薄层细砂、中砂以及淤泥质土，呈透镜体。在图、表上代号为"〈2—2〉"。

c.砂层(Q_3)

在赤沙车辆段及综合基地分为二个亚层，即海相冲积砂层及洪积—冲积砂层。在图、表上代号为"〈3〉"。

海相冲积砂层(Q_{4+3}^{mc})：以粗砂、中砂为主；灰白色～浅灰色，灰黄色；含水饱和，稍密状～密实，含砾石，含黏粒少；一般分布在海陆交互淤泥质砂层之下，分布较广泛，也有夹在其中成为透镜体。在图、表上代号为"〈3—1〉"。

洪积—冲积砂层(Q_3^{al+pl})：以细砂、砾砂为主；灰白色～浅黄色，棕红色；含水饱和，松散～密实，含砾石，含黏粒；一般分布在冲积—洪积土层之下。在图、表上代号为"〈3—2〉"。

d. 冲积—洪积土层(Q_3^{al+pl})：由冲积、洪积作用而形成的黏性土(包括粉质黏土、黏土)和粉土组成，以黏粒、粉粒为主；颜色较杂，有浅灰～深灰色，黄色，浅红色，下部砖红色；湿～稍湿；黏性土呈可塑～软塑状，部分硬塑，具有黏性，失水干硬；粉土为中密～密实状；下部含砾砂，底部有腐木屑。在图、表上代号为"〈4〉"。

e. 残积土层(Q^{el})

由残积作用而形成的粉质黏土、粉土组成；粉质黏土以黏粒为主，粘性强；粉土以粉粒为主；棕红色，湿～稍湿；由砂砾岩风化而成，含砾石、中砂、细砂。在图、表上代号为"〈5〉"。根据粉质黏土的塑性状态和粉土的密实度，分为〈5—1〉和〈5—2〉两个亚层：

呈可塑状态的粉质黏土以及呈稍密状的粉土，属于〈5—1〉层。

呈硬塑～坚硬状态的粉质黏土以及呈中密～密实状的粉土，属于〈5—2〉层。该层偶夹全风化或强风化岩块。

f. 岩石全风化带

为细砂岩、含砾砂岩；棕红色或紫红色；岩石已风化成土柱状或土块状，较密实；岩石组织结构已基本破坏，但尚可辨认；岩石碎屑物主要为细砂、粉砂、砾石，其次为泥质；岩石全风化带在可挖性方面属于土层。在图、表上代号为"〈6〉"。

g. 岩石强风化带

主要为细砂岩、含砾砂岩和粉砂岩，紫红色，厚层状构造；岩石组织结构已大部分破坏，但尚可清新辨认，矿物成分已显著变化；风化裂隙很发育，岩体破碎；泥质、钙质胶结，岩芯破碎，呈短柱状及碎块状；岩质软，锤击声沉，手可折断；夹全风化薄层。在图、表上代号为"〈7〉"。

h. 岩石中风化带

主要为细砂岩、含砾砂岩和粉砂岩，紫红色、褐红色，厚层状构造；岩石组织结构部分破坏，矿物成分基本未变化，有风化裂隙；泥质、钙质胶结，部分铁质胶结，岩芯完整，以长柱状为主；岩质稍硬～坚硬，锤击声响；在图、表上代号为"〈8〉"。

i. 岩石微风化带

主要为细砂岩、含砾砂岩和粉砂岩，紫红色，厚层状构造；岩石组织结构基本未变化，有少量风化裂隙，为灰白色方解石填充；泥质、钙质胶结，部分铁质胶结，岩芯完整，以长柱状为主；岩质稍硬～坚硬，锤击声响。在图、表上代号为"〈9〉"。

②岩土分界线

残积土层和岩石全风化带在成因上属于岩石，但在物理力学指标方面具有土的特性，室内试验结果也是按土层提供；在可挖性方面考虑，它们与岩石强风化带有明显的差别。为了工程实施的便利，本报告将岩土分层〈7〉～〈9〉层划分为岩层，将岩土分层〈1〉～〈6〉层划分为土层，即在垂直方向上岩石强风化带的上界为岩土分界线。

③土石工程分级

根据国家行业标准《铁路工程地质技术规范》(TBJ 12-96)附表 1.16，赤沙车辆段及综合基地土石工程分级如下：

a. I 级松土

包括耕植土、杂填土、淤泥、淤泥质土、淤泥质砂、砂层，即岩土分层〈1〉～〈3〉层。机械能全部直接铲挖满载。

b. II 级普通土

包括冲积—洪积、残积形成的黏性土(粉质黏土、黏土)和粉土，即岩土分层〈4〉～〈5〉层。

机械需部分刨松方能铲挖满载，或可直接铲挖但不能满载。

c. III 级硬土

已风化成土柱状或土块状的岩石全风化带可划分为 III 硬土，即岩土分层〈6〉层。机械须普遍刨松或部分爆碎方能铲挖满载。

d. IV 级软石

岩石强风化带可划分为 IV 软石，即岩土分层〈7〉层。部分用爆破法开挖。

e. V 级次坚石

包括岩石中等风化带和微风化带，即岩土分层〈8〉～〈9〉层。用爆破法开挖。

(4)建筑场地类别与地震液化

①建筑场地类别

按《建筑抗震设计规范》(GBJ 11—89)第三章第一节，根据第一次初勘报告表 15 的土层剪切波速和钻孔柱状图的土层厚度，赤沙车辆段及综合基地属于中软场地土，可划分为 II 类建筑场地。

②砂土地震液化

按《建筑抗震设计规范》(GBJ 11—89)3.3.3-1 式和 3.3.3-2 式，用第一次初勘、第二次初勘淤泥质砂层和海相冲积砂层的标准贯入试验和静力触探试验进行判别，赤沙车辆段及综合基地在 VII 度地震裂度的情况下，淤泥质砂层(〈2—2〉层)中呈松散状态的淤泥质粉细砂以及海相冲积砂层(〈3—1〉层)中呈松散状态的粉细砂会产生液化，液化等级通过计算为“轻微～中等～严重”，大部分为“中等”

(5)液化土层的具体情况

①液化土层的产状

通过前面判别，赤沙车辆段及综合基地在 VII 度地震裂度的情况下，淤泥质砂层(〈2—2〉层)中呈松散状态的淤泥质粉细砂以及海相冲积砂层(〈3—1〉层)中呈松散状态的粉细砂会产生液化，土层的产状如下：

〈2—2〉层以中砂、细砂为主，其次为粗砂；深灰色；呈松散状，含水饱和；含淤泥、有机质和少量灰白色贝壳碎片。局部夹薄层细砂、中砂以及淤泥质土，呈透镜体。

〈3—1〉层以粗砂、中砂为主；灰白色～浅灰色，灰黄色；含水饱和，稍密状～密实，含砾石，含黏粒少；一般分布在海陆交互淤泥质砂层之下，分布较广泛，也有夹在其中成为透镜体。

②液化土层的空间分布

从剖面图上我们可以看到，液化土层的分布总的说来比较均匀，这两种可液化土层大都处于地表下 5～11m 处，总平均厚度约为 6m，可依此作为抗液化处理标准。

③液化土层的平面分布

广州市地下铁道二号线首期工程赤沙车辆段内的液化土层大约为 30 万 m^2，其中在场地西北角预留的六号线停车库以北，预留大架修库附近分布了大约 2.4 万 m^2 的严重液化区；在场地的北部边缘处，严重液化区域以东分布了大约 4.2 万 m^2 的轻微液化区，其余 23.4 万 m^2 为中等液化区。

(6)处理方案

根据广州市地下铁道二号线首期工程赤沙车辆段的液化土层的分布及场地条件，通过综合比较决定采用静压灌浆法对此进行抗液化处理。

①扩散半径

浆液的扩散半径是一个重要的参数，对灌浆工程量及造价具有重要的影响，对于砂层的扩散半径在0.3～1.0m之间，这里根据广州市地下铁道二号线首期工程赤沙车辆段土层情况取0.7m，但是最终应通过现场灌浆试验来确定。

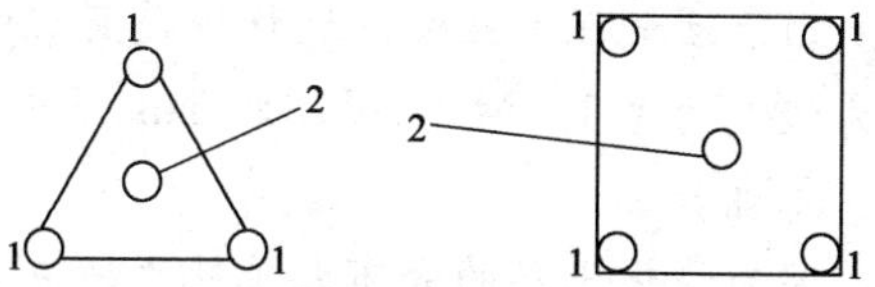

图2-40　灌浆布孔形式
1-灌注孔；2-检查孔

现场灌浆常采用三角形或正方形布孔，如图2-40。

灌浆试验后应对浆液的扩散半径进行评价：

通过钻孔注水，求出灌浆体的渗透性。

通过钻孔取样品，检查孔隙充浆情况。

用大口径钻井或人工开挖竖井，用肉眼检查地层的充浆情况，采取样品进行室内试验。

由于在广州市地下铁道二号线首期工程赤沙车辆段下的土层多数是不均匀的，不论是经验或现场灌浆试验都难以求得整个地层具有代表性扩散半径，而在广州选用的布孔形式又是均匀布孔的方法。为此，在设计时应注意以下几点：

在进行试验时，应根据广州液化程度不同的区域采用不同的灌浆方法，以求得不同条件下的浆液扩散半径。

对抗液化程度要求相同的区域，扩散半径并非是最远距离，而是能符合设计要求的扩散半径。

在确定扩散半径时，应选择多数条件下可以达到的值，而不是平均值。

若在局部地区因渗透性较小而不能达到扩散半径时，可以采取提高灌浆压力或浆液流动性的方法进行改进。

②布孔形式及孔间距

灌浆孔的布置形式常为正三角形布孔，虽然工程量较大，但是其效率高，加固质量也能得到保证，但根据场地的液化情况，也可以采用正方形布孔，以提高施工速度，减少工程量。因为，按照压密灌浆理论，浆液比渗入性灌浆流动得远，因此，孔距可以较大，但最大不应超过4倍直径一般为3～5m。具体情况如下：

中等液化区：按照正方形布孔，间距为4m；

严重液化区：按照正三角形布孔，间距为3m，排距为2.2m；

轻微液化区：按照正方形布孔，间距为5m。

③灌浆压力

灌浆压力是指不会使地面产生变化和邻近建筑物受到影响的前提下可采用的最大压力。由于浆液的扩散能力与灌浆压力的大小密切相关，有人倾向于采用较高的灌浆压力以保证灌浆质量，减少孔数，同时，还能使一些微孔隙张开，有助于提高可灌性。当孔隙中被某种软弱材料填充时，高灌浆压力能使软弱材料的密度，强度和不透水性得到改善。此外，高灌浆压力还有助于挤出浆液中的多余水分，使浆液的结石率增高。但是，当灌浆压力超过地层的压重和强度时，将有可能导致地基及上部结构的破坏。因此，应该以不使地层结构破坏或仅发生局部和少量的破坏作为确定地基容许灌浆压力的基本原则。

灌浆压力值与土层密度、强度和初始应力、钻孔深度、位置及灌浆次序都有关，而这些因素又难于准确地预知，因而，宜通过现场灌浆试验来确定。在试验中，一般采用逐步提高压力的方法，求得灌浆压力和灌浆量的关系曲线，当压力升至某一数值，而灌浆量突然增大时，表明地层结构发生破坏或孔隙尺寸已被扩大，因而，可以把此时的压力作为确定容许灌浆压力的依据。由于注浆压力在灌注过程中是变化的，初始压力小，最终压力高，根据压密灌浆理论，初始压力值大约为1.2MPa，每增加1m，压力增大20～50kPa。

④桩长

因为液化土层的分布大都处于地表下5～11m处，下面的土层为不液化土层，根据抗液化要求，在小于地表下20m处，灌浆只需要穿过液化土层即可。但是考虑到场地的重要性及安全系数，在这里桩长统一取12m。

(7)重要施工参数的选择

①孔径

注浆孔的钻孔孔径一般为70～110mm，这里取100mm。由于是对空旷场地进行注浆，注浆孔应与地面垂直，垂直偏差应小于1%。

②注浆压力

注浆压力一般与加固深度的覆盖压力，建筑物的荷载，浆液浓度，灌浆速度有关，并且在灌注过程中，注浆压力是变化的，初始压力小，最终压力高，根据压密灌浆理论，初始压力值大约为1.2MPa，每增加1m，压力增大20～50kPa。

③流量

灌浆的流量大约为20～30L/min。浆液必须经过搅拌机充分搅缓慢搅拌均匀后，才能开始注浆。

(8)质量检测

①质量检验的意义

静压注浆法加固范围和效果与土质情况，施工中采用的技术参数均有密切的关系，目前虽然有一些应用经验，但是要准确地用理论的方法确定设计施工的方法还是有困难，在大多数情况下还是要通过现场和室内试验来确定施工的最佳参数，以提高工作效率。

由于静压注浆形成的固结体系在地层下直接形成，属于隐蔽工程不同于其他地基工程，因而不能直接观测到桩体的质量，必须用科学的，比较合理的方法检验其加固效果。

压密灌浆是用极稠的浆液以高压快速通过钻孔强行挤入弱透水性土中的灌浆方法。由于弱透水性土的孔隙是不进浆的，因此，不可能产生传统充填型的渗入性灌浆，而是在注浆点集中地形成近似球形的浆泡，通过浆泡挤压邻近的土体，使土体被压密，承载力得到提高。然而，桩的功能能否充分地发挥，发挥程度如何与土层的性质、桩的布置、桩体质量、桩间土的工程性能的改善以及施工质量等因数有关。因此，灌注桩地基工程质量的好坏，实为一个受多种因数控制的复杂问题。故对于广州市地下铁道二号线首期工程赤沙车辆段的地基处理后的桩体质量，只能于加固处理后进行必要的质检，根据检查的资料的整理，分析后才能做出比较切合实际的评价。

②检验的内容

桩体的整体性和均匀性。

桩体的有效直径。

桩体的垂直度。

桩体的耐久性。

桩体的强度特性。

③检验与评价

桩体的检测和评价包括两方面，一是施工质量的检验和评估，主要是检验，评价旋喷桩的质量好坏，如桩数、桩位偏差、桩径、桩体密实度是否合乎要求等，若不符合要求，则需要研究进行补救措施；二是对复合地基的功效检验与评价，验证其能否满足设计方面提出的抵抗地震液化的能力是否达到规定的要求。检验的起始时间：一般应为注浆28d后。桩点的选择：灌注桩的质量优劣，受多种因素影响，如土层性质、制桩工艺的控制、浆液配置等，各桩质量差异不可能控制得完全一致，期间存在人们难以掌握的差异，即质量差异的随机性。根据经验，检验桩点的位置应遵循随机性为主，判定性为辅，按平面均布，选择一些有针对性的点。对于复合地基荷载试验，宜以判定性为主，随机性为辅，即在桩体和桩间土的基面上，选择具有较好的代表性或具有疑义的点进行检验。对情况较复杂的且加固面积较大的代表性或有疑义的点位进行检验。由于广州市地下铁道二号线首期工程赤沙车辆段下面的土层情况复杂，因此，检验的时间在完成1/3工作量后提前进行检验，一发现问题并及时处理。当检验发现复合地基的加固质量存在问题时，应分析原因，估计后果，采取必要的补救措施。

检验点的数量：由于在广州市地下铁道二号线首期工程赤沙车辆段灌注桩具有较大的数量，若每根桩都进行检验，必然耗资大，为时长，也无必要。通常是以随机性与判定性结合的办法，选择一定数量有代表性的能综合反映总体实际情况的桩点进行检验。其中主要以动力触探、标准贯入、静力触探和少量的荷载试验检验。

其中荷载试验可按每400根桩(总数20440)随机抽取一根，总数大约为50根；

动力触探取总数的0.5%，大约102根；

静力触探取总数的0.5%，大约102根；

标准贯入试验可以取总数的0.5%，大约102根。

④检验方法

室内土工试验：通过地基处理前后桩间土的物理性质指标的变化来验证处理效果，验证的项目有含水率，重度，孔隙比，压缩模量和抗剪强度指标。

静力触探和动力触探试验：静力触探试验可以用来检验桩间土的加固效果及灌注桩本身的施工质量，桩体的测点应为于桩体轴心，桩间土测点应包括几根桩之间的形心点，因为，一般认为该点是加固效果的最差点。将测试的结果与抗震规范或有关液化势的判别标准进行对比分析，以最终确定加固后地基的抗液化能力。

标准贯入试验：标准贯入试验是用一个带有直径为51mm的对开口取土器的专门贯入器，以63.5kg的锤，从0.76m高度自由落下，先把取土器打入孔底0.15m(不记录锤击)数，然后打入0.3m所需的锤击数即为N值，对选取的桩每隔1m进行一个标准贯入度N值计算。

载荷试验：包括平板载荷试验和孔内载荷试验两种，在试验前应对固结体的加载部位进行加强处理，以防止加载时由于受力不均而破坏。

2.7.3 深层搅拌法

(1)水泥土

采用石灰或水泥等固化剂加固软弱地基的历史非常悠久。古埃及曾用石灰、烧石膏和砂子来加固大金字塔的地基和尼罗河河堤。我国在春秋战国以前就用石灰、黏土、砂子和三合土修筑驿道。秦始皇时代的万里长城和千里堤防都是采用经石灰加固的土料建造。

水泥土搅拌法指机械或人工将土与水泥或水泥系材料混合所形成的圆柱形水泥土体。分为深层搅拌水泥土桩和夯实水泥土桩，深层搅拌水泥土桩是利用水泥或水泥系材料为固化剂，通过特制的深层搅拌机械，在地基深处就地将原位土和固化剂(浆液或粉体)强制搅拌，形成水泥土圆柱体。由于固化剂和其他掺和料与土之间产生一系列物理化学反应，使圆桩体具有一定强度，桩周土得到部分改善，组成具有整体性、水稳性和一定强度的复合地基，也可作为连续的地下水泥土壁墙和水泥土块体以承受荷载或隔水。

水泥土搅拌法加固软土技术具有其独特优点：①最大限度地利用了原土；②搅拌时无侧向挤出、无振动、无噪声和无污染，可在密集建筑群中进行施工，对周围原有建筑物及地下管沟影响很小；③根据上部结构的需要，可灵活地采用柱状、壁状、格栅状和块状等加固形式；④与钢筋混凝土桩基相比，可节约钢材并降低造价；⑤可以自由选择加固材料的喷入量，能适用于多种土质；⑥土体加固后重度基本不变，对软弱下卧层不致产生附加沉降；⑦针对拟加固土质和加固目的可自由选择加固材料，包括水泥粉、水泥浆、石膏、矿渣、粉煤灰、砂或碎石粉末等，设计较灵活。如果事前加以混合，可以同时喷射两种以上的混合加固材料；⑧施工速度快，国产的深层搅拌桩机每台班(8h)可成桩 100～150m。日本的深层搅拌船每小时可加固 $90m^3$ 以上。

水泥土深层搅拌法始于美国，20 世纪 50 年代引入日本，1974 年由日本港湾技术研究 505 水能所、川崎钢铁厂和不动建设等厂家合作开发研制成功水泥搅拌固化法，用于加固钢铁厂矿石堆场地基，加固深度达 32m。接着日本各大施工企业接连开发研制出加固原理、固化剂相近，但机械规格、施工效率各异的深层搅拌机械。这些深层搅拌机械一般具有偶数个搅拌轴(二根、四根或八根)，每个搅拌叶片的直径可达 1.25m，一次加固的最大面积达到 $9.5m^2$。常在港工建筑中的防波堤、码头岸壁及高速公路高填方下的深厚层软土地基加固工程中应用。国内 1977 年开始深层搅拌法的室内试验和机械研制，次年制造出国内第一台双搅拌轴、中心管输浆的陆上型的深层搅拌机及其配套设备，在上海成功应用，1984 年开始，国内已能批量生产成套深层搅拌机械，相应出现了专门的施工公司。1980 年初天津市机械施工公司与交通部一航局科研所等单位合作，利用日本进口螺旋钻机进行改装，制成单搅拌轴、叶片输浆型深层搅拌机。1981 年在天津首次应用也获得成功。目前，此法已广泛应用于地基加固、边坡支护、防渗等工程项目中。

水泥土的物理力学性质软土地基深层搅拌加固法是基于水泥对软土的加固作用，用不同品种的水泥及外掺剂，得出以下结论：

①水泥土的物理性质

重度：拌入软土中的水泥浆的重度与软土的重度相近，所以，水泥土的重度与天然软土相近。重度试验结果表明，尽管水泥掺入比为 25%，水泥土的重度也仅比天然软土增加 3%。因此，采用深层搅拌加固厚层软土地基时，其加固部分对于下部未加固部分不致产生过大的附加荷重，也不会发生较大的附加沉降。

相对密度：由于水泥的相对密度(3.1)比一般软土(2.65～2.75)大，故水泥土的相对密度也比天然土稍大。当水泥掺入比为 15%～20%时，水泥土的相对密度比软土约增加 4%。

②水泥土的力学性质

a.无侧限抗压强度及其影响因素

水泥土的无侧限抗压强度一般为 300～4000kPa，比天然软土大几十倍至数百倍。随强度不同而介于脆性体与弹塑性体之间。水泥土受力开始阶段，应力与应变关系基本上符合虎克定律。当外力达到极限强度的 70%～80%时，试块的应力和应变关系不再继续保持直线关系。当外力达到极限强度时，对于强度大于 2000kPa 的水泥土很快出现脆性破坏，破坏后残余强度很小，此时的轴向应变约为 0.8%～1.2%；对于强度小于 2000kPa 的水泥土则表现为塑性破坏。

影响水泥土抗压强度的因素很多，主要有：

水泥掺入比：水泥土的强度随着水泥掺入比的增加而增大，当掺入比小于 5%时，由于水泥与土的反应过弱，水泥土固化程度低，强度离散性也较大，故在深层搅拌法的施工中，选用的水泥掺入比以大于 5%为宜，一般为 10%～25%。

龄期对强度的影响：水泥土强度随着龄期的增长而增大，一般在龄期超过 28d 后仍有明显增加当水泥掺入量为 7%时，120d 的强度为 28d 的 2.03 倍；当 d=12%时，180d 强度为 28d 强度的 1.83 倍。当龄期超过三个月后，水泥土的强度增长才减缓。据电子显微镜观察，水泥和土的硬凝反应约需三个月才能充分完成。因此，选用三个月龄期强度作为水泥土的标准强度较为适宜。

土样含水率对强度的影响：水泥土的无侧限抗压强度随着土样含水率的降低而增大，当含水率降低为 47%时，强度则从 260kPa 增加到 2320kPa。

土样中有机质含量对强度的影响：当含水率从 157%降低为有机质含量少的水泥土强度比有机质含量高的水泥土强度高得多。由于有机质使土壤具有较大的水容量和塑性，较大的膨胀性和低渗透性，并使土壤具有酸性，这些因素都阻碍水泥水化反应的进行。因此，有机质含量高的软土，单纯用水泥加固的效果较差。

掺剂对强度的影响：不同的外掺剂对水泥土强度有着不同的影响，例如：木质素磺酸钙对水泥土强度增长影响不大，主要起减水作用。石膏、三乙醇胺对水泥土强度有增强作用，而其增强效果对不同土样和不同水泥掺入比又有所不同，所以，选择合适的外掺剂可以提高水泥土强度或节省水泥用量。

粉煤灰对强度的影响：掺加粉煤灰的水泥土，其强度一般都比不掺粉煤灰的有所增长，不同水泥掺入比的水泥土，当掺入与水泥等量的粉煤灰后，强度均比不掺粉煤灰的提高 10%，因此，采用深层搅拌法加固软土时掺入粉煤灰，不仅可消耗工业废料，还可稍微提高水泥土的强度。

b. 抗拉强度

水泥土的抗拉强度随抗压强度的增长而提高，当水泥土的抗压强度为 500～4000kPa 时，其抗拉强度为 100～700kPa。

c. 抗剪强度

水泥土的抗剪强度随抗压强度的增加而提高。当抗压强度为 500～4000kPa 时，其黏聚力 c=100～1100kPa，一般约为抗压强度的 20%～30%，内摩擦角在 20°～30°之间。

d. 变形模量

对不同无侧限抗压强度的水泥土进行变形模量试验得出，当抗压强度为 300～4000kPa 时，其变形模量为 40～600MPa。

e. 压缩系数和压缩模量

水泥土试件的压缩系数约为 60～100MPa。

③水泥土的抗冻性能

水泥土试件放置于自然负温下进行抗冻试验表明，其外观无显著变化，仅少数试块表面出现裂缝，有局部微膨胀或出现片状剥落及边角脱落，但深度及面积均不大，可见自然冰冻没有造成水泥土深部的结构破坏。水泥土试块经长期冰冻后的强度与冰冻前的强度相比几乎没有增长。但恢复正温后其强度能继续提高，冻后正常养护 90d 的强度与标准强度非常接近，抗冻系数达 0.9 以上。在自然温度不低于－15℃的条件下，冻胀对水泥土结构损害甚微。在负温时，由于水泥与黏土之间的反应减弱，水泥土强度增长缓慢；正温后随着水泥水化等反应的继续深入，水泥土的强度可接近标准强度。

(2)水泥土加固原理

软土与水泥采用机械搅拌加固的基本原理，是基于水泥加固土(简称水泥土)的物理化学反应。在水泥加固土中，由于水泥的掺量很少(仅占被加固土重的 7%～15%)，水泥的水解和水化反应完全是在具有一定活性的介质的土的围绕下进行的，所以，硬化速度缓慢且作用复杂，因此，水泥加固土强度增长的过程也比混凝土慢。

①水泥的水解和水化反应

普通硅酸盐水泥主要是由氧化钙、二氧化硅、三氧化二铝、三氧化二铁及三氧化硫等组成，由这些不同的氧化物组成了不同的水泥矿物——硅酸三钙、硅酸二钙、铝酸三钙、铁铝酸四钙、硫酸钙等。用水泥加固软土时，水泥颗粒表面的矿物很快与软土中的水发生水解和水化反应，生成氢氧化钙、含水硅酸钙、含水铝酸钙及含水铁酸钙等化合物。氢氧化钙、含水硅酸钙能迅速溶于水中，使水泥表面重新暴露出来，再与水发生反应，这样周围的水溶液就逐渐达到饱和。当溶液达到饱和后，水分子虽然继续深入颗粒内部，但新生成物已不能再溶解，只能以细分散状态的胶体析出，悬浮于溶液中，形成胶体。硫酸钙与铝酸三钙一起与水发生反应，生成一种被称为“水泥杆菌”的化合物，这种反应迅速，反应结果把大量的自由水以结晶水的形式固定下来，并具有膨胀作用，这对于高含水量的软黏土的强度增长有特殊意义。

②离子交换和团粒化作用

软土中的胶体颗粒表面带有钠离子或钾离子，它们能和钙离子进行当量吸附交换，使较小的土颗粒形成较大的土团粒，从而使土体强度提高。

水泥水化生成的凝胶粒子的比表面积约比原水泥颗粒大 1000 倍，因而产生很大的表面能，具有强烈的吸附活性，能使较大的土团粒进一步结合起来，形成水泥土的团粒结构，并封闭各土团之间的空隙，形成坚固的联结，使水泥土的强度大大提高。

③硬凝反应

随水泥水化反应的深入，溶液中析出大量的钙离子，当其数量超过上述离子交换的需要量后，则在碱性的环境下，能使组成黏土矿物的二氧化硅及三氧化二铝的一部分或大部分与钙离子进行化学反应。随着反应的深入，逐渐生成不溶于水的稳定的结晶化合物。新生成的化合物在水中和空气中逐渐硬化，增大了水泥土的强度。而且由于其结构比较致密，水分不易浸入，从而使水泥土具有足够的水稳定性。

④碳酸化作用

水泥水化物中游离的氢氧化钙能吸收水中和空气中的二氧化碳，发生碳酸化反应，生成不溶于水的碳酸钙，这种反应也能使水泥土强度增加，但增长的速度较慢，幅度也较小。

(3)深层搅拌法

水泥土搅拌法分为湿法(或称深层搅拌法)和干法(或称粉体搅拌法)。水泥土搅拌法适用于处理正常固结的淤泥与淤泥质土、粉土、饱和黄土、素填土、黏性土以及无流动地下水的饱和松散砂土等地基。深层搅拌法是用于加固饱和软黏土地基的一种新方法，它是利用水泥或石灰等材料作为固化剂的主剂，通过特制的深层搅拌机械。在地基深处就地将软土和固化剂(浆液或粉体)强制搅拌，利用固化剂和软土之间所产生的一系列物理—化学反应，使软土硬结成具有整体性、水稳定性和一定强度的优质地基。深层搅拌法施工工期短、无公害、施工过程无振动、无噪声、不排污、对相邻建筑物无不利影响。

深层搅拌法根据采用的固化剂的不同可分为水泥土搅拌法和石灰系搅拌法。石灰土搅拌法于1967年由瑞典提出。1974年将石灰粉体喷射搅拌桩用于路堤和深基坑边坡支护。日本于1967年由港湾技术研究所开始研制石灰搅拌施工机械，1974年开始在软土地基加固工程中应用。国内由铁道部第四勘测设计院于1983年初开始进行粉体喷射搅拌法加固软土的试验研究，并于1984年7月在广东省用于加固软土地基。

深层搅拌水泥土桩问世以来，发展迅速、应用广泛。日本大量用于各种建筑物的地基加固、稳定边坡、防止液化、防止负摩擦等。在日本及其他发达国家还广泛用于海上工程，如海底盾构稳定掘进、人工岛海底地基加固、桥墩基础地基加固、岸壁码头地基加固、护岸及防波堤地基的加固等。由于日本的特殊环境，其海上工程的投入巨大，也促进了深层搅拌法的迅速发展。在日本，截止到1993年，仅粉体搅拌水泥土桩施工项目已超过1400项，加固土方量达到1000万m^3。

国外的深层搅拌机械采用了高新技术，实现了施工监控的自动化。确保了施工质量，目前尚未见到失败的工程例证。其工程应用中，设计方法比较保守，置换率高达40%～80%，桩体设计强度取值一般不超过0.6MPa，但其理论和设计计算方法有待改进。

深层搅拌水泥土桩在我国的应用范围也不断扩大，形成了我国的特色。深层搅拌水泥桩率先用于十层综合楼和地基处理，大量用于八层左右的多层建筑物地基处理以及深基坑开挖的支挡防渗工程。根据我国国情开发的价格低、机型轻便的搅拌机械，在软土地基加固中取得了显著的社会经济效益。

20世纪90年代，我国的水泥土桩发展进入高潮，目前已施工1000万m^3以上的水泥土桩。近年来，水泥土桩在北京也大量应用。在工程实践中，由于机械、施工管理、工人素质以及设计理论不完善，工程中也暴露了不少问题。当务之急是继续完善和开发适合我国国情的搅拌机械，重点解决施工监控系统设备的研制。在设计理论上，虽然我国的科技人员进行了大量的工作，对水泥土的基本性质、临界桩长、固结特性、桩体动测等方面的研究取得了可喜的进展，但还缺少系统的研究，没有揭示水泥土桩复合地基的应力场和变形场，使设计水平停滞不前。当今水泥土桩应用继续升温，解决上述问题意义重大。

(4)深层搅拌法加固机理

①深层搅拌法的加固机理

深层搅拌法是用固化剂水泥和石灰与外加剂(石膏)通过深层搅拌机输入到软土中并加以充分拌和，固化剂和软土之间产生一系列的物理化学反应，改变了原状土的结构，使之硬结成具有整体性、水稳性和一定强度的水泥土和石灰土。由于土质不同，其固化机理也有差别。用于砂性土时，水泥土的固化原理类同于建筑上常用的水泥砂浆，具有很高的强度，固化时间也相对较短。用于黏性土时，由于水泥掺量有限(7%～20%)，且黏粒具有很大的比表面积并含有一定的活性物质，水泥和石灰的水解和水化反应完全处于黏土颗粒包围之下，硬化速度比较缓慢，固化机理比较复杂。

深层搅拌桩用来挡土隔水或直接用作建筑的地基或基础时，主要考虑混合体本身的固化机理，作为复合地基处理时，尚要涉及桩间土力学性质的变化。

深层搅拌加固软土地基，目前在国内以水泥系深层搅拌和石灰系深层搅拌法为多见。

②水泥液喷射深层搅拌加固机理

从水泥土的加固机理分析可见，软土地基深层搅拌加固技术来说，由于机械的切削作用，实际上不可避免地会留下未被粉碎的大小土团。在拌入水泥后将出现水泥浆包裹土团的现象，而土团之间的大孔隙基本上已被水泥颗粒填满。所以，加固后的水泥土中形成一些水泥较多的微区，而在大小团内部则没有水泥。只有经过较长的时间，土团内的土颗粒在水泥水解产物渗透作用下，才逐渐改变其性质。因此，在水泥土中不可避免地会产生强度较大的和水稳定性较好的水泥石区和强度较低的土块区。两者在空间相互交替，从而形成一种独特的水泥土结构。因而，可以得出定性结论：水泥和土之间的强制搅拌越充分，土块被粉碎的越小，水泥分布到土中越均匀，则水泥土结构强度的离散性越小，其宏观的总体强度也越高。

③水泥粉体喷射深层搅拌加固机理

粉体喷射深层搅拌常用的固化剂有水泥粉体、生石灰和消石灰，也有掺入粉化灰、石膏等外加剂的，粉体固化剂与原状土搅拌混合后，使地基土和固化剂发生一系列物理化学反应，生成稳定的水泥土或石灰土。用水泥粉体作固化剂加固软土地基与水泥浆作固化剂加固原理基本相同，只是用水泥粉体作固化剂水化反应，放热直接在地基土中，使水分蒸发和吸收水分的能力提高。

(5)深层搅拌法的适用范围

①适用土质与加固深度

深层搅拌法最适宜于处理淤泥、淤泥质土、地基承载力不大于 120kPa 的黏性土和粉性土等土层，对于含有伊利石、氯化物和水铝英石等矿物的黏性土及有机质含量高、场地内地下水具有侵蚀性的黏性土，应通过试验确定其适用性。目前，国内加固场所局限于陆地，加固深度可达 12m 左右。

②适用工程对象

深层搅拌法可用于软土地基加固、边坡支护、基坑防渗等方面，适用于以下工程对象：

a. 作为建筑物或构筑物的地基、厂房内具有地面荷载的地坪、高填方路堤下的基础等；

b. 进行大面积地基加固，以防止码头岸壁的滑动、深基坑开挖时边坡坍塌、坑底隆起和减少软土中地下构筑物的沉降等；

c. 作为海中(水中)堤体的地基，作为地下防渗墙以阻止地下水渗透，对桩侧或板桩背后的软土加固以增加侧向承载能力。

2.8 深地层孔内强夯桩法

深层地层的孔内强夯桩法是通过机具成孔(钻孔或冲孔)，在桩孔的深层部位，分层填料，用特制重锤进行冲、砸、挤压的高压强、强挤密的夯击作用，从而加固地基、消纳垃圾、渣土或其他合适的材料，使地基承载性能显著改善。通过与其他地基处理方法的比较，其作用机理的合理性和优越性突出。国外曾在 20 世纪 70 年代采用过一些在钻孔内进行夯扩成桩的技术，其桩体材料为钢筋混凝土，如较为著名的法兰克桩(Franh Pile)即为该项技术的具体应用。在国内，20 世纪 80 年代初期福州吊装公司曾应用过一种类似“法兰克桩”施工方法的在钻孔内进行夯扩成桩的内夯式灌注桩，其桩体材料亦为钢筋混凝土。随后，又将该项技术在成孔工艺等方面作了进一步的改进和完善，使其能够适应各种较为复杂的岩土工程条件。客观地讲，国外、国内工程界的夯扩桩桩体材料均是采用强度较高的钢筋混凝土，且多为将桩端底部夯扩呈扩大头、桩身一般仍为等径；此时的夯扩桩纯粹作为一种改进后的基础桩使用，而并未作为复合地基中的增强体使用。

随着城市建设的飞速发展，城市的土地就变得异常珍贵，这势必使城市建筑物向节省用地的高层建筑方向发展。当天然地基承载力不能满足高层建筑物上部荷重要求时，可以通过采用预制桩、钢筋混凝土灌注桩等桩基础技术方法来解决，但这些方案往往工程造价很高，而且施工过程中有噪声扰民、污染环境等现象，施工质量控制难度亦较大，经常出现断桩、缩径以及混凝土离析等桩身质量问题。因此，自二十世纪九十年代开始，造价相对较低的、专门用于加固处理软弱地基的复合地基技术得以广泛应用。我国幅员辽阔，各地的岩土工程条件相差很大，所采用的加固处理软弱地基的复合地基处理方法就会有很大不同。孔内夯扩技术，即由孔内夯实桩体材料并挤密桩间土以形成夯扩挤密桩复合地基，这种技术就是在它特定的适用条件下产生和发展起来的。二十世纪晚期，孔内夯扩技术成功地运用于软弱地基加固处理技术中，并积累了较丰富的工程实践经验。深层地层的孔内强夯桩法是在综合了重锤夯实、强力夯实、钻孔灌注桩、钢筋混凝土预制桩、灰土桩、碎石桩、双灰桩等地基处理技术的基础上，扬长避短，集“高动能、超压强、强挤密”于一体，完成对软弱土层的处理。并且在工程实践中进一步改进和发展，创造了独特的施工方法。

对于复杂地层或有饱和软土、淤泥层地基，为保持桩体的完整，防止因侧向土约束太差，导致桩体变形，也可采用具有复合填料的桩体，即可在软土层段填夯素混凝土料，其他土层再改填为一般填料。

2.8.1 深层地层的孔内强夯桩法加固机理

深层地层的孔内强夯桩法的技术形成的强夯—扩大—挤密桩是指由夯扩挤密桩桩体和桩间被挤密的土体构成的复合地基，其建筑物的上部荷载由该复合地基承担。孔内夯扩技术、DDC 桩法、深层地层的孔内强夯桩法的原理基本相似。

深层地层的孔内强夯桩法按照桩孔的成孔方式可分为非排土夯扩挤密桩与排土夯扩挤密桩两种。非排土夯扩挤密桩是利用成孔时的侧向挤压作用，挤或冲击成桩孔，且使桩间土得到第一次挤密，然后将桩孔用合适的拌和料分层夯填密实，夯填过程中又对桩间土进行第二次挤密。排土夯扩挤密桩是首先采用人工或机械成孔而形成桩孔，在成孔过程中并未对桩间土造成挤密；然后将桩孔用合适的拌和料分层填密实，仅在夯填过程中桩间土形成挤密效应。前述中的两种桩型，其共同点是对桩间土都有侧向深层挤密加固的作用。根据深层地层的孔内强夯桩法的材料性质，夯扩挤密桩又可分为刚性桩、柔性桩及散体材料桩三种。受桩体材料性质的限制，虽然刚性桩、柔性桩都对桩间土有一定的侧向挤密作用，但远不及散体材料桩对桩间土的侧向挤密作用那么明显。因此，夯扩挤密桩复合地基中多采用散体材料桩作为复合地基中的增强体。所谓散体材料桩是指无黏强度的桩，目前在国内外广泛应用的碎石桩、砂桩、渣土桩等桩型均属散体材料桩。散体材料桩可以就地取材，不用三材(钢材、木材、水泥)，甚至可以消除工业和生活垃圾，因此造价低廉，得到较广泛的应用。见图 2-41～图 2-43。

深层地层的孔内强夯桩法具有一般概念上桩体的置换、挤密、垫层、加筋等作用外，还具备自身所特有的作用机理，在桩孔内分层投料、分层夯实及夯扩挤密，使桩体材料侧向挤压地基土，甚至挤入至地基土层中，这在一定程度上改善了桩间土的物理力学性质。在加固深度范围内，不同深度地层的软硬有变化时，可使得同一根桩不同深度具有不同的桩径。其设计思路是在一定能级的夯击作用下，桩体直径随土层密实度的变化而变化。由于该工法侧向冲击挤压力较大，可使土层中的软弱地段产生较大的水平向挤密，从而达到桩身在竖向上呈不等径串珠状，使得桩体与桩间土是镶嵌挤密在一起，除更能充分发挥和利用桩间土的承载力外，桩与桩间土的相互协同作用效果更好，因此可以有效地提高复合地基的承载力。

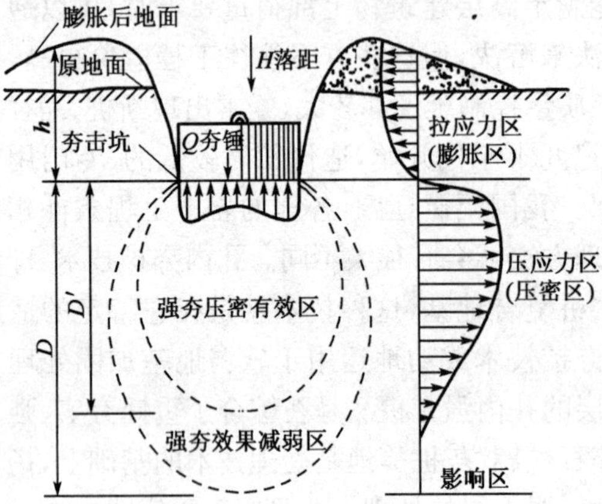

图 2-41 深层地层的孔内强夯桩法作用机理

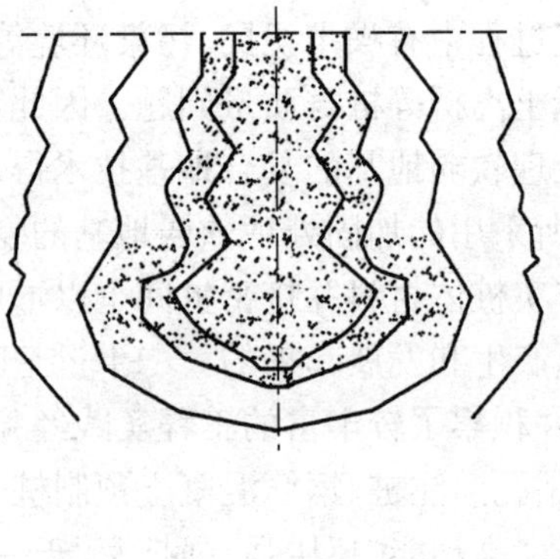

图 2-42 深层地层的孔内强夯桩形成

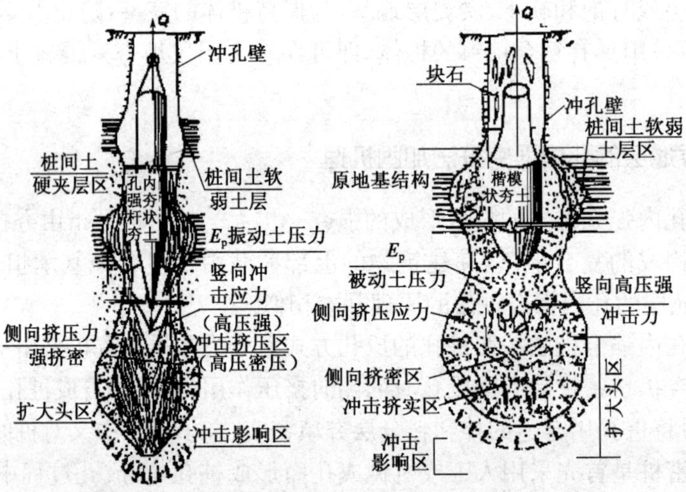

图 2-43 深层地层的孔内强夯桩形成过程

(1)夯实效果分析

强夯法在我国已广泛应用，但其缺点是施工噪声大，单位面积夯击能量小，夯击时仅是动力表层压密。由于存在有效罩和影响区的差别，深层难于达到压密的效果，加固深度受到限制，致使强夯法的推广使用在工程上受到影响。深层地层的孔内强夯桩法是以强夯重锤(6～15t)，将高压强的动能夯击力，通过桩孔道进入地基深层，对桩体自下而上的进行动力固结和对桩间土强力挤密。施工方法是自上而下挤密成孔，自下而上夯实填料，分层封料、强夯。其噪声小，公害小，在重量小、压强高的特制重锤作用下，能产生高压强的动能。在深层直接加固软弱下卧层，自下而上均匀动力加固地基，最深可达 30m，而强夯法一般有效加固深度 10m 左右，这是此项技术十分重要的特点之一。

深层地层的孔内强夯桩法的桩锤构造新颖，呈尖锥杆状或呈橄榄状。夯击时，对下层填料是深层动力夯、砸、压密，对上层新填料是动力夯、砸、劈裂和强制侧向挤压。通过桩锤的动力夯击，在锤侧面上，产生极大的动态被动土压力，锤推土迫使填料向周边强制挤出，桩间土也被强力挤密加固。深层地层的孔内强夯桩法处理的地基，对桩体自下而上都得到加固，使桩和桩间土均呈均匀密实状态，因而它的技术效果高于强夯法(强夯加固的地基则上强下弱，有软弱下卧层时，难于达到地基加固的目的)。深层地层的孔内强夯桩法处理地基的承载力高，抗应变能力强，适用范围广，可用于各类孔内强夯杆状锤强夯机理图；孔内强夯桩橄榄状夯锤机理图和疑难地基处理。桩锤比强夯重量小，单位面积的夯击能量都是压强高。对机具要求条件低，所产生的公害也小，与强夯法相比优越性明显。

(2)承载力分析

双灰桩、灰土桩、砂桩、碎石桩等柔性加固桩等都已广泛使用，其最大缺点是加固施工用的桩锤小，夯击能量小，成桩的桩径小，桩体材料要有选择性，压密效果低，对桩侧土挤密的侧压力小，桩间土被加固的效果较差。加固后的复合地基，其承载性能虽有改善，但加载后都会发生变形或浸水湿陷。用这类柔性桩加固的复合地基，其地基承载力一般不会超过原地基的1.4～2倍左右，接近于天然地基，且由于施工机具的限制，其处理深度也是有限的，一般8～10m左右为宜。因此，用这些柔性桩加固的地基，不适用于承受较大载荷或对沉降要求严格的重要建筑物。

当地下有水或淤泥土时不能施工，桩间土处理后效果差，承载力提高幅度小，压缩变形量大，易发生缩颈与断桩，柔性桩的处理效果更差些。

深层地层的孔内强夯桩法在加固地基时，采用强夯重锤对孔内填料以高压强的动能强夯，使地基土受到很高的预压应力。处理后的地基浸水或加载都不会产生明显的压缩变形，复合地基承载力比原天然地基可提高3～9倍。最大处理深度可达30m，桩体直径可达0.6m～2.5m。而且桩间土也受到很大侧向挤压力，也被挤密加固，桩周土被挤密形成了强制挤密区、挤密区以及挤密影响区，复合地基的整体刚度均匀，这是一般柔性桩加固地基难以取得的效果。

柔性桩加固用料，要比深层地层的孔内强夯桩法的用料严格，如碎石桩、砂石桩等用料不能就地取材，其工程造价必然提高。深层地层的孔内强夯桩法工程用料适应性大，从建筑垃圾、砂、土、到含有块状石的土夹石料、煤矸石等各种工业用废料以及它们的混合物乃至素混凝土块、碎砖石瓦块等均可使用。深层地层的孔内强夯桩法具有广泛的应用性。由于用料可以就地取材，减少运输费用，造价会明显降低。

采用深层地层的孔内强夯桩法加固的桩体，十分密实，在受到高压动力夯击能后，桩体内力缓慢释放，对桩周土施加侧向挤压力。而桩周土受到的侧向强力挤密应力也向桩体慢慢释放，对桩体产生很大的侧向约束“抱紧”作用，使地基具有半刚半柔性的特点。对于分层地基或软硬不均土层，在桩体的施工挤密过程中，会形成“串珠”状态，有利于桩与桩侧土的紧密“咬合”，增大了侧壁摩阻力，使加固后的桩与桩间土形成一个密实整体。其复合地基不仅刚度均匀，而且承载性能显著改善。其桩土应力比一般为3～5倍。

(3)刚度大大增加

混凝土灌注桩、预制桩、沉管灌注桩、孔内夯扩混凝土灌注桩等为刚性的混凝土加固桩，和采用孔内填混凝土或其他合适加固料的深层地层的孔内强夯桩法相比，只要被加固地基具有良好的成孔条件，加固处理后地基的综合技术性能好、经济效益高，都是一般刚性桩所不及的。

打入桩施工噪声大，截桩工作量大、工程造价高，打桩机污染空气。混凝土灌注桩的桩身混凝土质量难于保证，桩侧土未被挤密（或轻微挤密），土对桩的约束力小，尤其在挤密影响区淤泥软土地基更易发生缩颈或桩体变形、桩形不规则等缺点，事故率较高。而且这类地基是靠单桩承载，而不是复合地基承载，其用钢量和水泥量都比较多，工程造价也必然提高。

此外，由于混凝土灌注桩在成孔施工时，对周边土有振动（或采用泥浆护壁），未起到侧向挤压加固作用，泥浆还起到润滑或产生“泥皮”的作用。混凝土硬化时收缩，使桩体混凝土与桩侧土间出现缝隙或润滑现象，造成桩侧摩阻力下降，尤其对以摩阻力为主要承载力的深长桩，其承载力损失较大，难于达到设计标准，而深层地层的孔内强夯桩法由于施工时不断对侧向土以超压强动能进行强制挤压，使成桩后侧土对桩体混凝土产生很好的“抱紧”，以形成“串珠状”、“扩径”增强了桩与桩间土的密实度，形成了良好的桩土共同作用整体受力的复合地基。

2.8.2 深层地层的孔内强夯桩法技术特点

(1)适用范围广

可用于各类地基处理，根据不同的岩土工程条件而采用各种不同的成孔方法，所以，孔内夯扩技术的适用范围就较广。能适用于各种复杂地层的地基加固处理。如用于大厚度的黄土、杂填土、液化土地基，各类软弱土、湿陷性土以及具有酸、碱、盐腐蚀的地基，具有硬夹层的不均匀地基，石料及废料回填垃圾地基及地下人防工事等各种复杂建筑物场地的处理。通过钻孔、强力冲孔等手段成孔，只要能形成桩孔的地基，不论孔内有无地下水均可采用本法加固处理。总之，采用深层地层的孔内强夯桩法，既可消除地基土的湿陷性、液化性，也兼有桩承载的特性及复合地基的特性。不仅承载力高，而且地基刚度均匀。就目前已经应用成功的工程经验来看，孔内夯扩技术适用于处理软弱粉土、黏性土、黄土以及素填土和杂填土。对于地下水位较高时，若采取的成孔及地下水处理方法得当，也可采用。

(2)就地取材

该技术另一个特点，就是能就地取材。凡是无机固体材料如土、砂石、碎砖瓦、混凝土块、工业废料及其混合物等均可使用。而且用料不需要严格加工，凡是无机固体材料均可使用。

(3)具有高动能、超压强和强挤密效应

该技术的重要特征就是它具有超压强动能，在冲、砸动力作用下，使孔内填料不断受到高动能、超压强和劈裂挤密。它是一般强夯压能的5～8倍，根据工程设计需要还可进行调高或降低。

(4)地基承载力提高显著

由于深层地层的孔内强夯桩法，具有超压强、强挤密的效果，处理地基承载力提高的效果显著。它的承载力可根据设计需要而定。渣土桩为1000～1800kPa，灰土桩为3000kPa，复合地基为200～1000kPa，土桩无侧限抗压强度可达800～1200kPa，为原天然地基的3～9倍。深层地层的孔内强夯桩法的单桩承载力可比一般钻孔灌注桩的承载力提高2倍左右。

(5)处理深度大且均匀

一般处理深度为20m左右，最深时可达30m，而且上下均匀，持力层范围内的地基土层都可以加固，深层的软弱下卧层也可加固，而且显著地改善土性。孔内夯扩技术能够处理的深度视地基的岩土工程条件而定，一般为 8～10m，最深的达到 20m。复合地基承载力特征值一般不超过 180kPa。

(6)成桩直径大，挤密加固范围大，桩呈串珠状

在超压强冲击挤压下，桩径一般可达 550～3000mm，在松软土层中，具有更大的侧向挤密效应。在分层土中，桩体呈串珠状，桩间土呈“咬合”和“抱紧”的强挤密现象。采用粗粒体作加固料时，桩体也是地基排水通道，有利于饱和土地基的排水固结。同时可将加固区范围内的土中水排挤到加固区以外的土体中去。改善地基土性，加固影响范围大。

(7)复合地基压缩模量高，沉降变形小，承载性状好

桩与桩间土具有良好的共同工作特性。桩体材料在受到高压强的强力冲击挤压下，桩间土受到明显的侧向挤压密实，从而使处理后的复合地基上下均匀，左右“抱紧”，密实“咬合”，压缩模量显著提高，承载性能明显改善，地基压缩变形量大为降低，可达 30～80MPa。

此外，具有消除填土和黄土地基的湿陷性、砂土地基的地震液化等特性。

(8)工程造价低

一般可降低造价 25%～50%以上，有较高的经济效益。

(9)均匀性好

对于复杂的，层厚和土质不均的地基经过深层地层的孔内强夯桩法处理后，可以使压缩变形量变小，整个土层变形模量一致、上下密实均匀，成为均质的复合地基。

(10)污染小

该技术具有震动小，噪声低，消除渣土污染的优点，可广泛地应用于城市建设中的地基处理工程。能净化人类生存环境，将垃圾、渣土“变废为宝”。在近几年承担的近百项地基处理过程中，先后将一百多万吨垃圾用于地基处理，同时又减少了震动、噪声和无机固体材料对人类社会的污染。还可大量节约钢材、水泥，降低工程造价，减少开挖地基和用于地基处理的加固料的往返运输费及运输过程对环境的污染等，是具有绿色工程特征的地基处理技术。

习题与思考

1. 地基与场地有何区别？
2. 地基处理的目的有哪些？
3. 地基处理的方案选择应考虑哪些因素？
4. 地基破坏形式有哪些？
5. 常见的地基处理方法有哪些？使用范围是什么？
6. 置换法的加固原理是什么？技术要点有哪些？
7. 排水固结法的加固机理是什么？技术要点有哪些？
8. 强夯法的加固机理是什么？技术要点有哪些？
9. 挤密法的加固机理是什么？技术要点有哪些？
10. 注浆加固法有哪些常见的形式？加固机理分别是什么？技术要点有哪些？

11. 深地层孔内强夯桩法的加固机理是什么？技术要点有哪些？

12. 动力固结理论的机理及假设条件有哪些？

13. 什么是复合地基？其作用机理是什么？

14. 竖向增强体与水平增强体区别及应用？

15. 常见的土工聚合物有哪些？功能有哪些？其作用机理分别是什么？

16. 什么是强夯法的有效深度和设计深度？

17. 排水固结法分类和适用土壤种类？

第 3 章　特殊土地基处理

特殊土主要指湿陷性黄土、膨胀土、冻土、液化土、软土、污染土(化学和核辐射)、盐渍土等土壤。其中湿陷性黄土、膨胀土、冻土、盐渍土受水影响较大;有特殊化学成分的土壤,如膨胀土、盐渍土;受环境温湿条件影响较大的土壤是冻土、盐渍土和膨胀土。大多数的病害是导致地基和工程的复杂、反复、不稳定变形;突出特点是难以控制,多数不好根治,影响变形的因素多而复杂,既有构成这些土壤的内因、也有变幻莫测的外因。特殊土的特征与危害简要总结于表 3-1。

特殊土的特征与危害　　表 3-1

类　型	典型特征	主要分布	主要危害	主要处理方法	后　果
湿陷性黄土	结构性、对水的敏感性	西北、华北	湿陷性引起的变形破坏	置换法 改良法 其他	无法根治湿陷性
膨胀土	矿物、对水的敏感性	西南、华东、华中	胀、缩变形引起破坏	置换法 改良法 其他	无法根治区域膨胀性
冻土	温度和对水的敏感性	西北、东北	冻胀与融蚀造成的破坏	置换法 其他	无法消除区域冻胀性
液化土	砂土、粉土或轻亚黏土破坏性	强震区、中震的长三角、珠三角、黄河三角等沿海、沿江地区	震陷、滑动、流动、不均匀沉降	置换法 改良法 挤密法 注浆法	—
软土	时空效应、流变性	长三角、珠三角、黄河三角等沿海、沿江地区	承载力不够和大变形、流变引起的破坏	排水	—
污染土(化学和核辐射)	有毒、有害	全国各地	土污染		—
盐渍土	对水的敏感性	青海、华东等	盐溶性、盐胀性和腐蚀性	置换法 其他法	无法根治性

3.1　湿陷性黄土的处理方法

黄土是第四纪干旱气候条件下形成的一种特殊沉积物,颜色多呈黄色、淡灰黄色、褐黄色;颗粒组成以粉粒为主,约占 60%～70%,粒度大小较均匀,黏粒含量较少,仅占 10%～20%;含碳酸盐、硫酸盐及少量易溶盐;黄土的孔隙比大,一般在 1.0 左右,且有肉眼可见的大孔隙;具有垂直节理的黄土在我国分布很广,面积约 63 万平方公里,占我国陆地总面积的 6.58%,主要分布于黄河流域及其以北各省，在黑龙江、吉林、辽宁、内蒙古、山东、河北、河南、山西、甘肃、陕西、宁夏、青海和新疆均有分布，但其中以黄河中游（山西西部、陕西、甘肃大部分）的黄土发育最好，地层最全、厚度大、分布连续，是我国黄土的主要分布区，该区域黄土的分布与大区域地形关系密切，其东、西、南三面均以大山为界，西南为祁豫山脉，正南为秦岭山脉，东为太行山脉，在平面上形成向西北方向张开的弧形，其西北渐以沙漠取代，除此以外的黄土分布地区均不如该区典型，而且大都分布不连续。

湿陷性黄土主要指 Q4 时代的地层黄土和部分 Q3 时代地层的马兰黄土，这些土壤主要属粉土类型。风成的原生黄土、洪积、坡积具有大的孔隙比，含可溶性盐，这些土壤具有湿陷性，冲积的黄土湿陷性小，另外，湿陷性还与埋藏深度有关。

3.1.1 湿陷性黄土的物理和力学特性

黄土在天然含水率低时往往具有较高的强度和偏低的压缩性，但遇水浸湿后，黄土的性质却有很大差别。凡天然黄土在上覆土的自重压力作用下，或在上覆土的自重压力与附加压力共同作用下，受水浸湿后土的结构迅速破坏而发生显著附加下沉的，称为湿陷性黄土；否则，就称为非湿陷性黄土。见图 3-1。黄土的湿陷性是黄土地基勘察与工程地质评价的核心问题。影响黄土湿陷性的主要指标为天然孔隙比和天然含水率。其他条件相同时，黄土的天然孔隙比愈大，则湿陷性愈强。实际资料表明：西安地区的黄土，如 $e<0.9$，则一般不具湿陷性或湿陷性很小；兰州地区的黄土，如 $e<0.86$，则湿陷性一般不明显。黄土的湿陷性随其天然含水率的增加而减弱。在一定的天然孔隙比和天然含水率情况下，黄土的湿陷变形量将随浸湿程度和压力的增加而增大，但当压力增加到某一个定值以后，湿陷量却又随着压力的增加而减少，黄土的湿陷性从根本上与其堆积年代的成因有密切关系。天然孔隙比越大，则湿陷性越强。

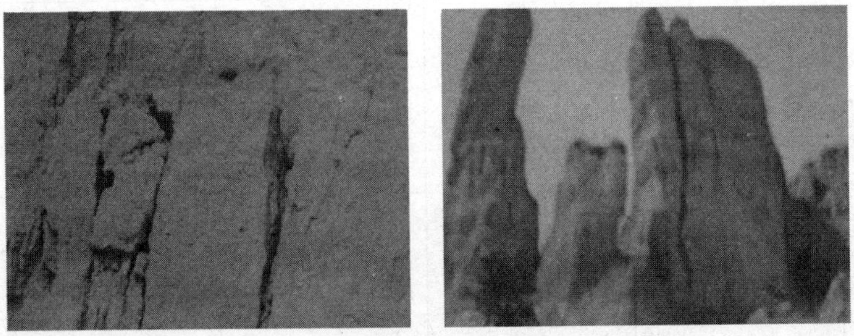

图 3-1　黄土的表面

黄土湿陷性由湿陷系数评价。湿陷系数：

$$\delta_s = \frac{h_p - h_p'}{h_0} \tag{3-1}$$

式中：h_p——天然土样在一定压力下的稳定高度；

h_p'——饱和土样在一定压力下的稳定高度；

h_0——初始天然土样高度。

$\delta_s<0.015$ 为非湿陷性黄土；$\delta_s \geqslant 0.015$ 为湿陷性黄土。

计算或测量的场地湿陷量 Δ_{zs}，根据 Δ_{zs} 划分自重性湿陷性黄土场地和非自重性湿陷性黄土场地。

$\Delta_{zs}>7$cm 为自重性湿陷性黄土场地；$\Delta_{zs} \leqslant 7$cm 为非自重性湿陷性黄土场地。

3.1.2 湿陷性黄土的处理方法

湿陷性黄土的处理原则是消除湿陷性。根据建筑物的类别和湿陷性黄土的特性，并考虑施工设备、施工进度、材料来源和当地环境等因素，经技术经济综合分析比较后确定地基处理方法，见表3-2。

湿陷性黄土地基常用的处理方法　　表3-2

名　称	适用范围	可处理的湿陷性黄土层厚度(m)
垫层法	地下水位以上，局部或整片处理	1～3
强夯法	地下水位以上，$S_r \leqslant 60\%$的湿陷性黄土局部或整片处理	3～12
挤密法	地下水位以上，$S_r \leqslant 60\%$的湿陷性黄土	5～15
预浸水法	自重湿陷性黄土场地，地基湿陷等级为III级或IV级，可消除地面下6m以下湿陷性黄土层的全部湿陷性	6m以上，尚应采用垫层或其他方法处理
硅化和碱液化学法	地下水位以上、渗透系数为0.50～2m/d的湿陷性黄土地基	—

甲类建筑消除地基全部湿陷量的处理厚度在非自重湿陷性黄土场地，应将基础底面以下附加压力与上覆土的饱和自重压力之和大于湿陷起始压力的所有土层进行处理，或处理至地基压缩层的深度为止。在自重湿陷性黄土场地，应处理基础底面以下的全部湿陷性黄土层。

乙类建筑消除地基部分湿陷量的最小处理厚度，在非自重湿陷性黄土场地，不应小于地基压缩层深度的2/3，且下部未处理湿陷性黄土层的湿陷起始压力值不应小于100kPa。在自重湿陷性黄土场地，不应小于湿陷性土层深度的2/3，且下部未处理湿陷性黄土层的剩余湿陷量不应大于150mm。基础宽度大或湿陷性黄土层厚度大，处理地基压缩层深度的2/3或全部湿陷性黄土层深度的2/3确有困难时，在建筑物范围内应采用整片处理。其处理厚度：在非自重湿陷性黄土场地不应小于4m，且下部未处理湿陷性黄土层的湿陷起始压力值不宜小于100kPa；在自重湿陷性黄土场地不应小于6m，且下部未处理湿陷性黄土层的剩余湿陷量不宜大于150mm。

丙类建筑消除地基部分湿陷量的最小处理厚度，应符合下列要求：

当地基湿陷等级为I级时　对单层建筑可不处理地基；对多层建筑，地基处理厚度不应小于1m，且下部未处理湿陷性黄土层的湿陷起始压力值不宜小于100kPa。

当地基湿陷等级为II级时　在非自重湿陷性黄土场地，对单层建筑，地基处理厚度不应小于1m，且下部未处理湿陷性黄土层的湿陷起始压力值不宜小于80kPa；对多层建筑，地基处理厚度不宜小于2m，且下部未处理湿陷性黄土层的湿陷起始压力值不宜小于100kPa；在自重湿陷性黄土场地，地基处理厚度不应小于2.50m，且下部未处理湿陷性黄土层的剩余湿陷量，不应大于200mm。

当地基湿陷等级为III级或IV级时　对多层建筑宜采用整片处理，地基处理厚度分别不应小于3m或4m，且下部未处理湿陷性黄土层的剩余湿陷量，单层及多层建筑均不应大于200mm。

局部处理时，其处理范围应大于基础底面的面积，在非自重湿陷性黄土场地，每边应超出基础底面宽度的1/4,并不应小于0.50m;在自重湿陷性黄土场地,每边应超出基础底面宽度的3/4,并不应小于1m。整片处理时,其处理范围应大于建筑物底层平面的面积,超出建筑物外墙基础外缘的宽度,每边不宜小于处理土层厚度的1/2,并不应小于2m。地基压缩层的深度,对条形基础,可取其宽度的3倍;对独立基础;可取其宽度的2倍。如小于5m,可取5m。在z深度处以下,如有高压缩性土,可计算至$p_z=0.10p_{cz}$深度处止。对筏形基础和宽度大于10m的基础,可取其基础宽度的0.80~1.20倍基础宽度大者取小值,反之,取大值。

地基处理后的承载力,应在现场采用静载荷试验结果或结合当地建筑经验确定,其下卧层顶面的承载力特征值,应满足有关承载力的要求。

经处理后的地基,下卧层顶面的附加压力,对条形基础和矩形基础,可分别按基础工程设计原则,分条形基础、矩形基础分别计算。当按处理后的地基承载力确定基础底面积及埋深时,应根据现场原位测试确定的承载力特征值进行修正,但基础宽度的地基承载力修正系数宜取零,基础埋深的地基承载力修正系数宜取1。处理方法如下:

(1)置换法

垫层法包括土垫层和灰土垫层。当仅要求消除基底下1~3m湿陷性黄土的湿陷量时,宜采用局部(或整片)土垫层进行处理,当同时要求提高垫层土的承载力及增强水稳性时,宜采用整片灰土垫层进行处理。土(或灰土)的最大干密度和最优含水率,应在工程现场采取有代表性的扰动土样采用轻型标准击实试验确定。土(或灰土)垫层的施工质量,应用压实系数控制,并应符合下列规定:小于或等于3m的土(或灰土)垫层,不应小于0.95;大于3m的土(或灰土)垫层,其超过3m部分不应小于0.97。

土或灰土垫层的承载力特征值,应根据现场原位(静载荷或静力触探等)试验结果确定。当无试验资料时,对土垫层不宜超过180kPa,对灰土垫层不宜超过250kPa。施工土(或灰土)垫层,应先将基底下拟处理的湿陷性黄土挖出,并利用基坑内的黄土或就地挖出的其他黏性土作填料,灰土应过筛和拌和均匀,然后根据所选用的夯(或压)实设备,在最优或接近最优含水率下分层回填、分层夯(或压)实至设计标高。灰土垫层中的消石灰与土的体积配合比,宜为2:8或3:7,当无试验资料时,土(或灰土)的最优含水率,宜取该场地天然土的塑限含水率为其填料的最优含水率。在施工土(或灰土)垫层进程中,应分层取样检验,并应在每层表面以下的2/3厚度处取样检验土(或灰土)的干密度,然后换算为压实系数,取样的数量及位置应符合下列规定:整片土(或灰土)垫层的面积为100~500m^2,每层3处;独立基础下的土(或灰土)垫层,每层3处;条形基础下的土(或灰土)垫层,每层1处;取样点位置宜在各层的中间及离边缘150~300mm。

(2)强夯法

强夯法处理湿陷性黄土应注意以下问题,小工程可参考以往和相邻工程经验,大工程、重要工程应先在场地内选择有代表性的地段进行试夯或试验性施工,并应符合下列规定:采用强夯法处理湿陷性黄土地基,土的天然含水率宜低于塑限含水率1%~3%。在拟夯实的土层内,当土的天然含水率低于10%时,宜对其增湿至接近最优含水率;当土的天然含水率大于塑限含水率3%以上时,宜采用晾干或其他措施适当降低其含水率。夯击遍数宜为2~3遍。最末一遍夯击后,再以低能量(落距4~6m)对表层松土满夯2~3击,也可将表层松土压实或清除,在强夯土表面以上并宜设置300~500mm厚的灰土垫层。试夯点的数量,应根据建筑场地的复杂程度,土质的均匀性和建筑物的类别等综合因素确定。在同一场地土性基本相同,试夯或试验性施工可在一处进行或在土质差异明显的地段分别进行。在试夯过程中，应测量每个夯点每夯击1次的下沉量（简称夯沉量）。试夯结束后，应从夯击终止时的夯面起至其下6～12m深度内，每隔0.5～1.0m取土样进行室内试验，测定土的干密度、压缩系数和湿陷系数等指标，必要时，可进行静载荷试验或其他原位测试。在强夯施工过程中或施工结束后，应按下列要求对强夯处理地基的质量进行检测：检查强夯施工记录，基坑内每个夯点的累计夯沉量，不得小于试夯时各夯点平均夯沉量的95%；隔7～10d，在每500～1000m^2面积内的各夯点之间任选一处，自夯击终止时的夯面起至其下5～12m深度内，每隔1m取1～2个土样进行室内试验，测定土的干密度、压缩系数和湿陷系数。强夯土的承载力，宜在地基强夯结束30d左右，采用静载荷试验测定。当不满足设计要求时，可调整有关参数（如夯锤质量、落距、夯击次数等）重新进行试夯，也可修改地基处理方案。

强夯的单位夯击能，应根据湿陷性黄土层的厚度、黄土地层的年代、设计的要求消除湿陷性黄土层的有效深度和施工设备等确定。一般可取1000～4000kN·m/m^2，夯锤底面宜为圆形，锤底的静压力宜为25～60kPa。对湿陷性黄土地基进行强夯施工，夯锤的质量、落距、夯点布置、夯击次数和夯击遍数等参数，宜与试夯选定的相同。夯点的夯击次数和最后两击的平均夯沉量，应按试夯结果或试夯记录绘制的夯击次数和夯沉量的关系曲线确定。

强夯法加固地基的有效深度主要是夯击能或夯击冲击的巨大动力在地层中扩散的有效范围，应是空间体积概念，由于夯击能或夯击冲击只能在一定的范围内使土体发生剧烈变形，尤其是塑性变形，破坏土的结构，而弹性能不会改变土的性质，因此，存在一个有限深度，即使能量再大，工程中关心是“有效”深度。强夯法处理湿陷性黄土地基，消除湿陷性黄土层的有效深度，不同的夯击能和不同的土质不同，也可根据试夯确定。在有效深度内，土的湿陷系数均应小于0.015。选择强夯方案处理地基或当缺乏试验资料时，消除湿陷性黄土层的有效深度，可按表3-3中所列的相应单击夯击能进行预估。

强夯法消除湿陷性黄土层的有效深度预估值（m） 表3-3

夯击能（kN·m）	全新世（Q4）黄土晚更新世（Q3）黄土有效深度预估值（m）	中更新世（Q2）黄土有效深度预估值（m）
1000～2000	3～5	—
2000～3000	5～6	—
3000～4000	6～7	—
4000～5000	7～8	—
5000～6000	8～9	7～8
7000～8500	9～12	8～10

注：消除湿陷性黄土层的有效深度，从起夯面算起。

(3)挤密法

挤密法分为爆扩挤密、机械挤密、成孔挤密。成孔挤密，可选用沉管、冲击、夯扩、爆扩等方法。孔内填料宜用素土或灰土，必要时可用强度高的填料如水泥土等。当防（隔）水时，宜填素土；当提高承载力或减小处理宽度时，宜填灰土、水泥土等。选择垫层法和挤密法处理湿陷性黄土地基，不得使用盐渍土、膨胀土、冻土、有机质等不良土料和粗颗粒的透水性（如砂、石）材料作填料。填料时，宜分层回填夯实，其压实系数不宜小于0.97。

①挤密孔直径：当挤密处理深度不超过12m时，不宜预钻孔，挤密孔直径宜为0.35～

0.45m；当挤密处理深度超过 12m 时，可预钻孔，其直径为 0.25～0.30m，挤密填料孔直径宜为 0.50～0.60m，孔底在填料前必须夯实。挤密填孔后，3 个孔之间土的最小挤密系数甲、乙类建筑不宜小于 0.88，丙类建筑不宜小于 0.84。

②预留松动层的厚度：机械挤密，为 0.50～0.70m；爆扩挤密，宜为 1～2m。冬季施工可适当增大预留松动层厚度。挤密地基，在基底下宜设置 0.50m 厚的灰土（或土）垫层。孔内填料的夯实质量，应及时抽样检查，其数量不得少于总孔数的 2%，每台班不应少于 1 孔。在全部孔深内；宜每 1m 取土样测定干密度，检测点的位置应在距孔心 2/3 孔半径处。孔内填料的夯实质量，也可通过现场试验测定。重要或大型工程，应分层取样测定挤密土及孔内填料的湿陷性及压缩性；在现场进行静载荷试验或其他原位测试。成孔挤密，应间隔分批进行，孔成后应及时夯填。当为局部处理时，应由外向里施工。

采用挤密法时，对甲、乙类建筑或在缺乏建筑经验的地区，应于地基处理施工前，在现场选择有代表性的地段进行试验或试验性施工，试验结果应满足设计要求，并应取得必要的参数再进行地基处理施工。

雨期、冬季用置换法、强夯法和挤密法等处理地基时，施工期间应采取防雨和防冻措施，防止填料（土或灰土）受雨水淋湿或冻结，并应防止地面水流入已处理和未处理的基坑或基槽内。地基处理前，除应做好场地平整、道路畅通和接通水、电外，还应清除场地内影响地基处理施工的地上和地下管线及其他障碍物。采用垫层、强夯和挤密等方法处理地基的承载力特征值；应按规范的静载荷试验要点在现场通过试验测定结果确定。试验点的数量应根据建筑物类别和地基处理面积确定。但单独建筑物或在同一土层参加统计的试验点，不宜少于 3 点。在地基处理施工进程中，应对地基处理的施工质量进行监理，地基处理施工结束后，应按有关现行国家标准进行工程质量检验和验收工。

(4)预浸水法

预浸水法宜用于处理湿陷性黄土层厚度大于 10m，自重湿陷量的计算值不小于 500mm 的场地。浸水前宜通过现场试坑浸水试验确定浸水时间、耗水量和湿陷量等。采用预浸水法处理地基，浸水坑边缘至既有建筑物的距离不宜小于 50m，并应防止由于浸水影响附近建筑物和场地边坡的稳定性；浸水坑的边长不得小于湿陷性黄土层的厚度，当浸水坑的面积较大时，可分段进行浸水；浸水坑内的水头高度不宜小于 300mm，连续浸水时间以湿陷变形稳定为准，其稳定标准为最后 5d 的平均湿陷量小于 1mm/d。地基预浸水结束后，在基础施工前应进行补充勘察工作，重新评定地基土的湿陷性，并应采用垫层或其他方法处理上部湿陷性黄土层。

(5)单液硅化法和碱液加固法

①单液硅化法

单液硅化法按其灌注溶液的工艺，可分为压力灌注和溶液自渗两种。压力灌注宜用于加固自重湿陷畦黄土场地上拟建的设备基础和构筑物的地基，也可用于加固非自重湿陷性黄土场地上既有建筑物和设备基础的地基。溶液自渗宜用于加固自重湿陷性黄土场地上既有建筑物和设备基础的地基单液硅化法应由浓度为 10%～15%的硅酸钠溶液掺入 2.5%氯化钠组成，其相对密度宜为 1.13～1.15，但不应小于 1.10。硅酸钠溶液的模数值宜为 2.50～3.30，其杂质含量不应大于式中加固湿陷性黄土的溶液用量，采用单液硅化法加固湿陷性黄土地基。压力灌注孔的间距宜为 0.80～1.20m；溶液自渗宜为 0.40～0.60m；加固拟建的设备基础和建筑物的地基，应在基础底面下按正三角形满堂布置，超出基础底面外缘的宽度每边不应小于1m；加固既有建筑物和设备基础的地基，应沿基础侧向布置，且每侧不宜少于两排。

压力灌注溶液的施工步骤，应符合下列要求：向土中打入灌注管和灌注溶液，应自基础底面标高起向下分层进行；加固既有建筑物地基时，在基础侧向应先施工外排，后施工内排；灌注溶液的压力宜由小逐渐增大，但最大压力不宜超过200kPa。具体过程为：在拟加固的基础底面或基础侧向将设计布置的灌注孔部分或全部打（或钻）至设计深度；将配好的硅酸钠溶液注满各灌注孔，溶液面宜高出基础底面标高0.50m，使溶液自行渗入土中；在溶灌自渗过程中，每隔2～3h向孔内添加一次溶液，防止孔内溶液渗干。采用单液硅化法加固既有建筑物或设备基础的地基时，在灌注硅酸钠溶液过程中，应进行沉降观测，当发现建筑物或设备基础的沉降突然增大或出现异常情况时，应立即停止灌注溶液，待查明原因后，再继续灌注。硅酸钠溶液全部灌注结束后，隔10d左右，应按下列规定对已加固的地基土进行检测：检查施工记录，各灌注孔的加固深度和注入土中的溶液量与设计规定应相同或接近；应采用动力触探或其他原位测试，在已加固土的全部深度内进行检测，确定加固土的范围及其承载力。采用单液硅化法或碱液法加固湿陷性黄土地基，施工前应在拟加固的建筑物附近进行单孔或多孔灌注溶液试验，确定灌注溶液的速度、时间、数量或压力等参数。

②碱液加固法

当土中可溶性和交换性的钙、镁离子含量较大时，可采用氢氧化钠一种溶液加固地基。否则，应采用氢氧化钠和氯化钙两种溶液轮番注入土中加固地基。碱液法加固地基的深度，自基础底面算起，一般为2～5m。但应根据湿陷性黄土层深度、基础宽度、基底压力与湿陷事故的严重程度等综合因素确定。碱液可用固体烧碱或液体烧碱配制。加固$1m^3$黄土需氢氧化钠量约为干土质量的3%，即35～45kg。碱液浓度宜为100g/L，并宜将碱液加热至80～100℃再注入土中。采用双液加固时，氯化钙溶液的浓度宜为50～80g/L。

单液硅化法和碱液加固法适用于加固地下水位以上、渗透系数为0.50～2m/d的湿陷性黄土地基。在自重湿陷性黄土场地，用碱液加固法应通过现场试验确定其可行性。对于沉降不均匀的既有建筑物和设备基础；地基浸水引起湿陷，需要阻止湿陷继续发展的建筑物或设备基础拟建的设备基础和构筑物，宜采用单液硅化法或碱液法加固地基。灌注溶液试验结束后，隔10d左右，应在试验范围的加固深度内量测加固土的半径，取土样进行室内试验，测定加固土的压缩性和湿陷性等指标。必要时应进行沉降观测，至沉降稳定止，观测时间不应少于半年。对酸性土和已渗入沥青、油脂及石油化合物的地基土，不宜采用单液硅化法或碱液法加固地基。如图3-2和图3-3所示。

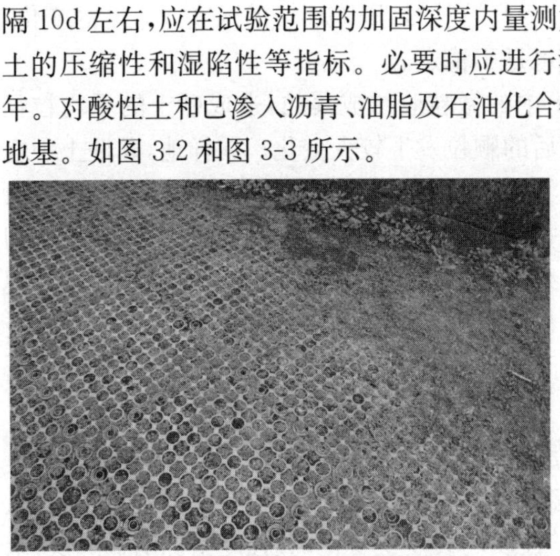

图3-2　国内经过处理后的边坡实景

图3-3　国外城市道路边坡处理后实景

3.2 盐渍土分布情况

我国的《盐渍土地区建筑规范》规定，当土中的易溶盐含量（即易溶盐的质量与干土质量之比）超过 0.3%时，该土即称为盐渍土。

土中的易溶盐种类很多，如氯化钠、氯化钾、氯化钙、氯化镁、碳酸氢钠、碳酸氢钙、碳酸钠、硫酸镁以及硫酸钠。盐渍土中有些以含碳酸钠或碳酸氢钠为主，碱性较大，一般 pH 值为 8～10.5，这种土称为碱土，或碱性盐渍土，农业上称为苏打土。这种土零星分布于我国东北的松辽平原，华北的黄、淮、海河平原。盐渍土在我国分布较广，主要在西部干旱地区，如新疆、青海、甘肃、宁夏、内蒙古等地势低平的盆地和平原中。另外，在华北平原、松辽平原、大同盆地以及青藏高原的一些湖盆洼地中，也都有分布。同时，滨海地区的辽东湾、渤海湾、莱州湾、海州湾、杭州湾以及包括台湾在内的诸海岛沿岸，也有相当面积的盐渍土存在。盐的迁移积聚主要靠风力或水流来完成的。在沙漠干旱地区，大风常将含盐的土粒或盐的晶体吹落到远处，积聚起来，使盐重新分布。水流是盐类迁移和重新分布的主要因素。地表水和地下水在流动过程中把所溶解的盐带至低洼处，有时形成大的盐湖。在含盐量（矿化度）很高的水流经过的地区，如遇到干旱的气候环境，由于强烈蒸发，盐类析出并积聚在土体中形成盐渍土。在滨海地区，地下水中的盐分，通过毛细作用，将下部的盐输送到地表，由于地表的蒸发作用，盐分析出，含盐量在竖直方向上有很大差异。有些地区长期大量开采地下水，农田灌溉不当，也会造成盐分积聚。

渍岩按主要的含盐矿物成分可分为石膏盐渍岩、芒硝盐渍岩等。盐渍土的成因取决于三个方面：盐源、迁移和积聚。盐渍土中的盐主要来源有岩石在风化过程中分离出少量的盐；海水浸入、倒灌等渗入土中；工业废水或含盐废弃物，使土体中含盐量增高。

3.2.1 盐渍土物理与力学特点

盐渍土的三相组成与一般的土不同。盐渍土中的液相，不仅仅是水，而且还包含盐溶液；盐渍土中的固相，也不仅仅是土颗粒，而且还包含盐结晶。当结晶的盐是难溶盐时，因其溶解度很小，故可视为不变的固相骨架；但当结晶的盐为易溶盐时，则随环境的温度或湿度的变化，成为不稳定的固相骨架，盐渍土的三相组成比例也是不稳定。

在颗粒分析试验中，由于盐渍土中的盐，使土中的微粒胶结成集粒，造成砂土的平均粒径虚假地增大，即为同一盐渍土样在洗盐前和洗盐后的颗粒发生较大变化。同样地，黏性土中含盐量越高，降低的幅度越大，由于工程上是根据塑限、液限以及塑性指数来分类和评价的，所以，最好分别进行去盐前后的塑限和液限试验。盐渍土的三相组成与一般土的不同，所以，用一般土的常规土工试验方法，不能测盐渍土一系列物理性质的三相组成的比例关系。用常规的土工试验方法来测定盐渍土的其他物理指标，也会得出错误的结果，因为，烘干法把盐溶液中的盐烘干成固态的“骨架”，从而使含水率（实际应为含液量）变小，饱和度变小，孔隙比变小，干重度也变小，这些都是偏于不安全的。

以下介绍盐渍土的三大特性——盐溶性、盐胀性和腐蚀性。

①盐溶性：在天然条件下，盐渍土往往是较好的地基材料，其承载力较高，一旦遭水的浸入后，盐渍土中的盐结晶发生溶解，土的物理和力学性质均会发生变化，其强度指标明显降低，承载力显著降低。因此，即使在天然条件下是较好的盐渍土地基，考虑到有水浸入的可能时，也

必须进行地基的处理。特殊土性导致了盐渍土地基处理的一个特点，即需要处理的是一种较好的天然地基，从而给地基处理的技术和造价都带来一定的问题。

盐渍土地基浸水后，由于盐溶解而产生地基溶陷。盐渍土地基的溶陷与黄土地基的湿陷现象相近似，但不同的是，前者在盐溶解时常伴随着由盐胶结的集粒解体，解体后的细颗粒在水的渗流作用下从粗颗粒间的孔隙中流失，由于这种潜蚀作用，使盐渍土的溶陷过程比黄土的湿陷速度更快，而且无需像黄土那样天然具有较多的孔隙，因为渗流本身就能造成大量的孔隙。

盐渍土地基溶陷量的大小主要取决于易溶盐的性质、含量及其分布形态，盐渍土的类别、原始结构状态和土层的厚度，浸水量、浸水的持续时间和方式，土的渗透性（注意：盐渍土的渗透性是随浸水的持续时间而不断增大的）和渗透方式。在选择消除盐渍土地基的溶陷性时，就应该考虑易溶盐的性质、含量及分布形态；考虑盐渍土的类别（是砂石类土还是黏性土）、原始结构状态及土层的厚度和埋藏深度等。

盐渍土地基浸水后产生的溶陷，除了盐溶解后造成土结构破坏的附加变形外，主要是由于渗流造成了潜蚀变形。消除盐渍土地基溶陷的处理措施，首先就要防止盐渍土地基中产生潜蚀（图 3-4）。

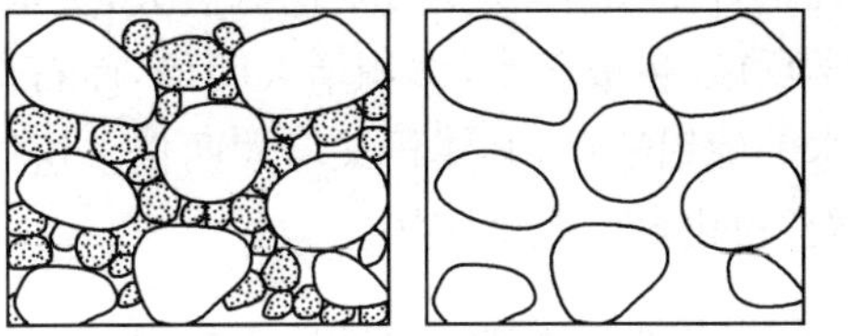

图 3-4　盐渍土在渗流作用下的潜蚀荷载产生的变化

②盐胀性：某些盐渍土地基，如含硫酸钠的土，在温度和湿度变化时，会产生体积膨胀。盐渍土地基的膨胀与膨胀土的膨胀不同，它不是由于吸水而土体膨胀，而是纯粹由于盐的体积膨胀而膨胀。故为盐胀。这种盐胀引起的地基变形的大小取决于许多因素，首先是土中含盐的性质及含量，表 3-4 即为各种盐类在结晶吸水后体积的膨胀率，从表中可以看出，盐类中膨胀率最大的是硫酸钠，可以达到原来体积的 3 倍以上，所以，当土中的硫酸钠含量超过 2%时，就要考虑土的盐胀。其次，盐渍土产生的地基盐胀变形与土的原始含水率和密实度有关。一般说来，相同的盐渍土，其盐膨胀量随含水率的增大而降低；与此相反，盐胀量却随着土密实度的增大而增加，密实度小的土在盐胀时优先填充土中的孔隙，从而减小了地基的膨胀变形，规范中推荐的防止盐胀的变形缓冲层的设置，就是根据这一规律制定的。

各种盐类吸水结晶后的体积膨胀率　　表 3-4

盐类吸水结晶前后的分子式变化	体积膨胀率（%）	盐类吸水结晶前后的分子式变化	体积膨胀率（%）
$CaCl_2 \cdot 2H_2O \sim CaCl_2 \cdot 4H_2O$	35	$Na_2CO_3 \cdot H_2O * Na_2CO_3 \cdot 10H_2O$	148
$CaCl_2 \cdot 4H_2O - \sim CaCl_2 \cdot 6H_2O$	24	$NaCl, NaCl \cdot 2H_2O$	130
$MgSO_4 \cdot H_2O - \sim MgSO_4 \cdot 6H_2O$	145	$Na_2SO_4 - Na_2SO_4 \cdot 10H_2O$	311
$MgSO_4 \cdot 6H_2O - * MgSO_4 \cdot 7H_2O$	11	—	—

由于盐胀是因盐吸水结晶而产生的，而盐在水中的溶解度与温度有关，所以温度就成了盐胀的决定因素。盐渍土的膨胀率随温度降低而增加，不同含盐量的土样，除起始膨胀温度稍有差异外，其随温度变化曲线的趋势基本一致。一般在温度为 15℃时开始有盐胀，至－6℃时，盐胀基本趋于稳定，在 0～－6℃的范围内，膨胀率变化最大，一般完成总膨胀量的 90%以上。盐胀与冻胀不是一回事，前者可以发生在非冻胀性的各类盐渍土中（如砂、石和干燥的黏性土）。

③腐蚀性:盐渍土中的盐溶液带来了盐渍土腐蚀性,盐渍土中的盐溶液会腐蚀建筑物和地下设施。与盐渍土的溶陷性相反,盐渍土的腐蚀性不是由于土的盐结晶,而是土中的盐溶液造成的。

当盐渍土中含有氯盐时,它在水中可全部离解为阴、阳离子,属于强电解质。其中阴离子对金属(如钢筋混凝土中的钢筋)有强烈的腐蚀作用,形成金属表面电化学腐蚀电池;而阳离子则使介质(如土)的导电率提高,从而加速了金属的腐蚀。此外,氯盐在溶解和结晶过程中,产生体积变化,盐溶液进入有毛细孔的材料(如混凝土、黏土砖等)后的反复胀缩,使含盐的混凝土、砂浆、黏土砖等开裂或剥落,造成土中建筑材料的腐蚀破坏。当盐渍土中含有硫酸盐时,在水溶液中也离解为阴、阳离子,其阴离子与氯盐一样,也会对金属产生腐蚀作用,但不如氯盐那么强烈。硫酸盐对多孔材料的腐蚀要比氯盐严重得多,这不仅是因为硫酸盐在溶解和结晶过程中,产生的体积变形要比氯盐大,更重要的是,硫酸盐能与水泥中的水化物(氢氧化钙)起化学反应,生成石膏,体积增大两倍,而石膏继续与水泥中的铝酸三钙起作用,生成含 31 个结晶水的硫铝三钙,其体积又增大两倍。这样,产生巨大的膨胀应力,使含水泥的砂浆和混凝土剥裂、粉化直至完全破坏。

3.2.2 盐渍土地基处理方法

盐渍土地基由于其自身的特点而不能简单地采用一般地基的处理方法,应根据盐渍土的特点,寻找方法处理盐渍土地基。

针对可能对工程造成危害的地基溶陷、盐胀和腐蚀,分别采取相应的措施。防止盐渍土地基溶陷的措施,综合我国盐渍土地区多年的实践经验,基溶陷的措施。规范推荐了表所列的几种防止盐渍土地基溶陷的处理措施。详见表 3-5。

防止盐渍土地基盐溶的处理措施 表 3-5

处理措施	适用条件	备注
浸水预溶	厚度不大或渗透性较好的盐渍土层	需经现场试验,确定浸水时间及预溶深度
强夯	地下水位以上,含盐量不大而孔隙比较大的低塑性土和砂土	需经现场试验,选择最佳夯击能与夯击参数
浸水预溶+强夯	厚度较大,渗透性较好的盐渍土,处理深度取决于预溶深度和夯击能量	需经现场试验,选择最佳夯击能与夯击参数
浸水预溶+预压	厚度较大、渗透性较好的盐渍土,处理深度取决于预溶深度和预压深度	需经现场试验。检验压密效果
换土	溶陷性较大且厚度不大的盐渍土	宜用灰土或易夯实的非盐渍土回填
盐化处理	溶陷性高、土层厚,其他方法难以处理且地下水位较深时	—

除了极少的含盐量较小的低塑性土(包括砂土)可以直接用强夯加固外,多数的盐渍土地基,是很难用一般的地基加固措施(如振冲、强夯等)消除其溶陷性,因为这些措施都不能排除土中的盐结晶,加固后的地基遇水后仍然溶陷。因此,在盐渍土地区采用这些地基加固措施前,必须预先浸水将土的结晶盐溶解并排除,使盐渍土地基遇水产生的附加沉陷和潜蚀溶陷提前消除。

(1)浸水预溶处理方法

浸水预溶法即对拟建工程的地基预先浸水，使易溶盐溶解并渗透到较深的土层中去，随着土中盐结晶的溶解和集粒的流失，在土自重压力或其他压力(如强夯、碾压等)的共同作用下，产生溶陷而趋于密实，所建造在该场地上的工程，即使其地基再受水浸，也不会产生较大的溶陷变形。浸水预溶法一般适用于厚度较大，渗透性较好的砂、砾石土、粉土和黏性土盐渍土。对于渗透性较差的黏性土则不宜采用。浸水预溶法用水量大，场地要具有足够的水源。另外，最好在空旷的新建场地采用，如建筑物、管道、沟渠、道路等附近采用时，则应采取相应的措施或保持足够的安全距，以防止产生不利的影响。浸水预溶不宜在冬季进行。

采用浸水预溶法处理盐渍土地基时，浸水场地面积应根据工程的尺寸和溶陷性盐渍土层的厚度确定，一般浸水场地的平面尺寸应超过拟建工程边缘不小于2m。浸水深度应达到或超过地基的溶陷性土层厚度或预计的浸水深度。浸水时应保持水头高度不小于0.3m，浸水时间与现场环境有关，一般为1～3个月。浸水量与盐渍土类别、含盐量、厚度、水的矿化度以及浸水时的气温等有关，根据有关资料估算浸水量。对于渗透性小、含盐量高或厚度大的盐渍土地基，宜采取附加措施增大预溶的效果(如钻孔渗水等)，经过浸水预溶后的盐渍土地基，应视为新的地基，重新检验其物理、力学指标，并作出评价，其他防盐渍土地基溶陷的措施(如强夯法、换土法等)与一般地基的施工方法和要求相同。

(2)防止盐渍土地基盐胀的措施

根据现场的工程事故调查和试验研究结果表明，盐渍土地基的盐胀，主要产生在近地表的土层中，因为，近地表处土层的温度变化最大，所以，在温度变化不大的一定深度以下的盐渍土层，是不会产生盐胀的。基底压力对盐胀也起着重要作用，试验表明，当基底压力超过50kPa时，就能抑止地基的盐胀。对有一定基础埋深或基底压力较大的建筑物，都未曾出现过地基盐胀的破坏，而盐胀破坏出现最严重的是室内外地坪、路面、路、沿石、台阶、花坛、机场跑道、渠道、地沟等荷载轻和埋深浅的工程。

防止盐渍土地基盐胀的措施有：换土垫层法、设地面隔热层、设变形缓冲层和化学处理。

用换土垫层的方法是最简单的，而且用来处理盐胀比处理溶陷更为合理，因为盐胀仅在近地表的土层中产生，即使含硫酸盐的土层很厚，也不需要把全部盐渍土层都挖除，而只要将有效盐胀区范围内的盐渍土挖掉，然后换填非盐渍土或灰土(不能用含盐的土配制灰土)。由于盐渍土地基的盐胀量与土温的变化幅度有关，当土温的变化小于某个极值时，即使含硫酸盐较多的土，因无相的转变而不产生体积变化，在一定深度以下不产生盐胀，盐胀只在温度差大于某个极值的有效盐胀区范围内出现。根据这一原理，如在地面设一隔热层，使盐渍土层顶面的温度变化减小到某个极值，则有效盐胀区温度变化幅度为零，就可以达到完全消除盐渍土地基盐胀的目的，而不需要换土垫层法，将盐渍土挖除。隔热层的厚度计算，可参考土的一维稳定热传导理论，根据简化的方法求得。这样，根据选定的隔热材料，即可算出所需的隔热层厚度。为了保持隔热材料的性能持久不变，通常在具顶面铺设一防水层，以阻止大气或地面水分渗入，可用变形缓冲层预防盐溶。

化学方法防止盐渍土地基的盐胀，硫酸钠在氯盐溶液中的溶解度，随氯盐浓度的增加而减小，从而可以使温度变化时硫酸钠吸水结晶而体积膨胀的数量大大减少。兰新铁路K1352＋867～878m处是典型的盐渍土盐胀地区，该路段每年盐胀高达90mm，但经化学处理(灌注NaCl溶液)后，仅有个别点的盐胀为4～8mm。

(3)防止盐渍土腐蚀的措施

盐渍土地基与一般土地基不同之处，即前者对埋置其上或其中的工程材料产生腐蚀作用，因此，需要采取防腐措施。除了挖除对材料起腐蚀作用的盐渍土(换土垫层法)外，一般均对材料采取防腐措施。防腐措施的基本原则是：①提高材料自身的抗腐蚀能力，如采用抗硫酸盐水泥、提高水泥用量、降低水灰比、采用钢筋阻锈剂和减水剂、增加材料密实度等；②在材料本身不足以满足抗腐蚀要求时，则需在材料表面涂防腐层、隔离层等；③在采取防腐措施时，应重点防护经常处于干湿交替的区段，如地下水位变化区、与地面接触的交界处、具有蒸发面的区域。

根据规范要求，应对盐渍土地基进行腐蚀性评价，然后按其腐蚀等级，采取相应的防腐措施(表 3-6)。

盐渍土防腐综合措施 表 3-6

防护等级	内防护措施					外防护措施		
	水泥品种	水泥用量	水灰比	保护层厚度	添加剂	干湿交替	湿	干
弱	普硅水泥、矿渣水泥	>300	≤0.6	≥35	—	—	—	—
中	普硅水泥、矿渣水泥、抗硫酸盐水泥	330～370	≤0.5	≥40	减水剂、密实剂、复合防腐剂、阻锈剂	沥青类、渗透类涂层	防水层	—
强	—	370～450	～0.45	≥50	—	沥青类、渗透类树脂类涂层玻璃钢，耐腐蚀板砖砌层	防水层	—

(4)盐化法处理盐渍土地基

对于溶陷性高而且厚度大的盐渍土来说，采用浸水预溶、强夯、预压等措施，往往是不合理和不经济的，因此需要寻求一种新的、更为经济合理的技术措施，来消除盐渍土地基的溶陷。经过现场试验和实际工程的应用，一种被称为“以盐治盐”的新方法诞生了，这就是用盐化法处理盐渍土地基的溶陷性。

盐化法：在干旱地区(大多数盐渍土均分布在干旱地区)，含盐量大、溶陷性高的盐渍土，在天然情况下，大致呈图 3-5 所示的结构状态，图中黑色部分为盐结晶或盐胶结的集粒，当(淡)水浸入后，即被溶解而产生溶陷，但如用饱和盐水浸入，则不仅不会溶解原来土中的结晶，反而经水分蒸发后，形成新的盐结晶而填充原来土中的孔隙，使土的孔隙比减小，渗透性降低，甚至成为完全不透水的盐渍土层。这样，盐渍土地基经过盐化处理后，虽然含盐量增加了，但再遇到淡水浸水时，只能溶解表层一部分盐而形成盐溶液，饱和的盐溶液就无法再溶解更多的盐，而其下未溶解的盐土层，作为不透水层也阻止进一步的渗透和溶解，更不可能产生可怕的潜蚀。所以，经过盐化处理后的盐渍土地基，其溶陷性大大降低，其沉陷量约为未经盐化处理的1/5～1/7。

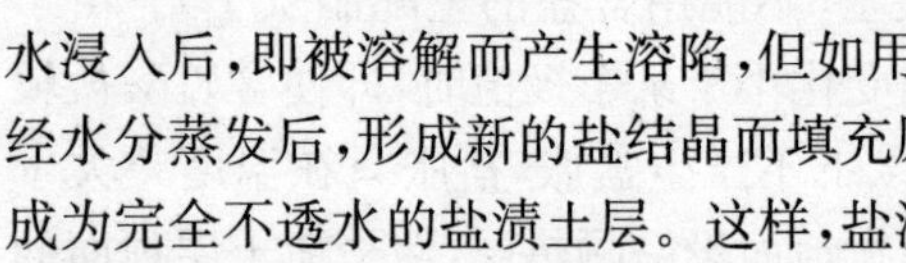

图 3-5 盐化处理前后土的结构
1-经盐化；2-未经盐化

盐化法的优点是安全可靠，能消除大部分溶陷量，就地取材，降低造价，施工简便，消耗人力、物力少，处理盐渍土地基的溶陷效果显著，成本较低，特别是在邻近盐湖的地区，如能与防水处理结合应用，可以起到双保险的作用。

(5)盐化处理的施工要点

地基盐化处理的施工可采用大挖，对整个基坑底(或路基)全部进行盐化处理，山可以对柱基或条形基础基坑分别进行盐化处理，无论采用哪种方式，盐化处理的范围应超过基础(或路堤)外缘1.5～2.0m。开挖到设计标高后，即可注入饱和盐溶液，注入时要避免注入处形成孔洞，基坑宜从四角注入。每次注入的盐溶液的水头高度宜不超过20cm，待全部盐溶液渗入地基后再次注入，如此循环。不同的盐渍土地基，渗透性不同，也影响到盐化处理的效果，应根据实际情况区别对待。地基经盐化处理后，经过一定的间歇时间(一般为5～10d)，使水分蒸发，等地基表层土恢复了强度后再进行地基上的施工。

盐化处理所用的盐，可采用工业用盐，也可用一般的食盐，对一般的工业或民用建筑地基，每平方米耗盐量约为50kg左右。制备盐溶液所需的水，可用一般的自来水，也可用当地盐湖的水来代替。在现场制备饱和盐溶液时，需备有空桶，将盐倒入容器后，加水搅拌，直至容器底部的盐不再溶解时为止，并至少搅拌10～20h(与温度有关)，可认为已达到饱和，有条件时，也可用仪器测定盐溶液的浓度，达到饱和的盐溶液方可注入地基，否则，将达不到盐化处理的效果。

(6)盐化处理的工程应用实例

青海石油管理局首次将盐化法应用于盐渍土地基的处理中。地基为成层的中砂和粉质黏土，含盐量为0.53%～2.99%。工程为浸水可能性很大的污水处理厂的外输泵房，厂房为单层排架结构，带有20kN吊车，厂房内有四台污水处理泵，地面常年积水，为此，地面和集水沟用沥青砂进行水平和垂直防水处理。泵房柱基础和条形墙基础的基坑，全部进行盐化处理。外输泵房建成后，对盐化处理过的地基，进行了长时间的浸水试验，地基没有出现过大的或不均匀的沉降，上部结构完好无损。而同一地点未经盐化处理的库房，经同样浸水后，则迅速出现裂缝。

盐化法处理地基的措施是一项新技术，实践经验尚不多，具体工程应用时先进行小规模的现场试验段。以期望取得合理的技术与参数，再在工程中应用。

3.2.3 植物改良盐渍土

现代植物种类很多，而且植物特性差异较大，不同植物的习性不同，植物对土壤中的矿物成分吸收也不一样，我们选择那些对钠、钾离子吸收较强的植物种植在盐渍土中，通过植物根系吸收、降低土壤中盐的含量，改良盐渍土特性。例如，种植芦苇效果明显，也可种植一些果树。

3.3 膨胀土地基处理技术

3.3.1 膨胀土概述

膨胀土的成因及其分布：膨胀土一般指黏粒成分主要由强亲水性的蒙脱石和伊利石矿物组成，具有吸水膨胀和失水收缩的特点，如胀缩性能显著的黏性土。膨胀土的成因环境主要为温和湿润，具备化学风化的良好条件，硅酸盐为主的矿物不断分解，钙被大量淋失，钾离子被次矿物吸收形成伊利石——蒙脱石混合矿物为主的黏性土。膨胀土是一类结构性不稳定的高塑性黏土，也是典型的非饱和土，它在世界范围内分布极广，迄今发现存在膨胀土的国家达四十多个，遍及六大洲，其地理位置大致在北纬60°到南纬50°之间。我国是膨胀土分布最广的国家之一，与其他土类不同的是主要呈岛状分布。先后有二十多个省、市和自治区发现有膨胀土，主要分布在四川、湖北、陕西、云南、安徽、贵州、广西、广东、河南、河北、山西、江苏等省和自治区，总面积约在10万km^2以上，成因以残积或残坡积为主。目前对膨胀土的划分标准和分类方法较多。据裂隙性与超固结性对边坡稳定性的影响以及路堤、基床修筑所需填料是否适用，取名为裂土(包括裂隙黏土和膨胀土)；主要从地基承载力、地基胀缩变形影响基础和建筑物稳定性出发定名为膨胀土；欧美国家将裂隙黏土和膨胀土划分为两种性质不同的土。膨胀土的典型特征是其具有裂隙性、胀缩性和超固结性，对气候变化特别敏感，主要原因是膨胀土颗粒组成中黏粒含量超过30%，且蒙脱石、伊利石或蒙—伊混成等强亲水性矿物占主导地位。裂隙性、胀缩性和超固结性对其强度都有强烈的衰减影响，使得膨胀土的工程性能极差，病害十分严重。在膨胀土地区修建的厂房、住宅、水利设施、机场、公路、铁路无不反映出因各种各样膨胀土不良工程性质而造成的危害，如由于地基土体含水率变化导致土体不均匀的胀缩变形极易引起建筑物变形和破坏。膨胀土边坡的失稳更是世界性的共同难题，当水通过裂隙渗入土体，土体遇水膨胀，当其膨胀受阻时，就会对支挡结构、衬砌或地下结构产生膨胀力，致使结构物发生破坏，尤其对铁路、公路、水渠的破坏作用更加突出，有"逢堑必崩、无堤不塌"之说，常常出现路面开裂、隆起或沉陷，路堤和路堑滑塌、边坡失稳等，且其对工程建设的危害往往具有多发性、反复性及长期潜在性，对其灾害防治十分困难，长期以来国内外均十分重视膨胀土问题的研究。随着我国当前全面建设小康社会步伐的加快，兴起了基础设施建设的新高潮，很多铁路、公路、航空港、水利工程、城镇化以及跨流域调水工程等在膨胀土地区营运和修建，对膨胀土的研究已成为当前岩土工程的重要研究方向之一。

3.3.2 膨胀土的工程和力学特性

早期膨胀土的工程性质是人们在民宅的地基底鼓、开裂变形和墙体开裂破坏的慢性灾害中，逐渐认识到膨胀土的特性。过去本来能够承受较大变形的轻载框架式建筑物，逐渐被承受变形较差的砖石结构所取代，随之在膨胀土地区便出现了房屋开裂的问题，排除结构物本身的原因外，还存在着地基土膨胀收缩等造成的危害问题，数十个国家和地区已认识到膨胀土工程问题也成为世界性的共同课题。迄今为止，美国、英国、俄罗斯、日本和罗马尼亚等国家都先后制定了膨胀土试验及建筑设计规范。工程治理始于铁路部门，20世纪50年代初期，在修建成渝铁路时就首先遇到成都黏土的挑战，60年代修建汉丹线、成昆线北段和70年代修建阳安线、襄渝线、焦枝线等都进一步揭示了膨胀土在我国的广泛存在以及它所产生的各种问题的严重性和复杂性。此后，随着工业与民用建筑、铁路、水利、交通等工程建设施工和运行中所暴露的大量地基和边坡灾害问题，许多单位和学者相继开展了膨胀土试验研究，其主要特点是将土质学与土力学结合起来，在场地及地基评价中，强调了工程地质特征及地基土的胀缩变形量，在胀缩机理、试验技术、变形与强度特征，以及地基、边坡、堤坝等工程问题上已取得了一定水平的研究成果，并制定了相关的膨胀土规范，基本上解决了膨胀土地区工业与民用建筑所遇到的问题，但针对高速铁路与高等级公路路基问题专题研究尚不系统。

①胀缩性：膨胀土吸水体积膨胀，使建筑物隆起，如果膨胀受阻即产生膨胀力，失水体积收缩，见图3-6和图3-7。造成土体开裂，并使建筑物下沉。土中蒙脱石含量越多，膨胀量和膨胀力就越大。土含水率越低，吸水潜能越大，膨胀量与膨胀力也越大。击实土比原状土大，密度

值高，膨胀性也越大。

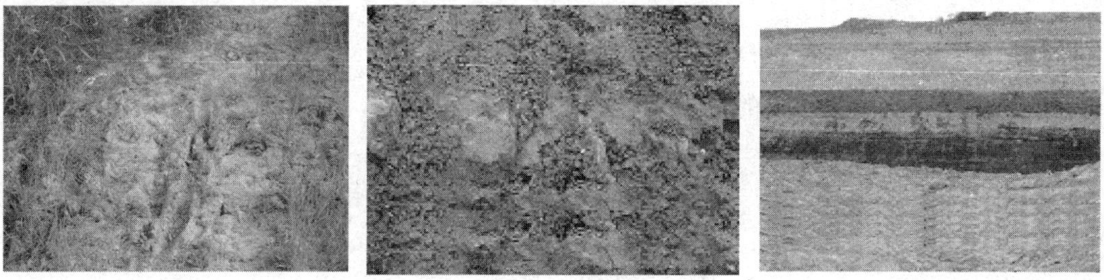

a)　　b)　　c)

图 3-6　膨胀土失水后表面现象

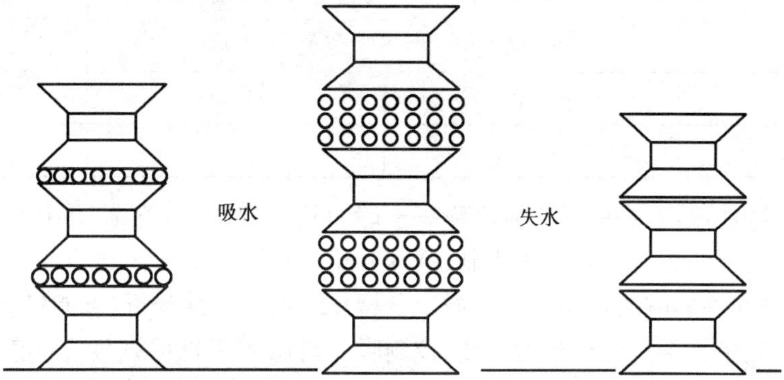

图 3-7　蒙脱石晶体吸水膨胀与失水收缩

②崩解性：膨胀土浸水后体积膨胀解缓慢且不完全。

③多裂隙性：发生崩解，强膨胀土浸水后几分钟即完全崩解。弱膨胀土、崩膨胀土中的裂隙，主要可分垂直裂隙、水平裂隙和斜交裂隙三种类型。这些裂隙将土层分割成具有一定几何形状的块体，破坏了土体的完整性，易造成边坡的塌滑。

④超固结性：初始结构强度高。

⑤易风化：膨胀土受气候因素影响很敏感，极易产生风化破坏作用，基坑开挖后，在风力作用土体很快会产生碎裂、剥落，结构破坏，强度降低。受大气风作用影响深度各地不完全一样，云南、四川、广西地区约在地表下 3～5m；其他地区 2m 左右。

⑥强度衰减性：膨胀土的抗剪强度为典型的变动强度，具有极高的峰值，而残余强度又极低，由于膨胀土的超固结性，初期强度极高，现场开挖很困难。然而，由于胀缩效应和风化作用时间增加，抗剪强度大幅度衰减。

膨胀土“三性”对其工程性质的影响：裂隙性以定性描述为主，涉及裂隙发育过程的定量表达少见；超固结性对堑坡稳定的影响以及“三性”之间的内在联系认识肤浅，如干湿循环与强度参数的关系、超固结特性对变形和裂隙发育的影响、胀缩特性与裂隙发育的相互关系以及裂隙对抗剪强度的影响规律；对膨胀土的微观组构、裂隙成因、裂隙充填物及其对裂土边坡破坏的影响，原状膨胀土与重塑土的强度衰减规律及其差异影响尚未完全认识。需进一步完善室内外测定膨胀土参数的试验方法、起始条件、仪器设备、试验测试的标准、原位试验方法。

膨胀土的判别，凡是自由膨胀土率大于 40％的，而且具有野外地质特征以及导致建筑物或构筑物破坏的黏性土，一般称为膨胀土。

膨胀土的自由体积膨胀率是经过实验室干燥的膨胀土浸水足够时间，完全饱和后土样的体积增加量与原来完全干燥的膨胀土体积之比的百分数：

$$\delta_{ef}=\frac{V_{we}-V_0}{V_0}\times 100\% \tag{3-2}$$

式中：V_{we}——完全饱和后土样的体积；

V_0——完全干燥的膨胀土体积。

按照自由体积膨胀率大小，膨胀土分为强膨胀土、中膨胀土和弱膨胀土。详见表3-7，膨胀土的综合评价表。

膨胀土综合评价表 表3-7

类　型	主要矿物成分	自由膨胀率	总线性胀缩率
强膨胀土	蒙脱石	>90	>4
中膨胀土	蒙脱石、伊利石	65～90	2～4
弱膨胀土	蒙脱石、伊利石、高岭石	40～65	0.7～2

膨胀土力学特性方面，在侧重于研究膨胀土静力特性基础上，逐渐开展动力学特性研究。从物质成分与组构层面探讨了其胀缩机制，基本弄清了膨胀土微结构类型，并提出了膨胀土胀缩理论，建立对胀缩性影响的经验公式。微观分析仍停留在定性分析，未能建立起其微观特征量与力学特性的定量关系。通过吸力量测、控制吸力对膨胀土抗剪强度等的影响开展了大量科研工作，试图为非饱和土理论应用创造条件；对雨水入渗边坡的稳定性分析方法进行了有益的尝试；基于超固结土体内在的不均一性，在岩土破损力学的框架内提出了二元介质模型；探讨干湿循环对膨胀土吸力特性、膨胀、强度特性与结构损伤影响等。但现有的膨胀土渗流模型和本构关系尚未考虑裂隙存在、干湿循环及裂隙面的影响，更没有进行大量的室内外试验验证，对其基本力学行为至今尚未有清楚的认识。

而膨胀土铁路路基的灾害主要是由气候水文条件、膨胀土工程特性与列车动力共同作用所引起，列车动荷载是其产生病害的一个主要因素。目前对膨胀土、石灰稳定土、水泥改良土与有机高分子浆液改性土的基本特性与重复荷载下的耐久性进行了研究，指出在列车动荷载作用下土基的动态特性不同于静态特性，随着线路列车速度的提高，路基病害迅速增加，应该按照动力学的理论进行路基设计等，对高速列车膨胀土路基在湿度变化与振动作用下的力学性状与稳定性影响在国内外还处于探索阶段。

3.3.3 膨胀土处理

膨胀土的破坏特征见表3-8。

膨胀土的破坏特征 表3-8

类　型	膨胀体变的表现形式	特　点
建筑物、构筑物	基础开裂、墙体开裂、底鼓	季节性，区域性
路基	不均匀胀缩变形，雨季路基软化，旱季开裂	车辆——雨水——路基季节性、长期性、重复性、顽固性
边坡、岸坡	雨季泥流、滑坡、坡体流动，旱季开裂	—
地表	泥化与开裂	周期性

目前国内外有关膨胀土地基处理的方法较多，加固技术也在逐渐发展。结合工业与民用建筑、铁路和水利的地基、边坡、堤坝等工程，有关膨胀土路堤填筑方法与标准、土质改良与地基处理以及膨胀土病害整治和加固措施均取得了不少成果与经验，但膨胀土灾害仍屡屡发生，路堤下沉、基床翻浆冒泥和路基边坡的失稳十分严重。以前水坝、堤防、铁路、路基、填土路堤填筑控制以轻型击实试验为依据，填筑含水率采用最佳含水率，常常以压实度为控制标准，近年来迅速发展的高等级公路填土和机场跑道等，不仅以重型击实为依据，且在控制填筑标准方面既要满足压实度控制标准，还要满足强度指标要求。

膨胀土地基处理的原则：

①在膨胀土地基设计及处理中，首先应考虑场地地形的复杂程度及其对工程的影响，根据地形地貌条件可将场地分为平坦与斜坡场地两类，针对前者，膨胀土地基按变形控制设计，并考虑气候条件，充分估计季节循环中地基在很长时间，如十年以上可能发生的最大变形量及变形特征；后者除按变形控制设计外，还需验算地基的稳定性，防止外部水分侵入与水平变形给边坡带来的严重危害，结合排水系统、坡面防护和设置支挡结构物综合防治。

②按照建筑物（构筑物）对地基不均匀胀缩变形的适应能力和使用要求进行分类并区别对待，膨胀土地基处理应根据不同类型采取相应措施，使可能发生的变形量减少到容许变形值范围内，同一建筑物尽量不跨越不同的地貌单元、不同土层和不同的工程地质分区之上，力求规划简单，而不局部突出或拐弯过多，必要时，宜设置沉降缝断开。对地基不均匀变形适应性较强的建筑物（排架结构、高耸构筑物等），排架结构只需注意在基础梁底与地面间预留 100～150mm 的膨胀间隙或回填松软材料、填充围护墙砌于基础梁之上即可，高耸构筑物一般可不作特殊处理；对地基不均匀变形具有一定适应性的建筑物（如钢筋混凝土框架结构、砖石排架结构四层以上的砌体结构），应采用必要的加强整体性结构措施，如设置地梁、圈梁，设置水平钢筋加强角端和内外墙壁交接联结等；对地基不均匀胀缩变形适应力较差的建筑物，必须通过地基处理以减轻地基不均匀变形对建筑物的破坏，并辅以必要的结构措施巩固其整体性。

③根据场地膨胀土的特性与胀缩等级、当地材料、工程类型与施工条件，并结合膨胀土埋深、厚度、大气影响和上部荷载等因素，回避或减缓膨胀土的不良特性。

膨胀土的改良方法，如添加非膨胀性的粗砂等填料，添加生石灰、水泥、石膏和水玻璃等，对减轻或根治病害起到了较好的作用，但膨胀土地区的病害具有一定的特殊性，如何选择经济上合理、技术上可行的最佳改性方案还有待深入。即使是应用最广泛和经验积累最丰富的石灰土，实际上还存在如何将块状或过湿的膨胀土和生石灰充分拌和均匀及如何计量掺和比的问题。

膨胀土路基病害防治措施达数十种，如用改性土桩与土工织物综合治理膨胀土基床病害和粉喷搅拌强化基床，土钉墙、尼龙网垫与植物护坡、素混凝土和改性土骨架护坡等。但对有发展前途的新技术原理、施工机械与工艺研究不系统，以半封闭为主的新型柔性防护措施，特别是针对各种灾害特点的工程与植物防护结合的综合防护体系。

对膨胀土的研究有五十年的历史，对膨胀土病害类型和危害程度，制定了相应的病害判别标准，但对膨胀土的力学特性的认识与如何有效治理，还存在着一系列问题。如膨胀土的裂隙扩展与收缩对其工程特性影响。击实膨胀土的强度特征与水稳性能；非饱和膨胀土的本构关系与渗流模型；膨胀土边坡的破坏模式与稳定性分析方法；膨胀土处理技术与施工工艺。

诱发膨胀土胀缩性危害的关键因素是水，膨胀土的灾害防治处理，可划分成建筑物地基的变形、边坡稳定性、堤坝填筑和洞室稳定性四个方面。地基处理主要针对建筑物地基变形与堤坝填筑，边坡与洞室稳定性主要是防护问题。引起膨胀土灾害的内因主要为亲水性矿物，黏粒含量，孔隙比，含水率及其微结构和结构强度；外因是气候条件，如降雨及蒸发、作用压力、地形地貌及绿化、日照和室温。对膨胀土的水分转移与含水率变化控制是地基处理主要关注的。

根据当地的气候条件、土质特性与胀缩等级、场地的工程地质及水文地质情况和建筑物（构筑物）结构类型等，结合当地经验和施工条件，结合上部结构与地基两方面，通过综合技术经济比较，确定适宜的处理措施，尽量做到技术先进、经济合理的膨胀土地基的处理方法。设计中除着重抓住控制膨胀土胀缩性这一主要矛盾选择合理的地基处理方法外，还需考虑上部结构的措施加强构筑物的整体性与抗变形能力。

从加固机理、适用范围，结合膨胀土工程性质和实践，表3-9列举几种主要处理方法。

表3-9

常用的膨胀土处理方法

方法名称	具体做法	原理	适用范围
治水（隔水）法	预浸水法 排水暗沟保湿法 帷幕保湿法 封闭法	控制土中水的含量，控制膨胀变形	路基、地基
放坡法	边坡的角度放缓	增大膨胀体的表面积，从而相对减轻膨胀变形	边坡或岸坡，路基
置换法	换填非膨胀黏性土、砂土、砂砾土或灰土	减少膨胀土，部分消除膨胀变形	范围广
植物根系加固法	—	发达的植物根系既控制土中水的含量又控制膨胀变形	边坡或岸坡，部分建筑物地基
强力压密法	机械压实 强夯	降低渗透性和水含量，减少膨胀变形	场地和地基，部分建筑物地基
土性改良法	—	改变土的物理或化学成分，改变蒙托石的矿物成分	范围广
土工隔栅（或金属隔栅）	—	增加土体抗变形能力	路基、地基

（1）置换法

置换法是将膨胀土全部或部分挖掉，换填非膨胀黏性土、砂土、砂砾土或灰土，以消除或减少地基胀缩变形，其本质是回避膨胀土的不良工程特性，从源头上改善地基，是膨胀土地基处理方法中最简单而且有效的方法。施工工艺简单，采用人工或机械挖除基底下一定深度的膨胀土，分层铺设非膨胀土或粗粒土，分层碾压，其换土效果与填料的含水率和干重度、土料土块尺寸、铺土厚度与碾压的质量等因素密切相关，如换土质量符合各项技术指标要求，并采取一些诸如排水辅助措施，能从根本上消除膨胀土的灾害。

膨胀土地基的换土厚度由胀缩变形确定，使剩余部分土的胀缩变形量在允许范围内。由于各地区的气候不同，在一定深度以下膨胀土含水率基本不受外界气候影响的临界深度和临界含水率有所不同，换土厚度应根据膨胀性的强弱和当地的气候特点确定，一般可采用1～2m，强膨胀土换土厚度可用2m，中膨胀土用1.0～1.5m，但具体换土厚度要根据调查后的临界深度来确定，最大厚度不宜超过3m。在地基下膨胀土层较薄情况下，该法比较可靠，且能彻底根治膨胀土的危害，主要适用于路床基底、渠道、膨胀性土层出露较浅的建筑场地或对不均匀变形有严格要求的建筑物地基，但对于大面积的膨胀土分布地区显得不经济，生态环境效益较差。

宁夏某泵站地基膨胀土采用灰土换填处理，厚2.5m，效果良好；湖北省襄十高速公路弱膨胀土路基，其填方基床与挖方路床均超挖30～60cm，采用6%石灰土换填，松铺厚度在25cm左右，含水率控制在大于最佳含水率3%～4%的范围内，采用重型碾压机械碾压4～5遍，平均承载力达179kPa，压实度达90%，均超过125kPa的承载力设计值与85%的压实度规范要求。河南南阳某灌渠换土厚度1.5m，断面坡角1:2，运行二十余年，渠坡未发现破坏迹象。

垫层法也可应用于薄的膨胀土层及主要胀缩变形层不厚的情况，但对膨胀土层较厚的地基可采用部分挖除，铺设砂、碎石垫层抑制膨胀土的升降变形引起的危害，其作用主要是减少地基胀缩变形和调节膨胀土地基差异沉降量，具有补偿功能。此外，砂石层还可防止地下水毛细作用上升使地基不受冻胀作用的影响，施工简单，就地取材还能节约投资，置换法是处理膨胀土地基的一种较为适用和经济的方法。在平坦场地上Ⅰ、Ⅱ级膨胀土地基处理中，除可用于轻型建筑物地基处理外，还广泛用于道路、堆场等，但在长期干旱地区而又有可能浸水的房屋中不宜采用。

砂垫层能够提高膨胀土地基的承载力，降低膨胀力25%～30%。减小浸水湿化变形，垫层厚度为0.5～0.8m，且对差异沉降量的调节作用大小随外荷载大小而变化，荷载小于地基的极限承载力时，调节作用随荷载增大而增大；补偿作用则在外荷载作用下形成压密核的过程中产生的，砂垫层的调节和补偿作用与垫层的厚度及宽度关系密切。膨胀土地基用砂石垫层置换基础下部分膨胀土，对地基的胀缩变形起到缓冲作用，以减少地基胀缩变形量，但这种垫层置换法一般需配合上部结构整体加强，使上部结构适应地基变形，以保证建筑物的结构安全。要想减少膨胀土地基不均匀胀缩变形量，显著发挥其调节及补偿作用，采用垫层应满足以下条件：垫层厚度和宽度与基础宽度的关系不同；当土膨胀压力大于250kPa时，垫层宜用中、细砂；膨胀压力较小时垫层干容重应不小于16kN/m^3。可用粗砂；基底压力宜选用100～250kPa，基槽两边回填区的附加压力不能大于基底压力的1/4。

垫层材料宜采用级配良好且质地坚硬的粒料，砂子以中粗砂为好，碎石最大粒径不宜大于50mm，砂石含泥量不应超过5%。其夯压效果关键是将砂石夯实加密至设计要求密实度，施工时应控制在最优含水率时分层铺设，逐层振实或夯实，垫层厚度不应小于300mm，分层厚度一般为150～200m，一般在基底两侧各拓宽20cm，基础两侧宜用与垫层相同的材料回填夯实，并做好防水处理使雨水不灌进砂石层内。

在膨胀土中添加其他非膨胀性固体材料，如风积土、砂砾石、粉煤灰与矿渣等，通过改变膨胀土原有的土颗粒组成及级配，从而减弱膨胀土的胀缩能力，达到改善其工程特性的目的。现有的研究表明，对于某中等膨胀土掺入40%的风积土，虽膨胀土的收缩性有明显的改善，但膨胀率仍很大；掺入粉煤灰和风积土各20%，膨胀土的收缩性有明显的改善，其无荷载膨胀率仍较大，而在一定荷载作用下，膨胀率就迅速下降；如选用砂子作添加剂，随着砂子含量百分率的增加，本质上是土中的黏粒含量减少了，对于给定的初始含水率和干密度砂粒改良土样，当土中砂的含量超过一定的界限时，由于土孔隙中大量的毛细管通道和相应的虹吸作用减小，土不再易膨胀，超过一定砂量将使重塑后土样对膨胀不再敏感，存在着对应的临界掺砂量，临界掺砂量大约为60%；如向膨胀土中掺入10%的石灰和30%的风积土后，无论是其膨胀性还是其收缩性都大大降低，改良后的膨胀土几乎可当成普通土看待，混合土的工程性质良好。这些都证实，如单纯用物理改良法处理膨胀土，其应用范围是有限的，实际效果并不十分理想。事实上，由于粉煤灰颗粒平均粒径大于膨胀土的平均粒径，又无胀缩性，在膨胀土中掺加适量的粉煤灰，随着混合土中粉煤灰剂量增加，掺和土中无胀缩性骨架颗粒含量增多，致使其胀缩性减弱或消除，提高土的强度。但掺入量较小时，对膨胀土的胀缩性没有很大的改良效果；掺入量较大时，由于粉煤灰从灰场运入到施工场地时，含水率很高，而膨胀土本身又为过湿土，难以满足在实际施工对含水率的规范要求。因此，单纯的粉煤灰用于膨胀土改良的实际工程鲜有成功的报道，一般都需结合化学改良法才能达到良好的应用效果，如掺石灰与粉煤灰进行膨胀土土性改良。至于砂砾石等其他掺和料也较少单独应用，在通常情况下均与石灰等化学改良添加剂按一定比例混合使用。由于并没有改变膨胀土的本性，采用该法处理膨胀土，除需掺和较高的添加材料外，主要适用于弱膨胀土的改良，实际选用时，需慎重考虑。

(2)治水法

治水法是通过控制膨胀土含水率的变化，保持地基中的水分少受蒸发及降雨入渗的影响，从而抑制地基的胀缩变形。主要分预浸水法、半封闭法、全封闭法和帷幕隔离法。见图 3-8。

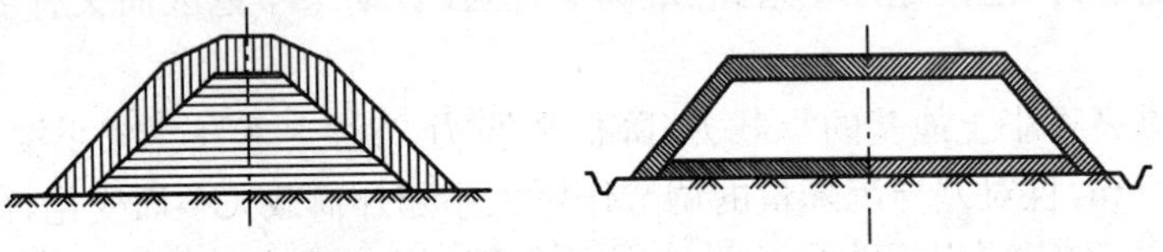

a)全封闭包边路堤结构　　b)某高速公路石灰土我边开排水沟处理膨胀土

图 3-8　膨胀土路基的封闭处理

在湖北省襄荆高速公路膨胀土地段，采用了用石灰改性土包边处理中膨胀土的方案，取得了显著的经济和社会效益。由于对蒸发与降雨条件下膨胀土的湿度迁移规律与力学效应还未取得足够清晰的认识，因此，湿度控制法处理膨胀土的设计理论还需作大量的研究，并在工程实践中不断完善。

(3)土工合成材料加固法

土工合成材料具有加筋、隔离、防护、防渗、过滤和排水等多种功能，国内外应用土工合成材料整治膨胀土已很广泛，尤其是在膨胀土路基工程中的应用十分普遍，如土工膜、土工格栅、土工格室以及土工网垫等，主要用于整治膨胀土路基基床与边坡浅层失稳。针对膨胀土基床，土要利用土工膜与复合土工膜的隔水防渗作用，防止其翻浆冒泥；土工格室则对防治基床下沉外挤十分有效，原因在于通过格室的侧向限制作用与填料形成一个整体，从而提高土体的刚度和强度；而将复合土工膜(二布一膜)铺设在基床表层，除能起隔离(隔水、隔浆、隔碴)、排水、反滤作用外，还能分散基床应力、减少路堤填筑后的不均匀沉降、有效提高基床刚度的作用。施工时，土工膜和土工格室采用人工自一端向另一端铺设，复合土工膜设于基床表层，材料上下均铺设砂垫层(上 15cm、下 5cm)，垫层底面设置不小于 4%的横向排水坡，施工作业应确保不损伤已铺土工膜，相邻复合土工膜错接宽度不小于 0.5m，并保证接头处不渗漏。为了控制膨胀土路堤边坡施工质量和增加边坡稳定性，通过在膨胀土路堤施工中分层水平铺设土工格栅作为路堤包边加强层，充分利用土工格栅与土体可共同承受内、外荷载作用，以及格网与填土间的摩擦力和咬合力，使土中的垂直应力和水平应力经土工格网面层水平扩散，转化为土工格网与土界面的剪应力，从而相应降低了土体受力，增大整体抗剪强度，起到固结边坡土体、加筋补强和防止边坡浅层溜塌、塌滑的效果。铺设土工格栅时，应拉紧展开，相邻土工格栅采用 U 形铁卡固定于土层表面，铺设完毕后不允许车辆碾压，为避免因土方的填筑而使土工格栅产生移位、隆起和变形，其上盖松填土厚度宜大于40cm，以便于推碾作业。按设计坡率进行刷坡时，应刷除施工填筑加宽部分，使边坡加筋土工格栅与坡面平齐，确保格栅不受损坏。将网垫铺设于路堤边坡表面，能起先期保土和固定草种及防止表水冲刷、分解雨水集中的作用。土工网垫与植物根系、泥土牢固地结合在一起，可形成一层牢固的绿色保护层，防止雨水冲蚀、边坡溜坍和滑坡。在土工网垫沿边坡自上而下铺设过程中，坡面网垫幅间搭接5cm，采用竹节钉或U形铁丝钉固定，幅内采用固定钉钉固，间距不大于1m，施工中坡面要平整密实，且使网垫平顺并密贴坡面，否则，植草难于在坡面生根成长。

土工合成材料处理膨胀土路基，施工简单，不需要特殊的施工机械和专业技术工人，又有利于环保，技术和经济效果均好，是一种值得采用和推广的方法。

膨胀土的处理技术还在不断发展之中，除上述的方法外，还有粉喷桩、石灰桩、砂石桩法与土钉等。在实际工程应用中，应根据实际情况，尽量做到安全、经济、可行。

(4)机械压实法

压实法的实质是用机械方法将膨胀土压实到所需要的状态，充分利用膨胀土的强度与胀缩特性随含水率、干密度及荷载应力水平的变化规律，尽量增大击实膨胀土的强度指标，提高地基承载力与减小胀缩性，以达到工程建设的需求，由于膨胀土的最大干密度随击实功的增大而增大，最优含水率随击实功的增大而减小。膨胀土的干密度增大同时含水率减小，导致其凝聚力和内摩擦角增大，地基承载力增加，但其击实后的胀缩性并没有曼到抑制。因此，该法应用范围有限，只针对弱膨胀土，且造价很低，适用于地基承载力满足要求而附加荷载又大于其膨胀力的建筑物，对轻型建筑可能会造成一定的破坏。实际应用较多的是通过合理控制压实标准，利用弱膨胀土作为路基填料来修建路堤。

国内外在确定膨胀土的压实标准时，综合考虑到膨胀土的初期强度，长期强度以及强度衰减、胀缩变形、施工工艺等因素的变化特征，选择控制合理指标，击实膨胀土才可能同时兼顾到较高的强度和较低胀缩。有研究成果表明采用压实含水率较最佳含水率稍大而略低于塑限、干密度较最大干密度略低的控制原则，只要压实功控制得好，弱膨胀土既可获得较高的压实度与初期强度，又具有较低的胀缩性以及较好的抗渗透性和较低的压缩性。因此，压实含水率与碾压或夯实功的科学控制是压实控制法处理弱膨胀土的关键，初期强度，浸水后强度衰减较小，具有最大的CBR值与干密度，浸水后的含水率最低，与其塑限接近，水稳定性较好，科学试验段现场施工以及大面积推广的检测结果均证实了其压实控制的科学性与施工工艺的可行性。

河南某新建火力发电厂生活区位于人工素填土上，填土厚度4～18m，系弱膨胀土地基，现场载荷试验得到的值只有100kPa，采用强夯法处理，以取代原桩基和灰土挤密桩方案。结合现场载荷试验与标贯试验，以及取样室内试验结果，地基土经强夯后的强度指标与压缩模量均大幅提高，其中在0～3m范围内达400kPa以上，有效加固深度范围内的地基土值远大于200kPa，超过设计值150kPa。虽然强夯处理后由于土体被压实导致其膨胀压力普遍提高，具有不利的一面，但由于地基土的性能得到了很大改善，补偿了膨胀土的胀缩变形对强度的影响。从该工程实际运行多年的经验和效果来看，用强夯处理该填土地基是成功的，对于弱膨胀土而言，用压实控制法处理某些建筑物地基仍有实际应用意义。对击实膨胀土的胀缩性与强度特性相互制约关系尚未完全解决，定性或定量关系有待研究，问题认知尚未统一，且各行业对压实的控制标准也存在着差异。

(5)改良土性

改良土性是在膨胀土中掺入其他材料，使其物理、力学特性得到改善，克服其不良的湿热敏感性，而能满足工程的使用性能。膨胀土的改良土性机理主要土壤中化学成分改变，如蒙脱石的改变。

化学改良法是利用在膨胀土中加入石灰、水泥、有机与无机化学浆液，并使添加材料与膨胀土中的黏土颗粒发生某种化学反应或物质交换过程，以达到降低膨胀土膨胀潜势、增加强度和提高水稳定性的目的。改善膨胀土的不良工程性质，基本消除膨胀土的胀缩性，是国内外膨胀土工程处理技术中的热点领域，应用广阔。

改良膨胀土的添加材料既有固体添加剂，也有液体添加剂；有无机与有机添加剂。膨胀土的土质改良法中，如何组织施工问题，如何快速准确的计算掺入料，科学管理，最终使得和控制添加剂有效、充分发挥作用，改良膨胀土。

①石灰土

石灰改良膨胀土的主要作用是使膨胀土的液限、膨胀性与黏粒含量降低，显著提高土的塑限与强度，增大最佳含水率与降低最大干密度，从本质上改变膨胀土的工程特性。由于石灰能有效抑制膨胀土的胀缩潜势，具有经济与实施方便的优点。不少路基和建筑工程中，常利用石灰与水泥混合添加剂改良膨胀土，充分发挥石灰显著降低土的膨胀性和水泥显著增加土的强度优势，二者比例视改良土要求而定。石灰成本低，大多地方能就地取材，应用普遍。

硬性无机胶凝材料改良膨胀土促进化学改性进程，改变土质成分及密度，一般分为生石灰消化放热反应、碳酸化(硬化)、离子交换与胶凝反应四种作用。天然土中的阳离子绝大部分为钙、镁，石灰中的石灰改性的主要作用为胶凝反应和碳酸化作用，这两种作用都发生实质性的化学反应，即土中无定形或黏土矿物中分离出来的二氧化硅与石灰中游离出来的钙形成水化硅、铝酸钙胶体等新矿物，附着在土颗粒表面及颗粒之间，硬化后将土颗粒粘结在一起，起到良好的胶结作用。

经过改良的膨胀土的物理、力学指标(如抗压强度、塑限、pH 值等)随石灰含量的增加呈单调增加或减少，但膨胀率、膨胀压力、塑性指数等反而降低。从膨胀土的改良目的出发，一方面要求土具有低膨胀和高强度，另一方面要求经济可行。根据国内外资料，从降低膨胀土的膨胀性来看，一般加入 2%～4%的石灰就能使其膨胀率和膨胀压力达到很小，而从提高土的强度角度考虑，在一定范围内石灰含量越高，改良土的强度越高，石灰含量超过一定限度后，改良土的强度会随石灰含量的增加而降低。考虑到在现场实际施工过程中，石灰和膨胀土掺和均匀会比室内试验要差，一般加入 6%左右的石灰，能获得较好的改良效果，至于具体的最佳石灰含量值，应根据膨胀土的胀缩等级通过试验确定，总的原则是改性土的技术指标应属于非膨胀土的范畴，如自由膨胀率小于 20%，胀缩总率小于 0.7 等，常用的范围值为 4%～10%。

采用石灰处理膨胀土时，应避免在雨季施工，保证施工连续与有效衔接，注意严格控制石灰剂量、石灰的均匀性、填料粒径、松铺厚度、拌和均匀程度与碾压遍数等影响工程质量的要素，并加强排水措施的实施和检测工作，以确保工程质量。此外，掺拌石灰施工时易扬尘(尤其是掺生石灰)，造成一定环境污染，且易使灰土出现龟裂现象，需要加强施工工艺的改进与一定的保湿措施。在国内外应用化学改良膨胀土的各种方法中，应用最广泛、最有效的还是石灰土，且积累的施工经验也最丰富。因此，采用石灰改良膨胀土不失为一种较好且较成熟的处理技术。

②水泥土

水泥土是用土料、水泥和水经过拌和的混合物，应用于膨胀土地区的衬砌尤其广泛。作为一种水硬性胶凝材料，水泥与石灰的改性机理类似，主要作用是由于钙酸盐和铝的水化物和颗粒相互间的胶结作用，胶结物逐渐脱水和新生矿物的结晶作用，从而降低其液限和体变，增大缩限和抗剪强度，明显提高水泥稳定膨胀土的水稳定性与抗渗能力。

水泥土与石灰土的不同之处在于，前者的早期效应比后者明显，且水泥可产生更大的凝聚作用，引起的凝聚反应使黏土层之间的胶结力增大，从而使土处于更加稳定的状态，其强度和耐久性比石灰土提高幅度更大，但就膨胀而言；石灰是更好的稳定掺和剂，水泥用于加固膨胀土的掺入量一般为4%～6%。

③固化剂

固化剂是一种新型复合黏性土固化材料的简称，由石灰、水泥与合成的"SCA"添加剂改性而成。固化剂加入填料中除具有石灰、水泥对土的改性作用外，它还进一步使土粒和固化剂发生一系列物理化学反应，使膨胀土颗粒相互靠近，彼此聚集成土团，形成团粒化和砂质化结构，增强了土的可压实性，同时，膨胀土颗粒在固化剂水化反应中生成新的水化硅酸钙和水化铝酸钙，加强了土体的强度和稳定性。固化剂掺入土中经拌和后，在初期主要表现为土的结团、塑性降低、最佳含水率增大和最大密实度降低等，后期变化主要表现为结晶结构的形成。固化剂主要有离子交换、碳酸化与胶凝三种作用。其中，生石灰所起的作用是吸水和使黏土砂质化，固化后期与土粒发生胶凝反应提供后期强度；水泥熟料的作用是提供强度和增强土团粒之间的粘结，"SCA"提供早期强度，起强烈吸水、促进土粒砂化并生成针状矿物，具有"微型加筋"功能。实践表明，固化剂具有较强的吸水性和显著提高土体强度的作用，以及固化土具有较好的水稳定性和冻融稳定性。在天然含水率较高的地区，采用6%～10%的固化剂处理膨胀土，其收缩性小于石灰土，与采用石灰土处理土基及用石灰土作底基层相比，提高了路基、路面的整体强度，且在工程的管理、运输使用和配制混合料等方面都比常用的消石灰或生石灰方法简便，可以明显提高工程质量和加快施工进度，并易于控制密实度及均匀性，对施工操作人员与周围环境污染影响甚微，值得推广应用。

④注浆

注浆加固膨胀土是通过灌浆压力作用，充分利用膨胀土中存在的大量裂隙，将化学改良剂或胶凝材料配制成一定浓度的浆液注入土体的裂隙和孔隙中，使浆液与土发生一系列的物化反应，使得土体改性、达到加固、抑制膨胀性的目的。

注浆材料一般采用硅酸盐水泥、粉煤灰、生石灰、水玻璃和其他有机或无机化学浆液，施工时可根据工程需要单独采用一种材料，或某几种材料按一定的比例混合使用。由于受膨胀土遇水膨胀和低渗透性的影响，浆液在土体中的分布范围受到很大的限制，而且注浆材料与膨胀土的物理化学反主要集中在土体的裂隙面处，被裂隙面分割的较大土块内部的黏土矿物胀缩性未得到抑制，压力注浆在很多情况下加固土体的效果并不理想，应用范围有限。压力喷注灌浆处理膨胀土地基在机理上有其先进性，但由于膨胀土的特殊性，采用此方法时遇到的主要问题是还没有形成简单、成熟、易行的施工工艺方法，具体实施较困难。

⑤有机化合物添加剂

有机化合物添加剂主要有三氟丁基焦儿苯酚、烷基苄基吡啶为主要成分的水溶液、多羟基多氮原子聚合物为主要成分的水溶液以及命名为705、706和707的专利溶液等。用这些溶液处理膨胀土，其共同的加固机理是有机化合物添加剂中的有机阳离子与蒙脱石类(包括混层矿物)矿物晶层间阳离子的交换反应，即有机阳离子取代了原晶层间的无机阳离子。由于有机阳离子除了具有带正电荷的无机阳离子的功能外，还通过其碳、氢等与晶层底面氧产生氢键等作用，从而对带负电荷的晶层具有更强大的吸引力，使晶层间距变得比较稳定而不易受孔隙液性质变化的影响，土中蒙脱石类胀缩性矿物晶体不发生明显的胀缩变化，从而减弱了膨胀土的胀缩能力，并提高了膨胀土的抗剪强度。虽然有机化合物添加剂是一种无毒、无味、无臭的液体，化学溶液一旦被土吸附后，就被牢牢吸附，不会流失，且具有清洁无污染等多重优点。

综合改良法是利用物理改良与化学改良加固机理，既改变膨胀土的物质组成结构，又改变其物理力学性质，集成化学改良土水稳定性较好、有较大的凝聚力和物理改良材料有较高内摩擦角及无胀缩性的优势，达到强化膨胀土的土质改良效果。由于该法常充分利用了一些固体废弃物与价格低廉的材料，如粉煤灰、矿渣与砂砾石等，有利于环境保护，且改良质量良好，得到工程界的普遍重视。当前在膨胀土工程建设中应用较多的有二灰土、石灰砂砾料与矿渣复合料等。

二灰土是一种用石灰与粉煤灰混合添加剂处理膨胀土的有效措施，由于石灰和粉煤灰之间的化学反应，有效地激发了粉煤灰的活性，生成较多的水化硅酸钙、水化铝酸钙和水化硅铝酸钙等胶结物质，使混合料的强度大幅度提高，胀缩性大幅度下降，具有良好的水稳定性能和抗冻性能，且整体性强，施工方便，造价较为经济，常用于建筑物地基或路基处理。

矿渣复合料由膨胀土、矿渣、水泥和砂等组成。矿渣和加固剂水化后产生氢氧化钙在膨胀矿物表面形成固化层，增加膨胀土的稳定性，提高膨胀土的承载力。矿渣复合料养护28d的抗压强度为5～8MPa，抗折强度为1.5～2.0MPa；矿渣复合料完全失去了膨胀土原有的遇水膨胀的特性，不仅其体积膨胀率为零，渗透系数几乎为零。矿渣复合料具有广阔的应用前景，造价低，施工方便。

石灰砂砾料是在石灰土的基础上，掺入一定量的砂砾石来改良膨胀土，综合了石灰土水稳定性较好、有较大的凝聚力和砂砾料有很高内摩擦角及无胀缩性的优势，处治效果良好。如在湖北省襄十高速公路膨胀土路基修建过程中，就采用了石灰砂砾料填筑（石灰剂量为6%、石灰砂砾土体积比为60:40）。

影响基础有效埋深的外界因素主要有地表大气和地下水。在季节分明的湿润区和亚湿润区，地基胀缩等级属中等或中等偏弱的平坦地区，由于这些地区的大气影响深度较深，选用墩式基础施工有一定困难而且不经济，砂包基础是将基础置于砂层包围中，砂层选用砂、碎石、灰土等材料，厚度宜采用基础宽度的1.5倍，宽度宜采用基础宽度的1.8～2.5倍，砂层不能采用水振法施工。由于砂包基础能释放地裂应力，在膨胀土地裂发育地区，中等胀缩性土地基，采用砂包基础、地梁、油毡滑动层以及散水坡等结合处理，可取得明显效果。如广西武宜县采用上述方法处理普遍开裂的房屋，效果显著。

增大基础埋深可以作为防治房屋产生过大不均匀沉降变形的一项长期处理措施，该种方法在美国、加拿大等国家被普遍采用。由于地表以下1m内土中含水率受人为活动和大气影响最大。平坦场地且地下水位较深的情况，膨胀土地基上建筑物基础埋深应大于或等于1m，通常取1～1.5m；如果常年地下水位较高，则在地下稳定水位以上3m内，土内的含水率变化较小，可以使结构物下面的薄层膨胀土达到完全饱和，将基础埋置在这个深度或地下水位以下即可。常用的基础形式有砂垫层上的条基，砂垫层采用中、粗砂，厚30～50cm，在含水率约10%左右时分层夯实。如果大气影响深度和地下水位均较深，或基础埋深较大，选用墩基础施工有困难或不经济时，则可采用桩基，桩基础应支承在胀缩变形较稳定的土层或非膨胀性土层上。国内目前以灌注桩较为常用，在个别地区也有采用钢管桩、扩底桩等桩基形式。膨胀土中桩基的工作状态较复杂，土体膨胀时，桩侧和土之间产生胀切力；土体收缩作用使桩发生负摩擦。因此，膨胀土中的桩基设计除应符合现行有关规定外，还应满足：

a. 假设土膨胀变形时，切胀力与桩顶轴力之差小于桩侧摩阻力；假设土收缩时，大气影响急剧层内桩土脱开，桩顶轴力与端阻力之差小于扣除脱开部分后的桩侧摩阻力；桩尖伸入长度应按上述两个条件分别计算后取大值，并应大于大气影响急剧层深度的 1.6 倍，且不得小于 4m。

b. 由于桩在膨胀土地基中的升降运动量随桩径的增大而成线性上升，所以，宜用较小的桩径，一般为 25～35cm；单桩的承载力应通过现场浸水静载试验，或根据当地建筑纤验确定。

c. 桩承台梁下应预留孔隙，其值应大于土层浸水后的最大膨胀量。对承台梁两侧应采取措施，防止孔隙堵塞；当桩身承受胀切力时，还应验收桩身材料的抗拉强度，并采取通长配筋，其最小配筋率应按受拉构件配置。

d. 斜坡场地选用桩基时，桩长应适当增大，桩尖应支承在坡脚下大于 1m 的深度处。许多高层建筑、桥梁、公路和铁路在膨胀土地区营建，如何计算膨胀土湿度变化条件下的桩侧摩阻力及桩端阻力，计算单桩及群桩与膨胀土的相互作用，需进一步工作。

同一地区地形地貌条件的差异以及土层胀缩性能的差异等因素的影响，其大气影响急剧层的深度也不同，所以在确定基础有效埋深时，应重视当地的建筑经验。对于低层房屋，如以基础埋深为主要防治措施，可能会增加造价，通常都采用独立墩式基础或宽散水等方法。当以宽散水为主要防治措施时，基础埋深可为 1m；在亚干旱区，大气影响急剧层深度一般为 2.5m，遇复杂建筑场地，可能会更深，并与地形坡度有关，有时可达 5m 或者更深，宜采用墩式基础或桩基。

3.4 冻土地基处理

地层受大气、水和阳光影响，在不同深度内温度的分布规律不同，英国科学家认为从上而下主要分布以下温度带：日温度变化带、月温度变化带、年温度变化带和多年温度变化带，各变化带的周期分别为天，月，年或多年。见图 3-9。

冻土是指温度在 0℃以下，并含有冰的各种岩石和土壤。一般分为短时冻土（数小时、数日以至半月）、季节冻土（半月至数月）和多年冻土（数年至数十年以上）。

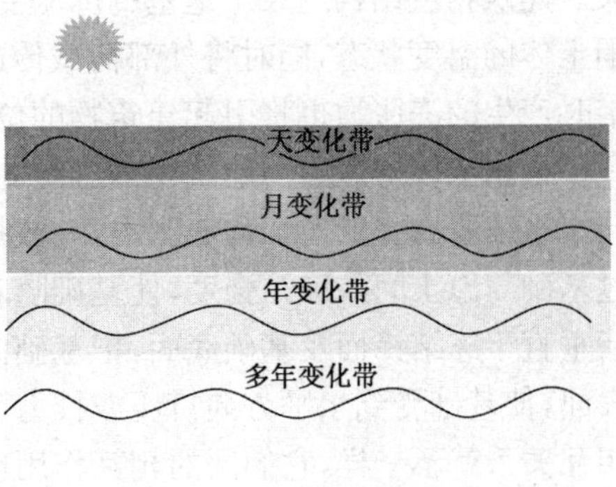

图 3-9　地层中温度带的分布

季节性冻土是指该冻土在冬季冻结，而夏季融化的土层。因其周期性的冻结和融化，因而对地基的不均匀沉降和地基的稳定性影响较大。在我国，季节冻土遍布全国各地，而多年冻土主要分布在大、小兴安岭，青藏高原及西部高山等地，约占国土面积的 22%，这些地区的地表层都覆盖着一层冬冻夏融的冻结融化层，叫活动层。正是活动层的冻融，使得土体性质发生了变化，且直接影响着上部建筑物的稳定性。所以，为了保证上部建筑物的安全稳定，必须对此活动层进行工程处理。

多年冻土是指冻结状态持续三年以上的土层。

3.4.1 季节性冻土

(1)冻胀现象

冻结过程中，土中水分(包括外界向冰锋面迁移的水分及孔隙中原有的部分水分)冻结成冰，并形成冰层、冰透镜体、多晶体冰晶等形式的冰侵土体，引起土颗粒的相对移动，使土体体积产生不同程度的扩张现象称冻胀。冻胀的外观表现是土表层不均匀的升高，冻胀变形常常可以形成冻胀丘及隆起等一些地形外貌。在季节冻土区和多年冻土区，由冻胀引起破坏的事例屡见不鲜。黑龙江省某灌区的中小型水利设施如涵闸、跌水及渠道衬砌等，有80%的建筑物都遭到了不同程度的冻胀破坏；有相当一批工程设施，虽带病运行，但每年都得花大量资金进行维修。

(2)融蚀现象

在铁路及公路建设方面，常因冬季路基冻胀而引起路基变形产生裂缝；中小桥墩冻胀上抬，桥桩被拔出，桥面隆起，有些使桥台出现水平裂缝，甚至倒塌。融沉又称热融沉陷，是指土中过剩冰融化所产生水的排除以及土体在融化固结过程小局部地面的向下运动。一般是由于自然(气候转暖)或人为因素(如砍伐与焚烧树木、房屋采暖)改变了地面的温度状况，引起季节融化深度加大，使地下冰或多年冻土层发生局部融化所造成的。在天然情况下发生的融沉往往表现为热融凹地、热融湖沼和热融阶地等，这些都是不利于工程建筑物安全和正常运营的条件。

在冻土区修建建筑物，除了要满足非冻土区建筑物所要满足的强度与变形条件外，还会产生很大的水平冻胀力，正是这种冻胀力的作用使桥台产生倾斜或断裂。

土体与结构的冻胀相互作用：土体冻结时，不论从其垂直剖面，还是从横剖面上看，都可以发现厚度不等的冰分凝集合体在生长，这种生长的冰分凝集合体使土颗粒相互隔离，产生位移，引起土体体积不均匀膨胀。在封闭体系中，由于土体中孔隙水冻结，体积膨胀而产生向四面扩张的冻胀力，此力将随土温的变化而变化；在开放体系中，分凝冰的劈裂作用，地下水源源不断补给孔隙水而侵入土颗粒间，使土颗粒被迫移动而产生冻胀力，当冻胀力使土颗粒的扩展位移受到约束时，这种反束缚的冻胀力就表现出来，束缚力越大，冻胀变形越小，冻胀力也越大。建筑物或结构约束了地基的冻胀变形，使得地基土的冻结条件发生变化，进而改变基础周围土体的温度状态，同时将外部荷载传递到地基土中，改变地基土冻结时的束缚力。地基土冻结时产生的冻胀力也将引起建筑物的位移和变形。

根据土体冻胀力与建筑物基础间的相互作用关系，将冻胀力分为切向冻胀力、法向冻胀力与水平冻胀力。所谓切向冻胀力，一般指垂直于冻结锋面，平行作用于基础垂向侧表面，且通过基础与冻土间的冻结强度，使基础随着土体的冻胀变形而产生向上的拔起力；法向冻胀力是指垂直于冻结锋面及基础底面，把基础向上抬起的冻胀力；水平冻胀力则指垂直作用于基础侧表面，使基础受到水平方向挤压或推力而产生水平位移的力。建筑物的类型不同，与冻土间的相互关系就不一样，它们间的相互作用也有区别。为了保证冻胀性地基土地基基础稳定性验算的合理性，应对不同建筑物基础受不同冻胀力的作用提出不同的计算式。

(3)季节冻土区建筑物的冻害破坏特征

①建筑物和构筑物的冻害

寒冷地区桩、柱基桥、渡槽的冻害相当普遍，归纳起来，其冻害特征表现如下：

a. 沿纵向在立面上呈罗锅形。在地基土的冻胀力作用下，桥和渡槽的桩柱基础常常被不均匀地拔起。通常沟（渠）较深，夏季过水部分对应的桩柱上拔量大，而越往沟两侧上拔量越小。边桩或柱一般不产生冻拔现象。对称横断面沟渠，桥面呈锣锅形；非对称横断面沟渠，桥面呈非对称的罗锅形。

b. 沿纵向在平面上呈折曲形。有时同一排桩或柱的冻拔上抬量也不等，一般向阳面冻拔上抬量小于背阳面，从而引起桥面或渡槽倾斜，另外，还会使渡槽或桥在平面上呈折曲形。

c. 上抬逐年加剧。一旦桩基础产生冻拔，则不易制止，且冻拔量逐年累积，一直到增大的上抬使桥或渡槽失去运营条件或大部分拔出后引起上部桥面或渡槽落架为止。

d. 斜坡桩或柱向沟内倾斜。当桥或渡槽通过较深的沟渠时，位于斜坡上的桩或柱在斜坡上方冻胀力作用下，产生向沟渠内方向倾斜的力，这将导致桩或柱断裂。当顶部变位过大时还可能使边跨桥或槽身落架。

e. 不均匀冻胀和融沉引起条形基础建筑物产生裂缝。在寒冷地区条形基础房屋各种冻害事例中，因不均匀冻胀和融沉引起的裂缝极其普遍，裂缝的形状主要为斜裂缝、水平裂缝和垂直裂缝。

修建在寒冷地区的飞机跑道，工业与民用建筑中的筏式基础，冬季不蓄水的各种露天水池，水利工程中的水闸底板、闸前铺盖和闸后护坦等均属于板形基础。为保证建筑物的安全，在季节冻深较大地区，要是将大面积的板形基础完全置于冻层以下，将增大工程量。因此，这些地区的板形基础往往置于冻层之内，即相当于板形基础之下还有一定厚度的冻土层。这样，板形基础将受到底部法向冻胀力和周边切向冻胀力的作用。又由于使用和构造上的要求，板形基础将受到上部结构的不同约束。在地基土冻胀力和建筑物约束的共同作用下，板形基础将受到弯、扭、剪等复杂的外力作用。归纳起来，板形基础的冻害破坏主要表现为如下特征：

a. 大面积薄板的冻胀裂缝，不规则冻胀裂缝，当板形基础面积较大，四周约束较小时，其冻胀裂缝分布和走向无一定规律。随着逐年冻胀和融沉的反复作用，这些不规则的裂缝逐年增多，宽度逐渐加大，严重时使大片板形基础呈破碎状；规则冻胀裂缝，当基础板的冻胀变形受到约束时，其冻胀裂缝明显表现出规则形状。

b. 板形基础整体上抬及上部结构产生裂缝。板形基础刚度较大时，在底部法向冻胀力作用下，往往产生整体不均匀上抬，而板形基础本身并不产生强度破坏。当板形基础的不均匀变形超过某一限度时，便会引起上部结构产生裂缝或因某一部分变形过大而失去运用条件，如闸室底板产生过大冻胀变形时，就会使缝墩止水或闸室与上下游连接止水被拉断，进而使水闸的渗径短路造成渗透破坏。

在水利、道路等工程中，支挡建筑物的应用十分普遍，特别是小型水利工程中的涵、闸等，支挡建筑物应用得更多。由于支挡建筑物地基及填土在冻结和融化过程中性质发生了很大变化，寒冷地区的支挡建筑物多按传统的库仑或朗肯理论进行计算，设计中采用的公式、力学指标等已不符合具有冻融特性土体的实际情况，导致寒冷地区支挡结构破坏严重。

支挡建筑物的冻害破坏特征主要表现在以下两个方面：

a. 支挡建筑物的前倾变位。支挡建筑物的前倾变位主要是由于水平冻胀力作用引起的，水平冻胀力在冻结期产生，融化期消失。随季节的更替，作用于支挡建筑物上，且逐年累积。通常每年从 11 月开始前移，到翌年 2 月末达最大值，而后随气温回升又开始向原位方向变位，到 5、6 月挡土墙基本稳定。挡土墙在前移过程中不断为墙后填土的横向扩张所挤塞，因此，在其复位过程中必然受到墙后填土的阻抗，而使其不能完全恢复到原位，即每次墙体前移都会留下残余变位，经数年残余变位的积累，会使挡土墙产生大的前倾变位。在这里应注意，水平冻胀力与主动土压力不是一个概念，当水平冻胀力产生时，它的值要远远大于主动土压力。

b. 支挡建筑物的强度破坏。支挡建筑物的冻害破坏除表现为前倾外，还表现为由于强度破坏而产生各种裂缝。诸如墙面水平裂缝、斜裂缝、拐角裂缝、长墙的弯曲变形与裂缝等。

②地下管道及渠道的冻害

由于渠道衬砌所用的材料和断面形式不同，即使是在同一地质及水文地质条件下，其冻害的形式和破坏形式也不相同。预制混凝土板衬砌方式，因其便于施工，在我国大量使用，但这种衬砌的抗冻害能力极差。渠床的不均匀冻胀，常使预制混凝土板在接缝处开裂或预制板本身产生裂缝。在严重冻胀条件下，出现预制混凝土板块搭架、错位、下滑等现象，使混凝土板衬砌失去防冲和防渗的作用，这时会因渠道渗水、渠床土体含水率增加，使渠道衬砌的冻胀破坏逐年越演越烈，加上通水期水流淘刷，在混凝土板下形成孔洞、踏坑，随之使混凝土板成片地塌陷、滑落，最后导致全部衬砌破坏。穿过季节性冻土地区的地下灌溉管道及其他输水管道，常由于土的冻胀作用而破坏。其表现形式主要为以下两个方面：由于沿管线长度方向的不均匀冻胀使管道产生弯曲受力；在支管周围切向冻胀力作用下地下管道给水柱与连接点破坏。

现浇混凝土衬砌虽分块较大、厚度较薄、接缝少，但这种衬砌对渠床的不均匀冻胀敏感，在渠床地基土的不均匀冻胀作用下，易产生隆起或出现不规则裂缝。裂缝纵横向都有，但多为纵向裂缝。东西走向的渠道阴坡裂缝数量多于阳面，且多呈连续性。

浆砌石衬砌一般比混凝土衬砌厚度大，整体性好，在轻微和中等冻胀条件下，浆砌石衬砌常表现为局部冻胀隆起，同时产生不规则的冻胀裂缝。在强冻胀条件下，冻胀裂缝往往连片发生，并伴随出现局部鼓起、松动、错开、滑塌等现象。沥青混凝土衬砌按施工方法分为现浇和预制两种。这种衬砌虽然抗冻效果良好，但由于沥青混凝土衬砌在阳光的长期照射下会产生老化现象，老化后的沥青混凝土衬砌适应不均匀冻胀的能力会显著降低。

③路基的冻害

季节冻土区的铁路、公路、工业与民用建筑等，都普遍存在严重的冻害问题。比如说，铁路、公路的路基常由于不均匀冻胀及融沉作用而失去平坦性，公路路面产生裂缝，冻结路基在春季融化，产生翻浆、冒泥等现象，严重时中断交通。由于建筑物的类型不同，采用的基础形式也不同，不同的基础遭受冻害破坏的形式也不同。道路的冻害，主要是由于冻结期间产生不均匀冻胀，融化期间或融化后路基的承载力下降所致。在季节性冻土地区水文地质条件不良地段，冬季路基土体由于冰冻作用，使含水率增大，春天化冻时路基中水分不能及时排出，形成潮湿软弱状态，由于行车荷载复作用，使路面发生裂纹、鼓包、车辙、“橡皮”土冒泥等现象。据道路道路变形特点和破坏形式，可分为以龟裂为主的轻型，以裂纹、局部鼓包为主的中型和以车辙软深、翻浆冒泥为主的重型。

④季节性冻土防治的结构措施

冻土区地基处理技术的发展是随着冻土区经济发展的需要而发展起来的，其目的是为了确保冻土地区工程和建筑物的安全和正常使用。我国自 20 世纪 50 年代在多年冻土地区开始修建铁路，60 年代开始冻土科学研究，至今已有四五十年的工程实践及研究历史，并提出了许多有价值的理论。青藏铁路、西气东输等工程的建设都将遇到冻土地基处理方面的问题。通过分析建筑物的破坏形式和原因，提出了多种防治建筑物冻害的方法（表 3-10），主要为两种基本方法：以消除或削减冻因为目的的地基处理措施和以增强建筑物抵抗和适应冻融变形能力为主的结构措施。

冻土区的基础和结构处理 表 3-10

方法	使用原理	适用范围
架空通风管基础	这种基础形式一般是在桩顶部设置混凝土圈梁，保持与地面间有一定空间，以防土体冻胀时把圈梁抬起。还可以使房屋架空，让空气自由地沿地面与房屋底面板间的空间的空气流通，将室内散发的热量带走，以保持地基土处于冻结状态	稳定的多年冻土区.且热源较大、地质条件较差（如含冰量大的强融沉性土）的房屋建筑
填土通风管	将通风管埋入非冻胀性填土中，利用通风管自然通风带走建筑物的附加热量，以保持建筑物地基的天然上限不变，保持地基的冻结状态	多用于多年冻土区不采暖的建筑物，如油罐基础、公路、铁路路堤等
保温隔热地板法	在建筑物基础底部或四周设置隔热层，增大热阻，以推迟地基土的融化.降低土中温度，减少融化深度，进而达到防冻胀的目的	多用于多年冻土地区的采暖建筑物桩、柱和墩基等基础的埋置
加大基础埋深	加大基础埋深，并使基底之下的融化土层变薄，以控制地基土逐渐融化后；其下沉量不超过容许变形值	持力层范围内的地基土在塑性冻结状态，或室温较高、宽度较大的建筑物以及热管道及给排水系统穿过地基时，难以保持土的冻结状态，可考虑采用此法
加大基础埋深	加大基础埋深，并使基底之下的融化土层变薄，以控制地基土逐渐融化后，其下沉量不超过容许变形值	适用于压缩性较大的土
加强结构的整体性与空间刚度	可抵御一部分不均匀变形，防止结构裂缝	适用于允许有大的不均匀冻胀变形的建筑物；但为防止有不均匀冻胀变形而导致某一部分结构产生强度破坏，应采取措施增大基础或上部结构的刚度或整体性
增加结构的柔性	适应地基土逐渐融化后的不均匀变形	适用于寒冷地区的公路、铁路和渠道衬砌工程，以及在地下水位较高的强冻胀土地段工程
构造措施	增强建筑物的整体刚度或增加其柔性，适应地基变形要求	整体性较强的建筑物

架空通风基础(通风地下室)：填土通风管基础实际上既不是基础，也不是地基，而是为保持地基土处于冻结状态所采取的一种措施。架空通风基础一般适用于热源较大、地质条件较差（如含冰量较大的强融沉土）的稳定多年冻土区房屋建筑，它是多年冻土地区采暖房屋保持地基土冻结状态设计的基本措施。这种基础形式有两种：一种是在桩的顶部设置混凝土圈梁，使房屋与地面保持一定空间，以防土体冻胀时把梁抬起；另一种是架牢房屋，使空气自由地沿地面与房屋底板间的空间流通，将室内散发的热量带走，从而保持地基土处于冻结状态。架空通风基础形式主要利用冬季自然通风来保持地基土的冻结状态，主要适用于有较大热源的房屋，如锅炉房、浴室等。填土通风管基础是指用非冻胀性砂砾料将建筑物底板垫高后埋设通风管道等下部结构，此种基础适用于低层公寓、办公室、宿舍及住宅等对室内取暖温度要求不高的房屋或路基工程。在设置架空通风基础不经济时，也可考虑采用填土通风管基础。多年冻土架空通风基础基自然通风基础的通风孔总面积(进气与排气孔的面积之和)可按热工计算确定或可按规范的有关公式计算。

填土通风管在青藏高原热源不大的地区已有多处使用。在寒冷季节，有较大密度的冷空气，在自重和风的作用下将管中的热空气挤出，同时不断将周围土体中的热量带走，达到保护地基土冻结状态的目的。填土通风管保持地基土冻结状态所需的通风管数量是根据一维稳定导热原理，在建筑物的附加热量被通风管通风带走的前提下，将矩形垫层区域变换成同心半圆域，使外半圆弧长度对于填土通风管数，可根据流向通风管的总热量与通风管壁面放出热量的平衡条件求得。

填土高度应满足室内地面荷载扩散到原地面软弱土层时应满足软弱土层强度要求；在填土层下季节融化深度范围内，因融沉作用使填土整体下沉时不致妨碍管道通风所需的预留高度（一般取 0.15m）为原则；室内地面不直接接触通风管以便设置地面保温层。

灌注混凝土基础：在多年冻土地区广泛使用，灌注后混凝土即处于冻土的包围中，这时需养护混凝土。如早期冻结，混凝土的水将结冰，引起膨胀破坏混凝土的结构、降低混凝土的强度。混凝土在负温环境中，水泥的水化作用大大降低，强度增长缓慢。所以，需对混凝土加入外加剂，使其具有抗冻早强的性能，才能满足建筑的需要。

以冻土为地基的各种桩基，在施工时带入大量的热量，使地基冻土升温，甚至融化，地基承载力降低很多，为了使地基有足够的承载力，只有将地基冻土温度恢复到原冻土温度。所以可在桩心、桩侧设置测温孔，以观察施工之后桩周围冻土温度状况及回冻时间。由于地表水的渗透是造成冻土融化、地基下沉的主要原因，因此，整个排水系统应在施工过程中尽早开始，如有困难可先建好临时排水设施，以防御地表汞对路基坡角和边坡的浸泡、渗透及冲刷，造成融化下沉。

热桩、热棒等基础：当采用其他技术不能维持地基稳定时，可采用热桩或热棒等热虹吸基础。热虹吸是一种垂直或倾斜埋于地基中的液气两相转换循环的传热装置。它实际上是一种密封的管状容器，里面充以工质，容器的上部即冷凝段暴露在空气中，蒸发段埋于地基中。为扩大散热面积，可在冷凝段加装散热叶片或加接散热器。当冷凝段温度低于蒸发段温度时，热虹吸开始工作。由于蒸发段液体工质吸热蒸发，气体工质将在压差作用下，沿容器中通道上升至冷凝段放热冷凝，冷凝成液体的工质在重力作用下，沿容器内表面下流到蒸发段再蒸发，如此反复循环，将地基中的热量传入大气中，从而使地基得到冷却。这种传热装置是利用潜热进行热量传递的，因此，效率很高。热虹吸的传热量与热虹吸的间距有关，且随间距的减小而减小，而传热能力取决于蒸发段与冷凝段之间的温差，温差大，传热多，温差小，传热少，而且只有当冷凝段的温度低于蒸发段的温度时传热循环才能进行。

热虹吸填土基础：是将热虹吸埋于填土地基中，夏季地基的融化深度保持在填土层中，而冬季，热虹吸将地基中的热量带走，使融化的地基填土冻结，并使地基中多年冻土得到冷却，从而保持地基中多年冻土的温度。热桩和热棒都属于热虹吸，它们之间的区别在于热桩是桩基础，不仅可将上部荷重传入地基土中，而且还可将地基土中的热量散发于大气中，而热棒则只起散热作用，本身不具备承载能力。热虹吸地基系统工作时，其热量的传递过程包含了热量传递的三种形式，即传导、对流和辐射。所以，若要计算液气两相对流循环热虹吸在单位时间内的传热量，应根据热虹吸地基系统的热状态分析所得热流程图来确定。

深基础：是指将建筑物的基础埋置于预定地层深度范围内，使地基土在冻结过程中不产生作用于基础底部的法向冻胀力，同时也不受融化下沉的影响。锚固基础是指采用深桩，利用其摩擦力或在冻层以下将基础扩大，通过自锚作用来防治建筑物产生冻拔上抬力。目前采用的主要锚固基础有：桩基础、爆扩桩基础、其他形式的扩孔桩基础及排架下板形基础等。但是就工业与民用建筑中的平房、低层楼房和农田水利工程中的小型过路涵、小型水闸、引水渠道的衬砌及柔性公路路面等具有一定适应不均匀冻胀变形能力的建筑物来说，为了节省投资，多采用浅埋基础，即基础底部将存在一定厚度的冻土层，同时也可采取一定的结构措施，增强其适应不均匀冻胀变形的能力。目前，在寒冷地区，主要采用柔性结构。增加结构的刚度和整体性及合理分割结构、设置变形缝等三种措施来增强建筑物适应不均匀冻胀变形的能力。在允许冻胀变形或不允许冻胀变形的建筑物中，除前述的各种防冻害措施外，还常采用回避性的结构措施。回避措施是指在建筑物的型式选择、总体布置及结构形式等方面采取措施，避开不利的冻胀条件，常采用的回避措施有架空法、埋入法和隔离法三种。

基础埋置深度：为保证长期荷载作用下地基变形不超过上部承重结构的允许范围，且在最不利荷载作用下地基不出现失稳现象，设计者不仅要准确确定冻胀力的大小及其对建筑物的危害程度，还要从节省工程基础资金，减少费用的角度出发，寻求基础的最小埋置深度。但就目前季节冻土地区内地基和基础的设计来说，基础的埋置深度基本上全部在最大冻深线以下。而在多年冻土地区，可根据多年冻土地基的衔接情况采用不同的计算方法，当不衔接的多年冻土上限比较低，低至有热源或供热建筑物的最大热影响深度（相当稳定融化盘）以下时，此时，下卧的多年冻土受上层人为活动和建筑物热影响的不大，可按季节冻土地区的规定进行设计。若上限高度处在最大热影响深度（稳定融化）之内时，要视其动态部分的融化和压缩变形值确定，若基础总的下沉变形量不超过承重结构的允许值时，仍应按季节冻土地基处理方法考虑基础的埋深。对衔接的多年冻土，基础最小埋深要考虑靠近上限位置的多年冻土层地温较高、变形较大、强度较低的特点，一方面还要考虑上限有可能在温暖水分下移，危及基础的稳定性这一特点。所以，一般基础的底面必须置于多年冻土层中一定深度：一般基础取 1m 深；对桩基础，由于其承载力主要在冻土层中，所以要增大埋深，取 2m，这样不仅强度较高，且比较稳定。但是，在采用架空通风基础、地下通风管道和热桩等措施来保持地基冻结状态的方案经综合分析不经济时。在施了条件允许的情况下，也可将基础底面延伸到稳定融化层的最大融化深度之下 1m。

不同施工季节按气温可分为寒冬季节和融化季节。施工中应当根据建筑物的类型，合理安排施工时间，正确选用施工方法，以防止在施工过程中造成的病害影响施工。多年冻土区路基工程的施工一般选在融化季节进行，虽然这时施工条件较好，施工效率较高，工程质量较易控制，但夏季施工也存在着较明显的缺点。比如说，由于夏季雨水多，路堤填土质量很难控制，填土的蓄热对保护冻土十分不利，尤其当夏季施工的路堤高度超过一定值时，还会在路堤堤身内形成残留的融土核，使路堤路面发生变形和下沉。冬季施工条件虽然较差，工作效率较低，路堤填土处于冻结状态，质量很难控制，但对一些特殊地段，如暖季取土和运输困难的沼泽化地段，地表水易聚集地段和基本不能承受大的地表扰动的低填且地基含冰量大的极不稳定多年冻土区，在预先备好较干燥填料的条件下，寒季施工条件反而较好，并且可以使堤体土层在施工过程中得到预冷，这对保护冻土极为有利，因此，合理选择施工季节对路基工程非常重要。对房建工程来说，多年冻土地区冬季地面冻结，沼泽河沟结冰很厚，只需修筑建议的施工便道，车辆既可自由往来运输建筑材料，但夏季到来时，地面融化，尤其是低洼潮湿地段地面融化泥泞，行人行走困难，车辆无法通行，交通中断，对含冰量大的房屋基坑地基土来说，在夏季开挖是相当困难的，开挖时基坑壁融化随挖随塌，所以，冻土地区房屋的施工也是有季节性的。而房屋地基的基础类型是根据地基地质条件及其设计原则确定的，不同类型的基础有不同的施工期间，所以，应按基础类型来确定施工季节：条形基础，由于其地质条件较好，地基土融沉小，可在夏季地基土融化时开挖基槽；按保护冻土原则设计的柱基，可在 9～10 月开挖基坑，此时地温较高，开挖容易，挖好后即可安装柱基，并回填夯实，而按允许融化原则设计的柱基，在春融后冻结前的一段时间施工，此时地温回升，气温高，便于开挖基坑，还可增加地基土的融深，以减少地基土的融沉量；多年冻土的桩基础，都需钻孔或将桩位冻土融化，才能使桩沉入冻土中，所以，桩基以在融化季节施工为宜，但要避开雨季施工，因为雨季施工，随时都可能有地表水或融化层中水流入钻孔中，造成塌孔或冻结。

取土和填料选择：路基取土不但影响冻土区极为脆弱的生态环境，而且直接影响路基自身的稳定性。冻土路基一般允许回填原地土，但草皮、富含腐殖质土、草炭土和泥炭土等土类不能作为回填材料。在厚层地下冰埋藏地段，若路基回填料属粗颗粒砂砾土，必须先在基地回填一层厚度约为 30cm 的黏性土；不易排水的沼泽路段基底需回填厚度大于 30～50cm 的砂砾石作为隔离层；当有较频繁地表水流活动路段，其基底部要回填粗颗粒砾石，以防止路基下横向渗流。而在潮湿沼泽地段则要回填厚度大于 50cm 的渗水粗颗粒隔离层；在旧路基加高时，属砂砾石路面的，原路面一定要拉平毛，属沥青路面的，要铲除沥青面，底层填料要用细颗粒层作为粘接层，其厚度不得小于 30cm。凡路基使用硬质保温材料，保温层上下均要求有一层大于 20cm 的砂性土或黏性土为过渡稳定层，不能与卵石层直接接触。如在大小兴安岭多年冻土区，除沼泽湿地外，山坡上一般为坡积或洪积的碎石夹土或砂黏土夹碎石，河流阶地表层砂黏土下多为砂砾及卵石土，这些都是良好的填筑材料，因此，除路基设计者有特殊要求外，一般采取因地制宜、就近取土原则。在此前提下，可根据土方工程量的大小、施工机械配备及运输条件、当地土的地质情况等因素综合考虑具体取土方案(集中取土还是分散取土)，通常尽量选择融区或虽是多年冻土但上下埋深较深、不含冻结层上水的地段取土为宜。在厚层地下冰地段，取土坑的最大深度不宜大于地下冰埋藏深度的 80%，且坑底纵坡要求平顺，并尽可能与排水系统相连，使取土坑中的水能顺利排泄，不形成积水。

涵洞工程施工由于开挖涵洞基坑工期长，混凝土浇筑缓慢，有时是间断浇筑，抗冻、早强处理不理想，回填不及时，特别是涵洞基础范围回填土常不符合要求，此时，采用快速施工工艺对于减少病害、提高工程质量有很大作用。由于施工破坏了冻土，特别是涵洞基坑，使多年冻土暴露时间过长或地表水较长时间浸泡基坑，在这种基坑中修建的涵洞往往在当年或第二年就遭受严重破坏，所以，防止冻土裸露暴晒、积水是涵洞施工的要点。

冻土区地基处理技术的发展是随着土木工程建设的发展而逐步发展壮大的。而冻土区特殊的工程病害特征——冻胀和融沉，又为冻土区工程建设提出了不同于一般工程建设的新挑战。我国冻土研究在解放前基本处于空白状态随着寒区和边疆地区经济发展、工程建设的需要，才正式开始了对冻土的调查研究工作。东北及青藏高原冻土区地质与矿藏的调查、林业开发、工业与民用建筑，以及青海热水煤矿、格尔木至拉萨输油管道、南疆铁路及拟建的青藏铁路(格尔木—拉萨段)等各项工程建设项目的需要，才开始把冻土作为工程建筑地基，详细研究它的物理、力学和化学性质，研究冻土与工程建筑物之间的相互作用，寻求经济合理的地基处理方法，为减轻工程建筑物冻害、保持其稳定性服务。

在季节冻土区建筑物的破坏主要是因地基土的冻胀而引发的，所以，为防止冻害发生，应从对地基土的处理和增强建筑物结构两方面着手。就处理地基土来说，主要是通过改变土质、水分及土中负温值之一来达到防冻害的目的。冻土是一种特殊的、低温和易变的自然体，它对寒区经济建设和人类生存发展造成了严重影响，冻土研究者在研究影响冻结和融化的热量、水分、力和土质四大因素，提出了许多防治措施和方法：

a. 换填法，即用粗砂、砾石等非(弱)冻胀性材料置换天然地基的冻胀性土；

b. 物理化学法，利用交换阳离子及盐分对冻胀影响的规律，采用人工材料处理地基土以改变土离子与水之间的相互作用，使土体中的水分迁移强度及其冰点发生变化，以达到削弱冻胀的目的；

c. 保温法，在建筑物底部或四周设置隔热层，增大热阻，以推迟地基土的冻结，提高土中温度，降低冻结深度，进而起到防止冻胀的目的；

d. 排水、隔水法，即降低地下水位季节冻土层范围内土体的含水率，隔断外水补给来源和排除地表水防止地基土变形。

在增强结构措施方面，主要以深基础、锚固基础(深桩基础、各种扩大基础)为主的不允许冻胀变形建筑物和以柔性结构、加强基础或上部结构的刚度或整体性以及合理分割结构与设置变形缝为主的允许冻胀变形建筑物为主。同时，还采用架空法、埋入法及隔离法等回避措施。

(4)季节性冻土地基处理措施

通过对冻胀产生的基本条件及影响因素的分析认为，易冻胀土质、水分(包括外界补给水)和土中负温值是产生冻胀的基本要素，为此，只要消除其中一个因素，就可消除或削弱土体的冻胀。为此提出了以换填法、物理化学法、保温法和排水隔水法等为主的地基处理措施。

①换填法。换填法是用粗砂、砾石等非(弱)冻胀性材料置换天然地基的冻胀性土，以削弱或基本消除地基土的冻胀。其效果与换填深度、换填料粉黏粒含量、换填料的排水条件、地基土质、地下水位及建筑物适应不均匀冻胀变形能力等因素有关。在采用换填法时，应根据建筑物的运用条件、结构特点、地基土质及地下水位情况，确定合理的换填深度和控制粉黏粒的含量。在有条件的情况下，还应做好换填层的排水。

②物理化学法。物理化学法是指利用交换阳离子及盐分对冻胀影响的规律采用人工材料处理地基土，以改变土粒子与水之间的相互作用，使土体中的水分迁移强度及其冰点发生变化，从而达到削弱冻胀的目的。这种方法虽然简单易行，材料来源广泛，但由于其有效期短，特别是人工盐化法，经过2～4个冬季的脱盐后，其防冻胀效果就会显著降低，一般经过5～6个冬季便会完全失效，地基土盐化防冻胀的寿命取决于地基土的渗透性、排水条件和基础的防渗性能。

③保温法。保温法是指在建筑物基础底部或四周设置隔热层，增大热阻，以推迟地基土的冻结，提高土中温度，减少冻结深度，进而起到防冻胀的一种方法。可以用来隔热的材料相当多，例如草皮、树皮、炉渣、陶块、泡沫混凝土、玻璃纤维、聚苯乙烯泡沫等，在某些条件下，甚至像土、冰、雪、柴草等亦可作为隔热材料。近些年来，由于各种人造材料的发明，保温法的应用范围越来越广，涉及道路、工业与民用建筑及水利工程等领域。

④排水隔水法。排水隔水法主要是通过隔断外水补给来源和排除地表水防治地基水致湿等措施来降低地下水位及季节冻层范围内土体的含水率，从而降低土的冻胀。但是，排水和隔水的方法应结合工程的运用条件、工程地点的地质及水文地质条件进行选择，否则，不但起不到防冻害的效果，反而会给工程造成危害。

⑤其他措施。除了采用上述地基处理措施来防治建筑物的冻害之外，还应根据其重要程度、运行年限、运用条件及结构特点等采用不同的设计原则和防冻害的结构措施来保证建筑物地基的安全。对于以墩、桩为基础的桥梁、渡槽及其他重要建筑物，应保证建筑物在土冻胀或

融沉作用下不产生变形，所以，常采用深基础或各种形式的锚固基础。

在实际工程中，需要结合建筑物的等级、运用要求、地基条件及当地材料等具体情况确定防冻胀措施。建在弱冻胀或中等冻胀土地基上允许冻胀变形的小型建筑物，可考虑采用单一的消除、削减冻因措施或结构措施，将冻胀引起的建筑物变形控制在允许范围之内；当在强冻胀土地基上修建不允许变形或允许冻胀变形很小的建筑物时，只采用单一的消除、削弱冻因措施或单一结构措施难以达到防治冻害的目的，而且在经济上也往往是不合理的，在这种情况下，冻害的防治多采用综合措施，即以一种措施为主，同时配合其他一种或几种措施。

在冻土地区进行工程设计和施工时，和非冻土区一样，不仅进行地基承载力、变形及稳定性计算，同时，必须考虑建筑物与地基土之间热交换引起的地基承载力和变形的变化对静力的冻土强度、承载力等数值的影响及与冻土中冰含量的关系。因为，冻土中未冻水含量的变化直接影响着其含冰量和冰—土的胶结强度，地温升高，冻土中的未冻水含量增大，强度降低；地温降低，未冻水含量减少，强度增大。因此，在确定冻土地基承载力时，必须预测建筑物基础下地基土的强度状态，选用建筑物使用期间最不利的地温状态来确定冻土的地基承载力。所以，对冻土地基承载力的计算，应结合当地的建筑经验按照现行国家标准《建筑地基基础设计规范》规定的安全等级和有关规定进行荷载试验或原位试验，同时结合冻土的物理、力学性质综合确定。考虑到冻土区地基基础设计计算的特殊性，现将冻土区建筑物地基基础设计计算时与非冻土区不同的地方从地基计算和基础计算两方面进行说明。在地基计算方面，主要说明多年冻土中建筑物地基融化深度计算方法、冻胀性土地基上基础的稳定性验算方法、冻土融化下沉系数和压缩指标的确定方法；在冻土基础设计方面，主要计算基础埋置深度、融化深度、架空通风基础通风孔面积确定方法，以及热桩、热棒基础计算方法。

影响融蚀深度的因素很多，最主要的是气温，除此之外还有土质类别、土的含水率以及坡度和坡向等对融化深度的影响。当其他条件相同时，因粗颗粒土的导热系数比细颗粒土的大，所以粗颗粒土的融化深度比黏性土的大。与相变耗热随含水率的变化相比，导热系数随含水率增大而增大的趋势要缓慢得多，因此，含水率越多的土层融化深度相对越小。通过影响地表接受的日照和辐射热，坡向和坡度对土层融化深度也会产生影响。所以，在冻土地区，融化深度设计值一般应根据当地实测资料确定，无实测资料时可按所处地区的不同采用不同的计算公式，多年冻土区建筑物地基来说，其融化深度计算又有不同。对于采暖房屋地基土融化深度，地基土的融化深度不仅受到采暖温度、冻土组构及冻土的年平均地温等因素的影响，而且这还是一个三维不稳定导热温度场的计算问题。若房屋已使用了很长时间，地基融深已达到最大值，融化盘相对稳定。此时，冻土地基可被看作空间半无限体，按一维传热原理考虑。在这种情况下，可假定地基土为均质土体，室内地面温度不变，室内地面到融冻界面的距离均相等，同时从室内地面至冻土内热影响范围面的距离均相等。在以上假定条件下，同时考虑到融化盘温度场的空间性和导热系数取值的差异性、冻土地基的组构在一栋房屋下的不均匀性以及室内外高差的影响等因素。计算用的参数来源于钻探、观测的融深资料和对试验房屋的融深观测资料中获得的最大融深进行分析综合反算求得，同时还需考虑使用年限问题；粗颗粒土土质系数大，需通过对多年冻土地区天然上限深浅的分析，确定粗颗粒土与细颗粒土融深的关系比后作出判断。

不同建筑物基础的处理方式：

①裸露的建筑物基础

a. 切向冻胀力作用下的基础稳定性验算。在土体冻结过程中，建筑物基础周围湿土中的水分冻结后产生的胶结力将土颗粒与基础紧密地胶结在一起，这种胶结力称为土与基础间的冻结强度（以冻土沿物体表面的界面剪切强度来度量），它就是冻土对基础产生切向冻胀力的原因。切向冻胀力既依附于冻结强度又不等于冻结强度。在自然界土体冻结过程中，由于冰晶体的生长垂直于热流方向，故使整个大地地面向上移动，当基础埋入土中后，将改变基础侧面埋入土体的冻结条件，基础周围产生聚冰。在冻结层向上膨胀时，通过冻土与基础侧面的冻结强度，把埋入冻土中的任何物体（桩柱或墙体）顺着冻胀方向拔起来，这种冻胀力称为切向冻胀力。基础侧面切向冻胀力是在土冻结过程中各种因素综合作用下形成的，因而，它受许多因素的影响和约束，其中主要包括：土体性质、土中的水热状态、土体的冻结条件、基础材料性质及其表面的粗糙度等。在季节冻土与多年冻土之间，具体取值不同。对于季节冻土和多年冻土地基按保持冻结状态利用地基土时，基侧表面与冻土之间的锚固力不同。

b.法向冻胀力作用下的基础稳定性验算。法向冻胀力同样是紧随着土体冻胀的发展而出现的，但又稍迟于土体的冻胀。土的粒度、水分状态、温度，以及土体冻胀性和约束度、土层厚度、基础板面积等都会对法向冻胀力的大小产生影响。

②采暖建筑物基础

在采暖情况下，作用在基础上的冻胀力可按规范建议的公式计算。

③自锚式基础

根据规范要求，对于机扩桩、爆扩桩及扩展基础等自锚式基础来说，其抗切向冻胀力的稳定性又与当基础受切向冻胀力作用而上移时，基础扩大部分顶面覆盖土层产生的反力有关，反力按地基受压状态承载力的计算值取用，当基础上覆土压力为原状时，根据实际回填质量还应乘以折减系数。

冻土融化下沉系数的确定：

土在冻结过程中由于水分迁移的原因，形成水分凝冰，产生不同程度的冻胀变形。而当此冻土体融化时，由于土中冰的融化和一部分水从土中排出，会使土体仅在自重作用下就产生下沉，这种现象称为冻土的热融沉陷。我国以融化下沉量的相对值即融沉系数的大小来描述冻土的融沉性，而以融化体积压缩系数表示冻土融化后在外载作用下的压缩变形。实际上孔隙比的变化与外压力的关系是非线性的，但在压力变化范围不大时，可近似地看成直线关系，而以融化体积压缩系数表示其压缩性的大小。冻土融化下沉系数和压缩指标的设计值均通过实验室试验确定或原位测定后确定。

通过实验室试验确定时，所采用的冻土试样以原状冻土试样为主，但在没有条件采取原状冻土时，可从工程地点采取扰动土样，根据冻土天然构造及物理指标（含水率、密度）进行制备。在取原状冻土试样时，应根据建筑物对冻土地基的要求，按不同深度用专门的冻土取样器来切取试样，并将土温控制在－0.5～－1.0℃。其原因为土温太低会造成冻土试样的脆性破坏，而太高时，即在接近0℃的冻土中取样时表面会发生局部融化。通过对相同土质、含水率的原状冻土与扰动冻土试样融沉系数测定结果的比较表明，扰动冻土试样的融沉系数小于原状冻土试样的融沉系数，其差值一般小于5％。原位试验法测定时，其测定方法与融土地区原位荷载试验方法相似，即开挖试坑后用热压模板进行逐级荷载试验。

冻土的融沉性与冻土的固体颗粒、冰含量和未冻水有关，也可实验测得。冻土融化下沉系数也可根据冻结地基土的土质及物理、力学性质，按照《冻土地区建筑地基基础设计规范》中有关规定计算求得。

3.4.2 多年冻土问题

(1)多年冻土冻害特征

①路基不均匀冻胀。当路基为含水率较大的黏性土时,路基下土体水分的不均匀性会引起路基的冻胀变形使路面不平坦,影响行车安全。即使采用沥青等柔性公路路面,也常因变形过大而产生纵、横向裂缝。

②路基的融沉破坏。不管是路堤还是路堑工程的修筑,都会破坏天然地表的自然状态,从而改变原天然地层的水热平衡条件,引起天然上限位置的改变。比如说,采用砂石或沥青路面,会因路面吸热量过大,地基土温升高,导致多年冻土上限下降;路堑工程,由于开挖,揭去了原来的天然覆盖层,引起天然上限大幅度下降;特别是当遇到厚层地下冰地段时,会产生像热融滑塌、融冻泥流和热融沉陷等一系列不良的地质现象,造成路基堵塞,严重时将威胁行车安全。见图 3-10。

a) b)

图 3-10 多年冻土地区的冻害图例

融沉引起的破坏在多年冻土地区比较普遍,因此,在利用多年冻土作为建筑物的地基时,除了考虑常规的变形因素之外,更多地要考虑与温度有极密切关系的有效应力对冻土的作用以及与温度分布和控制有关的热源问题。可根据建筑物的结构、施工特点和工程冻土条件及地基土性质,采用保护多年冻土原则或允许融化原则。保护多年冻土原则即在建筑物施工和规定使用期间,使地基土永远处于冻结状态,而允许融化原则是允许地基土在建筑物使用期间或施工前,使冻土融化到计算深度。但是,由于建筑物类型不同,冻害形式千差万别,所以,在两个基本原则下采用的冻害防治措施各有千秋。比如说,按保持冻结原则设计工业与民用建筑基础时,常采用桩基础、填土垫基、填土与架空或辐射冷却设备结合基础,而对于修建铁路和公路等路基工程而言,由于这些工程不仅受到人为活动和自然条件热平衡状态的影响,还受到厚层地下冰、热融沉陷、热融滑塌、冰丘、冰锥等不良地质条件的影响,所以,为防止路基的冻害或将因修筑路基造成热平衡失调而产生的病害控制在工程运营允许范围内,既要合理选择路基工程线路和断面形式,还要放缓路堑边坡、加大侧沟、增设平台以及尽量采用适宜高度的路堤等措施。对待冻土问题,冻土的存在对工程建设产生的不良影响,多年冻土地基较非冻土来说所具备的高强度和高承载力的优点。在设计、施工、养护和管理方面采取必要措施加以预防和处理,充分利用优点。

(2)多年冻土地区地基处理

在我国多年冻土地区,多年冻土的连续性不是很高,所以,建筑物的平面布置具有一定的灵活性。通常情况下,应尽量选择各种融区和粗颗粒的不融沉性土作地基,上述条件无法满足时，可利用多年冻土作地基，但一定要考虑到土在冻结与融化两种不同状态下，其力学性质、强度指标、变形特点、热稳定性等物理力学特征相差悬殊的特点。所以，在这种情况下首先应根据冻土的冻结与融化状态，确定多年冻土地基的设计状态。

根据建筑物的结构和技术特点、工程地质条件和地基土性质变化，采用不同的地基设计状态。一般来说，在坚硬冻土地基和高震级地区，采用保持冻结状态进行设计是经济合理的；如果地基土融化时，其变形不超过建筑物的容许值，且采用保持冻结状态又不经济时，应采用逐渐融化状态进行设计。当地基土的年平均气温较高（不低于－0.5℃），且处于塑性冻结状态，采用保持冻结和逐渐融化的设计方案都不经济时，宜采用预先融化状态进行设计；对一栋建筑面积很小、基础相连或很近的整体建筑物来说，是没有办法将地基土分成冻结与不冻两个稳定部分，所以，此时应采用同一种设计状态。就如何选用地基设计状态问题，《冻土地区建筑地基基础设计规范》有详细规定。

多年冻土的年平均地温低于－1.0℃的场地。持力层范围内的地基土处于坚硬冻结状态。最大融化深度范围内存在融沉、强融沉、融陷性土及其夹层的地基。非采暖建筑或采暖温度偏低，占地面积不大的建筑物地基，可采用保持冻结状态原则进行设计。

在多年冻土地区，进行建筑物设计时，是否采用保持冻结状态，关键取决于建筑物场地范围内冻土的稳定性条件。在下列情况下应采用逐渐融化状态进行设计：多年冻土的年平均地温为－0.5～1.0℃的场地，持力层范围内的地基土处于塑性冻结状态。在最大融化深度范围内，地基为不融沉或弱融沉性土，室温较高、占地面积较大的建筑或热载体管道及给排水系统等对冻层产生热影响的地基。

若建筑场地内有零星岛状多年冻土，并且需要将建筑物平面全部或部分布置在岛状多年冻土范围之内，这时采用保持冻结状态或逐渐融化状态都不经济，可考虑采用预先融化状态进行地基设计。当然，此时对于地基土的地温、冻结状态、融化深度以及建筑物类型也有具体规定，比如说，在地基土年平均地温不低于－0.5℃的场地，以及在最大融化深度范围内，存在融沉、强融沉和融陷土及其夹层的地基都可考虑采用预先融化状态的设计原则。

为控制地基土的变形，可根据需要采用不同的地基处理措施和结构设计方法。以多年冻土区地基设计原则为出发点，表3-11对各种方法的加固原理及其使用范围进行了比较，并对各种地基处理方法根据所遵循的设计原则进行了分类。为保持地基土冻结的状态，可根据地基土和建筑物的具体型式选择使用架空通风基础、填土通风管基础、用粗颗粒土垫高地基、热桩和热棒基础、保温隔热地板以及把基础底板延伸至计算的最大融化深度之下等措施。当采用逐渐融化状态进行设计时，以加大基础埋深、采用隔热地板、设置地面排水系统、加大结构的整体性和空间结构或增加基础的柔性等基础设计措施来减少地基的变形。假如按预先融化状态设计，且融化深度范围内地基的变形量超过建筑物的容许值时，可采取下列措施之一来达到减小变形量的目的。用粗颗粒土置换细颗粒土或预压加密、保持基础底面之下多年冻土的人为上限不变、加大基础埋深或必要时采取适应变形要求的结构措施等。

对地基处理方法的选用要力求做到安全使用、确保质量、经济合理、技术先进。我国地域辽阔，多年冻土区的工程地质和水文地质条件千差万别，各地的施工机械条件、技术水平、经验积累都不尽相同，所以在选用地基处理方法时一定要因地制宜，充分发挥各地的优势，有效地利用当地条件。对每种处理方法要有明确的认识，分清它的适用范围、局限性和优缺点。对每一具体工程应从地基条件、处理要求、工程费用以及材料等各方面进行具体细致的分析，因地制宜地确定合适的地基处理方法。

多年冻土地区地基处理方法(包括季节性冻土) 表3-11

方法	使用原理	适用范围
用粗颗粒土垫	主要是利用卵石、砂砾石等粗颗粒材料的较大孔隙和较强的自由对流特性,证明冻结过程中不产生水分迁移和聚冰现象,且在冻结过程中水分从冻结锋面的高压端向非冻结面压出。冬夏冷热空气由于空气密度等差异而不断发生冷量交换和热量屏蔽	多用于卵石、砂砾石较多的多年冻土区
热桩,热棒	利用热桩、热棒基础内部的热虹吸将地基土中的热量传至上部散入大气中,来达到冷却地基的效果热棒是作为已有建筑物在使用过程中遇到基础下冻土温度升高、变形加大等不利现象时的有效加固手段	热桩适用于多年冻土的边缘地带,在遇到高温冻土时,重要建筑与结构为下面的基础可用热桩隔开
基础底面延伸至的最大融化深度之下	当基础底面延伸至计算的最大融化深度以下时,可以消除地基土在冻结过程中法向冻胀力对基础底部的作用同时也可以消除融化下沉的影响	多适用于多年冻土区的桩、柱和墩基等基础的埋置
人工制冷降低土温措施	冻土只能在负温下存在,且温度越低,冻土强度越大	只有保护冻土才能保持建筑物的稳定,当以上措施都无法使用时,可考虑采用人工制冷法
选择低压缩性土为持力层	压缩性低的土为地基时,其变形量也小	—
设置地面排水	降低地下水位及冻结层范围内土体的含水量,隔断外水补给来源和排除地表水以防止地基土过于潮湿	—
保温隔热板或架空热管道及给排水系统	防止室温、热管道及给排水系统向地基传热,达到人为控制地基土融化深度的目的	适用于工业与民用建筑热水管道的铺设以及给排水
用粗颗粒土置换细颗粒土或预压加密土层	利用粗颗粒材料较大的孔隙和较强的自由对流特性,降低土的冻胀对地基变形的影响	
保持多年冻土人为上限相同	具有相同多年冻土上限值,可消除建筑物地基冻胀量和不均匀沉降量的相对变化	—
预压加密土层	预压加密后可减小地基的变形量	适用于压缩性较大的土

冻土区地基处理最新发展与非冻土区地基处理发展一样,主要反映在冻土区地基处理机械、材料、地基处理设计计算理论、施工工艺、现场检测技术,以及地基处理新方法的不断发展和多种地基处理方法综合运用等各方面。而青藏铁路工程项目的开工为如何处理多年冻土地基提供了广阔的试验平台,不论从地基处理计算理论、施工工艺等方面,还是新材料、新技术以及现场检测手段使用方面都可使冻土区地基处理技术发展迈上一个新台阶。

新材料的使用,提高了冻土区地基处理的效能。可以说,抬高路堤高度或铺设保温材料保护冻土路基均是被动消极的方法,不足以或不可能完全消除冻土路基的融化下沉。尤其在全球气温升高的大趋势下,更是如此。为了应对高温冻土和全球变暖的严峻挑战,必须改变以往一直沿用的消极被动保护冻土的措施,采用积极主动的保护冻土措施,即冷却地基的办法。表现在工程措施上可有遮阳、改变路堤表面颜色、通风、热桩、抛石路堤、抛石护坡、变导热系数材料等。

在地基处理施工过程中和施工后对地基处理进行监测日益得到人们的重视。动态设计和信息化施工是目前国内外日益兴起的新技术。由于青藏铁路建设的特殊性与复杂性，尝试性地采用了动态设计与信息化施工技术。虽然目前建设、设计工作正在进行之中，但已取得了良好的效果。

虽然现有的冻土知识和冻土区地基处理技术为寒区工程建设做出了很大贡献，但随着人类对寒区经济开发的广度和深度的增加，与地基处理方法有关的许多环境问题、生态破坏问题日益突出，冻土区地基处理的发展应重视以下问题：

①通过对冻土中水、热、力三场耦合的研究和各种措施加固地基的机理研究，完善各种地基处理措施的设计计算理论，从而更好地指导地基处理实践的进一步发展。

②大力开展新型防冻胀、防融沉和防渗漏材料的研制，开展复合地基及新技术的推广和应用研究，为解决冻土区病害，保证寒区工程建筑物的安全运营，开辟新的途径。

③必须在了解气候和工程—冻土相互作用规律的基础上，研究新的地温调控原理和高新技术，提出能冷却地基的新的基础结构形式和设计参数，确保工程稳定。

④发展冻土区地基处理的原位测试、现场试验以及监测技术，为实现工程建设的动态设计和信息化施工奠定基础。

⑤提高冻土区地基处理技术的综合应用水平。

⑥由于多年冻土和深季节冻土分布区生态环境严酷和脆弱，在受到全球气候转暖和人为因素干扰时，引起的冻土退化、冻土环境破坏已威胁着人类的正常生存和发展。所以，在以后开发多年冻土区时，应以保护人类生产、生活的冻土环境担宗旨，制定合理的冻土地基处理方法。

冻土区地基处理研究是寒区工程建设中非常有挑战性的研究领域，它不仅关系到冻土区建筑物的稳定与安全，而且还关系着寒区环境变化。

3.5 土壤(或地基)液化处理与地基抗震

我国是地震的多发国，历史上地震已给人类带来了许多灾难，已成为的最大的典型灾害，为了全方位地减轻地震灾害，保障人民生命财产的安全，地震工程学者首先要解决抗震设计的依据，即从工程角度来考察和描述地震现象，并针对某一地区或场地，对今后一定时期内或能遭遇地震破坏作出定性和定量的分析，一般称之为地震危险性分析和设计地震动参数确定。

震源是指地壳内部由于岩层开始发生断裂和错动，突然释出大量机械能的中心区域。这种能量以弹性波的形式传播至地面，即形成所谓地震。震源到地面的垂直距离称为震源深度。震源深度在 60km 以内的地震称为“浅源地震”。世界上绝大多数破坏性地震都属于浅源地震，其震源深度在 5～20km，震源在地面的正投影位置称为震中。一般，震中区是地震破坏最严重的地区。场地与震中的距离震中距。在某一次地震中，某场地地面振动强烈程度和破坏严重程度往往与震中距有直接关系。由于引起地震的岩层破裂不可能集中在一点或一个平面，而是形成由一系列裂缝组成的破碎带，整个破碎带内岩层的能量释放不可能同时达到新的平衡，因而在一次强烈的地震发生之后，岩层的变形总有一系列零星的调整，形成一次一次较小的地震。一般把前者称为主震，后者称为余震。

震级是地震本身强烈程度的衡量尺度，反映了一次地震所释放的能量的大小。烈度是指某一遭受某次地震影响的程度，系根据地震造成的地面破坏、建筑物破坏和人的感觉、反应等宏观现象来综合评定的。修正的《麦卡里烈度表》和《中国地震烈度表》(1991)都按12度划分。对于一次地震来说，震级只有一个，烈度则因地点的区别而有不同数字。在一次地震中，相同烈度地点的连线，称为等震级。一般而言，震级越高、震源越浅，震中距越小，烈度就越高。国家技术监督局颁布的强制性标准《中国地震地面运动峰值加速度区划图》(2001)和《中国地震反应场地特征谱区划图》正式取代了烈度图，不少国家和我国不少城市已经开展了地震小区划工作；地震小区划就是将地震在小区域划分。地震小区划的目的是为了详细地指出一个不大的地区内对工程抗震有重要影响的因素是如何影响地震动的。这些因素如土壤的种类、分层情况、厚度、地下水位、局部地形地貌。小区划主要针对一个较小的区域，如一个市，如北京市，一个县，甚至一个工程场地，常用几万分之一的比例尺绘图。地震小区划更多考虑对工程抗震有影响的因素，如地震动、结构震害和地基破坏等。

由于在动力荷载作用下场地、地基和基础的反应不一样，因此，必须在工程意义上对三者予以界定。场地是指建设所直接占有并直接使用的有限面积的土地，场地范围内及其邻近的地质环境都会直接影响场地的稳定性。场地的概念是宏观的，它不仅代表着所划定的土地范围，还应涉及某种地质现象和工程地质问题所概括的地区。所以"场地"不能机械地理解为建筑占地面积，在地质条件复杂的地区，还应指包括该面积在内的某个地貌、地形和地质单元。

地基是指承托建筑基础的这一部分很小的场地。建筑物的地基所面临的有以下四方面问题：①强度和稳定性。当地基的抗剪强度不足以支承上部分结构自重及外荷载时，地基就会产生局部和整体剪切破坏。②变形。当地基在上部结构的负重及外荷载作用下产生过大的变形时，会影响结构物的使用功能；当大于建筑物所能容许的不均匀沉降时，结构可能开裂。③渗漏。由于地下水在运动中会产生水量的损失，或因潜蚀和管涌而可能导致建筑物产生事故。④液化。在动力荷载作用下，会引起饱和松散粉细砂或部分土产生液化，使土体散失抗剪强度近似液体特性的现象，从而导致地基失稳和震陷。

场地、地基、基础和震害：任何建筑物都建筑在地基上，不论是天然地基还是人工地基，地震都是通过地基传至结构物而产生地震作用的。所以，考察结构物的地震反应离不开对地基影响的分析。另一方面，地震作用下地基本身的失效，如强度强低或过大的残余变形，又会导致结构的破坏或损坏。

宏观震害资料表明，地基失效的主要表现形式为：地表断裂、滑坡、过大变形、砂土液化和软土震陷等。地基失效一旦出现即无法恢复原状，地基失效引起的结构破坏或损坏往往无法提高设计要求来解决。所以，地基失效问题一般应通过场地选择来避免。选择建筑场地时，应根据工程需要，掌握地震活动情况和工程地质、水文地质资料，作出综合评价，选择有利的地段，避开不利的地段，不在危险地段建造甲、乙、丙类建筑。

砂土液化：1964年日本新泻地震中出现了饱和砂土经受地震以后发生液化而引起震害的典型事例，该地多结构物体本身并未损坏而发生整体倾倒。1971年美国圣费尔南多地震中，一些低层大面积建筑物由于地基土液化而发生折断和拉开等形式的损坏。砂土液化最常见的表现是地表出现"砂沸"，俗称"喷水冒砂"。地震使排列较松散的土颗粒产生变密趋势，从而在土体内部产生超静孔隙水压力。抬高压力的孔隙水经过通道冲出地面，并将土颗粒带了出来，在喷冒孔周围形成圆锥形沉积物，类似小型火山口。砂沸现象造成对农田的破坏和地面可能的不均匀沉降。液化引起的灾难性的场地破坏，由完全液化土层上面的完整土层组成的长达几十米甚至更广阔的土体可以每小时几十千米的速度沿着斜面下滑。1964 年美国阿拉斯加地震中，海岸的水下流滑带走了许多港口设施，并引起海岸涌浪，造成沿海地带的次生灾害。1920 年我国甘肃地震触发了惊人的连续流滑，部分饱和的湿陷性黄土由于土中被包围所体压力的上升而导致流动，长宽达 1.6km 如瀑布顺谷而下，挟走山村，堵塞河道，摧毁了数以百计的城镇，约 20 万人丧生。

3.5.1 地基抗震的基础资料

(1)地基刚度影响

软土地基对周期震动有选择性的放大作用。可见在 III 类基础上烟囱的震害比砖平房震害严重，且随震中距增加衰减缓慢，砖平房震害衰减很快。实测资料清楚地反映出，二者自振动周期相差甚大，砖烟囱自振周期约为 1～2s，砖平房则为 0.1～0.2s。另一方面，地震波在传播路径中短周期成分被吸收得快，主要周期随震中距增加，软土层对适当周期的地震动有较大的放大作用。因此，在 III 类地基上自振周期较长的砖烟囱容易与长周期分量产生显著的共振作用，从而加重破坏效应。随震中距的增加，基岩层的幅值虽会递减但主要周期加长，在 III 类地基上会受到选择放大，所以烟囱的受损仍然会较高。国外对不同刚度地基础上的地震记录所作的反应谱分析后发现，随着地基础变软，反应谱最大峰值便向长周期方向移动。地基土刚度对地震动频谱特性的影响，反映在对反应谱形状的改变方面在软土地基上的反应谱形状比较宽缓，长周期成分的谱值较高，且无明显的高峰值；硬地基则相反，多半出现 1～2 个高峰值，谱值随长周期的增加而衰减很快。

(2)土层厚度的影响

在场地划分中不仅要考虑土层的强度，而且对影响地震动的土层厚度给予充分的注意。它对具有较厚松散层场地震动反应异常显著，所以再次予以强调。早在 1923 年日本关东大地震时就发现，冲积层厚度对震害有明显的影响。1967 年 6 月 29 日加拉斯加地震(6.3 级)震害表明，位于震中约 56km 处的四座 10～12 层建筑倒塌，结构遭严重破坏的原因，主要是土层厚度起到了决定性作用。其结构破坏程度是指任一地区遭受结构破坏的建筑物数量与总数之比，其中 5～9 层建筑在土层厚度不大于 100m 时，破坏程度最高；当土层厚度超这 150m 时，14 层以上建筑物破坏程度最高，且比 5～9 层建筑破坏高 8 倍左右，显而易见，土层厚度对建筑破坏作用影响强烈。土层厚度对地震动频谱特性有影响，但多数研究结果认为，土层厚度对地面运动最大加速度无多大影响。另外，土层厚度改变了反应谱形状。随土层厚度增大，长周期的频谱成分显著，则反应谱曲线模从左向右移动。总之，土层厚度与其松软性(或刚度)似乎具有相同的作用，它们对地震长周期部分土样作选择性放大。因此，具有较长自振周期的柔性结构若处于地基土又松、又软、又厚的土层上，则震害必然加重。

(3)软弱夹层的影响

软弱土层作为地基，总的说来对结构抗震是不利的。但是，如果软弱土层以夹层形式存在，其影响表现为降低地面峰值加速度，当斜率达 1/12 时，地震峰值加速依然低于水平状态下基岸面相应的数值。此外，地层结构对震害影响可能以地基失稳表现出来，出现地表滑移、震陷或其他形式的不连续变形。

(4)地表地形条件的影响

多次地震都出现过因地形条件导致震害加重的现象。对地震动反应最敏感的地形则为弧突出丘,高度显赫的人工堤坝、渠道或距堤边坡等四周或侧向临空地形。我国自 1970 年通海地震后就开始注意到地形影响的研究,1974 年永善、大关地震,1976 年唐山地震、龙陵地震等在地形方面的震害反应都比较显著。美国 1971 旧金山地震时,Pacoima 大坝附近的强震记录得到加速高达 1.25g,超过从前预测的数值,在比较研究了震级相当、震源特性类似的震中加速场到后认为,地震动记录出现如此显著的放大效应可能与台站周围局部地形有关,并且从此开始了地形地貌对地震动影响的理论和实验研究工作。前苏联、日本等其他国家了民开展了方面研究工作。

(5)其他条件的影响

主要强调地震工程地质地层结构类型划分和地层结构对震动影响的分析。

(6)场地分类(表 3-12～表 3-16)

场 地 类 型 划 分 表 3-12

<table>
<tr><th rowspan="2">场地土类型</th><th colspan="5">场地覆盖土层厚度 d(m)</th></tr>
<tr><th>0</th><th>$0<d<3$</th><th>$3<d<9$</th><th>$9<d<80$</th><th>$d>80$</th></tr>
<tr><td>坚硬场地土</td><td>I</td><td>—</td><td>—</td><td>—</td><td>—</td></tr>
<tr><td>中硬场地土</td><td>—</td><td colspan="2">I</td><td colspan="2">II</td></tr>
<tr><td>中软场地土</td><td>—</td><td>I</td><td colspan="2">II</td><td>III</td></tr>
<tr><td>软弱场地土</td><td>—</td><td>I</td><td>II</td><td>III</td><td>IV</td></tr>
</table>

有利,不利和危险地段的划分 表 3-13

类　别	地质,地形,地貌
有利	稳定基岩,坚硬土,开阔,平坦,密实,均匀的中硬土等
不利	软弱土,液化土,条状突出的山嘴,高耸孤立的山丘,非岩质的陡坡,河岸和边坡的边缘,平面分布上成因,岩性,状态明显不均匀的土层(如故河道,疏松的断层破碎带,暗埋的塘沟谷和半填半挖地基等)
危险	地震时可能发生滑坡,崩塌,地陷,地裂,泥石流等及发震断裂带上可能发生地表位错的部位

场地土类型按土类划分 表 3-14

土的类型	剪切波速(m/s)	岩土名称和性状
坚硬土	>500	稳定的岩石,密实的碎石土
中硬土	500～250	中密、稍密的碎石土,密实、中密的砾、粗、中砂,$f_k>200$kPa 的黏性土和粉土
中软土	250～140	稍密的砾、粗、中砂,除松散外的细、粉砂,$f_k<=200$kPa 的黏性土和粉土,$f_k>130$kPa 的填土
软弱土	<140	淤泥和淤泥质土,松散的砂,新近沉积的黏性土和粉土,$f_k<130$kPa 的填土

f_k地基土静承载力的标准值 表 3-15

场地土类别	优越周期(s)	场地土类别	优越周期(s)
I 类场地土	<0.3	III 类场地土	0.45～0.65
II 类场地土	0.3～0.45	VI 类场地土	>0.65

表 3-16

场地土类别		场地覆盖土层厚度(m)					
		剪切波速	0	0～2	2～8	8～60	>60
坚硬		>500	I	—	—	—	—
中等	中硬	500～270	—	I	I	II	II
	中软	270～140	—	I	II	II	III
软弱		<140	—	I	II	III	IV

我国将场地分为四类：第 I 类场地为稳定基岩，第 II 类为一般土壤，如砂砾石、坚硬土等，第 III 类为松软土壤，如松散砂土、软黏土等，第 IV 类为异常松软土壤，如新近沉积的软土和淤泥等。分类指标有承载力、纵波速度、卓越周期等。在设计规范中对不同场地采用不同的反应谱为我国首创。对于不同类别的场地，在进行结构的地震反应计算时，应采用不同的设计反应谱(在建筑抗震设计规范中表示为不同的地震影响系数曲线)或不同的基底办入运动，以较准确反映场地与结构的耦合作用；当然，将结构与地基视作一个整体进行时程分析，可能得到更接近实际的结果。

应指出，这里所谈到的土层的刚度对地面运动的影响，都是针对自由地面而言的，也就是针对建筑物或构筑物未建立之前的环境来讨论的。如果构筑物的体积、重量可刚度已胸有成竹，且半埋于土中，例如土坝、核电站等，则构筑物的存在将影响地面运动的特征，所谓土——结构相互作用就是研究这种影响的。

3.5.2 地基抗震主要问题

地震现场表现出来的地基震害形式主要有沉降(包括均匀沉降和不均匀沉降)，滑坡，地裂缝和隆起等。这些震害有的可从地面直接观察到，有的则需从建筑物的倾斜、裂缝等来判断。从土动力学的观点分析，地基震害的原因可以归纳为：砂性土震动液化，黏性土震动软化。上部结构所受的各种荷载，包括地震荷载都要由地基来承担。地震的强度不同，地震作用下地基的性能也不同，设计的任务则是保证在地震过程中和地震停止后，地基在强度和变形方面能满足使用要求。

(1)场地的地震液化问题

砂体受到震动将要变得密实，也就是体积减少。如果饱和砂体突然的体积减少，来不及排出的孔隙水承受压力，导致有效应力减小。当有效应力接近零时，土体就液化了。影响土壤液化的因素有内因和外因。砂的粗细、密度、级配，特虽是细颗粒含量，生成年代等属于内因，外因有静应力状态(包含地下水位、埋深、地形的影响)，动应力状态(包括应力幅值大小、变化规律、作用次数和排水条件等)。砂土越密实，平均粒径越大，级配越好，黏土颗粒含量越多，越不容易液化。从抗震设计角度考虑应注意，有些级配不好的砂砾石也可能液化了。对于这种砂砾石不能只考虑它的平均粒径。黏土颗粒或直径小于 0.774mm 的细颗粒的加入会使土的黏聚力提高，即使有效应力丧失也不会液化。但对黏土颗粒含量甚少的粉土、轻亚黏土等，在地震时也可能液化；不只是纯砂才能液化，砂性土，或砂土类土在一定条件下也可能液化。

地震发生之前土体所受的静应力对液化与否有重要作用。土体所受覆盖压力越大，初始剪应力越大，越不容易液化。因此，从设计角度考虑，当砂性土埋深和地下水位超过一定数值，例如地下水位为5m，土壤埋深达20m，是否液化或液化后果对一般建筑物的影响不必研究。

地震剪应力是不规则的，事先很难准确估计土体所受的地震应力。目前通用的办法是根据未来地震可能的震级估计等效的均匀循环剪应力的幅值和次数。动应力值越大，作用的次数(或时间)越多，就越容易液化。

排水条件对于液化的形成有重要作用。只有在不排水或排水很慢的条件下土中才会在地震时产生孔隙水压力。目前，绝大多数试验研究是在不排水条件下进行的，在应用这些结果时应考虑这一点。例如，夹在砾石中草药薄砂层就不一定会液化。

在室内用一个土试件研究液化与现场的实际情况有很大差别。土体内某一点的液化经过发展才能波及到一个土层，某一土层的液化还不一定导致上部结构的破坏。因此，在设计中不要把土的液化与结构物破坏等同起来。虽然砂土地基的震害灵敏大多都是由液化引起的，但不是任一土层的液化都会导致严重的后果。

影响液化的因素很多，且这些因素既不容易测定，也不容易控制。因此，在抗震设计中，对判别一个场地能否液化，液化后会使上部结构有何损害，应采取何种措施减轻液化的后果等一系列重要问题，目前，主要还是靠以经验判断来解决，而经验判断是以土动力学的知识为基础的。

液化判别方法分两步：第一步为初步判别；第二为用标准贯入试验判别。凡经初步判别为不液化或不考虑液化影响的场地，可不进行标准贯入试验判别工作。

饱和砂土和饱和粉土(不含黄土)的液化判别和地基处理，6度时，一般情况下可不进行判别和处理，但对液化沉陷敏感的乙类建筑可按7度的要求进行判别和处理，7～9度时，乙类建筑可按本地区抗震设防烈度的要求进行判别和处理。

存在饱和砂土和饱和粉土(不含黄土)的地基，除6度设防外，应进行液化判别；存在液化土层的地基，应根据建筑的抗震设防类别，地基的液化等级，结合具体情况采取相应的措施。

饱和的砂土或粉土(不含黄土)，当符合下列条件之一时，可初步判别为不液化或可不考虑液化影响：

①地质年代为第四纪晚更新世(Q_3)及其以前时，7、8度时可判为不液化。

②粉土的黏粒(粒径小于0.005m的颗粒)含量百分率，7度、8度和9度分别不小于10、13和16时，可判别不液化土。

注：用于液化判别的黏粒含量系采用六偏磷酸钠作分散剂测定，采用其他方法时应按有关规定换算。

③天然地基的建筑，当上覆非液化土层厚度和地下水位深度符合下列条件之一时，可不考虑液化影响：

$$d_u > d_o + d_b - 2 \quad d_w > d_o + d_b - 3 \quad d_u + d_w > 1.5d_o + 2d_b - 4.5$$

式中：d_w——地下水位深度(m)，宜按设计基准期内年平均最高水位采用，也可按近期内年最高水位采用；

d_u——上覆盖液化土层厚度(m)，计算时宜将淤泥和淤泥质土层扣除；

d_b——基础埋置深度(m)，不超过2m时应采用2m；

d_o——液化土特征深度(m)，可按表3-17采用。

④当初步判别认为需进一步进行液化判别时，应采用标准贯入试验判别法判别地面下15m深度范围内的液化；当采用桩基或埋深大于5m的深基础时，尚应判别15～20m范围内

土的液化。当饱和土标准贯入锤击数(未经杆长修正)小于液化判别标准贯入锤击数临界值时,应判为液化土。当有成熟经验时,尚可采用其他判别方法。

在地面下 15m 深度范围内,液化判别标准贯入锤击数临界值可按下式计算:

$$N_{cr}=N_0[0.9+0.1(d_s-d_w)]\sqrt{\frac{3}{\rho_c}}\quad (d_s\leqslant 15\text{m})$$

$$N_{cr}=N_0[2.4-0.1d_s]\sqrt{\frac{3}{\rho_c}}\quad (15\text{m}<d_s\leqslant 20\text{m}) \tag{3-3}$$

式中:N_{cr}——液化判别标准贯入锤击数临界值;

N_0——液化判别标准贯入锤击数基准值,应按表采用;

d_s——饱和土标准贯入点深度(m);

ρ_c——黏粒含量百分率,当小于 3 或为砂土时,应采用 3。

液化土特征深度(m)　　表 3-17

饱和土类别	7°	8°	9°
粉土	6	7	8
砂土	7	8	9

注:括号内数值用于设计基本地震加速度为 0.15g 和 0.30g 的地区。

⑤对存在液化土层的地基,应探明各液化土层的深度和厚度,按下式计算每个钻孔的液化指数,综合划分地基的液化等级,见表 3-18。

$$I_{EL}=\sum_{i=1}^{n}\left(1-\frac{N_i}{N_{cri}}\right)d_iW_i \tag{3-4}$$

式中:I_{EL}——液化指数;

n——在判别深度范围内每一个钻孔标准贯入试验点的总数;

N_i——i 点标准贯入锤击数的实测值和临界值;

N_{cri}——实测值大于临界值时应取临界值的数值;

d_i——i 点所代表的土层厚度(m),可采用与该标准贯入试验点相邻的上,下两标准贯入试验点深度差的一半,但上界不高于地下水位深度,下界不深于液化深度;

W_i——i 土层单位土层厚度的层位影响权函数值(单位为 m^{-1})。若判别深度为 15m,当该层中点深度不大于 5m 时应采用 10m,等于 5m 时应采用零值,5～10m 时应按线性内插法取值;若判别深度为 20m,当该层中点深度不大于 5m 时应采用 10m,等于 20m 时应采用零值,5～20m 时应按线性内插法取值。

液 化 等 级　　表 3-18

液化等级	轻微	中等	严重
判别深度为 15 时的液化指数	$0<I_{IE}\leqslant 5$	$5<I_{IE}\leqslant 15$	$I_{IE}>15$
判别深度为 20 时的液化指数	$0<I_{IE}\leqslant 6$	$6<I_{IE}\leqslant 18$	$I_{IE}>18$

美国 Seed 教授推荐的判别式。Seed 用来建立判别式的全部资料均绘于图,除了美国的资料以外,还收集了日本、中国、南美等国的资料,几乎全世界的大地震资料都尽可能地收集到了。

Seed 采用地震剪应力比 τ/σ' 和修正标准贯入击数 N_1 判别液化。τ 为地震产生的平均剪应力，用下式估算：

$$\tau = 0.65 \frac{a_{max}}{g} \gamma h \gamma_d \tag{3-5}$$

式中：a_{max}——地表最大水平加速度；

g——重力加速度；

γ_d——折减系数，地表为 1.0，地下 10m 处为 0.9，中间直线内插；

γ——砂的重度；

h——砂的埋深。

N_1 为修正标准贯入击数，即将不同深度处测得的标准贯入击数，按表 3-19 经验关系修正到竖向有效压力为 $10t/m^2$ 时的击数。

表 3-19

震　级	有代表性的循环次数	应　力　比
81/2	26	0.89
71/2	15	1.0
63/4	10	1.13
51/4	2～3	1.5
6	5	1.32

液化后果的估计，即液化危害分析是工程上非常需要的。如前所述，液化并不一定导致严重的上部结构破坏。因此，应该有一套方法能够判别哪些液化情况可以不作处理，哪些液化必须采取有效的防御措施。这方面的工作，日本学者前些年已开始进行，我国科研人员也做了一些工作，但总的说来，都是处于起步阶段，尚未经地震考验。

(2)软土震陷

一般地说，软弱黏土地基的震害为数不多，而且也不严重。在 1975 年海城地震以前的多次大地震中，软弱黏土上的地基震害大多在设计或施工上具有特殊原因，例如，由于勘察上的疏忽将房屋建在故河道的边沿上，震前已经出现裂缝、沉陷，地震只是起了扩大的作用。因此，曾经流行过一种看法：地震时软弱黏土的主要作用是改变地面运动的特征(例如过滤高频地震波，放大运动的幅值)，而不会产生地基失效；震后虽然会产生一些沉陷，但一般不会影响正常使用。1975 年海城地震和 1976 年唐山地震，营口、天津等地沿海的软黏土受到强震的作用，部分软土地基上的厂房和住宅由于不均匀震陷引起裂缝和倾斜，有的已无法正常使。至此，震害表明，有一部分软弱黏土，而不是所有的软黏土会产生地基失效。因而，要查明哪一类软弱黏土在较强地震下会产生大的震陷，同时提出估价震的方法。

①软黏土的低周疲劳强度

在地震荷载下土的破坏可用低周疲劳加以解释，像对待混凝土、金属材料一样。在土工部门中经常用允许的最大应变 ε_f 来定义破坏，此时，低周疲劳强度可表示为 $\Delta\sigma'_p$ 作用下产生应变 ε_f 所需的往返次数。Seed 证明土存在这种持久限极。下面介绍他们工作中的一个例子：在静水压力下固结的三个试件，随受不同大小的脉动应力，其数值分别为静力不排水抗剪强度

(σ_v')的 1.0,0.8 和 0.6,频率为 2Hz。在这种情况下,土体所受的剪应力将往返地改变方向,这种应力状态使土的低周疲劳强度降低。在一定的范围之内,频率和波形对疲劳强度的影响不很明显。往返荷载也会导致软土中的孔隙水压力升高,但不容易测定。还有用动、静应力比或摩尔圆来表示软土动强度的方法。

②软黏土的震陷

上面所谈到的强度为给定往返次数时产生规定的改变所需的脉动应力与静应力组合。在实际工程中,常常希望预测地震引起的沉陷(简称震陷),也就是已知地震应力和静应力的条件,求土地产生的永久变形。

Lee 对软土的震陷进行了研究,给出了残余应变的经验表达式:

$$\varepsilon_p = 10\left(\frac{N}{10}\right)^{-s_1/s_2}\left(\frac{\sigma_d}{c_2}\right)^{1/s_2}\% \tag{3-6}$$

式中: ε_p——残余应变;

N——应力循环次数;

σ_d——循环动应力幅值;

s_1、s_2、c_2——试验参数,与土性有关。

工程力学所地基组参照 Lee 的结果,通过研究,提出了两个应变势经验公式

$$\varepsilon_p = \left[\frac{\frac{\sigma_d}{\sigma_3}\left(\frac{N}{10}\right)^{-s_1} + k_c}{c_3}\right]^{1/s_1}\% \text{ 和 } \varepsilon_p = \left[\frac{\sigma_d}{\sigma_3}\frac{1}{c_4}\right]^{1/3_1}\left(\frac{N}{10}\right)^{-s_1/s_3}\% \tag{3-7}$$

式中:k_c——初始有效固结压力比;

c_3、c_4,s_3——试验参数,与土性有关。

根据海城地震和唐山地震经验和室内试验测试结果可知,只有一些发软弱黏土才会产生大的震陷。初步查明,对于孔隙比大于 1,含水率大于液限的淤泥质土会产生人的震陷,设计时应加以注意。

通过室内试验求得软土的残余变形表达式之后,要估算建筑物的震陷还需要有一个计算方法,由残余应变无法简单的通过求和或积分求得震陷,目前比较实用的方法是"软化模型法"。这个方法假定,震陷主要是因为地震的作用使土变软,静变形模量减小了,因而,在同样的静荷载下沉陷增加了。至于地震荷载的加入使外荷发生变化则是次要的影响,可以忽视不计。根据这种概念,计算建筑物震陷的步骤可归纳如下:

a. 取有代表性的土样,进行静力试验,测定土的力学参数,如邓肯—张模型中的参数;

b. 用有限元法计算地震前的应力和节点位移。计算时要考虑土的非线性,还要用精确的或近似等效的方法考虑上部结构的存在对基础上的应力产生的位移的影响;

c. 通过测波速的室内动力试验,确定剪切模量,阻尼比以及它们随剪应变的变化;

d. 用动力有限元程序,计算地基中的地震应力,此时,也要考虑土的非线性;

e. 取一组有代表性的土样,进行震陷度试验,确定试验常数。

f. 根据 b.、d. 步算出的第一单元的动、静应力,算出每一单元的残余应变,由引残余应变可估计软化后的每一单元的模量;

g. 用软化后的模量和静力有限无程序计算各节点的位移;

h.、g. 步计算的节点位移,减去 a. 步计算节点位移,就是待求的震陷。

3.5.3 地基抗震设计与措施

(1)液化危害分析方法

对经过判别断定为地震时可能液化的土层，从工程的需要看，最要紧的是预估液化土可能带来的危害，并根据危害性的严重程度采取措施。液化危害程度因液化层的密度、层位、层厚、是否骨动(侧向扩展)及建筑物对不均匀沉降的耐受性而定。一般液化层土质越松，土层越厚，位值越浅，地震强度越高，则液化危害越大。目前，对没有侧向扩展危险的液化层，建筑抗震设计规范用液化指数来衡量液化危险期危害程度。可以看出，液化层越松、越厚、越浅则液化指数越大，液化危害也越大。上式未能考虑结构类型与地面滑动等影响，只反映水平场地的地面破坏情况。但由于一般浅基础建筑的地基失效与液化不均匀沉降与地表破坏密切有关，因此，液化指数通常也能反映浅基房屋的液化危害。由液化指数与震害的对比可知，I_E 之值越大则地面喷冒与房屋的破坏一般也越大，二者相关。

(2)地震液化小区划工作

地震液化小区划是根据某一特定的地区的地震工程地质条件和岩土条件，依据自由场地的液化判别方法和有关规范进行液化判别，将发生液化和不发生液化的地方在平面图中区分出来，同时，将液化区发生液化地方的液化势计算出来，将液化势相同的点连接在一起，这样变形成液化势的等值线图，这样该地区的液化可能性及液化危害性便一目了然。

(3)场地液化的防治措施

为保证承受场地液化危险性的建筑物的安全和适用，可以从结构和地基两方面来采取措施。我国建筑抗震设计规范提出的抗液化措施的原则要求避免将未经处理的可液化土层作为天然地基持力层。表中要求的全部消除、液化沉陷的措施包括：①采用桩基或沉井、全补偿筏板基础、箱形基础等深基础。采用桩基时，桩端伸入液化深度以下稳定土层的长度应按计算确定，且对碎石土、砾、粗砂、中砂，坚硬黏性土不应小于0.5m，对其他非岩石土不应小于2m。采用深基础时，基础底面埋入液化深度以下稳定土层中的深度不应小于0.5m。②液化土层全部加密或全部挖除。加密处理方法主要有振冲、挤密砂桩、强夯等。加密处理或换土处理以后土层的实测标准贯入击数应大于规范规定的临界值。部分消除液化沉陷的措施，指挖除或加密部分液化土层。处理深度不浅于基底以下加5m或加基础宽度，液化指数应小于4。

液化土层处理方法从原理上来分，除了换土、挤密以外，还有胶结和设置排水系统。胶结法包括使用添加剂的深层搅拌和高压喷射注浆。设置排水通道往往与挤密结合起来做，材料可以用碎砾石或砂。各种液化情形的处理方法的具体做法见表3-20～表3-22。

抗液化措施 表3-20

建筑抗震设防类别	地基的液化等级		
	轻微	中等	严重
乙类	部分消除液化沉陷，或对基础和上部结构处理	全部消除液化沉陷，或部分消除液化沉陷且对基础和上部结构处理	全部消除液化沉陷
丙类	基础和上部结构处理，亦可不采取措施	基础和上部结构处理，或更高要求的措施	全部消除液化沉陷，或部分消除液化沉陷且对基础和上部结构处理
丁类	可不采取措施	可不采取措施	基础和上部结构处理，或其他经济的措施

几种典型条件下液化处理方法 表 3-21

案　例	处理措施
土层平坦且均匀	宜按表 3-10～3-15 选用地基抗液化措施；尚可计入上部结构重力荷载对液化危害的影响，根据液化震陷量的估计适当调整抗液化措施。不宜将未经处理的液化土层作为天然地基持力层
全部消除地基液化沉陷的措施	①采用桩基时，桩端伸入液化深度以下稳定土层中的长度(不包括桩尖部分)，应按计算确定，且对碎石土，砾，粗，中砂，坚硬黏性土和密实粉土尚不应小于 0.5，对其他非岩石土尚不宜小于 1.5。 ②采用深基础时，基础底面应埋入液化深度以下的稳定土层中，其深度不应小于 0.5。 ③采用加密法(如振冲，振动加密，挤密碎石桩，强夯等)加固时，应处理至液化深度下界；振冲或挤密碎石桩加固后，桩间土的标准贯入锤击数不宜小于液化判别标准贯入锤击数临界值。 ④用非液化土替换全部液化土层。 ⑤采用加密法或换土法处理时，在基础边缘以外的处理宽度，应超过基础底面下处理深度的 1/2 且不小于基础宽度的 1/5
部分消除地基液化沉陷的措施	①处理深度应使处理后的地基液化指数减少，当判别深度为 15m 时，其值不宜大于 4，当判别深度为 20m 时，其值不宜大于 5m；对独立基础和条形基础，尚不应小于基础底面下液化土特征深度和基础宽度的较大值。 ②采用振冲或挤密碎石桩加固后，桩间土的标准贯入锤击数不宜小于液化判别标准贯入锤击数临界值。基础边缘以外的处理宽度，应符合新规范的要求
减轻液化影响的基础和上部结构处理	①选择合适的基础埋置深度。 ②调整基础底面积，减少基础偏心。 ③加强基础的整体性和刚度，如采用箱基，筏基或钢筋混凝土交叉条形基础，加设基础圈梁等。 ④减轻荷载，增强上部结构的整体刚度和均匀对称性，合理设置沉降缝，避免采用对不均匀沉降敏感的结构形式等。 ⑤管道穿过建筑处应预留足够尺寸或采用柔性接头等
古河道，河滨，海滨	液化等级为中等液化和严重液化的古河道，现代河滨，海滨，当有液化侧向扩展或滑流可能时，在距常时水线约 100m 以内不宜修建永久性建筑，否则应进行抗滑动验算，采取防土体滑动措施或结构抗裂措施。注：常时水线宜按设计基准期内年平均最高水位采用，也可按近期年最高水位采用
软弱黏性土层与湿陷性黄土	应结合具体情况综合考虑，采用桩基，地基加固处理等措施，也可根据软土震陷量的估计，采取相应措施

地基液化等级和对应的抗液化措施 表 3-22

液化等级	液化指数	场地震害特点	建筑物的震害	抗液化措施		
				乙	丙	丁
I	<5	无喷水冒现象，局部有零星喷砂冒水砂	小	部分消除液化沉降或对基础和上部结构处理	基础和上部结构处理或不处理	可不采取措施
II	5～15	中等喷砂冒水	较大，有不均匀沉降或开裂	全部消除液化沉降或部分消除液化沉降，且对基础和上部结构处理	基础和上部结构处理或采用更高要求和措施	可不采取措施
III	>15	形变化大，剧烈的喷砂冒水，有地裂缝	严重，有些可能产生 10～30cm 的不均匀沉降，有些建筑物严重倾斜	消除液化沉降	消除液化沉降或部分消除液化沉降且结构进行处理	经济措施

注：甲类建筑——特殊要求的建筑，如遇到震破坏会导致严重后果的建筑等，必须经国家规定的批准权限批准；
乙类建筑——国家重点抗震城市的生命线工程的建筑；
丙类建筑——甲、乙、丁类以外的建筑；
丁类建筑——次要的建筑，如遇地震破坏不易造成人员伤亡和较大经济损失的建筑等。

基础与上部结构一般可使用下列措施：①选择合理的基础埋深，尽量保留地表非液化土层持力层；②调整基础底面积，以减小基底压力和荷载偏心；③选用刚度和整体性较好的基础型工，如十字交叉条形基础、筏板基础、箱形基础等；④增加上部结构的刚度、整体性和对称均匀性，不采用对不均匀沉陷抵抗能力差的结构形式；⑤合理设置沉降缝，室外管线采用柔性接头等。对于有土体滑动危险的液化场地，首先应着眼于场地土体稳定性的研究，不能仅着眼于个别建筑物的安全考虑。

消除液化沉陷措施指液化土加固或桩基，部分消除液化沉陷的措施指加固部分深度的液化土，但加固深度小于液化深度。重点应放在量大面广的丙类建筑上。对中等以下液化危害的场地要尽量先考虑由结构构造上采取措施，而不是首先考虑液化地基的加固。液化指数 I_{EL} 不大于 10 者约占全部液化事例的 50%以上。如果对这种情况不采取地基加固措施，而采用上部结构和基础方面的结构构造措施，将可取得可观的经济效益，而所冒风险并不大，因为：①这类情况中实际上包含了所有误判为液化的情况在内。②海城、唐山地震中相当多建筑未经抗震设防和抗液化措施，在震后有的虽因液化受到不同程度的震害，但多数经加固后仍在使用。可以设想在今后对液化指数较小(轻微至中等液化危害)的情况进行合理设计，即使不处理地基，液化危害亦将较海城、唐山地震的危害轻。部分消除液化沉降的措施是指可以允许保留一部分厚度的液化层不加固。主要考虑的理由是：①残留液化层对中、短周期的结构可能有减震效果；②在目前的技术条件下对加固 10m 以下的液化土层并满足 8.9 度烈度区抗液化的要求，不一定都很有把握，如改用他法，则常常遇到困难。而允许残留部分软弱土则可省钱省力省时，况且这一原则在《黄土地基规范》(允许残留湿陷量不超过 30cm 的黄土层)及《地基基础设计规范》(允许残留一定厚度的冻胀土)中已早有体现，限制的条件是残留土层可能引起的不均匀沉降应控制在可接受的程度以内。

3.5.4 地基抗震处理

地基震害多半来自液化土、软土、不均匀地基等情况下产生的沉降、倾斜或水平位移。液化后的土也可以说是瞬间变软的土，很多软土地基上或湿陷性黄土上减少不均匀沉降影响的结构构造措施大半都可以用来防治地基震害。

减轻或消除地震害的有效措施之一就是地基加固。加固的方法很多。在我国最常用的加固液化砂土的方法是振冲法、沉管碎石挤密桩法、强夯法等。表 3-23 是日本用于加固砂土的一些方法，其中挤密桩是用得最多的一种。这些方法有的也同样适用于软土。地基的抗震加固在施工上自然与非抗震加固时一样，但在加固设计，如承载力、加固宽度、加固深度、加固后的状态等方面的要求上应按抗震的要求进行。由于一般抗震规范中在这方面常常缺乏明确规定，工程中就因设计者的认识而定，从而在工程投资上造成相当大的差别，特别是加固宽度的确定，最不易掌握。加固参数的确定方法如下：

①确定加固深度

一般要求加固至液化层底。在液化层很厚或建筑物要求不太高的情况下，也可以只加固液化层的上部，但按照建筑抗震规范，液化地基的处理深度使残留液化层给出的液化指数不大于 4，对独立基础或条形基础还不应小于基础底面的 5m 和桩基础的长边。这样，当残留液化层液化时，不至于产生过大的震陷。与此同时，还希望尽可能的加强上部结构以适应可能的不均匀沉降。对于软土地基，由有限的试验和计算显示，基底下基础宽度范围内的沉降所占比例较大。因此，初步的看法是加固深度不宜小于基础宽度，最好达到 1.5～2 倍基础宽度。

日本用于加固砂土的一些方法　　表 3-23

效　　果	加 固 方 法	有 效 深 度	效　　果	环 境 问 题
加密	振冲法	20m 以内	N 提高到 15～20	—
	挤密法	35m 以内	N 提高到 25～30	垂直振动
	爆破法	20m 以内	密度提高	巨大冲击
	ROD-COMP	20m 以内	N 提高到 15～20	—
	强夯法	10m 以内	—	—
	振夯	3m 以内	—	—
	碾压	0.2～0.3m	表层相对密度提高	—
	打桩	10～12m 以内	—	噪声
	化学桩	20m 以内	—	—
土壤改良	换土	5m 以内	—	—
	注浆加固	钻孔深度以内	—	对邻近建筑物有影响
	表面搅拌	5m 以内	—	—
	深层搅拌	30m 以内	—	—
降低饱和度	井点降水	降低水位 5～6m	—	—
	深层降水	降低水位 15～20m	—	—
消散孔压	碎石桩	20m 以内	—	—
抑制剪应力	板桩	10m 以内	—	—

②确定加固宽度

在确定加固宽度方面，情况远远不如人意。各种规定与建议间的差别相当大，而且其证据也不是那样经得起推敲，说明这个至关重要的课题的研究还需要深入。我国工程界更常用的习惯做法是，对一般建筑采用基础外加一排振冲桩或碎石桩，实际超宽范围约 1～2m，对筏基等宽度大的基础再适当放宽。上述涉及的还仅是液化土中的加固宽度的各种做法。至于从软土震陷角度考虑的加固宽度如保确定，则更少研究。

③确定加固后的密度

复合地基式——地基由刚度相差较小的桩及桩间土两种材料构成，其承载力由桩身材料与桩间土的刚度比决定。按桩身刚度大小排列大体有：灰土桩、碎石桩、高压喷射注浆桩、混凝土灌注桩、混凝土预制桩及钢桩。但对后三种桩因为刚度与土相差太多。桩间土承担的荷载只是很小一部分，绝大部分基础荷载均由桩承担，因为传统上都假定全部基础荷载均由桩承受。这一传统做法近年来受到冲击。越来越多的人认为即使对混凝土或钢桩也应尽可能考虑桩间土的分担作用，亦即认为是复合地基。最典型的复合地基是碎石桩加固的地基，目前，复合地基理论多以此为研讨对象。

(1)地基抗震构造措施

①控制荷载的对称与均匀性，控制建筑物的长高比在 2～3 以内，采用筒支结构，吊车轨道的标高与轨距宜设计成可调措施在抗震害方面仍是有效的。

②对工业厂房宜在屋架下弦预留静空，对民用房屋则预先提高设计地坪标高以防震陷。应该根据震陷计算结果预留必要的高度。在缺乏震陷计算依据时，下列数值可以作为粗估时

参考:8 度、9 度震陷性软土 10～20cm 或静沉降的 1/2。轻微液化场地≤5cm;中等液化场地 10～20cm;严重液化场地宜大于 20cm。

③采用筏基、箱基等整体性好的基础形式。在这方面有不少成功实例。如天津医院筏基下3.5m处就是 2.3m 厚的液化层(粉土),震后室外喷冒但房屋完好,仅有轻微倾斜。营口饭店筏基的持力层即为 4.2m 厚的可液化砂层,震后仅沉降缝处有错位。初步分析认为筏基的宽度大于液化层厚度,为后者的 3 倍以上,且液化层的标贯值与液化临界标贯相比不宜相差太多。以防附加应力不足以抑制液化或基础外侧的液化区对地基中部的太多削弱。筏基还具有较好的抗地裂缝能力,唐山地震时,天津 605 所锅炉房位于海河故河道旁,地基土产生液化侧向扩展,沿河道出现数十条地裂缝,筏基亦被拉裂,室内出现喷冒孔,但尽管如此,在筏基附近地裂缝有绕行现象或在筏基处中断。另一例为天津北塘糖业烟酒公司汽车地泵罩棚,为一2m深的钢筋混凝土槽,位于孟家河故河道旁,地震时地裂缝穿越泵房,但基础与结构无损。此二例说明虽未经抗裂设计,小型筏基有可能避免拉裂或使裂缝绕行。

④适当选择基础埋深。对宽度不大的柱基或条基,不宜将基础直接置于液化层上,宜利用上覆非液化土层并尽量浅埋。液化层面距基底的距离宜超过基础宽度。震害表明以液化层为持力层者比以液化层为下卧层的基础的震害要重。例如,以烈度相近的新泻与天津相较,前者以液化层为持力层,建筑震陷达到 60～70cm 者很多。而天津市液化区的建筑物震陷比新泻的小很多,大多在 20～30 以内,其原因之一是天津市的液化层距基底约在 2～4cm 以下,某些直接支承在液化层上的农村房屋或粮囤产生了 60～70cm 的液化沉降也证明这一点。

⑤在墩、柱间设置抗水平力的构件,如刚性地坪、水平支撑等,以防止水平位移或相互间的移位,或将水平力传递到相邻基础上。美、日、法等国的抗震规范中要求在柱子间设拉梁,并按承受 1/10 的柱子轴向力设计。我国铁路工程抗震经验证明,中、小型桥梁如果河床在设置防止桥台、桥墩基础下土被冲刷的片石铺砌,则桥台向河心滑移就可避免或大大减轻。这种满河床铺砌虽然厚度仅数十厘米并由片砌成,但平面内刚度大,足可防止地震时桥台的滑移。房屋中地坪的抗水力作用,国内外均有实例。柱子常在距地面 1m 左右处剪裂,说明地坪起着水平力的支承点的作用,从而可以设计抗拉或抗压的地坪以减小震害。加厚的地坪是震后为了加强柱间支撑的下节点而设,这样的设计可使柱间支撑外来的剪力大部分由地坪承受。

⑥增加房屋刚度和抗拉能力,按抗震规范的要求设置圈梁。圈梁的作用有二:作为抗震后不均匀沉降的构件,增加墙体的抗拉能力;其次,地震时墙体,圈梁与构造柱共同防止墙裂和坍塌。圈梁的造价不高,但提高房屋抗震能力方面成效卓然。例如,天津石化总厂十几栋 4～5 层住宅,基础下 1m 左右即为 2～3m 厚的可液化粉土,唐山地震后场地喷冒严重,房屋产生了 20～30cm 的震陷与明显倾斜。最大水平位移 16cm,但因每层有圈梁、墙角有水平拉筋、整体性好,除一栋通天断裂,放弃使用外,其余经修复后继续使用。

⑦对液化地基上的已有建筑可在其周围设置加筋室外地坪或覆盖重物(堆土),以防止地基土在液化隆起,防止基础旁喷冒,降低土中液化势。地坪应与基础拉结,其宽度一般不小于 5m,或经过地震反应分析确定。由于地坪的保护可使喷冒发生在地坪范围以外,从而减少了对建筑物的威胁。如果不设地坪而代之以一定厚度的土台或较厚的混凝土板,则覆盖所形成的地面荷载(土或板的自重),可降低土中的液化势并将高孔压区向远处推移,使液化的危险减少,其效果比单纯的没有压重的地坪要好。但不论设地坪或设压重都应在地面与它们之间设一层砂砾层,以利地震时孔隙水排出。这种方法的成效已由震害经验证明。一般有地震覆盖的路面,其液化喷冒情况常比裸露地面轻;建在高出地面 0.5～1.0m 土台上的村庄没有出现

液化喷冒，而土台周围的平地却液化严重:海城地震时，辽河大桥两岸喷冒严重，地下 2m 深度处即为液化粉砂，旁边有反压护道的 5m 高路堤却震害经微，因为，反压护道的重量改善了路堤地基的应力状态和液化势的分布。采用覆盖地坪或压重法减轻液化危害时应经过专门的分析计算。

(2)地基抗震设计和抗震验算

由于地震作用的不确定性和建筑结构在地震作用下所反应和破坏机理的复杂性，结构抗震设计的验算往往不如静力设计来得可靠。因而，必须强调抗震概念设计，即强调场地因素，强调建筑和结构方案，强调抗震构造措施等。使建筑结构具备较强的抗震能力。对地基基础地震反应的研究，目前更落后于上部结构，对地基基础的抗震设计更应该强调概念设计。

①场地影响的考虑

场地条件对结构物的震害和结构的地震反应都有重要的影响。所以，场地的选择、处理和地基与上部结构动力相互作用的考虑等都是概念设计的重要方面。原则上，应选择对抗震措施有利的场地，避开对抗震不利的场地，实在无法避开时，应采取适当的抗震措施。场地土层的软硬、覆盖层的厚度对地面运动的谱特有明显影响。深厚、软弱场地上高柔建筑物的地震反应肯定比较小；反之，在浅薄、坚硬的场地上，则低矮刚性建筑物的地震反应比较大。在选择建筑平、立面布置和结构方案时应仔细考虑小区域的场地因素。原则上应避免结构与场地“共振”。当然，进行场地土层——结构体系的整体地震反应分析是定量考虑共同作用的有效方法。不过，这种定量计算的结果，目前，多半还只能应用于理论分析。

②地基抗液化、抗震陷、抗滑移措施

对有可能发生的液化的地基如何进行地基基础抗震设计参考上面所述。消除或减少震陷的地基处理方法主要有:采用桩基础或其他深基础，将桩端和深基础底面深入非软弱土层；挖除或加固处理方法主要有:采用桩基础或其他深基础，将桩端和深基础底面深入非软土层；挖除或加固处理土层，挖除或处理范围应达到基础底下一定深度(基础宽度的 1～2 倍)和一定宽度(基础宽度的 2～3 倍)。在无条件采取地基处理措施时，可将软土地基基础作为上部结构的构造措施，这也是一种合适的对策。例如，选择合适的基础埋置深度；减轻荷载，包括采用轻质材料，减少基础上的回填土重量等；调整基础底面积，减少基础荷载偏心；加强基础整体性的刚性；加强基础上部结构整体性的刚性；合理设置沉降缝等。对土地地基性质变化明显，属于严重不均匀地基的情况，为避免地震时基础倾侧，首先应考虑避开，不然则应采取类似于震陷地基的处理措施。对于地基上偏硬的部分，有时可加设“褥垫”。对于可能在地震时产生滑动的地基土，应采取地基加固或抗滑桩等抗措施。

③如何提高各类基础的抗震性能

震害调查表明，与上部结构的震害相比较，基础结构本身和地下室等埋入式结构在地震中的破坏都比较轻。这可能是因为基础结构和埋入式结构主要处于地基土的包围之中，结构与土体的相对运动较小，本身不承受太大的惯性力。在地震过程中，基础主要是承受上部结构传来的惯性力，并直接传递给地基土。所以基础在提高整个结构的抗震能力方面应起的作用主要是加强结构整体刚度和加强结构与土体的连接。常见的基础形式有：

a.独立浅基础

通常假设由上部结构中抗侧力构件的基础底面与地基之间的摩擦力来平衡水平地震力。其他基础，如果它们的上部构件与主要抗侧力构件有适当的联结的话，也可认为同样提供了抗剪能力。基础总的抗侧向运动决定于这些基础的竖向静荷载和基底与地基土之间的滑摩擦系数。当基础侧在填土充分密实时，还可以考虑部分被动土压力的抗震水平力作用。当柱子与附近的刚性地坪联结良好时，刚性地坪的断面材料强度也可以予以考虑，但不与被动土压同时考虑。为了提高单独基础的抗倾覆能力，除了控制基础边缘的最大压应力 P_{max} 以外，还应注意基础荷载的偏心距不要大于基础宽度的 1/4。为了提高浅基础对水平向或竖直向不均匀地面运动抵御能力和调整差异沉降的能力，基础之间设置系梁是必要的。系梁设计一般按构造要求。可以考虑的一个设计准则是：使系梁能承受的拉力和压力相当于相邻二柱中最大竖向荷载的 10%。

b. 条形基础和筏板基础

条形基础适用于柱距不大，地基略差的场合。两个或更多的柱子通过刚性较好的条形基础联系在一起，其抗震性能要比单独基础加系梁好得多。不过，当垂直于基础纵轴线的水平倾覆力矩较大时，条形基础的设计也要慎重对待。

筏板基础是将整座建筑的基础用厚板或梁板连成一片，它在平面上刚度很大，侧向稳定性也好，可适当地调整基底反力，减小基础沉降或不均匀沉降，从而减轻上部建筑的震害。在软土地基上采用筏基时，为减小差异沉降，应使建筑物自重中心的垂线接近基础底板的形心，以尽量减小基底压力的偏心，这样对整个结构的抗震比较有利。在采用筏板基础处理液化地基时，筏基底板沿建筑物周围最好放宽 2～3m，以减小地基土液化喷水冒砂的影响。

c. 箱形基础

箱形基础埋置深，强度和刚度大，与地基土的联结良好，来自上部结构的地震作用和来自侧面土的压力都能比较好地传递到基础底面以下的土层。因而箱形基础有较强的抗倾覆能力和调整差异沉降的能力，而且，在发生较大规模的地基土滑或液化时，也能保持基础和结构的整体性尤为合适。为使箱形基础有较高的抗震安全度，保证足够的纵横墙刚度和保证施工缝的抗剪能力是必须加以注意的。

d. 桩基础

桩基础能够将地震作用传到较深的土层，有较好的抗震性能，尤其是基础抗液化的一种有效形式。为保证上部结构与桩基础的动力整体性，地震区桩基础设计中应注意使桩基础的刚度和承载力与上部结构的刚度和荷载分布情况相协调。为此，应合理布置桩位；同一建筑的各个单元不应混用天然地基和桩基；在同一桩基中，不应混用端承桩和摩擦桩，桩端应尽可能支承于同一垂线上，有必要的话，桩的平面布置可做成内稀外密。

桩的水平承载力远小于轴向承载力。为提高桩基抵抗水平荷载的能力，柱基抗震设计中应注意如下各点：加大承台埋置深度；承台混凝土最好原坑浇注或将回填夯击密实。承台之间设置系梁可使桩基础之间的相对位移尽可能减小，将承台做成长形或筏板基础当然更好。桩基承台之间做成刚性地坪，也是提高桩基水平刚度的简易办法。桩顶与承台应做成刚性嵌固，埋入深度不小于 5cm，桩身钢筋伸入承台足够长度（一般不小于 30cm），并适当加密承台底下 1m 范围内的桩身箍筋。为使桩身能承受地震力引起的变矩，沿桩长应配置一定截面的钢筋，最好通长配置。对于长桩，尽量减少接头，必须采用接头时，应使用钢板电焊接头，并将接头位置错开。在软硬土层交界处，避免设置接头，并加强桩身箍筋以提高桩身抗侧力的能力。

(3)地基抗震验算

震害资料表明，我国多次强地震中遭受破坏的建筑，只有不能 10%的例子是因为地基的原因导致上部结构的破坏。地基破坏的实例中有 40%以上属于地裂、滑坡和明显不均交地基，40%左右是地基液化，不到 20%为软弱黏性土震陷。大量的一般性地基都具有较好的抗震性能。很少发现因地基承载力不够而导致震害的例子。基础结构损坏的事例更是绝无仅有。下列建筑可不进行天然地基及基础的抗震验算:①砌体房屋,多层内框架房屋,水塔;②地基主要受力层范围内不存在软弱黏性土层的一般单层厂房、单层空旷房屋和多层民用框架房屋及与其基础相当的多层框架厂房。所谓软弱黏性土主要是指7度、8度和9度时,地基土承载力标准值分别小于80kPa、100kPa和120kPa的土层;③7度和8度时,高度不超过100m的烟囱;④可不进行上部结构抗震验算的建筑。对于承受竖向荷载为主的低承台桩基,当地下无可液化土层,且承台周围无淤泥、淤泥质土和地基静承载力标准值不大于100kPa的填土时,上列的①、②、③类建筑及7度和8度时的②类建筑,可不进行桩基抗震承载力验算。上述以外的建筑,例如,主要受力层范围内在软弱黏性土层的一般单层厂房和多层框架房屋,高层建筑,桩周围存在可液化土层的桩基建筑等,则需要验算地基土的抗震承载力。地基和基础一方面把地震动传给上部结构,另一方面又承受上部结构运动惯性力造成的荷载。由于地基、基础和上部结构之间的相互作用以及发生液化等地基情况的变化,地基和基础承受的动荷载会有大幅度的上下,故确切的基础动荷载的求取将是困难的。目前工程实用方面是考虑作用于上部结构各层的水平力总和,求出作用于基础顶面的往复剪力和往复倾覆力矩,作为基底地震作用的标准值,并与静荷载和其他荷的标准值组合后进行"拟静力法"的地基基础抗震验算。

①天然地基抗震强度验算和加固处理

地基按弹性设计验算,满足地基土竖向抗震承载力要求。对于黏性土,容许摩擦力不得大于不排水抗剪强度($q_u/2$)。对于重要工程,应通过现场试验确定基底摩擦力数值。基础前面被动土压力的发挥有赖于很大的水平位移,故一般只取其计算值1/3供验逄。有足够整体性和刚度的混凝土地坪,可用地坪与基础正面接触面积和地坪混凝土压设计强度的乘积供验算用,但验算式中被动土压力提供的抗力和刚性地坪提供的抗力不能同时出现,以大者为准。基础水平抗滑验算的安全度可取1.2~1.3。天然地基抗震验算难以满足时,根据地基情况、工程要求和其他客观条件考虑采用人工地基加固处理方法。较常用的有换土垫层法,适用于软弱土层,该方法造价低、施工简便,但当荷载较大、要求较高时则不宜应用。松散填土或杂填土地基宜用重锤夯实法处理,但该法加固深松散砂土和粉土地基,能有效的提高土的密度。对于饱和软黏土层的加固,可采用砂井预压法、经济有效,唯所需时间较长,要具备一定的加荷条件。

②桩基的抗震强度验算

地基中无可液化土层,承台周围无淤泥、淤泥质土和松散填土的低承台桩基,基抗震强度的验算,可采用荷载标准值的地震作用效应组合。验算方法同静承载力。单桩抗震竖向承载力可较静力承载力提高20%~30%,一般取30%,其理由如同天然地基承载力的调整。单桩静力竖向承载力根据荷载试验结果确定,当然也可根据经验公式加以确定。摩擦群桩还应视作一假想的实体基础,验算桩端土层及其软弱下卧层的天然地基抗震承载力。假想实体基础的底面积不考虑土体沿桩长的扩散角。桩基抗震水平承载力验算,可计入桩的水平承载力(一般按静力水平承载力提高25%)桩承台前面土的被动土压力或刚性地坪的水平抗力(二者中取大者),由于桩周土沉降,桩承台底面与地基土之间摩擦力一般无法计入,单桩水平承载力可通过水平静荷载试验求出,也可以将单桩视作竖向弹性地基梁,按m法解挠曲微分方程算出对应于桩顶水平位移容许值(可取为10mm或更小)的水平荷载。计算中比例系数m可较其静力值提高25%。

对于可液化土层中桩基的抗震验算,情况比较复杂。当承台周围和下面有厚度不小于2m

的非液化土和非软弱土来保证桩顶嵌固条件时，可按下述方法进行两阶段抗震验算。第一阶段：荷载按地震作用标准值组合，不考虑土层液化对单桩承载力的影响，或者只是部分扣除液化土层的摩擦阻力。第二阶段：地震作用取标准值的 20%，单桩承载力中扣除液化土层和承台底面以下 3m 范围内土层提供的桩周摩阻力。由于对桩、土、承台和上部结构在地震中的动力相互作用的了解还很不够，目前，通用的桩基抗震验算方法还不可能很准确地反映桩和承台工作情况。因此，桩基础在通过抗震验算以后，注意采取构造措施予以适当加强还是很重要的。

习题与思考

1. 特殊土通常指哪些土？在我国主要分布在什么地方？

2. 常见的各种特殊土的结构特征是什么？怎样形成的？主要危害及产生危害的原因分别是什么？

3. 湿陷性黄土的主要工程性质是什么？如何判断黄土是否有湿陷性？

4. 湿陷性黄土地基承载力计算与一般土的计算有何不同？

5. 自重湿陷性黄土场地如何判别？计算自重湿陷量与总湿陷量有什么区别？如何判别湿陷性黄土地基的湿陷等级？

6. 湿陷性黄土的处理方法有哪些？作用机理是什么？技术要点有哪些？

7. 盐渍土的处理方法有哪些？作用机理是什么？技术要点有哪些？

8. 膨胀土的处理方法有哪些？作用机理是什么？技术要点有哪些？

9. 多年冻土与季节性冻土有和不同？处理方法分别有哪些？作用机理是什么？技术要点有哪些？

10. 液化地基的处理方法有哪些？作用机理是什么？技术要点有哪些？

11. 地基抗震加固方法和机理有哪些？

12. 土工聚合物处理膨胀土的机理是什么？

第 4 章　特殊条件下的地基处理技术

4.1　水下地基处理

淤泥是在静水或缓慢流水环境中沉积的、含水率大于液限、孔隙比大于 1.5 的一种流塑状饱和黏性土。它广泛存在于弯曲河道边滩沉积凹槽中、牛轭湖中部、湖泊的隐蔽湖湾区、湖心中部，以及大河入海口形成的大片淤泥浅滩、海岸湖底部、施工和工业排污水形成的淤泥堆积区。

淤泥不仅含水率高、孔隙比大，且渗透性差、压缩性高、强度低，具有明显触变和流变性，一旦受到扰动，淤泥结构从絮凝状态（胶粒凝聚）变成某种程度的分散结构（胶溶现象），结构强度急剧降低，造成采用开挖方法清除淤泥的困难，但为施工中采用各种挤淤方法，土石填筑体直接挤开淤泥，沉至淤泥中形成人工置换地基或建筑物下部结构，提供了有利条件。

石填筑体在挤开淤泥过程中，不断滑下，沉至淤泥内一定深度后，周围淤泥被挤隆起，对填筑体产生更大的阻滑力和上托力。当填筑体与周围淤泥处于极限平衡状态时，便不再下沉。静置后，被挤淤泥中的超孔隙水压力逐渐排出，有效应力逐渐加大，淤泥的结构强度逐渐恢复，承载力逐渐加大，填筑体悬浮于淤泥中，或形成着底的稳定结构。葛洲坝水利枢纽镇门围堰、万安水电站右岸土坝左坝头等工程的流塑状淤泥中，成功地采用多种挤淤方法形成土石坝体的下部结构、海堤、排水箱涵和排水沟的压淤平台、机场跑道和公路路堤的置换地基，最大挤淤深度达 10m，最大挡淤高度达 14m，挡水高度超过 25m。采用着底式置换地基实测承载力达 350～400kN/m^2，表面回弹模量在 80MPa 以上，剩余沉降量在 3cm 以内。

4.1.1　水下挤淤方法

挤淤方法有压载法、振动法、强夯法、爆破法、卸荷法、射水置换法，如图 4-1 所示。挤淤形成的填筑体结构有整式填筑体、散式填筑体及桩式填筑体三种。按形成填筑体接底情况又可分为悬浮式及着底式两种。图 4-2 为射水挤淤，图 4-3 为桩式挤淤。

(1)压载挤淤

当在淤泥中抛填的填筑体的总压力超过淤泥的承载极限时，四周淤泥被迫隆起，产生流滑。填筑体沉入淤泥内一定深度，形成顶部露出淤泥面，两侧成鼓形、底部呈抛物线形的整式挤淤稳定填筑体。

压载挤淤不仅是形成挤淤置换地基的主要方式，也是形成挤淤施工道路及其他挤淤措施所需工作平台的必要步骤。

①填筑体（挤淤平台）的填料选择。填筑体重度越大挤淤效果越好，因此宜选用重度大，且有一定透水性的填料，利于邻近淤泥的孔隙水压力消散。若采用过大块石，填料架空严重，淤泥便会进入块石孔隙中，甚至上串至填筑体顶部，形成橡皮土，填筑体只增宽，不下沉，有淤泥的填料抗剪强度也明显降低。因此，宜选用粒径大小搭配、孔隙率小的爆破石渣，其级配曲线

宜在计算的颗粒堆积最密实状态的理论级配曲线附近。

②填筑体宽度。压载挤淤填筑体宽度应满足施工及永久工程运用要求,维持悬浮于淤泥中的填筑体不增宽、不解体。

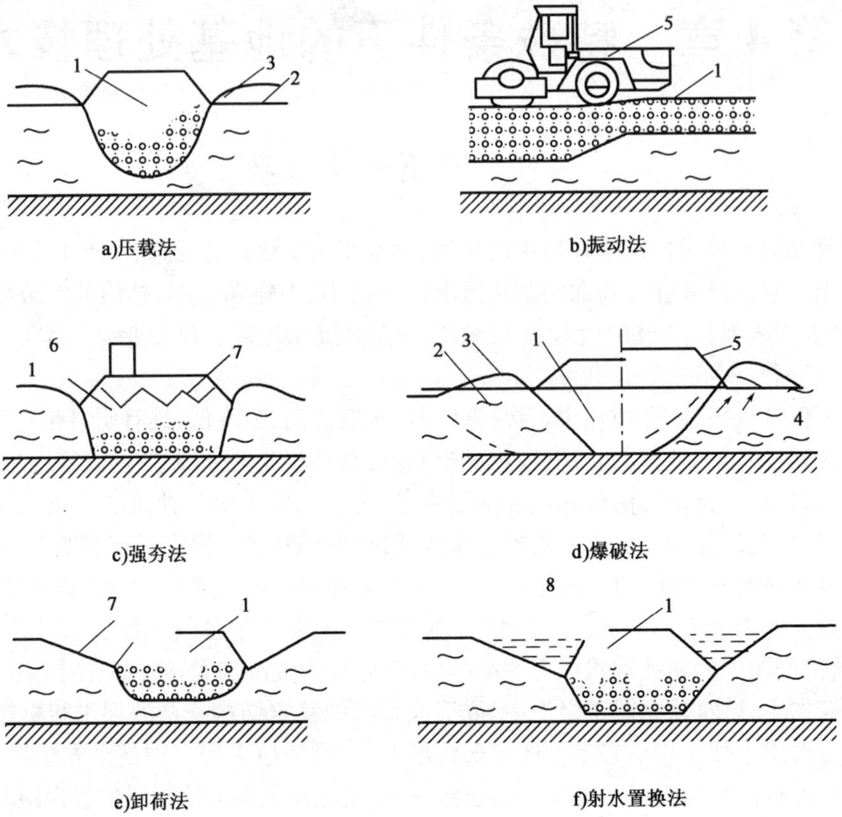

图 4-1　挤淤方法

1-填筑体;2-挤淤前淤泥面;3-挤淤后形成的淤泥面;4-淤泥;5-振动碾;6-夯锤;7-夯坑;8-卸荷槽;9-水

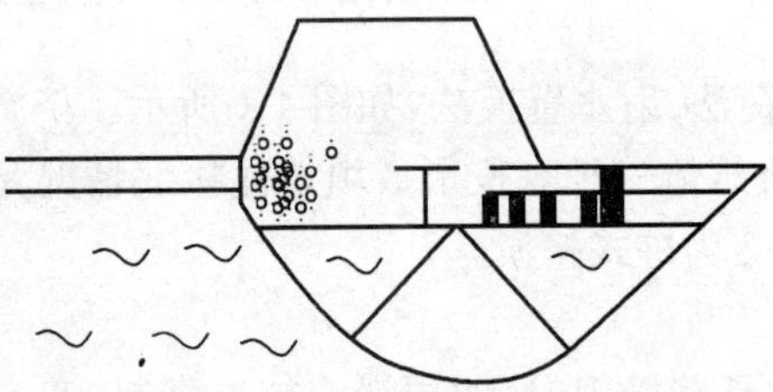

图 4-2　射水挤淤

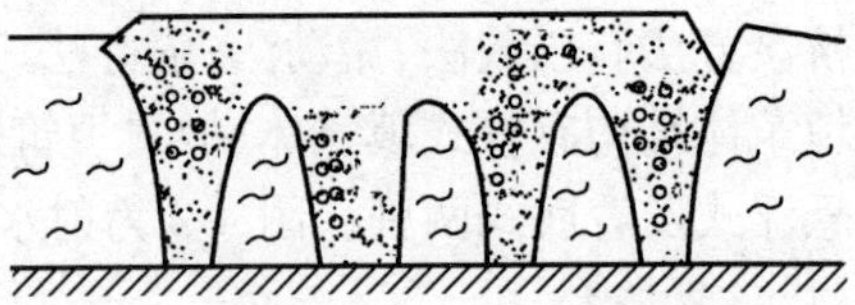

图 4-3　桩式挤淤

③填筑体厚度。填筑体越厚,沉入淤泥内越深,填筑体以下残存淤泥越薄,承载力越大,剩余沉降量也越小。

压载挤淤方法及结构特点:

①整式压载挤淤

填筑体被整体挤入淤泥中,除与淤泥接触的面层外,填料中不混有淤泥。根据填筑体接底情况不同又分为悬浮式、接底式及侧向约束式三种结构形式,见图 4-4。

整式压载挤淤结构整体性好、抗剪强度高,以接底式稳定性最好,还可承受一定的内外高差，兼起挡淤作用。条形荷载的地基塑性区开始于边缘。对称三角形荷载，地基淤泥为零时，塑性区出现始于深度为底宽 1/4 的中轴上。因此，有一定宽度、等厚填筑体有利于挤淤下沉。

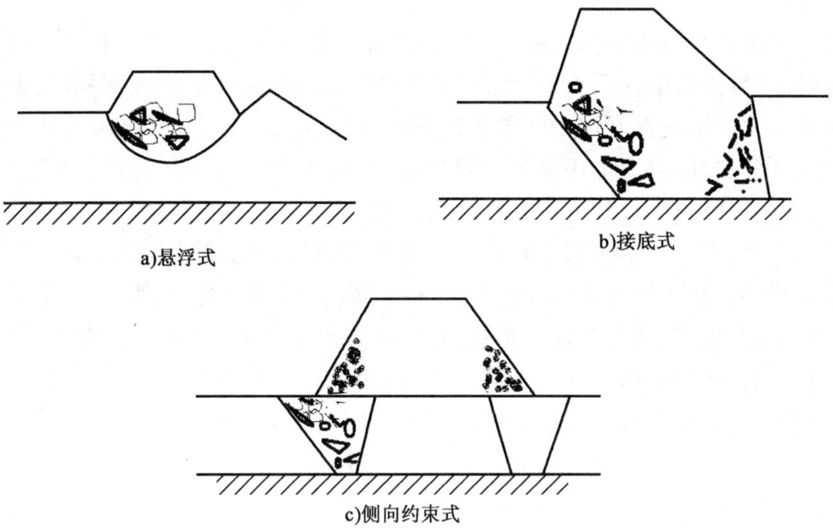

图 4-4　压载挤淤结构形式

②散式挤淤

块石分散于淤泥中，形成以块石为骨架、淤泥为填料的置换地基。由于块石间充满淤泥，侧限情况下的抗剪强度低、稳定性差。用于处理四周被封闭的淤泥，块石接底且互相接触，能形成稳固受力骨架时，仍有足够承载力和较小沉降量。

(2)强夯挤淤

强夯挤淤是在飘浮于淤泥中的堆石体强夯平台上进行的。与常规强夯动力加固不同，强夯挤淤具有下述明显特点：

①强夯挤淤要求单击能量比动力固结大；且一次施加，使强夯平台产生局部或整体剪切位移。

②强夯整式挤淤孔距较密；强夯顺序必须按先中间后两侧，才能保证强夯平台整体下沉；桩式挤淤为定点强夯。强夯加固，第一序夯点间距较大，以使夯击能量传递到深处。

③强夯挤淤宜连续进行，使淤泥产生触变，降低强度，才有较好的挤淤效果。常规强夯加固往往须间隔一定时间，使强夯引起的超孔隙水压力消散。

④强夯挤淤夯坑为倒圆锥体，口径较大，夯坑深达 2m 以上，四周土体都下沉。强夯加固形成的夯坑底部有平底部分，夯坑深度一般不超过 1m，夯坑附近土体有隆起现象。

⑤强夯挤淤时的堆石平台底部有一层淤泥，可吸收残留夯击能量。因此，强夯挤淤不会破坏淤泥下压持力层的结构强度，也不会对下压持力层起动力加固作用。

⑥强夯挤淤侧向约束较小，挤淤后强夯平台或碎石桩体增宽作用明显、影响深度大。整式挤淤边孔增宽可达坑深的 40%左右。桩式挤淤增宽为竖向变形量的 15%～20%。强夯加固产生的侧向位移一般在竖向变形量的 10%以内，且深度小，约在夯锤直径 1.5 倍范围内。在悬浮于淤泥中的石渣填筑体工作平台上，用大能量的重锤强夯，使填筑体挤开淤泥下沉。强夯挤淤由填筑体中心向两侧逐点强夯的整式挤淤、采用隔点跳、定点夯击两种桩式挤淤方法。

a. 夯锤重量

当荷载面中心点下的填筑体中竖直应力大于填筑体下淤泥承受总竖直应力时才能产生挤淤效果。据此推得夯锤单位底面积重量。

b. 夯点布置

整式挤淤应保证填筑体底部接底，为此，夯点布置应使填筑体底部均在强夯应力扩散角有效范围内，即桩式挤淤需根据要求设计成桩直径(约为夯锤直径的1.15倍)和置换率。

采用强夯方法使抛投在淤泥中的堆石体下沉，挤开淤泥形成人工置换地基或部分置换的复合地基，不仅可以克服淤泥加固施工的困难，且见效快，成本低，形成的置换地基整体性好，抗剪强度高，剩余沉降量小。该方法已在我国深圳国际机场中应用，取得了满意的效果。强夯挤淤的原理与方法，强夯是将机械能转换为重锤势能，再转变为重锤动能——夯击能的过程。在重锤快速下落并作用于漂浮在淤泥中的堆石体瞬间，使其产生剧烈振动，并形成强大冲击波。产生的压缩波可在固体及液体中传播，对正下方土体产生冲压作用及推拉运动，使土骨架解体；随后通过固体传播的剪切波产生冲剪作用，使土体沿剪切窗部位下沉，挤附近的饱和淤泥，使其孔隙水压力迅速增高(实测增高值可达40kPa以上)，有效压力减少，抗剪强度降低，淤泥便被下移的土体推动向两侧滑移、加高，产生挤淤效果，并使堆石体密实。

根据强夯挤淤的方法及形成地基性质的不同，强夯挤淤可分为整式挤淤及桩式挤淤两种。整式挤淤可使整个强夯平台全部沉到持力层，形成完整的人工置换地基。上部建筑物产生的附加应力通过置换地基扩散，传到下压持力层的附加应力已很小，因此，对下压持力层强度要求不高。堆石置换地基不仅取代淤泥且创造了下压持力层的排水条件。承载试验成果表明，采用石渣形成的强夯置换地基的允许承载力高达500～900kPa以上。

桩式挤淤只是使若干碎石柱状体挤开淤泥，沉到持力硬层上，又称强夯碎石桩。它主要依靠碎石内的摩擦角本身维持桩体平衡，通过置换、挤密、排水、加筋及应力集中作用，在强度很低的淤泥中形成由碎石桩平台、碎石桩体及其间被挤密排水加固的淤泥组成的复合地基，允许承载力可达250～400kPa。

强夯碎石桩为柔性桩，应力从基底即开始扩散，因而，附加应力传到下卧层时的应力远小于刚性桩，且创造了淤泥排水固结条件，地表沉降基本可在施工期内完成。

淤泥特性及厚度：强夯挤淤特别适用于天然含水率大于液限、孔隙比大于1.5的流塑状饱和淤泥。这类淤泥易受外力扰动，具有明显的触变性，一旦受扰动强度大大降低，有利于减少挤淤阻力。淤泥厚度小于2～3m，可采用抛石压载挤淤及振动挤淤，使置换地基填料沉到下持力层。此时，采用强夯挤淤易产生破坏下压持力层现象，将增加附加沉降量。对深度超过10m、含水率在50%～100%的常见淤泥，由于所需强夯能量过大，亦不经济。淤泥深度在5～6m以内时，可采用整式或桩式挤淤。但当淤泥深度超过5～6m时，若采用桩式挤淤，为满足一定承载力或沉降量要求的置换率过高，造成施工困难，强夯平台上抬现象严重，故宜改用整式挤淤。

填料：黏性土吸收夯击能量大，泊松比大(约0.5)；堆石及石渣传递夯击能量效果好，泊松比小(0.25～0.30)。用黏性土作为强夯平台填料，进行强夯挤淤时侧向增宽作用大，竖向沉底效果差，因此，宜选用块石、石渣等粗粒料作为平台填料。填料内混进淤泥后，会降低抗剪强度，由于淤泥的消震作用，挤淤效果明显降低，甚至出现只增宽、不下沉的现象。因此，宜选用透水不透淤泥、大小级配搭配、结构密实、抗剪强度高的块石及石渣料填筑。采用块石粒径过大，大部分能量要消耗在击碎大块石上，且填料会产生架空现象，亦会影响强夯挤淤效果，因此，采用块石最大粒径不宜超过1000mm。对桩式挤淤，为保证碎石桩的整体性、密实度和透水性，填料的最大粒径不宜大于桩径的1/5，含泥量不大于10%。采用这种填料形成的强夯碎石桩，大型原位直接剪切试验得出的内摩擦角可达54°。

夯坑进水后，夯锤击至水面不仅造成溅水、飞石，影响施工人员及夯机安全，且会消耗夯击能量，因此，强夯平台四周的地面或地下水位均应在形成的夯坑底部以下。强夯挤淤所形成的夯坑深度可达2.5～3.0m，因此，强夯平台附近的地面或地下水位应比强夯平台顶部高程低3m以上。

强夯平台：强夯平台是施工平台、施工道路，也是置换地基的组成部分，应该满足施工期和运行期的各项要求。强夯平台顶部填筑高程应满足厚度要求，且应高出淤泥面2m以上，以便强夯接底后，堤顶仍高出附近淤泥面。形成置换地基后的高程应满足上部结构对地基设计高程的要求。桩式挤淤应结合碎石桩工作垫层厚度（一般不小于2m）确定；强夯平台堆石体厚度若过薄（整式挤淤不足3m，桩式挤淤不足2m），易造成强夯击穿事故，夯坑内拥进淤泥或水，甚至丢失夯锤。若过厚（大于6m），要求强夯能量过大，夯击次数增多，不经济。因此，堆石体厚度以3～6m为宜。在淤泥中采用抛石压载挤淤形成的施工平台，为中间厚、旁边薄，进行强夯时，边孔易产生击穿现象。我们采用沿平台两侧挖去部分淤泥，进行卸荷挤淤的方法加厚平台两侧1.0～1.5m，杜绝了旁孔击穿现象。见图4-5。

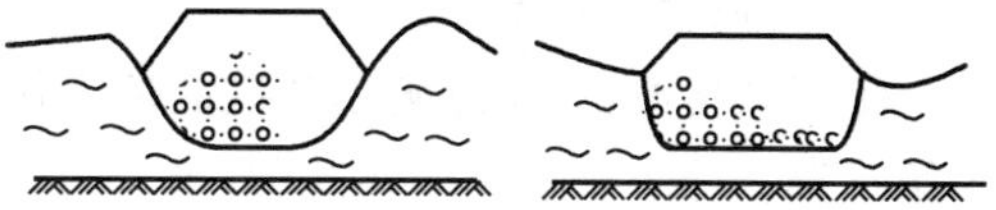
图4-5　淤泥中形成的强夯施工平台

强夯施工中，若夯坑附近产生摇晃现象，或夯坑内进水、溅起淤泥，均表明平台填料厚度不够，或夯坑布置太靠边，应补料加高或调整夯点位置。采用桩式挤淤时，应及时对夯坑补石满夯。最后采用振动碾压实。强夯挤淤的工效：统计资料表明，每台夯机每班约可强夯200击，最高280击，每天处理面积为360～500m²（两班制）。

强夯挤淤的应用实例

深圳国际机场跑道及滑行道长度均为3400m。要求建成后地基剩余沉降量不超过5cm。场道均位于5～9m深的含水率高达84%的流塑状海相淤泥上，采用笔者提出的拦淤堤封闭式换填地基。实现该方案的最关键技术，就是要使长达16576m、顶宽不小于13m、高7～11m的堆石拦淤堤整体穿过5～9m深海相淤泥沉至持力层——亚黏土层上，起到挖淤后的挡淤作用。在端进抛石压载挤淤施工中，拦淤堤可沉入淤泥中2.5～3.0m，再采用两侧挖淤和卸荷挤淤，又可下沉1.0～1.5m。此时，拦淤堤底部距持力层仍有1.5～3.0m厚淤泥，用强夯整式挤淤方法沉底。1989年进行实地压载挤淤试验。试验段位于5m深的流塑状海相淤泥上。采用强夯的动力固结作用提高地基土的强度并降低其压缩性，具有效果显著、设备简单、施工方便、节省建材及适用范围广等特点，已在我国建筑、交通及水利水电工程中得到日益广泛的应用。用强夯方法直接加固饱和软土时，需要破坏土的结构，产生超孔隙水压力以及通过裂隙形成排水通道，使孔隙水压力消散，才有可能被压密，因此，效果差，工期长。用于处理天然含水率大于液限、孔隙比超过1.5的淤泥时，更难以奏效。

南非约翰内斯堡市一段高速公路，需在平均深6m的淤泥中建造高9m、宽80m、长1200m的强夯碎石桩路基。设计要求竣工三年内，每100m差异沉降量不大于5cm。施工时，先形成高出淤泥面或水面1.5m以上、厚2～3m的石渣平台。采用重40t夯锤，落距29m，形成直径3.0～3.5m的碎石桩。第一序强夯后，用推土机整平。间隔一至二个星期，淤泥超孔隙水压力消散后，再进行第二序、第三序强夯，直至碎石桩接底(页岩)，再用12t夯锤满夯二遍。最后用8t振动碾碾压三遍。采用此法进行施工的特点是：在堆石体中采用强夯挤淤形成的人工置换地基、复合地基，质量可靠，经济且工期短，可应用于形成高级路面地基、码头地基及其他对地基承载力、剩余沉降量控制严格的建筑物地基，还可形成防波堤、拦淤堤、土石坝的下部结构或建筑物基础。整式挤淤适用于建立条带状路堤、堤坝、防波堤、拦淤堤而桩式挤淤还可用于宽达80～100m以上的大面积地基。强夯挤淤施工平台及碎石桩填料，宜采用透水、不透淤泥的石渣料。强夯挤淤所需能量大，单位面积锤重不宜小于10t/m²，单位底面积夯击能量不宜小于1500kJ/m²。

由于淤泥抗剪强度小于20kPa，难以采用振冲器进行深层干法桩式振动挤淤形成振冲碎石桩，一般采用重型振动碾在填筑体顶部进行振动碾压，实现散式挤淤，有效深度在2.5m以内。采用低频(8～10Hz)、大振幅(不小于6～8mm)，振动碾的静线压力宜在50kN/m以上。淤泥在振动荷载反复作用超900次以后，才会产生较大的振动触变和结构破坏，因此，振动挤淤需要较长的振动历时和较多的循环次数。

(3)其他辅助挤淤方法

①爆破挤淤：利用爆破动荷载的冲击作用破坏淤泥的结构强度及淤泥与填筑体间的极限平衡状态。一部分淤泥向外抛掷，水下的淤泥受爆破振动作用，产生振动触变软化，填筑体便下沉充填抛出淤泥留下的空间，产生挤淤下沉效果。为增大抛掷挤淤效果，尽可能采用集中药包，药包以上的填筑体重量应大于两侧可能被抛掷淤泥重量的1.2～1.3倍以上。当要求爆破挤淤深度为3～5m时，爆破孔距宜控制为0.5～4.1m，每孔装药量为8～33kg。

②卸荷挤淤：利用索铲、反铲或抓斗挖除填筑体两侧及堤头附近淤泥，形成卸荷槽，从而减少淤泥对填筑体的侧压力及上托力。淤泥受扰动后，结构强度明显降低，填筑体便靠自重进一步挤淤下沉。卸荷挤淤应坚持近挖远卸原则，在填筑体两侧对称挖淤，严格控制其两侧淤泥面高差满足一定要求。

③射水置换挤淤：用高速水流掏刷并冲刷石渣填筑体两侧及堤头的淤泥，使其逐渐稀释、流失，形成充水的卸荷槽，填筑体因自重下沉。最大冲淤深度应满足射水形成充水卸荷载，泥槽壁稳定的要求。填筑体下沉深度：a.压载挤淤措施。有足够压载力时，采用压载挤淤即可使填筑体着底。当填筑体自重不足以着底时，可通过强夯或爆破挤淤方法使其着底。卸荷及射水置换挤淤是增大压载挤淤效果的主要辅助措施，特别适用于填筑体顶部设计高程与周围淤泥面相差不大(3m以内)情况。b.主要靠填料重量下沉的压载、爆破、卸荷及射水置换挤淤，填筑体越厚，挤淤效果越好。主要靠外力下沉的强夯及振动挤淤，填筑体不能过高、过厚。c.在深厚淤泥(厚度5～10m)中，使填筑体着底的最佳整式挤淤措施是：首先，大量抛投填料进行压载挤淤，再进行卸荷挤淤，最后通过强夯挤淤使其着底。在淤泥中的抛填体压力(包括大型车辆、施工机械行走及工作压力)超过淤泥极限承载能力时，淤泥产生整体剪切破坏，两侧淤泥向上翻涌、隆起，并在淤泥中产生连续的滑动面。填筑体便挤开淤泥，下沉至一定深度，达到新的极限平衡状态，产生压载挤淤效果。压载挤淤后的填筑体，远大于淤泥的承载力。施工期起施工道路及工作平台作用，运营期又是可靠的构筑物。

4.1.2 挤淤置换法

挤淤置换地基法可以就地取材，根本上改善天然软弱地基的沉降变形及强度条件，成本小，技术难度小，易于实现的地基处理方法。流塑状淤泥的含水率大、孔隙比大、强度低，又为高灵敏土。在大面积深厚淤泥中，采用钢板桩或地下连续墙围护后进行换土施工，或不加围护，直接开挖淤泥及换土形成置换地基，均具有一定难度。但直接在挖除硬壳层的淤泥中一次大量抛投土石填料，依靠填筑体自重及外力扰动挤开淤泥下沉，形成顶部高出淤泥面、底部悬浮于淤泥中或与下卧持力硬土层相接的挤淤置换地基，挤淤下沉所遇阻力却远较其他土质小。淤泥具有明显触变性，被挤淤扰动后，强度进一步降低。挤淤过程完成后，淤泥处于相对静止状态，强度又逐步恢复。可以根据工程运用要求在淤泥中形成施工平台、压淤平台及高标准稳定人工地基。

(1)挤淤置换地基分类

葛洲坝水利枢纽、万安水电站及深圳国际机场的淤泥地基处理工程中，采用过整式、桩式、拦淤堤封闭式、散式挤淤置换地基。

①整式挤淤置换地基

填筑体被整体挤入淤泥中，除两侧及底部与淤泥接触的面层外，填筑体内不混进淤泥。这种结构整体性好，抗剪强度高，特别适用于建造条带状置换地基。根据填筑体底部与下压持力硬土层接触情况，又分为悬式、着底式及一侧或两侧的侧向约束式三种。采用围堰地基如深圳国际机场排水箱涵、排水沟等地基。

②桩式挤淤置换地基

通过振动或强夯使碎石或石渣填筑体中部分碎石呈桩状体接底，形成所谓碎石桩(墩柱)。它主要靠碎石内摩擦角本身维持桩体平衡，通过置换、挤密、排水及应力集中作用，在强度很低的淤泥中形成由碎石桩平台、桩体及其被挤密排水加固的淤泥组成的复合地基。这种形式可以减少填料数量，能形成大面积置换地基。我们采用强夯碎石桩方法处理拦淤堤封闭式置换地基中被拦淤堤内坡三角体封闭的残存淤泥。

③散式挤淤置换地基

在抗剪强度小于2kPa的极稀淤泥或深度不超过3～4m淤泥中散抛碎石，依靠单块自重或外力夯击下沉，形成以块石为骨架，淤泥充满在块石间空隙中的置换地基。这种形式对抛投强度无要求，可以人工施工，但形成的填筑体抗剪强度低，用于处理四周被天然地形或构筑物封闭的淤泥时，块石能形成稳固的受力骨架，仍有足够承载力和较小沉降量。我们曾用于处理万安水电站土坝左接头局部残存2～3m厚的淤泥，散抛块石出淤泥面后，采用振动碾压密实，满足了土坝坝基要求。

④拦淤堤封闭式置换地基

在要求形成置换地基的四周采用整式挤淤措施沉底的拦淤堤，然后挖除被拦淤堤封闭的淤泥，再加填合格土石填料。此法用于处理深圳国际机场跑道及滑行道的深厚淤泥地基。

(2)挤淤置换地基结构特点

①挤淤置换地基系一次向淤泥中抛投大量土石填料形成，采用填料均一，断面结构型式简单。

②挤淤置换地基的断面轮廓系在挤淤过程中形成，难以人为控制。离心机模拟试验及现场原型探测结果表明，整式挤淤形成的置换地基未接底前为悬浮于淤泥中、底部为抛物线型的倒梯形，接底后为两侧向淤泥突出的鼓形。散式挤淤的块石间混有淤泥，在外侧无硬土层或构筑物约束情况下，呈正梯形断面。

③挤淤置换地基在施工期兼起施工道路及工作平台作用，具有施工措施与地基结构措施合为一体的结构特点，因此，其设计宽度、高程、填料选择及沉底要求应同时满足施工期及运用

期要求。

④挤淤置换地基结构稳定性，会随四周被扰动淤泥强度逐渐恢复及失水固结而不断增强。

案例 4-1 广州市地下铁道二号线首期工程琶洲车辆段内工程——压钉横梁与锚杆的联合抗浮设计

(1)工程概况

该工程主要为：线路路基、道路、房建及桥涵；有出入段线、试车线、修车线等线路共 31 条；有综合办公楼、材料总库、运用库、检修库等房屋建筑 26 处；有车辆检查坑、车辆洗刷机、龙门式起重机等设备及构筑物 8 座；有铁路桥、公路桥、道岔桥、改沟小桥 7 座，通道涵 1 座。

琶洲站长 130m，宽 60m，高 10m，顶板埋深 3m。顶板厚度为 600mm，侧墙厚 800mm，底板为 800mm。

①岩土分层

根据岩土的工程特征及其成因，将广州地铁二号线首期工程琶洲车辆段及综合基地的土层和岩层自上而下细分为九层，各层内有必要的再细分亚层。各岩土分层及其特征如表 4-1 所示。

岩土工程勘察各岩土分层顶面标高、埋深及厚度统计表 表 4-1

岩土分层	岩土名称	顶面标高(m)	顶面埋深(m)	厚度平均值(m)	备注
1	杂填土、素填土	5.98～10.10	0	3.29	全部钻孔缺失
2—1	淤泥、淤泥质土	2.05～7.10	0.70～6.40	2.30	5 个孔缺失
2—2	淤泥质砂层	−1.87～5.07	1.80～8.15	5.36	2 个孔缺失
3—1	海相冲积砂层	−8.20～3.30	3.50～12.55	3.71	16 个孔缺失
3—2	冲积～洪积砂层	−11.50～0.52	8.80～19.85	4.65	16 个孔缺失
4	冲积～洪积土层	−9.82	15.50	0.50	仅有 1 个钻孔有揭露
5—2	残积土(硬塑、中密)	−12.3～0.60	9.50～18.88	2.53	仅有 6 个钻孔有揭露
6	岩石全风化带	−10.06～5.60	4.50～18.45	2.61	仅有 12 个钻孔有揭露
7	岩石强风化带	−16.55～−2.04	8.50～23.20	3.37	21 个孔缺失
8	岩石中风化带	−22.23～−4.09	12.60～29.00	4.06	22 个孔缺失
9	岩石微风化带	−31.83～6.86	14.10～38.60	7.25	仅有 6 个钻孔有揭露

②岩土分界线

残积土层和岩石全风化带在成因上属于岩石，但在物理力学指标方面具有土的特性，室内试验结果也是按土层提供；在可挖性方面考虑，它们与岩石强风化带有明显的差别。为了工程实施的便利，本案例将岩土分层〈7〉～〈9〉层划分为岩层，将岩土分层〈1〉～〈6〉层划分为土层，即在垂直方向上岩石强风化带的上界为岩土分界线。

③土石工程分级

根据国家行业标准《铁路工程地质技术规范》(TBJ 12—96)附表 1.16，赤琶洲辆段及综合基地土石工程分级如下：

Ⅰ级松土：包括耕植土、杂填土、淤泥、淤泥质土、淤泥质砂、砂层，即岩土分层〈1〉～〈3〉层。机械能全部直接铲挖满载。

Ⅱ级普通土：包括冲积—洪积、残积形成的黏性土(粉质黏土、黏土)和粉土，即岩土分层〈4〉～〈5〉层。机械需部分刨松方能铲挖满载，或可直接铲挖但不能满载。

III 级硬土：已风化成土柱状或土块状的岩石全风化带可划分为 III 硬土，即岩土分层〈6〉层。机械须普遍刨松或部分爆碎方能铲挖满载。

IV 级软石：岩石强风化带可划分为 IV 软石，即岩土分层〈7〉层。部分用爆破法开挖。

V 级次坚石：包括岩石中等风化带和微风化带，即岩土分层〈8〉～〈9〉层。用爆破法开挖。

④建筑场地类别与地震液化

建筑场地类别：按《建筑抗震设计规范》(GBJ 11—89)第三章第一节，根据第一次初勘报告表 15 的土层剪切波速和钻孔柱状图的土层厚度，琶洲车辆段及综合基地属于中软场地土，可划分为 II 类建筑场地。

砂土地震液化：按《建筑抗震设计规范》(GBJ 11—89)3.3.3-1 式和 3.3.3-2 式，用第一次初勘、第二次初勘淤泥质砂层和海相冲积砂层的标准贯入试验和静力触探试验进行判别，琶洲车辆段及综合基地在 VII 度地震裂度的情况下，淤泥质砂层(〈2—2〉层)中呈松散状态的淤泥质粉细砂以及海相冲积砂层(〈3—1〉层)中呈松散状态的粉细砂会产生液化，液化等级通过计算为“轻微～中等～严重”，大部为“中等”。

(2)工程计算

由于不能确定液化层的具体位置，本设计考虑结构分别处于液化层中和只有结构底板处于液化层中两种情况进行设计。

情况一：当结构整体处于液化层中时的抗浮设计

抗浮水位的确定及地下水浮力的计算：

根据《工程勘察报告》对地下水位的反映，最后本工程抗浮设计水位取地面标高－0.5m，则地下水对地铁车站底板的上浮力大小为

$$F=\gamma_w V=9.8\times130\times60\times10=7.64\times10^5\text{kN} \tag{4-1}$$

地铁车站结构自重

$$\begin{aligned}G&=\gamma_c V'\\&=25\times(130\times60\times0.6+130\times60\times0.8+130\times10\times2\times0.8+60\times10\times2\times0.8)\\&=3.49\times10^5\text{kN}\end{aligned} \tag{4-2}$$

结构四周的侧摩擦力

$$f=U\sum q_{sik}l_i=130\times60\times10\times10^3\times2.05=1.60\times10^5\text{kN} \tag{4-3}$$

上覆土层的重力

$$G'=\gamma V''=10\times10^3\times3\times130\times60=2.34\times10^5\text{kN} \tag{4-4}$$

结构所受合力

$$\begin{aligned}\sum F&=F-G-G'-f\\&=(7.64-3.49-1.60-2.34)\times10^5=0.21\times10^5\text{kN}\end{aligned} \tag{4-5}$$

根据 $K_f=\dfrac{G+f+g=G'}{F}=1.05\sim1.20$，式中 K_f 为抗浮稳定安全系数，本设计取 1.1。

经计算本工程所需要抵抗的浮力大小为 $1.1\times0.21=0.23\times10^5$kN。

<u>采用抗浮桩与压钉横梁的联合设计</u>

设压钉横梁的截面为 400×800mm，长度为 6m，压钉横梁设在淤泥质砂层顶部，以利于施工。

压钉梁自重

$$G=6\times0.4\times0.8\times25=48\text{kN}$$

压钉梁上覆土层重

$$F=[8\times3.29+(2.3+5.36)\times9]\times0.4\times6=228\text{kN} \tag{4-6}$$

每根压钉横梁能够提供的抗浮力极限值为

$$T=G+F=48+228=276\text{kN} \tag{4-7}$$

取安全系数1.2。

每根压钉横梁的抗浮设计值为

$$T_t=\frac{T}{n}=\frac{276}{1.2}=230\text{kN} \tag{4-8}$$

压钉横梁的结构设计

压钉横梁可以看作承受均匀荷载的悬臂梁，均布荷载为230/6=38.3kN/m，所以，压钉横梁所受的最大的弯矩为 $M_{max}=\frac{1}{2}\times38.3\times6^2=690\text{kN}\cdot\text{m}$，梁的混凝土采用C30，钢筋采用HRB335级钢筋。

由混凝土和钢筋等级，得：

$$f_c=14.3N/\text{mm}^2, f_y=300N/\text{mm}^2, f_t=1.43N/\text{mm}^2, \alpha_1=1.0, \beta_1=0.8$$

$$\xi_b=0.55, \text{取 } a=70\text{mm}, h_0=730\text{mm}$$

计算系数

$$\alpha_s=\frac{M}{\alpha_1 f_c b h_0^2}=\frac{690\times10^6}{1.0\times14.3\times400\times730^2}=0.226 \tag{4-9}$$

$$\xi=1-\sqrt{1-2\alpha_s}=0.26<\xi_b=0.55 \tag{4-10}$$

$$\gamma_s=0.5\times(1+\sqrt{1-2\alpha_s})=0.870 \tag{4-11}$$

$$A_s=\frac{M}{f_y\gamma_s h_0}=\frac{690\times10^6}{300\times0.870\times730}=3621\text{mm}^2 \tag{4-12}$$

取16 Φ 18，$A_s=4074\text{mm}^2$。

验算是否满足最小配筋率

$$\rho_{min}=0.45\frac{f_t}{f_y}=0.45\times\frac{1.43}{300}=0.2\% \tag{4-13}$$

$$\rho=\frac{4074}{400\times800}=1.3\%>0.2\% \tag{4-14}$$

满足要求。

斜截面受剪承载力的设计计算

压钉横梁的端部承受的剪力最大

$$V_{max}=ql_0=38.3\times6=229.8\text{kN} \tag{4-15}$$

验算截面尺寸

$$h_w=h_0=730\text{mm}, \frac{h_w}{b}=\frac{730}{400}=1.82<4 \tag{4-16}$$

属厚腹梁。

混凝土等级为C30，$f_{cuk}=30N/\text{mm}^2<50N/\text{mm}^2$，故取 $\beta_c=1$，

$$0.25\beta_c f_c b h_0=0.25\times1\times14.3\times400\times730=1043.9\text{kN}>V_{max} \tag{4-17}$$

截面符合要求。

验算是否需要计算箍筋配置

$$0.7f_t bh_0 = 0.7\times1.43\times400\times730 = 292.3\text{kN} > V_{max} \tag{4-18}$$

故只需构造配筋，取 $\phi8$@200，采用四肢箍。如图 4-6 所示。

裂缝验算

$$\sigma_{ck} = \frac{M}{W_0} = \frac{690\times10^3\times6}{400\times800^2} = 0.016\text{N/mm}^2 < f_{tk} = 2.01\text{N/mm}^2 \tag{4-19}$$

保证了压钉横梁不会出现混凝土裂缝，满足要求。

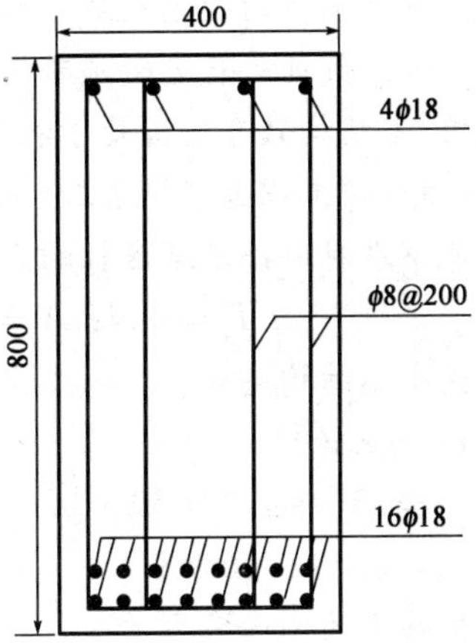

图 4-6 压钉横梁配筋图(尺寸单位:mm)

压钉横梁的布置

将压钉横梁在结构维护周围均匀以间距 2m 均匀布置，共布置 50 根压钉横梁。

由压钉横梁承担的浮力为

$$50\times276 = 13800\text{kN}$$

由抗浮桩抵抗的浮力为

$$0.23\times10^5 - 13800 = 9200\text{kN}$$

抗浮桩仍选用以上的抗浮桩设计方案二中的设计，所需抗浮桩的数目

$$n = \frac{9200}{808} = 12$$

抗浮桩的布置

将抗浮桩布置在结构的纵向维护结构下，从结构角点 15m 处开始，以间距 20m 置抗浮桩，共布置 12 根。如图 4-7 所示。

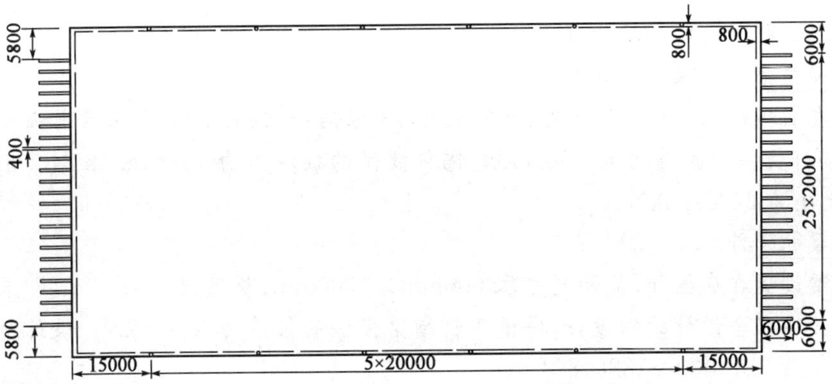

图 4-7 压钉横梁与抗浮桩的平面布置图(尺寸单位:mm)

造价计算

压钉横梁的造价计算：

受力筋的造价　　$16\times6\times1.998\times10^{-3}\times2855.71 = 548$ 元

箍筋的造价　　$60\times(0.2+0.73)\times0.395\times10^{-3}\times2832.29 = 62.4$ 元

其他材料及人工费　　$0.4\times0.8\times6\times482.94 = 927$ 元

单根压钉横梁的造价　　$548+62.4+927 = 1537.4$ 元

压钉横梁的造价　　　　　50×1537.4=7.7 万元

桩的造价　　　　　　　　12×4181=5 万元

该方案的总造价　　　　　7.7+5=12.7 万元

情况二：当结构只有底板处于液化层中时的抗浮设计

抗浮水位的确定及地下水浮力的计算

抗浮设计时首先必须确定地下水的净浮力值，该值等于地下水压力与结构自重（恒载）的差值，当结构只有底板处于液化层中时水压力安静水压力计算。

根据《工程勘察报告》对地下水位的反映，最后本工程抗浮设计水位取地面标高-0.5m，则地下水对地铁车站底板的上浮力大小为

$$F = \gamma_w H_0 A = 9.8 \times (13 - 0.5) \times 130 \times 60 = 9.56 \times 10^5 \text{kN} \tag{4-20}$$

地铁车站结构自重

$$\begin{aligned} G &= \gamma_c V' \\ &= 25 \times (130 \times 60 \times 0.6 + 130 \times 60 \times 0.8 + 130 \times 10 \times 2 \times 0.8 + 60 \times 10 \times 2 \times 0.8) \\ &= 3.49 \times 10^5 \text{kN} \end{aligned} \tag{4-21}$$

结构四周的侧摩擦力

$$f = U \sum q_{sik} l_i = 130 \times 60 \times 10 \times 10^3 \times 2.05 = 1.60 \times 10^5 \text{kN} \tag{4-22}$$

上覆土层的重力

$$G' = \gamma V'' = 10 \times 10^3 \times 3 \times 130 \times 60 = 2.34 \times 10^5 \text{kN} \tag{4-23}$$

结构所受合力

$$\begin{aligned} \sum F &= F - G - G' - f \\ &= (9.56 - 3.49 - 1.60 - 2.34) \times 10^5 = 1.93 \times 10^5 \text{kN} \end{aligned} \tag{4-24}$$

根据 $K_f = \dfrac{G + f + g = G'}{F} = 1.05 \sim 1.20$，式中 K_f 为抗浮稳定安全系数，本设计取 1.1。

经计算本工程所需要抵抗的浮力大小为 $1.1 \times 1.93 = 2.13 \times 10^5$kN。

压钉横梁与锚杆的联合设计

将锚杆在底板以 2.5m 均匀布置，共布置 1173 根锚杆，锚杆的设计取只用锚杆抗浮时的设计，每根锚杆提供的抗浮力为 160.8kN，锚杆提供的抗浮力为 188618.4kN，其余的由压钉横梁提供，大小为 24381.6kN。

压钉横梁的设计

压钉横梁设置在底板处，截面尺寸取 600mm×1200mm，长度设计为 10m，即采用上述压钉横梁与抗拔庄联合设计时的设计，每根压钉横梁提供的抗浮力为 729kN。设计所需要的压钉横梁的数目 $n = \dfrac{213000 - 188618.4}{729} = 34$。

压钉横梁的布置

将压钉横梁布置在维护结构的横向，压钉横梁布置的间距大小为 3.75m，共布置 34 根压钉横梁。如图 4-8 所示。

造价计算

压钉横梁的造价：

受力筋的造价　　$16 \times 11 \times 6.31 \times 10^{-3} \times 2855.71 = 3171.4$ 元

箍筋的造价　$67 \times 2 \times (0.53 + 0.6) \times 0.395 \times 10^{-3} \times 2832.29 = 169.4$ 元

其他材料及人工费	0.6×1.2×10×449.97=3240 元
单根压钉横梁的造价	3171.4+169.4+3240=6581 元
压钉横梁的总造价	6581×34=22.4 万元
锚杆的总造价	1173×460=54 万元
该方案的总造价	22.4+54=76.4 万元

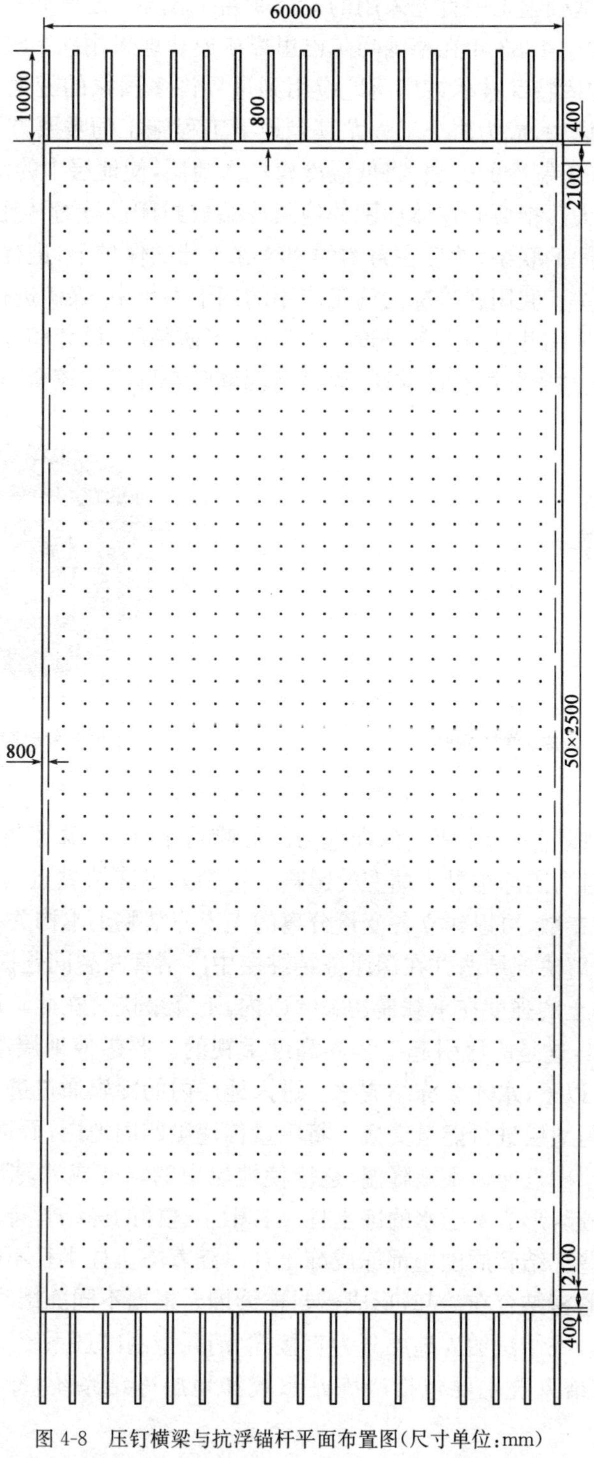

图 4-8　压钉横梁与抗浮锚杆平面布置图(尺寸单位:mm)

4.2 冷冻法施工

人工地层冻结技术源于天然冻结现象。三国时期，为了修防御工事，寒冬季节，命令士兵在晚上堆砂土，并不断浇水，冻结后形成防御工事，见图 4-9a)。人工制冷加固土壤是在 1862 年英国威尔士的建筑基础施工中首先采用的。1880 年，德国工程师 F·H·Poetch 首先提出了人工冻结法原理，并于 1883 年在德国阿尔巴里煤矿成功地采用冻结法建造井筒[图4-9b)]。从此以后，这项地层加固特殊技术被广泛地应用到世界许多国家的隧道、地铁、基坑、矿井、市政及其他岩土工程建设中，成为岩土工程尤其是地下工程施工的重要方法之一。冻结法加固地层的原理，是利用人工制冷的方法，将低温冷媒送入地层，使地层中的水冻结成冰，从而使之强度和弹性模量都增大。把要开挖体周围的地层冻结成封闭的连续冻土墙，以抵抗地压并隔绝地下水和开挖体之间的联系，然后在封闭的连续冻土墙的保护下，进行开挖和做永久支护的一种特殊地层加固方法。我国在冷冻法施工应用的四十多年中，煤矿进行井建施工时，常用到冷冻法施工用来临时加固井壁。尤其是近二十年中，科研院所、设计和施工单位通过大量的工程实践、科学研究以及与国际同行的交流，对这些课题已经形成了较全面的认知。

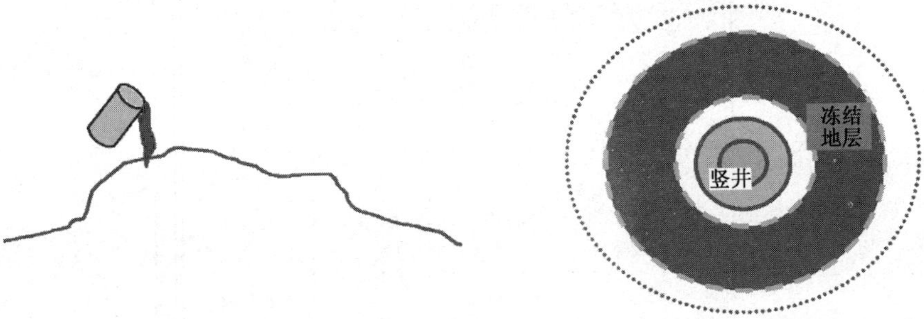

a)冷冻法修筑工事　　b)冷冻法建井施工

图 4-9　冷冻法加固地基示意

在人工冻结黏土蠕变分析中平均法向应力的影响可不计，内摩擦角最小且受负温影响不明显，可忽略其变化对人工冻结黏土蠕变的影响。得到人工冻结黏土本构关系中温度对蠕变的影响规律以及对应参数，可以建立各变量分离的人工冻结黏土本构关系，进一步完善有关冻土本构关系。它将为解决冻结凿井在深厚冻结黏层中冻结管断裂问题提供关键的冻土力学理论基础。人工冻结黏土的强度在承载最初 10h 以内，下降最快。在此阶段，人工冻结黏土强度一般降低约 1/5～1/4，这是应该引起工程界高度重视的。要想使地层冻结成冰，就必须将其中水的温度降到冰点以下，水才会冻结成冰。进入地层内的冷媒通过进、回管路与要冻结的地层相连，通过冻结管与地层进行能量交换。将冷量传递给四周地层，而将地层中热量带走。由此，使冻结管周围地层由近向远不断降温，逐渐使地层中的水变成冰，把原来松散或有空隙的地层通过冰胶结在一起，形成不透水的冻土柱。若干个这样的冻结管排列起来，通过冻结管内冷媒不断循环，使这些冻结管周围土都冻成冻土柱。随着冻土柱半径不断扩展，相邻冻土柱就会相连，彼此通过冰紧密结合在一起，形成密封连续墙。根据不同冻结时间冻结管周围冻土发展和冻柱相连接过程，冻结法加固地层分为直接式（消耗型制冷剂系统）和间接式（循环冷媒系统）。典型间接式冻结系统主要包括冷冻站系统和地层冻结系统，冷冻温度一般在－20～－35℃之间。

直接式冻结法，所用制冷剂主要有液氮或固体二氧化碳溶于酒精后的液体。它们既是制冷剂，又是冷媒。用泵直接把这种液体泵入地层里的冻结管内，另一端排出已同地层发生过热交换的尾气。这种方法中，冻结管内温度一般较低，液氮可达－190℃左右，而后者也可达－70℃左右。这时冻土墙可在几小时内形成。对于处理一些工程事故和高大建筑物下施工，具有速度快、操作方便和冻土墙承载能力大等优点，当然成本也就高。组合制冷剂的指标见表4-2。

制冷剂的指标 表4-2

主制冷剂	次制冷剂	指标	
		温度℃	压力(MPa)
N_2	N_2	－170～－190	17～106
CO_2	CO_2	－40～－55	56～106
NH_3	CO_2	－15～－40	106～211

冻土中冰的力学性质主要取决于温度和时间，而水是关键。它可用于任何含水的土层或岩层中，无论什么样的结构、颗粒或渗透特性。尽管饱和含水量对冻结法更好，但即使含水率低到10%时，或地下水流速不大于10m/d，冻结法应用也不会有什么问题或困难。软土、流砂层、砾石地层，以及高水压或高土压地层，冻结法较其他方法更具优越性。随着冷冻法施工在市政工程，尤其在深表土(第四系地层)中的应用，出现了许多问题，有的还是灾难性的问题，如冻结凿井中断管淹井事故，市政工程中冻胀融沉给地下管线和现有建筑带来的损害，以及因设计施工和管理等环节上的失误导致重大事故等。而冻结凿井中断管淹井事故主要是由于过去对人工冻结黏土的力学性质，尤其是流变性质认识不够，设计理论和公式与实际相差甚远。我国在应用人工地层冷冻法施工时所必须解决的问题：对冻土的物理力学性质认识不足，对水文地质了解不够，设计失误，施工中遇到问题处置不当，监测监控数据把握和分析不周到，应急措施不到位等问题。

在不稳定含水地层或含水丰富的裂隙岩层中进行地下建筑或基坑施工时，利用冷冻法施工形成冻土墙来隔绝地下水和开挖区域是最有效的措施之一。一般情况下，地下含水率大于10%，其流速不大(≤3～10m/d)、含盐量较小、水温变化幅度不太大，可以使用冷冻法施工。若这些条件不满足，经比较后仍然要用冷冻法施工，就需要缩小冻结孔间距，或增加冻结孔排数，降低冷媒温度等措施，以及采用干冰或液氮做冷媒。因此，对地下含水率、流速流向、含盐量、水温以及和其他水源的水力联系、开挖体及影响范围内地层中含水层和隔水层等一定要勘察清楚，这是冻结设计和施工必备的重要资料。根据开挖范围和地层含水层、隔水层等资料，就可决定冻结深度(垂直冻结)或冻结长度(水平或倾斜冻结)。

冻土墙作为地下建筑施工过程中的临时结构，无论是各类挡土墙、地下连续墙、水平圆形或其他形状结构或竖直圆形结构，其设计仍然采用常用的同类结构设计公式，只是其中的力学参数采用前面的冻土力学指标。因为冻土墙厚度计算还有一些不同点，这里以矿山凿井的圆形冻土墙(冻结壁)厚度设计为例加以说明。人工地层冻结法原理应用到凿井工程中已有一百一十多年的历史。我国从1955年首次应用该方法开凿开滦林西风井以来也有四十多年的历史，冻结深度经历了由浅到深、应用范围由矿山凿井工程发展到其他岩土工程的过程。其中，作为临时支护结构冻结壁的设计是决定冻结法加固地层成败的关键之一。而深冻结壁(圆形)设计在深表土(第四系)冻结法凿井中更为突出，它也是多来冻结法凿井在深厚黏土层中造成失效的主要原因。冻结黏土强度比冻砂要低许多，而且比冻砂蠕变特性更显著，而过去的设计理论很少考虑这些因素。冻结法凿井早期，因冻结深度较浅，人们设计圆形冻结壁时，把冻结壁看成弹性力，意义还不仅如此。因为深冻结壁多在250m深的四系地层中，各种地层的冻土强度不一、蠕变特性不一，所承受地压力值也不同，如果仍和浅冻结壁一样只以某一最薄弱地层作为设计标志层，从上到下整个冻结壁都设计得一样厚，不但造成投资上的极大浪费，而且因冻结壁太厚而工期延长。根据不同地层特性来改变冻结温度、掘砌时间、段高、冻结管材料等，或组合调整这些参数来满足冻结壁强度和稳定性的要求，从而达到优化设计的目的。这是深冻结壁时空设计的时空观或动态观的核心之一，即深冻结壁在空间上也是动态的，并与时间相关。以深冻结壁(冻结管)变形极限为准则的深冻结壁时空设计或动态设计不同于传统的冻结壁设计观念，对不同地层中深冻结壁进行优化设计可以达到安全、省时、省投资的目标，并能为岩土及地下工程信息施工和信息设计提供理论基础。

冻结壁的承载能力除了与冻土的物理力学性质密切相关外，更重要的是与冻结管材、冻结壁的平均温度、未支护段高度和掘砌时间直接相关。考察冻结壁的承载能力时，冻土本身的力学参数在施工中是很难改变的。冻结管的允许变形，在选定管材和接头后，只能通过冻结壁平均温度的降低和未支护高度的协调改变来改变。而在施工中可人为且较容易控制的参数是冻结壁的平均温度、未支护段高度和掘砌时间，因而，考察这些可控变量对冻结壁承载能力的影响程度和方式，不但可了解这些变量的作用，更重要的是在施工中可根据当时当地的情况进行变量的调整，以达到使冻结壁稳定安全的目的。降低段高是提高深部泥岩冻结壁承载能力最有效的途径，也是最容易实现的；缩短掘砌时间和降低冻结壁平均负温(实际提高了强度和弹性模量，同时实际也增厚了冻结壁)可作为辅助手段。有时可组合采取上述手段来提高冻结壁的承载能力。当然还要看冻土的蠕变参数和实际条件来定。深冻结壁时空设计理论反映了深冻结壁实况，经实践检验是正确的。它不但更新了冻结壁设计的传统理论及观念，同时为深表土中冻结凿井信息施工奠定了理论基础，并能产生良好的经济效益。

冻结工程中主要钻孔为水位观察孔、测温孔和冻结孔。冻结孔是冻结器放入的孔，实现地层冻结能量传递的关键部分，冻结孔的布置对冻土形成起着关键作用；水位观察孔是用来观察冻结过程中冻结封闭体内水位的变化情况；测温孔用来监测冻结过程中冻结温度在土中发展变化情况。

在冻结温度确定后，冻结孔的间距和排数(单排、双排或多排冻结孔)决定冻土墙的发展速度和厚度。当冻土墙的厚度确定后，就可根据冻结深度或长度、打钻设备精度、地下水流速和流向、土壤的热物理参数等计算冻结孔的间距和排数。当冻土墙厚度不很厚时(如小于3～4m)，单排冻结孔间距一般在0.5～1.2m范围内取值。孔间距越小，冻土形成越快，相应的成本也要增大，反之亦然。孔间距主要取决于工期、地下水温度、水中的盐分、冻结深度和打钻设备精度、土壤热物理参数、冻土墙的设计平均温度等因素。

当冻土墙厚度很厚(如大于3～4m)或地下水流速较快时，单排冻结孔不能满足要求而必须采用双排或多排冻结孔时，孔间距和排距的选取，主要根据冻土墙设计的平均温度、土层常规和负温下的物理力学参数、冻结速度的要求等主要因素决定。这时冻结孔一般成错位布置或梅花形布置。冻结孔间距一般在0.8～1.2m范围内，而排距一般在0.5～1m范围内取值。类似地，单排孔，距离越小，冻土墙形成越快。相应的成本也要增大，反之亦然。圆形冻土墙冻结孔的布置圈径要考虑开挖体的直径、深(长)度、冻结深(长)、冻土墙厚度占钻孔可能的最大偏斜率和冻土墙在已冻结孔布置轴面上相对开挖区的内侧分配比例等因素。

冻土墙的积极冻结时间是指从冷冻站开始向地层供冷到冻土墙形成并具备开挖条件所需要的冻结日期。冻结时间确定仍是一个难题。

实施冻结工程，要建冷冻站给地层提供降温冻结的能量。煤矿冻结凿井中主要用氨压缩机（即制冷剂是液氨），相应的配套设备除了盐水泵、冷却水泵、冷凝器、蒸发器、中间冷却器外，还有油氨分离器、集油器、储氨器、空气分离器和众多连接管线等。这样一个冷冻站所占场地非常大。尤其在市政工程中，用地面积往往非常有限，而采用这类设备就非常困难。随着科技进步，使用氟利昂或液氨作为制冷剂的组合式螺杆压缩机组，将不会影响地面交通和商贸。

某地铁二号线越秀站。冷冻法堵水。由于地铁车站和区间附近有断层，施工时大量涌水，同时，工程施工穿越断层带，所以，采取了冷冻地层法堵水（2001 年），见图 4-10。

1998 年 12 月，上海地铁“×”号线黄浦江下旁通道和泵站水平冻结工程。旁通道和泵站同黄浦江底的位置关系如图 4-11 所示。两个区间隧道已由盾构机施工完成。由于旁通道的顶距黄浦江底（填土）只有 8m 之距，此处水深 18m 左右，加之地质柱状资料不全，无论是地下开挖和冻结孔的施工均具重大风险。故在冻结孔施工中采取孔口密封装置，以防钻进时与黄浦江水连通而堵水。冻土墙设计中取冻结帷幕平均温度－8℃，单轴抗压强度取 4.5MPa，抗拉强度 0.9MPa。土层压力按朗肯土压公式计算，土体内摩擦角及内聚力分别取 1kPa 和 10kPa，上覆土层平均重度取 18.3kN。58 个冻结孔和 8 个补孔的施工工作，冻结过程中地层冻胀并没有给隧道管片造成大的变位，最大相对变位小于 2mm。并对融沉采取了预留注浆孔进行融化跟踪注浆的措施。衬砌完工，冷冻法施工应用注意事项，冷冻法施工，除了和其他工法应用有一定的风险外必须维持的特殊性又增加了变数。

图 4-10　冷冻法堵水

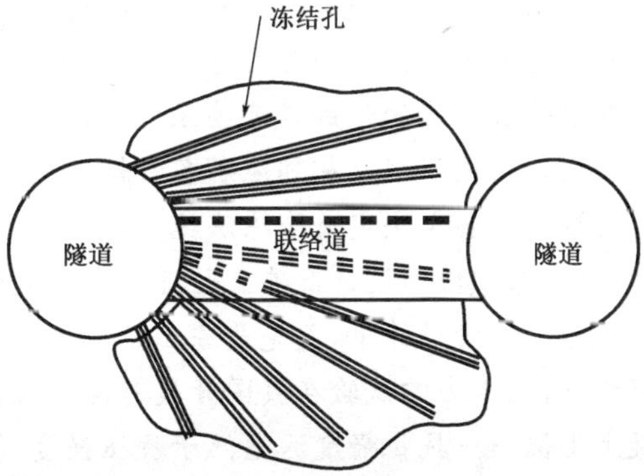

图 4-11　冷冻法进行地铁联络道施工

上海地铁 4 号线在黄浦江边冷冻法施工，此为失败案例。

上海明珠线在黄浦江底下 8m 处同样用冷冻法施工，施工联络道。

内蒙海拉尔水泥厂的卸矿室位于地下水丰富，地下水位较高的砂层，基础距离地面 14m，应用冬季自然冻结放坡开挖未获成果，采用人工冷冻，共布置 206 个冻结孔，采用 ϕ159 冻结管，冻结深度比主体深 4～8m，冻结 42d，冻结厚度达 2.5m。冻结获得满意效果。见图 4-12。

案例 4-2　（总结经验案例）

（1）概述

深圳地铁 1 号线在广深铁路桥下老布吉河床卵石地层周旋喷加固后仍漏水，无法进行双层隧道的安全掘砌，采用了冷冻法施工。预期冻结期 48d 后，地下 8～10m 水平测点温度下降很慢（平均下降不到 0.1℃/d，而其他水平则以 0.3～0.6℃/d 的速度下降）。这说明该区段地下热交换很大，致使冻结管冷量散失严重。经过进一步的水文地质调查和抽水试验，发现地下水流速变得远远大于原资料的最大流速15m/d,其原因是广深铁路其他桥跨下部地层不是老布吉河床而不渗水,只有此处冻结段是老河床而成为地下水唯一通道。当冻结运转后,其中垂直穿过老河床的冻结管周围地层发展成冻土柱后,减小了地下水通道的有效过水断面,从而使地下水流速大大提高。后来通过在其上游钻三个抽水井抽上游水通过水管从地面排到下游,大大减小了8~10m水平处的地下水流速。7d后冻结圈形成并开始开挖工作,整个工期因此耽误了近一个月。但因处理得当,最终实现了隧道贯通的目标工期。

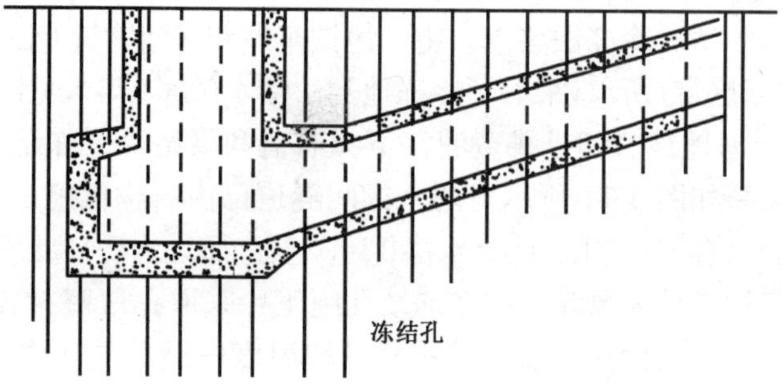

图4-12　冷冻法在地下卸矿室施工中应用

地质勘探和调查还因其冻土需要在施工过程中和其他工法应用相比,冷冻法施工应用对地质情况了解要求更高。因为地层含水率、水流速、流向、水温、含盐量、地下水位变化情况、与周围其他水系的水力联系、隔水层厚度及其物理力学性质、地层的可钻性、是否为扰动土层等对冷冻法施工的应用都有影响。地层含水率的大小、土壤的颗粒组成、含盐量等因素直接影响或决定着冻土的强度和变形特性;地下水的流速和流向、水位变化情况、开挖区和周围的水力联系影响冻土墙的形成速度甚至安全;隔水层的位置和特性决定着冻结深(长)度和开挖过程的安全。对地下水及相邻地层各种情况的掌握,相对于其他工法,对冷冻法施工应用更重要。有时这方面甚至决定着冷冻法施工应用的成败。

(2)冻土墙的设计及冻土物理力学参数的选取

冻土墙的设计中,首先是冻土物理力学参数的选取,尤其是力学指标的选用尤为重要。如前所述,冻土力学试验在我国开展时间不长,相关的国家规范或标准还未制定。因为冻土和混凝土类似——抗拉强度远远低于抗压强度,因此,尽量不要使冻土结构受拉。例如,直墙可以设计成多个小曲拱连接,而在拱脚处增加冻结孔而成为拱柱。有时场地有限或因地下条件而使冻土墙不得不受拉时,开挖后应及时支护而使冻土裸露时间尽可能地短一些。由于冻土抗拉强度试验设备有限,且抗拉试件制作和试验时安装困难,这方面的数据有限。多数冻土的抗拉强度只有其抗压强度的1/6~1/4。有必要时可在抗拉处增加土钉或锚索,从而可减小抗拉冻土墙的设计厚度。

(3)设备安装

冷冻站的设备选型确定后,针对工程的重要程度,必须考虑冷冻机组、盐水泵和冷却水泵的备用数量。同时,供电必须有备用电源(一级供电)。因为冻土墙完全靠冷冻站供冷来维持,站内任何设备故障导致供冷停止,都有可能使冻结工程完全失败。尤其是在那些人命关天和会危及重大财产安全的工程中,这一点尤为重要。

冻结孔的施工必须达到设计要求,要有测斜数据,没有达到设计要求的要补救(如增加孔数等),并经过监理的严格验收,合格后再进行冻结管的安放。对每根冻结管要按规范进行打压试验，在规定的时间内不泄漏自检合格后，报监理验收。合格后再进行供液管（内管）的下放工作（下放长度要由监理见证）。然后进行集配液干管的安装以及与冷冻站的连接。站内所有设备（包括检测监控系统）的安装和盐水的配置必须严格按规程进行。全部安装工作完成后，需经监理验收签字确认合格，再进行调试和检测、试运转。对于向上倾斜的冻结管必须将管顶头的气体排完，否则，会造成局部没有冻结或冻土强度低的隐患。自检合格后再报监理验收。获得监理和业主的同意后，进行管路的保温层施做。最后，报监理全面验收合格后，由监理在开机申请书上签字同意后，方可以开始冻结。

温度检测监控系统、报警系统都要有备用系统。

冻土墙做基坑围护结构时，可在坑内外各设若干水位观测孔（根据坑的大小、孔的数量可调整），以此观测地下水位的变化情况来判断冻土墙是否完整。当用冻土墙做其他封闭体时，除了内外设水文观测孔外，建议在冻土封闭体内设花管引出地下水压管并装上水压表。

(4)施工安全和监测监控

冻结工程中开挖和支护，必须严格按设计和规范进行。对站内盐水液面有不间断检测报警；对盐水温度和去回路温差、冷冻机等站内设备运转状况等进行无间断人工看守。通过检测温孔温度变化、去回路温差变化、水位变化和冷冻站运转等情况，就可基本推断冻土墙发展的情况。对于封闭式冻土体，冻结过程中除了用水文变化判断冻结交圈外，还可以根据水压力表的变化情况判断冻结交圈情况。一般交圈封闭后，封闭体内的水压急剧升高。同时，这种压力表还可以卸压并减小因冻结产生的冻胀压力。当各方面数据显示，冻土墙达到设计要求后，承包商就可以向监理申请试挖。得到批准试挖后，要经各方会签同意之后，再进行正式开挖和支护工作。对冻土墙位移等各方面进行全面的观测和检查，及时处理异常情况。监理要旁站到位。冻结过程中主要由地层冻结而膨胀产生冻胀推力，有可能对相邻结构产生附加力。多数情况下，这种冻胀产生在粉质砂或砂质淤泥中。它可以通过地层被动或主动排水而减小，其他土层冻胀力几乎可以忽略不计。当有重要建筑物或地下结构受冻胀影响敏感时，就必须采取地层主动排水或冻前注浆对冻敏土层改性处理。一般停止冻结后地下冻土化冻时间为三个月到半年，有时甚至更长，主要取决于地层温度和冻土体积大小。完工后对融沉的处理措施主要有跟踪注浆等。

(5)应急措施

对于一些特别重大的工程，必要时应该备用液氮槽车和输送管道到冻土墙处，或有多个专用液氮瓶可将液氮送到所需地方，以防止万一涌水出现意外事故。一般情况下，若完全履行了上述四项工作，应急措施可以不用。总之，冷冻法施工是一项既古老而又对技术和管理要求非常严谨的工法。任何一个环节的疏忽大意或不严谨就会酿成大事故。只有严格按操作规程办事，以严谨的科学态度应用冷冻法施工，就同其他工法一样安全可靠。

4.3 建筑物纠倾技术

建筑物纠倾是指既有建筑物由于某种原因造成偏离垂直位置而发生倾斜，影响正常使用，甚至导致建筑物结构损伤，危及生命及财产安全时，为了恢复建筑物使用功能，保证建筑物结构的安全，所采取的扶正技术措施。建筑物纠倾技术，又称为纠偏技术。它往往与基础加固相结合，建筑物发生倾斜的原因很多，但大多与地基基础有关，包括上部结构、周边环境等影响因素，最终通过建筑物基础出现不均匀沉降，导致建筑物倾斜。

建筑物倾斜的主要原因:①软弱的土层不均匀,层厚差异较大,在建筑荷载作用下,土层因固结速度不一致使局部产生过大沉降,导致倾斜。湿陷性地基上,由于地基部分浸水,土层湿陷下沉而发生建筑物倾斜。地基下存在未发现地下洞穴,其地基局部下沉,使建筑物倾斜开裂。②建筑物荷载偏心,即建筑物重心与基础形心不重合造成倾斜。新旧建筑物相距较近,相互影响,相邻基础设计处理不当,使地基中的附加应力叠加,产生应力集中引起倾斜。③施工中桩基中断桩、严重缩径、沉渣过厚、未达持力层等。④建筑物堆载不当,使基础中局部承受大的附加应力,造成建筑物倾斜。邻近建筑物施工,大量降低地下水引起建筑物不均匀沉降。邻近建筑物基坑开挖、支护不当,土体侧向变形过大,引起建筑物倾斜。由于山体滑坡、砂土地震液化等引起建筑物倾斜。

当建筑物超过允许倾斜值,且倾斜造成建筑物结构损伤,或明显影响建筑物使用功能,导致人们产生不安全感,且在技术条件和经济效益评价可行时,应考虑对建筑物进行纠倾处理。建筑物常用的纠倾技术可归纳为两大类:一种是迫降纠倾技术,包括基底冲砂、掏土、侧面成孔取土、抽水、堆载、卸载、拔桩加压、断桩下降等;另一种是顶升纠倾技术,包括整体托换顶升、局部基础抬升等。进行纠倾处理,有时要结合对结构与基础进行必需的加固处理。常见纠倾技术见表 4-3。纠倾技术方案的设计难以用一种模式进行,它与建筑物特征、地质情况、周边环境等有关。因此,对具体工程应针对建筑物倾斜的原因,结合工程特征、工程地质情况,合理选择纠倾技术方案,做到经济合理、技术可靠、施工方便。

常用的建筑物纠倾技术及分类 表 4-3

方法名称	基本原理	适用范围
降水纠倾法	利用地下水位降低出现水力坡降产生附加应力差异,对地基变形进行调整	不均匀沉降量较小,地基土具有较好渗透性而降水不影响邻近建筑物
堆卸载纠倾法	增加沉降小的一侧地基附力应力,加剧其变形,或减小沉降大的一侧地基附加应力,减小其变形	基底附加应力较小的小型建筑物的纠倾
加固纠倾法	通过对沉降大的一侧地基或基础的加固,减少该侧沉降,让沉降小的一侧继续下沉	沉降尚未稳定且倾斜率不大的建筑纠倾
浸水纠倾法	通过土体内成孔或成槽,在孔或槽内浸水,使地基土湿陷,迫使建筑物下沉	湿陷性黄土地基
掏土纠倾法	人工或机械方式局部取去基底或桩端下部土层,迫使土中附加应力局部增加,加剧土体侧向变形	塑性地基土层或具有砂垫层的基础
切断纠倾法	在沉降大的一侧对柱或桩进行限位切断迫降处理	桩基且采用掏土纠倾法无法实施时
整体结构顶升	通过结构墙体的托换梁进行抬升,在框架结构中设托换牛腿进行抬升;利用结构的基础作反力对上部结构进行托换抬升	各种地基土、标高过低而需整体抬升的或有特殊要求的建(构)筑物
压桩反力顶升	在基础中压足够的桩,利用桩竖向力作为反力将建筑物抬升	较小型的建筑物
高压注浆顶升	利用压力注浆庄地基土中产生的顶托力将建筑物顶托升高	较小型的建筑物和筏基

(1)建筑物纠倾技术一般要求

①基本过程

搜集有关资料,包括建筑物的设计和施工资料、地质、周围环境资料,建筑物的沉降、倾斜和裂缝观测资料等;分析建筑物倾斜原因、危害程度和发展趋势,对建筑物纠倾进行可行性分析与评估;对建筑物进行必要的检测鉴定,以确定建筑物的安全可靠性;选择合适的纠倾技术方案;编制详细的纠倾方案;组织纠倾施工;后期定期的监测,观测纠倾的效果和稳定性。

②具体内容

建筑物现有状态下结构计算分析；纠倾施工状态下结构计算分析；建筑物各控制点纠倾变量；建筑物纠倾观测监控；纠倾施工技术说明，包括纠倾的顺序措施；纠倾速率要求；纠倾完成后的结构修复。

③纠倾施工要点

a. 纠倾值。由于建筑物存在施工允许值偏差，因此，实际测量的各控制点倾斜值是不一致的，在纠倾施工中不大可能达到绝对纠平的目标，也无此必要，纠倾施工组织方案中，纠倾值应是各控制点经计算平衡后的一个控制值，各控制值作为纠倾目标，应在国家行业标准《危险房屋鉴定标准》(JGJ 125—99)的范围内，一般情况下应控制在3%以内，特殊情况除外。

b. 纠倾速率。控制纠倾速率目的是防止上部结构适应不了太快的回复变形，产生裂缝甚至破坏。纠倾速率的上限主要取决于建筑物抵抗变形的能力，即建筑物的整体刚度和结构构件的强度。一般可以控制在4～10mm/d，对于刚度较好的建筑物可以适当提高，而对变形敏感的建筑物，可以定在4mm/d以下。此外，在纠倾初期速率可以较快，后期则应减慢。至于快慢的调整，应严格由监测结果控制。

在顶升纠倾中，多数纠倾是在几个小时内完成的，因此纠倾的速率主要控制每次顶升值，即每次千斤顶顶升量，一般控制在10～20mm，采用标尺控制。在正常纠倾过程实施至接近纠倾目标时，应该转入微调过程。即减少纠倾强度，或者暂停纠倾，依靠前期纠倾的滞后效应缓慢地达到目标，严格防止超纠倾的发生。

c. 纠倾预留及增量。在迫降纠倾中，纠倾到位时，建筑物仍会有一定量的纠倾，因此，在迫降纠倾中往往需考虑一定的纠倾预留值来防止可能出现的过量纠倾；与迫降纠倾相反，在顶升纠倾中，必须适当增加一定的纠倾量，来抵消顶升后的回缩。

d. 安全技术措施。针对每种纠倾方法应详细考虑纠倾施工过程中可能出现的各种不利情况以及危险，做好预防措施。例如，在迫降纠倾中应防止纠倾过程中的过量，应设置限位装置，预先考虑回填材料和支承方法。

e. 纠倾监测。常用的仪器为水准仪、经纬仪；采用的方法为垂球法、垂直仪等观测方法。

当被纠建筑物整体刚度不足时，应在施工前先行加固，防止在施工过程中发生破坏。在施工中应根据监测结果进行动态管理，即根据反馈的信息调整方案或程序，控制纠倾速率，指导施工。在纠倾过程中，应重点监测建筑物沉降值变化及建筑物上部结构变形，防止在施工过程中对建筑物结构造成损伤或破坏。纠倾施工监测工作频率应根据不同纠倾方法和不同纠倾速率而定，纠倾速率增大时，频率相应增加。对于迫降纠倾，每天应进行两次沉降观测，其他监测可每2～3d一次；对于顶升法纠倾，则应进行连续的监测。在纠倾完成后，应定期监测建筑物沉降；判定纠倾效果，确定是否需加固补强。如有变化，应采取补救措施。

(2)迫降纠倾法

通过调整土体固有的应力状态，用人工或机械施工的方法使建筑物原来沉降较小侧的地基土局部掏除或增加土体应力，迫使土体产生新的竖向变形或侧向变形，使建筑物在一定时间内侧沉降加剧，从而纠正建筑物倾斜。这种纠倾方法称为迫降纠倾法。

①降水纠倾法

通过强制降低建筑物沉降较小一侧的地下水位，迫使土中孔隙减少，从而增加土中的有效应力，使地基土产生同时沉降，从而达到纠倾。在建筑物沉降较小的外侧，设置多个沉井或降水井管，采用机械抽水来降低水位，或采用挖沟排水降低水位。降水纠倾方法施工简便，安全可靠，费用较低，但纠倾速率较慢，施工期长。单一使用降水纠倾方法效果有限，一般情况下经常与其他方法一起使用。

②堆卸载纠倾法

在建筑物沉降较小的一侧采用堆载加压或在沉降较大的一侧采用卸载减压方法，从而增加沉降较小一侧沉降，或减少沉降较大一侧沉降，达到纠倾目的。该方法适用于淤泥、淤泥质土及松散填土等软弱土地基，其纠倾速率慢，周期长。

③加固纠倾法施工

在建筑物沉降大的一侧，用桩基将基础进行锚固，制止其继续沉降，随着沉降较小一侧继续沉降达到自身平衡，达到纠倾目的。该方法所需时间较长，往往与掏土纠倾法相结合，即在沉降较小侧采用掏土方法来加快沉降。

④浸水纠倾法

浸水纠倾法适用于有一定厚度的湿陷性黄土的地基。其主要原理是利用湿陷性黄土的特性，在含水率较小、相对湿陷系数大的条件下，通过在沉降较小一侧开槽、成孔，有控制地注水，使土产生湿陷变形，从而调整倾斜，达到纠倾目的。浸水纠倾前，应根据主要受力土层的含水率、饱和度以及建筑物纠倾值计算所需的注水量，必要时应进行现场注水试验。确定浸水影响半径、注水量与渗透速度的关系。

⑤掏土纠倾法

掏土纠倾法是迫降纠倾技术中最常用的一种方法，根据基础底部土层不同，有时可分为掏土和掏砂两种方法，相对于掏土，当基底有一定层厚的砂层时，采用压力水冲砂方法将更为简便实用。掏土纠倾法的原理是在倾斜建筑物沉降量较小的一侧，采用机械或人工方法将基底下土层掏出一定数量后造成基底下土体部分应力集中，导致土体产生侧向变形，从而使建筑物调整沉降差异，达到纠倾目的。掏土纠倾时，根据掏土位置可分为浅层掏土和深层掏土，浅层掏土一般在基底面进行，它适用于匀质黏性土层和砂质土层上，结构完好、具有较大整体刚度的建筑物，一般为钢筋混凝土条形基础、片筏基础和箱形基础。深层掏土主要指在沉降较小侧基础外采用钻孔取土和沉井掏土，由于深层掏土影响范围限制，该方法主要适用于淤泥，淤泥质土等软土地基。掏土纠倾法施工安全可靠，工程费用较低，工期较短，适用范围较广。

⑥切断纠倾法

由于桩基质量原因，导致建筑物产生不均匀沉降，发生整体倾斜，在这种情况采用一般的迫降纠倾技术无法达到理想效果。与顶升纠倾技术原理相类似，通过托换体系，将主体结构与基础进行切断后，对沉降较小的支承点进行定量下降，调整建筑物沉降差，达到纠倾目的。该方法适用于桩基，其施下技术要求较高，需加强安全技术措施。

案例 4-3　老人塔纠倾工程

(1)工程概况

老人塔为金元时代风格的密檐八角九层砖塔，高约 15.9m，是北京城区仅存的一座砖塔。塔院东西长 14m，南北宽 7m，面积为 99.3m²，其中建筑面积 22.5m²，塔底面对边长为 5.2m，八边形每条边长为 2.2m，塔重 520t。这座古砖塔已成为北京城区仅存的砖塔，具有极高的史料和地标价值，但这座砖塔现已向东北方向发生将近 3°的倾斜，人防砖拱及侧壁无任何变形和整体沉降现象。

老人塔发生较大倾斜，其中一个原因是基础底面面积较小，基底地基承受的土压力太大，且塔基下人工地基下的持力层为粉质黏土，呈可塑至流塑状态。

砖塔位于隧道左右线之间，隧道右线上方，砖塔东侧进入右线隧道约 1.20m。因此，必须要对老人塔进行纠倾，而且对其地基加固并且采取减振措施。

其土层表层为杂填土层，厚度一般在 3～6m，成分主要有粉质黏土填土、房渣土、炉灰等，主要特性是欠压密、强度低、中高压缩性。杂填土层下是第四纪黏土、粉土层及卵砾石层，该层是地铁施工主要的围岩地层，工程性质相对良好，地铁 4 号及 5 号线在该层施工。

对于老人塔所处位置地下水情况，根据资料调查可知，地表下埋深 30m 内主要赋存三层地下水层，地下水类型依次为上层滞水、层间潜水和潜水—承压水。上层滞水地下水层赋存于地面下埋深 10m 左右范围内的土层内；层间潜水层赋存于地面下埋深 10～20m 间的砂、卵石层中；潜水—承压水层赋存于地面下埋深 20m 以下的砂、卵石层中。

(2)倾斜原因分析

造成不均匀沉降原因可能存在以下情况：

工况 1：塔下及其周围人工填土层厚薄不均，产生了不均匀的压缩变形。

工况 2：在工况 1 的基础上，考虑了塔基及其周围地面未作妥善处理，因地表水渗入地基、由南向北潜流侵蚀等因素，使塔北人工填土层下部产生较多孔隙。

工况 3：在工况 2 的基础上，考虑了由于塔身倾斜后形成偏心压力，加剧了不均匀压缩变形。

根据以上三种工况建立模型，计算各工况下老人塔的沉降量，以此来分析出老人塔倾斜原因。图 4-13 为各工况下地基简化模型。

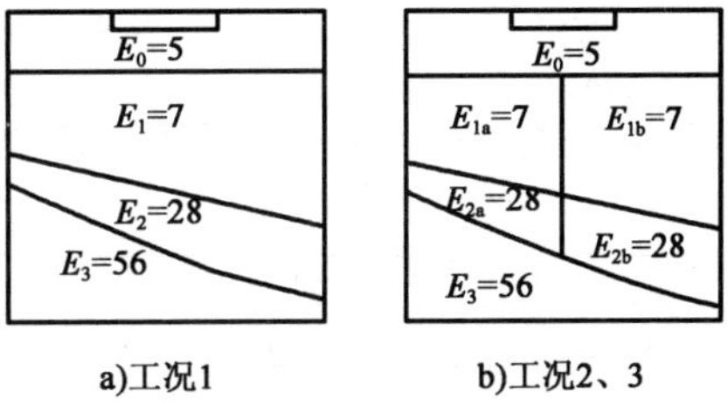

图 4-13　地基简化模型

①基础底面平均压力

$$p=\frac{G}{A}=\frac{520\times1000\times9.8}{22.5}=226.489\text{kPa} \tag{4-25}$$

基础底面地基承载力设计值

$$f=f_k+\eta_b\gamma(b-3)+\eta_d\gamma_0(d-0.5)=143.965\text{kPa} \tag{4-26}$$

由此可见：$p>f$，说明基础下应力过大也是地基不均匀沉降的主要因素之一。

基础底面的自重应力 σ_0：

$$\sigma_0=18.62\times1=18.62\text{kPa} \tag{4-27}$$

基础底面的附加应力 p_0：

$$p_0=p-\sigma_0=226.489-18.62=207.869\text{kPa} \tag{4-28}$$

②计算基底下不同深度 z 处的垂直附加应力 p_i(i 表示不同工况号)

工况 1、2 地基下各点附加应力计算结果：

$$p_1=p_2=p_0=207.869\text{kPa}$$

工况 3 地基下各点附加应力计算结果：

$$p_3=p_0\pm\frac{M}{W}=207.869\pm\frac{520\times9.8\times0.41}{1/6\times5.2^3}=297.026(117.712)\text{kPa} \tag{4-29}$$

③不用土层深度范围内的 α 值见表 4-4 和表 4-5。

点 1 处 α 值 表 4-4

位 置	l/b	z/b	$\overline{\alpha}$	$2Z\overline{\alpha}$	$Z_i\overline{\alpha}_i - Z_{i-1}\overline{\alpha}_{i-1}$
0	2	0	0.250	0	0
1	2	0.404	0.244	1.025	1.025
2	2	1.635	0.145	2.465	1.440
3	2	2.154	0.112	2.509	0.044

点 2 处 α 值 表 4-5

位 置	l/b	z/b	$\overline{\alpha}$	$2Z\overline{\alpha}$	$Z_i\overline{\alpha}_i - Z_{i-1}\overline{\alpha}_{i-1}$
0	2	0	0.250	0	0
1	2	0.404	0.244	1.025	1.025
2	2	1.442	0.161	2.415	1.390
3	2	1.923	0.125	2.500	0.085

④计算最终沉降量

$$S = \varphi_s \sum_{i=1}^{n} \frac{p_0}{E_{si}} (Z_i\,\overline{\alpha}_i - Z_{i-1}\,\overline{\alpha}_{i-1}) \tag{4-30}$$

根据此公式可得不同工况下各测点的沉降(单位:cm,表 4-6)

各测点的沉降(单位:cm) 表 4-6

工况 / 计算点	1	2	3
1	53.684	69.506	99.602
2	53.395	53.395	30.237
沉降差	0.289	16.111	69.365

将以上数据与古塔实际沉降量相比较(75cm 左右),工况 3 比较接近实测数据,能够真实反映出古塔现在的受力状态。工况 1 没有考虑塔基下各层土质孔隙的差异以及偏心力偶,计算结果最小。工况 2 考虑了地基土层南北非均质材料的影响因素,调整了南北向的土体变形模量以及相关材料特性参数,计算结果介于工况 1、3 之间。从三种工况沉降差的变化,可以看出,随着考虑因素的增多,沉降差逐渐变大,说明:地基土持力层北厚南薄;塔体下南北土体材料特性的不同;塔身倾斜后产生偏心压力,成为造成古塔倾斜的主要原因。

(3)加固方案的确定

由于地铁施工及未来运营的影响,本身就已发生倾斜的老人塔就要必须对其进行纠倾加固的措施,一方面要对纠正老人塔的倾角,对其地基加固;另一方面还要采取必要的防振措施,以保证地铁运行时所产生的振动对老人塔的影响降到最低,达到对其保护的目的。故方案的确定分两部分进行,第一是对老人塔纠倾方案,第二是减振方案。

①加固方案

从保护文物的角度来看,现状加固应当是最高的标准,是最应当大力推广的保护模式。其原则是:一切现代维修手段和加固的材料构件,应减少到最低限度。这种模式尤其适用于保护级别和知名度都高的对象。国内经过成功现状加固的古塔有:苏州虎丘塔、西安小雁塔、大理崇圣寺塔、登封篙岳寺塔、杭州六和塔等。

老人塔的倾斜原因主要是由于地质条件造成的,由于表层土主要是杂填土,低强度,中高压缩性,而且杂填土下层是压缩性较高的黏土层,地层的不均匀造成其发生倾斜。

古塔纠偏扶正技术大致可分为迫降纠偏和顶升纠偏两大类，前者以比萨斜塔和四川奎光塔的实施为成功先例，后者则有虎丘塔等。更多采用堆压法、水浸法、抽土法、顶升法等组合方法进行纠偏。

针对老人塔的情况，首先采取对塔底周围进行加固，采用围桩工程。围桩是对地基加固的第一项工程，在塔基应力扩散范围内建造一圈密集的钢筋混凝土灌注桩，以控制地基加固范围、隔断地下水流、防止土壤流失和稳定地基。

围桩结束后，对塔基进行加固和纠倾。采取压密注浆的方法。由于基底土体承载力不足是造成塔体破坏的最直接因素，因此，必须对基底土体进行注浆加固，以达到压密土体，提高土体承载力的目的。由于基底土体承载力不足的区域主要为偏压一侧，故重点在塔的东北方向进行注浆加固。在围桩范围内，钻相应直径的灌浆孔，进行压力注浆，填充地基内土的孔隙，以增加地基的密实度、提高地基承载力。钻孔灌浆工程在围桩完成后进行。

②隔振方案

砖塔就位于地铁 4 号线隧道左右线之间，隧道右线上方，砖塔东侧进入右线隧道约 1.20m。在塔基附近的围桩群，已经构成了一道非连续性的屏障，由于离地铁线路很近，故在围桩的四周设置混凝土刚性隔振墙，尽量降低振动的对基础的影响，隔振墙的板质、厚度和深度对减振效果均有影响。

(4)方案的设计

①围桩工程：

桩长及埋置位置的确定：

对于桩长及埋深位置的确定，采用岩土工程中的类比法。由于老人塔的倾斜原因与虎丘塔类似，故鉴于虎丘塔来分析打桩深度和桩体离塔底距离对古塔沉降的影响。如图 4-14 所示，虎丘塔塔底共四个测点，打桩深度和桩体离塔底距离为 H 和 S。

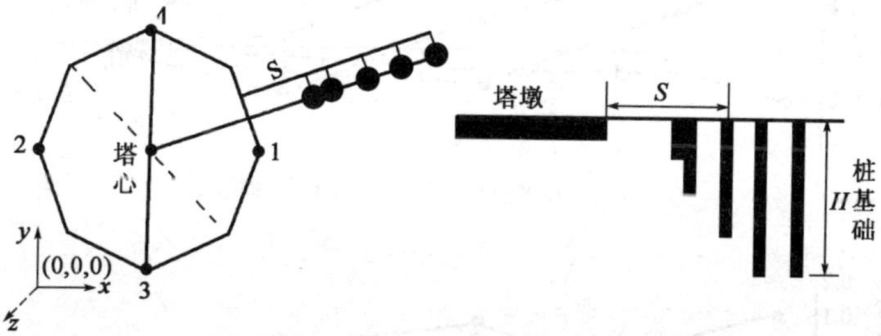

图 4-14　围桩埋置长度和位置

图 4-15、图 4-16 和图 4-17 分别为桩长分别为 2m、6m、9m 时各测点的沉降变化图；图 4-18 和图 4-19 为测点 1 号、2 号在不同桩长时的沉降量图（图中横坐标为打桩位置离塔墩的距离，纵坐标为相对沉降量差值，以桩距 10.385m 时各测点沉降值为参考点）。

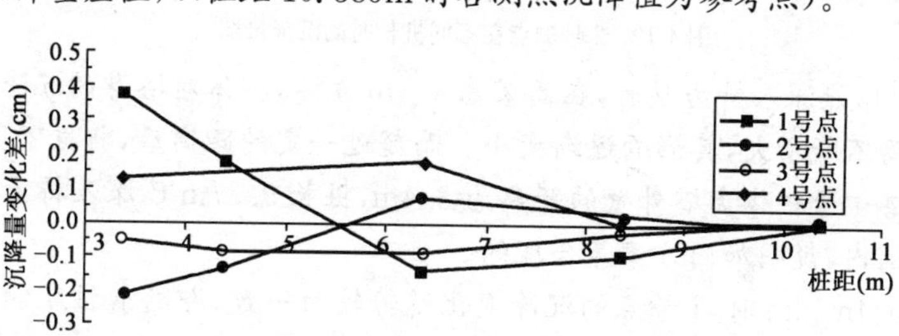

图 4-15　桩长 2m 时各测点的沉降变化图

分析：

当桩长在2m、6m时，桩体未能深入持力层时，桩越靠近塔基，对塔体的扰动越大，促使塔体北部下沉，不利于古塔的纠偏与稳定。同时还可以看出，桩长2.6m时，桩距分别大于6.5、8.5m后，各点沉降量的变化率才开始变小，说明未深入岩土层的桩体，打入的长度越长对土体的扰动影响越大。

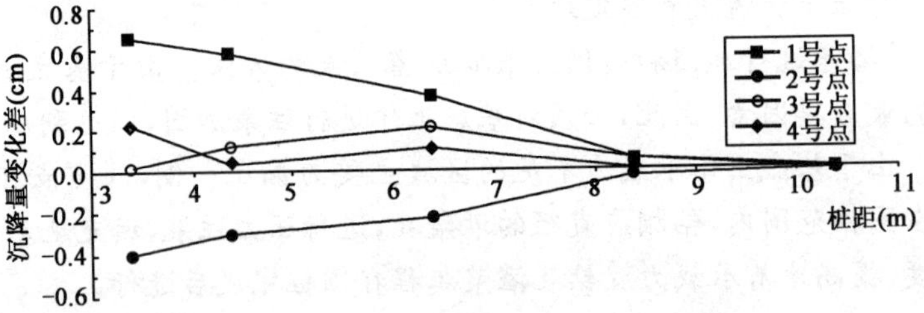

图4-16　桩长6m时各测点的沉降变化图

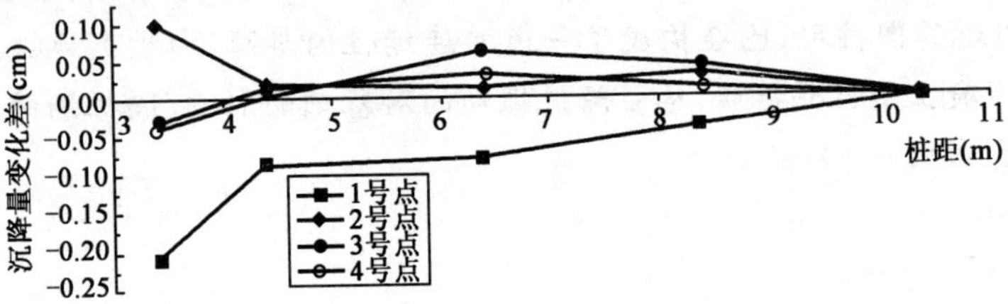

图4-17　桩长9m时各测点的沉降变化图

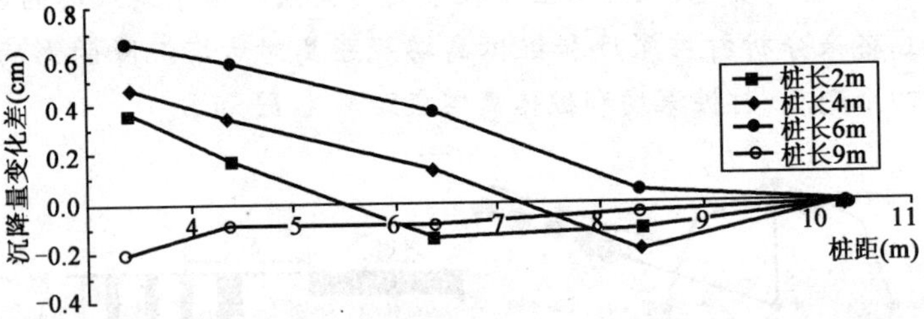

图4-18　1号测点在不同桩长时的沉降量图

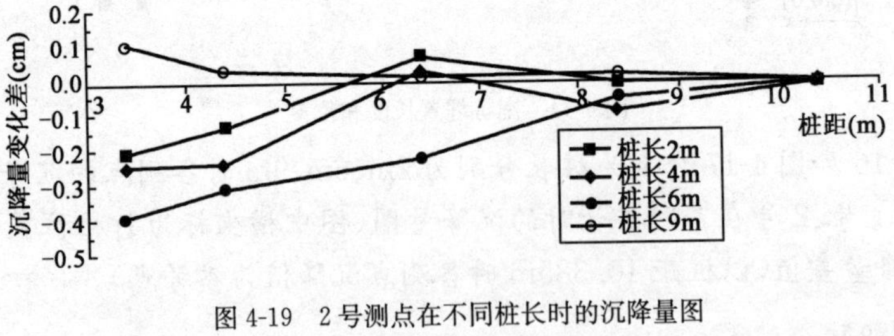

图4-19　2号测点在不同桩长时的沉降量图

当桩长9m桩体能深入持力层时，在离塔基4.3m左右，桩体对塔身的沉降有一定的改善，随着离塔体的距离不断增大，其影响逐渐变小。而超过一定的距离后，打桩不会对塔体起到加固的效果。虎丘塔1号桩体离塔外壁的距离为3.4m，桩长9.27m已深入持力岩石层，且在围桩加固的有效范围内，说明加固方案是合理的。

当桩长为2m、4m、6m时，1号点的沉降变化趋势较为一致，即随着桩距的变大，沉降量变小，说明打桩对土体产生了一定的扰动。当桩距大于8.5m后，沉降变化幅度变小，则说明了打桩对塔体的沉降影响有一定的范围。

在离塔基较近打桩时，沉降变化曲线斜率较大，说明在一定范围内，离塔基越近打桩对塔体产生的影响越大。随着桩长深入持力层，桩体对塔身的沉降有一定的改善。

根据以上的分析和结论，以及老人塔的规模和塔下的岩土情况，确定出围桩的桩长和埋置位置。围桩采用二十根大直径钢筋混凝土桩组成，桩中心距离塔形心 4.6m，距离塔外壁 2.0m，单桩直径为 1.4m，为避免机械振动和开挖面过大，采用人工挖孔灌注成桩，桩底插入基岩，桩顶箍入圈梁中，形成上下约束。桩长深度东北深西南浅，东北部最深的桩长为 10.4m，西南部最浅的桩长为 8.4m，各桩长见表 4-7 和图 4-20。

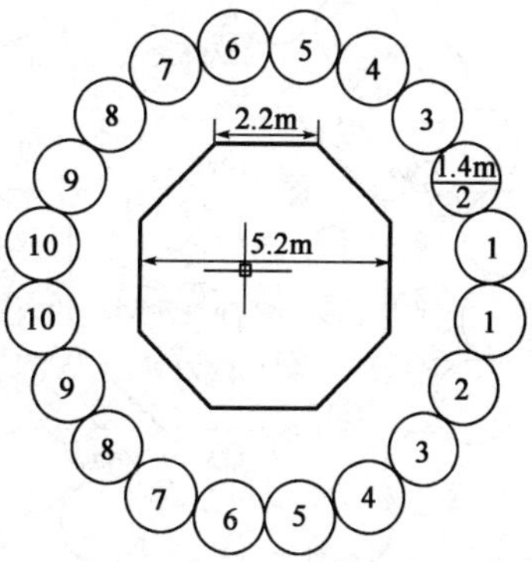

图 4-20　围桩布置图及各桩编号

各 桩 号 的 桩 长　　表 4-7

桩　号	1	2	3	4	5
桩长(m)	10.4	10.3	10.1	9.9	9.6
桩　号	6	7	8	9	10
桩长(m)	9.4	9.1	10.1	10.3	8.4

为避免机械振动和开挖面过大，采用人工挖孔灌注成桩。施工采取跳档、南北交叉、深浅交叉开挖成桩，限制东北部同时开挖的数量。对于围桩，按构造配筋。取桩配筋率为 0.4%，此时桩配筋为：

$$A_s = 3.14 \times 700^2 \times 0.004 = 6154.4\text{mm}^2$$

取二十根 $\phi20$，$A_s=6284\text{mm}^2$。桩纵向钢筋取全长配筋。桩箍筋采用 $\phi8$@200，加密区范围内为 $\phi8$@100。

护壁施工应遵循如下程序：

挖下一桩段，将该桩段支护并浇灌混凝土，如地质松软，应加厚护壁，且在护壁四周安装直径 16mm 钢筋，若护壁混凝土早期强度足够，第二天开挖下一桩段，如此循环进行，直到成孔。

遇溶洞采用桩基同等标号混凝土填满，混凝土初凝后继续开挖。

挖孔达到设计深度以后，应进行孔底清理，必须做到无松渣、淤泥、沉淀等；清孔完毕后必须由有关部门检查方可进行下道工序施工。

②压密注浆工程

对于注浆量的计算，参照标准的《地基处理技术规范》，公式为：

$$Q = (1+\beta)\gamma\pi R^2 Hn \tag{4-31}$$

式中：Q——总注浆量(m^3)；

n——土的孔隙率；

β——浆液损耗系数，取 1.3；

γ——浆液充填系数，取 0.95；

R——浆液有效扩散距离或半径(m)；

H——同层位试验段总厚度(m)。

根据资料调查可知，粉质黏土的有效影响半径为 0.5m，而杂填土的有效影响半径要比

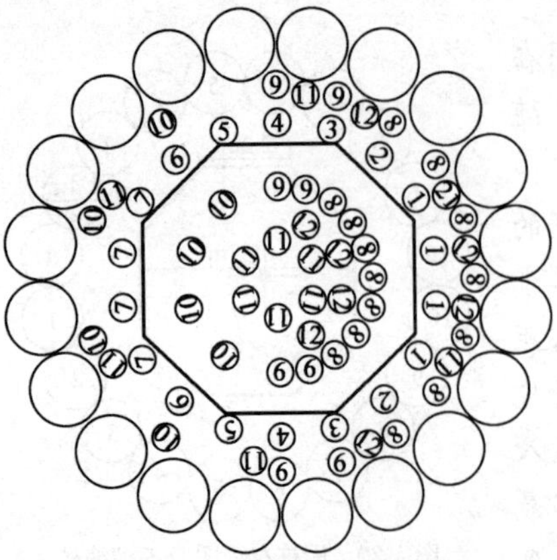

图 4-21　注浆孔布置图

粉质黏土的大，故采取粉质黏土的有效影响半径来计算，$R=0.5$m。注浆孔的布置见图 4-21 所示，其中塔外的一圈孔采用倾斜式，即注浆孔底部向塔内聚拢，倾斜角为 6°。

在塔外沿塔一周共布置 44 个注浆孔，1 到 7 号注浆孔是将塔周围土体注浆，两层土都注浆；8 到 11 号注浆孔是针对塔下土体进行注浆，8 到 10 号倾角为 22°，两层土都注浆；11 号注浆孔倾角 44°，注浆土层为第一层土；12 号注浆孔倾角 40°，注浆土层为第二层。具体注浆量见下面计算。

以 1 号注浆点处为例，来计算单孔注浆量。表 4-8 为具体的参数：

1 号孔注浆参数　　表 4-8

土的孔隙率 e		浆液损耗系数 β	浆液充填系数 γ	浆液有效扩散半径 R(m)	土层厚度 H(m)	
杂填土层	粉质黏土层				杂填土层	粉质黏土层
0.6	0.65	0.3	0.95	0.5	3.1	6.4

首层土的加固注浆量为：

$$Q_1 = 1.3 \times 0.95 \times 3.14 \times 0.5 \times 0.5 \times 3.1 \times 0.6 = 1.80\text{m}^3 \tag{4-32}$$

粉质黏土层加固注浆量为：

$$Q_2 = 1.3 \times 0.95 \times 3.14 \times 0.5 \times 0.5 \times 6.4 \times 0.65 = 4.03\text{m}^3 \tag{4-33}$$

单孔的注浆量为：

$$Q = Q_1 + Q_2 = 1.80 + 4.03 = 5.83\text{m}^3 \tag{4-34}$$

其他各个孔的注浆量计算方法与上相同，计算结果见表 4-9：

各注浆孔注浆量　　表 4-9

孔号	杂填土层注浆长度(m)	粉质黏土层注浆长度(m)	杂填土层加固注浆量 Q_1(m³)	粉质黏土层加固注浆量 Q_2(m³)	总注浆量 Q(m³)
1	3.10	6.40	1.80	4.03	5.83
2	3.10	6.24	1.80	3.93	5.73
3	3.10	6.07	1.80	3.82	5.62
4	3.10	5.90	1.80	3.72	5.52
5	3.10	5.73	1.80	3.61	5.41
6	3.10	5.56	1.80	3.50	5.30
7	3.10	5.40	1.80	3.40	5.20
8	3.27	6.32	1.90	3.98	5.88
9	3.27	6.21	1.90	3.91	5.81
10	3.27	6.12	1.90	3.86	5.76
11	4.32	0	2.72	0	2.72
12	0	6.53	0	4.11	4.41
$\sum Q$	—	—	—	—	219.48

设备选型：由于施工在塔内外都将进行，作业场地狭小，因此，结合施工条件和施工经验，决定对外层采用振动花管注浆法进行施工，采用设备如下：平板振动器(振动压花管入土层)；注浆泵；搅拌机一套；输浆管(根据实际用多少米)；花管(钻进及注浆)；抗震压力表。

材料要求：浆液选用水泥掺30%粉煤灰为主剂的浆液，水灰比0.8，选用32.5级普通硅酸盐水泥，使用二级粉煤灰，浆体在凝固后其体积不应有较大的收缩率，一般应小于0.3%，所制成的浆体在一小时内不应发生析水现象。

浆液搅拌要求：浆体应经过搅拌机充分搅拌均匀后才能开始压注，并应在注浆过程中不停地缓慢搅拌，搅拌时间应小于浆液初凝时间，浆液在泵送前应经过筛网过滤。

注浆过程要求：浆液注入率不小于20%，注浆压力为0.2～0.8MPa；注浆施工时，使用流量和压力记录仪及时对资料进行整理分析；注浆的流量取7～10L/min；如注浆中途发生地面冒浆现象应立即停止注浆，调查冒浆原因；若为地层灌注不进，则应结束注浆。

注浆次序要求：注浆次序应采用从顶部向底部进行，而且分段注浆，首先注浆封顶，隔日后中部注浆，再隔日后往下注，防止浆液上冒；从围桩内边沿向中心推进，先东北面，后西南面。塔外采取三序式注浆工艺。1～7号注浆孔采用花管注浆；8～11号注浆孔线出入锚杆，然后再进行注浆。

③注浆前后地基承载力、沉降量、刚度计算

地基承载力计算

注浆前：注浆前的在上面已计算，如下：

$$f = f_k + \eta_b \gamma (b-3) + \eta_d \gamma_0 (d-0.5) = 143.965\text{kPa} \tag{4-35}$$

注浆后：注浆后的地基承载力计算，采取简化计算，桩长取为9m。

a.单桩承载力计算

单桩承载力分为极限值、标准值和设计值。

单桩极限承载力是指桩体结构不发生破坏和桩周围土不出现整体破坏、桩基础不丧失整体稳定情况下的最大承载能力。设单桩竖向极限承载能力为 R_u，取 $R_u=200\text{kN}$，单桩承载力 $R_k=\dfrac{R_u}{2}=100\text{kN}$；考虑到上部荷载等条件后，单桩竖向承载力设计值 R 可计为 $R=1.2R_k=120\text{kN}$。

根据《建筑地基基础设计规范》中推荐单桩承载力标准值计算公式为：

$$R_k = \eta f_{cu} A_p \tag{4-36}$$

$$R_k = \bar{q}_s U_p L + \alpha A_p q_p \tag{4-37}$$

根据公式(4-36)：

$$R_k = \eta f_{cu} A_p = 0.4 \times 3000 \times \frac{\pi \times 0.5^2}{4} = 235.5\text{kN} \tag{4-38}$$

根据公式(4-37)：

$$R_k = \bar{q}_s U_p L + \alpha A_p q_p = 12 \times \pi \times 0.5 \times 9 + 0.5 \times \frac{\pi \times 0.5^2}{4} \times 100 = 179.4\text{kN} \tag{4-39}$$

取其中较小的值作为单桩承载力标准值，即取 $R_k=179.4\text{kN}$

b.桩体强度计算

根据上部荷载计算单桩承载力设计值，$R_k=\dfrac{R_u}{2}=100\text{kN}$，桩体的实际强度为：

$$q=\frac{R_k}{A_p}=\frac{100}{\pi\times0.5^2/4}=509.56\text{kPa} \tag{4-40}$$

c.复合地基承载力计算

以下将地基分为南北两部分来计算，在此以北部沉降大的部分计算为例。

复合地基的承载力标准值可按下式计算：

$$f_{ck}=m\frac{R_k}{A_p}+\beta(1-m)f_s=0.260\times\frac{179.4}{\pi\times0.5^2/4}+0.8\times(1-0.260)\times130=314.6\text{kPa} \tag{4-41}$$

复合地基实际承载力按以下公式计算：

$$f_{zk}=\frac{n_pR_k+(A-n_pA_p)f_s}{A}=\frac{27\times179.7+(20.347-27\times\pi\times0.5^2/4)\times130}{20.347}=334.6\text{kPa} \tag{4-42}$$

同理，计算得到南部复合地基的承载力为 243.6kPa。

最后经过注浆加固后的复合地基的实际承载力北部为 334.6kPa，南部为 243.6kPa，可见其地基承载力得到了很大的提高。

沉降量的计算

注浆前：在前面已经计算，其沉降量为：东北角处 69.365cm；西南角为 30.237cm。沉降差 39.128cm。

注浆后：基地附加应力为

$$p_3=p_0\pm\frac{M}{W}=207.869\pm\frac{520\times9.8\times0.41}{1/6\times5.2^3}=297.026(117.712)\text{kPa} \tag{4-43}$$

复合地基复合土的压缩模量计算

复合地基复合土压缩模量 E_{cs} 通常采用面积加权平均法计算，即

$$E_{cs}=mE_{ps}+(1-m)E_{ss} \tag{4-44}$$

北部 $E_{cs0a}=0.260\times700+(1-0.260)\times5=185.7\text{MPa}$

$E_{cs1a}=0.260\times700+(1-0.260)\times5=185.7\text{MPa}$

南部 $E_{cs0b}=0.147\times700+(1-0.147)\times5=107.2\text{MPa}$

$E_{cs1b}=0.147\times700+(1-0.147)\times7=108.9\text{MPa}$

复合地基加固区压缩量 s_1 计算；

北部 $s_{1a}=297.062\times\left(\frac{2.1}{185.7}+\frac{6.4}{185.7}\right)=13.60\text{cm}$

南部 $s_{1b}=117.712\times\left(\frac{2.1}{107.2}+\frac{5.4}{108.9}\right)=8.14\text{cm}$

下卧层压缩量 s_2：北部，0.59cm；南部，0.23cm。

综上所述，注浆加固后的沉降量为：

北部 $s_a=13.60+0.59=14.19\text{cm}$

南部 $s_b=8.14+0.23=8.37\text{cm}$

沉降差 $\Delta s=s_a-s_b=13.60-8.14=5.46\text{cm}$

从所求得的沉降量来看，地基土在注浆加固后，地基沉降量大大降低，注浆后的沉降差已很小，老人塔的倾斜得到了控制。

注浆前后地基刚度的变化：在板与分层地基相互作用模型中，地基刚度矩阵是描述地基力

学特性的主要参数。现有的文献建议了多种方法计算分层地基刚度矩阵。在本章的计算中，采取集中力模型来计算地基刚度矩阵。该模型按照柔度矩阵的一般定义，在板底各分块中点作用单位集中力，按 Bossinesq 集中力空间解答求得第 m 个块的单位集中力在第 j 块中点产生的沉陷：

$$f_{jm}=\frac{3}{2\pi}\sum_{l=1}^{T_1}\frac{h_l}{(E_S)_l}\frac{z_l^3}{[(x_m-x_j)^2+(y_m-y_j)^2+z_l^2]^{5/2}}=\sum_{l=1}^{T_1}\frac{h_l}{(E_S)_l z^2}\alpha_{ljm} \tag{4-45}$$

由此可得地基柔度矩阵 $[F]=(f_{jm})_{z_1,h_1,(E_s)_1}$，对此矩阵求逆，即为地基的刚度矩阵：

$$[K]=[F]^{-1}$$

现将地基看成 5.2m×5.2m 的正方形，将其分成四个面积相等的小块，各小块面积尺寸为 1.3m×5.2m，各小块下的土层厚度取平均厚度，土层取上两层来考虑。坐标原点建立在正方形的中心处，横纵坐标见下表。

注浆后：各小块的具体参数见表 4-10。

注浆后各分块参数 表 4-10

序号	首层土厚度(m)	第二层土厚度(m)	首层土压缩模量(MPa)	第二层土压缩模量(MPa)	x_m	y_m	z_l	
							1层	2层
1	3.10	6.275	185.7	185.7	1.95	0	1.55	6.2375
2	3.10	6.025	185.7	185.7	0.65	0	1.55	6.1125
3	3.10	5.775	107.2	108.9	−0.65	0	1.55	5.9875
4	3.10	5.525	107.2	108.9	−1.95	0	1.55	5.8625

将以上数据代入公式可得出各个模块的 f_{jm}，计算以模块 1 为例，如下：

$$f_{11}=0.4775\times\left(\frac{3.10}{185.7\times1.55^2}+\frac{6.275}{185.7\times6.2375^2}\right)=0.00373$$

$$f_{21}=0.1258\times\frac{3.10}{185.7\times1.55^2}+\frac{6.025}{185.7\times6.1125^2}\times0.4148=0.00178$$

$$f_{31}=0.0171\times\frac{3.10}{107.2\times1.55^2}+\frac{5.775}{108.9\times5.9875^2}\times0.3181=0.000676$$

$$f_{41}=0.0035\times\frac{3.10}{107.2\times1.55^2}+\frac{5.525}{108.9\times5.8625^2\times0.1892}=0.000321$$

其他的算法同上，故可得注浆后的地基柔度矩阵：

$$[F]=\begin{bmatrix}0.00373 & 0.00125 & 0.000395 & 0.000208\\ 0.00178 & 0.00373 & 0.00125 & 0.000390\\ 0.000676 & 0.00214 & 0.00645 & 0.00214\\ 0.000321 & 0.000659 & 0.00214 & 0.00645\end{bmatrix}$$

对其求逆，则地基在注浆加固后的地基刚度矩阵为：

$$[K]=\begin{bmatrix}319.4 & 107 & 2.9 & 4\\ 158 & 355.3 & 60 & 3.6\\ 21.5 & 108 & 194.1 & 58\\ 6 & 4.9 & 58 & 174.3\end{bmatrix}$$

注浆前：

注浆前的参数见表 4-11。

注浆前各分块参数　　　　表 4-11

序号	首层土厚度(m)	第二层土厚度(m)	首层土压缩模量(MPa)	第二层土压缩模量(MPa)	x_m	y_m	z_l	
							1层	2层
1	3.10	6.275	5	5	1.95	0	1.55	6.2375
2	3.10	6.025	5	5	0.65	0	1.55	6.1125
3	3.10	5.775	5	7	−0.65	0	1.55	5.9875
4	3.10	5.525	5	7	−1.95	0	1.55	5.8625

计算得注浆前的地基柔度矩阵：

$$[F]=\begin{bmatrix}0.13862 & 0.01467 & 0.01467 & 0.00774\\0.04584 & 0.12992 & 0.04628 & 0.01449\\0.01173 & 0.04222 & 0.13121 & 0.04222\\0.00525 & 0.01146 & 0.04220 & 0.13419\end{bmatrix}$$

对其求逆，则地基在注浆前的地基刚度矩阵为：

$$[K]=\begin{bmatrix}7.48 & 0.65 & 0.53 & 0.19\\2.71 & 8.91 & 2.79 & 0.75\\0.24 & 2.78 & 9.21 & 2.60\\0.13 & 0.14 & 2.63 & 8.27\end{bmatrix}$$

从注浆前后的刚度矩阵来看，注浆加固后的地基刚度增大几十倍，这样地基沉降得到大幅度的降低，加固前的地基刚度分布是北部比较南部稍小些，以至于北部沉降较大，造成地基不均匀沉降；加固后的地基刚度北部的刚度提高很大，几乎达到南部的两倍，这在古塔倾斜的前提下能使地基达到均匀沉降。

④加固前后围桩范围内的地基土体位移、应力变化

为了了解地基土体在注浆加固后的位移、应力变化情况，本例主要是采用 ANSYS 软件来模拟简易的地基模型，以此来分析位移应力的变化情况。模型采用的是实体单元，只考虑了围桩范围内的地基土体的位移应力变化，分别模拟注浆前后的地基，最外层为简化后的围桩，即圆环；地基土分两层，注浆前后的压缩模量采用上面已求出的压缩模量，围桩的压缩模量采用钢筋混凝土的弹性模量；对于荷载，根据基底压力的分布情况，换算成为基底下的 25 个集中力，施加在相应的节点上。由于此模型考虑的比较简单，虽然反映出的应力情况与实际有些出入，但是，地基土体的应力变化情况还是可以从中反映出来的。

a. 应力变化

以下六幅图[图 4-22a)、b)，图 4-23a)、b)，图 4-24a)、b)]分别是注浆加固前后 X 位移、Y 位移、Z 位移的应力图。

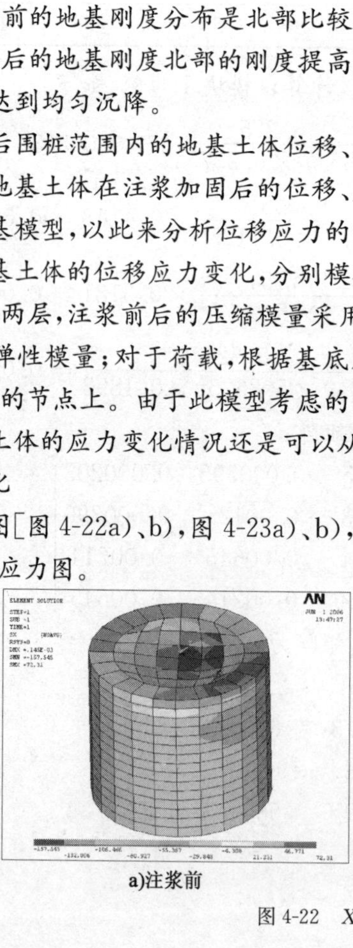

a)注浆前

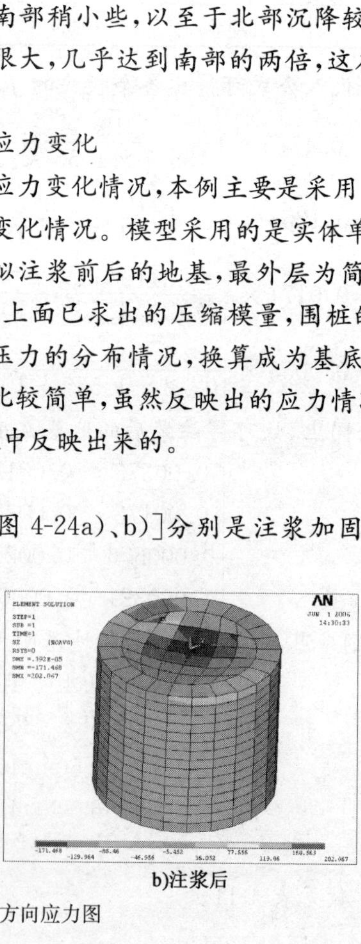

b)注浆后

图 4-22　X 方向应力图

从应力图来看，注浆加固前后地基土的应力情况基本不变，稍有些增大，可能是由于地基土经过注浆加固后土的黏聚力和摩擦角变化的缘故。对于外层的围桩，从应力图中可以看出围桩在 Z 方向的应力很小，而且应力分布比较均匀；在 X、Y 方向，注浆加固后的应力要比注浆加固前的应力要大一些，增大量不多，而且应力分布情况基本呈中间大些两端小些。从数值上来看，在 X、Y 方向的应力不大，最大只有 40kPa 的应力，按工程经验来看，围桩按构造配筋是合理的。

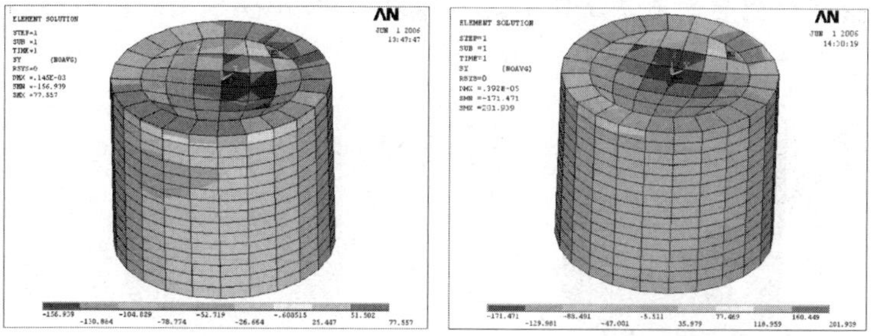

a)　　b)

图 4-23　Y 方向应力图(a)为注浆前，b)为注浆后)

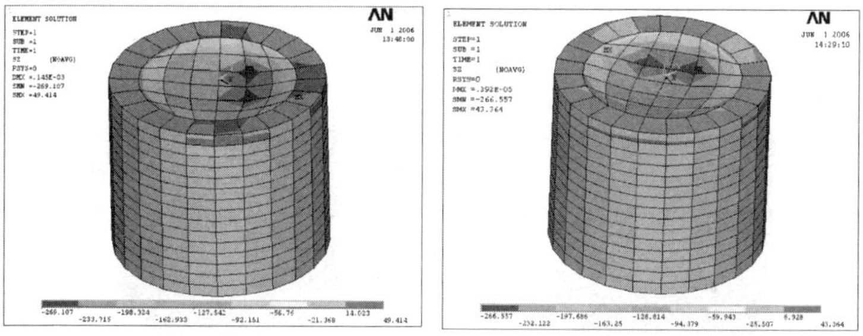

a)　　b)

图 4-24　Z 方向应力图(a)为注浆前，b)为注浆后)

b. 位移变化

以下六幅图[图 4-25a)、b)，图 4-26a)、b)，图 4-27a)、b)]分别是注浆加固前后 X 位移、Y 位移、Z 位移的位移图。

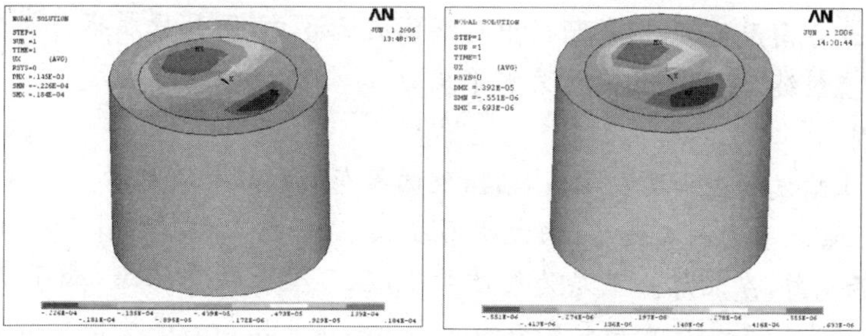

a)　　b)

图 4-25　X 方向位移图(a)为注浆前，b)为注浆后)

注浆前 X 方向最大位移量是 0.226×10^{-4}m；Y 方向最大位移量是 0.230×10^{-4}m；Z 方向最大位移量是 0.144×10^{-3}m。注浆后 X 方向最大位移量是 0.551×10^{-6}m；Y 方向最大位移量是 0.692×10^{-6}m；Z 方向最大位移量是 0.389×10^{-5}m。由此可见地基土在注浆加固后，位

移量大大降低，降低了两个数量级，这说明地基土在注浆加固后，地基土的压缩模量和地基刚度大大提高，降低了地基的沉降量和地基变形，提高了古塔的稳定性。另外，从 X、Y 方向的位移图来看，注浆后位移变化的范围较注浆前的位移变化范围小，这说明注浆加固后的地基变形范围也得到控制，范围相应的缩小了；从 Z 方向位移图来看，注浆前的位移分布不均匀，位移量较大的部分正是古塔的倾斜方向，基底应力比较大，这样的位移分布正符合基底的应力分布下的变形，造成古塔两端沉降量不同而造成古塔倾斜；在注浆后，位移分布较均匀，古塔两端的位移量几乎一样，说明加固后的地基土能够达到均匀沉降，体现处了加固的效果。

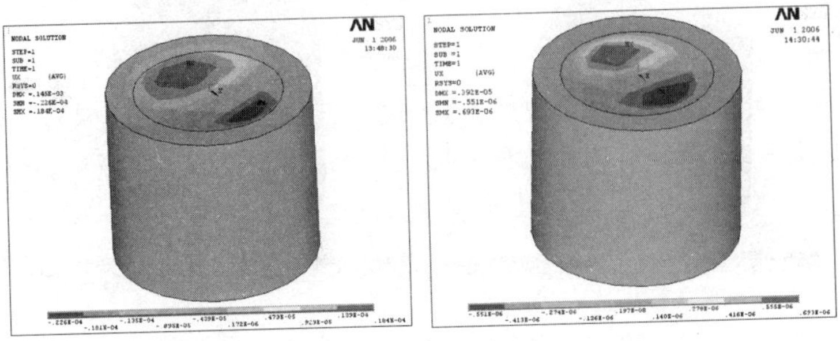

a) b)

图 4-26　Y 方向位移图(a)为注浆前，b)为注浆后)

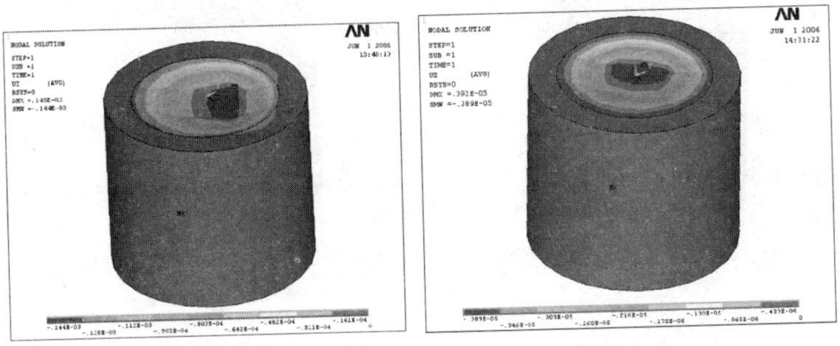

a) b)

图 4-27　Z 方向位移图(a)为注浆前，b)为注浆后)

案例 4-4　虎丘塔加固工程

(1)工程概况

虎丘塔向东北方向严重倾斜，塔顶离中心线已达 2.31m，而且底层塔身发生不少裂缝，塔身的东北方为垂直裂缝，塔身的西南方为水平裂缝。

(2)分析原因

虎丘山由火山喷发和造山运动形成，为坚硬的凝灰岩和晶屑流纹岩。山顶岩面倾斜，西南高，东北低。虎丘塔地基为人工地基，由大块石组成，块石最大粒径为 1000mm。人工块石填土层厚 1～2m，西南薄，东北厚。下层为粉质黏土，呈可塑至软塑状态，底部为风化岩石和基岩。塔底层直径为 13.66m，覆盖层厚度为西南 2.8m，东北 5.8m，厚度相差 3.0m，这是虎丘塔发生倾斜的根本原因。此外，南方多暴雨，雨水渗入地基块石填土层，冲走块石之间的细粒土，形成很多的空洞，这是虎丘塔发生倾斜的重要原因。

虎丘塔的设计结构存在很大的缺点，没有做扩大基础，砖砌塔身垂直向下砌八皮砖，埋深 0.5m，直接置于上述块石填土人工地基上。估算塔重 63000kN，则地基单位面积压力高达 435kPa，超过地基压力。塔倾斜后，使东北部位应力集中，超过砖体抗压强度而压裂。详见

图4-28。

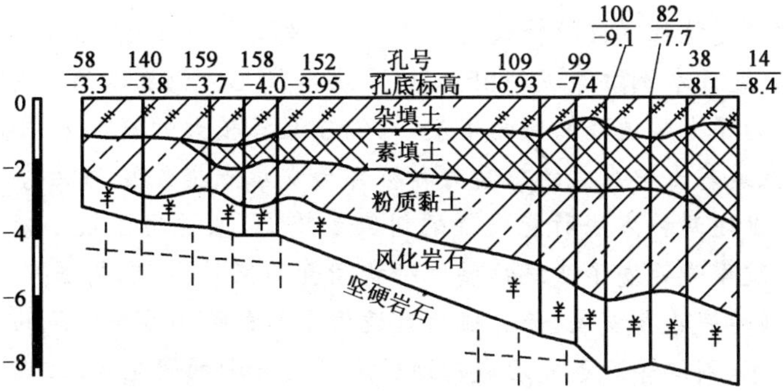

图 4-28　虎丘塔地质剖面图

(3)地基加固处理方案

①在塔四周建造一圈桩排式地下连续墙,目的为减少塔基土流失和地基土的侧向变形。在离塔外墙约 3m 处,用人工挖直径 1.4m 的桩孔,深入基岩 50cm,浇注钢筋混凝土。人工挖孔灌注桩可以避免机械钻孔的振动。地基加固先从不利的塔东北方向开始,逆时针排列,共 44 根灌注桩。施工中,每挖深 80cm 即浇注 15cm 厚井圈护壁。当完成 6～7 根桩后,在桩顶浇筑 450mm 圈梁,连成整体。

②进行钻孔注浆和树根桩加固地基。钻孔注水泥浆位于桩排式圆环形地下连续墙与塔基之间,孔径 90mm,由外及内分三排圆环形注浆共 113 孔,注入浆液达 26637t。树根桩位于塔身内顺回廊中心和八个壶门内,共做 32 根垂直树根桩。此外在壶门之间八个塔身,各做两根斜向树根桩。共计 48 根树根桩。见图 4-29。

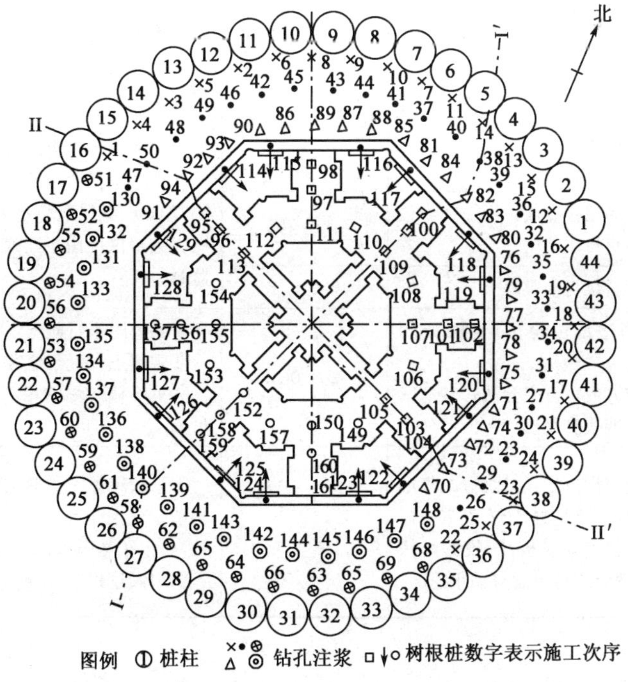

图 4-29　虎丘塔地基加固布置图

(4)顶升纠倾技术

以往倾斜建筑物的纠倾，基本上采用迫降法，即通过人为降低沉降较小处基础标高来达到纠倾目的。由于倾斜建筑往往伴随较大的沉降(大者超过1000mm)，使底层标高过低，产生污水外排障碍和洪水、地表水倒灌等不利因素，迫降法不仅无法彻底消除这些不利因素，反而会再次降低其标高。为了克服迫降纠倾的不足，人们在沉降较大的一侧采用高压注浆和压桩方法，利用压力注浆在地基土中产生的顶升力和桩作为支承点提供竖向反力，将建筑物抬升，从而达到纠倾目的。上述两种方法所能提供的纠倾量较小，仅适用于较小建筑物。1986年，福建省建筑科学研究院率先开发了建筑物整体结构顶升纠倾技术，取得成功后在工程中推广应用，并在实践中不断地完善和发展，使其成为可适用于各种结构类型建筑的实用纠倾技术。20世纪90年代初，广东、浙江等地也先后成功地开展了这方面的研究实践工作。

①基本原理

顶升纠倾技术是通过钢筋混凝土或砌体的结构托换加固技术(或利用原结构)，将建筑物的基础和上部结构沿某一特定的位置进行分离，采用钢筋混凝土进行加固、分段托换，形成全封闭的顶升托换梁(柱)体系，设置能支承整个建筑物的若干个支承点，通过这些支承点顶升设备的启动，使建筑物沿某一直线(点)作平面转动，即可使倾斜建筑得到纠正。若大幅度调整各支点的顶高量，即可提高建筑物的整体标高。

顶升纠倾过程是一种地基沉降差异快速逆补偿的过程，也是地基附加应力瞬时重新分布的过程，使原沉降较小处附加应力增加。实践证明，当地基土的固结度达80%以上，地基沉降接近稳定时，可通过顶升纠倾来调整剩余不均匀沉降。详见表4-12。

房屋纠倾过程中的监测　　表4-12

监测项目	监测方法或仪器	精度要求	说明
沉降	①精密水准仪； ②连通管水准器	0.4～0.5mm	①在建筑物外墙四角与周边近±0.00标高处设点； ②建筑物平面较大时尚应在其内部没点； ③连通管水准器可用于屋顶平台相对高差变化的跟踪监测
倾斜	①垂球法 ②测角法；	≤1%	①观测建筑物四角及周边若干轮廓线； ②垂球法只适用于高度不大的建筑物倾斜观测，观测时应采取稳定措施； ③倾斜仪可用于建筑物倾斜相对变化的跟踪监测
	③经纬仪投点法； ④垂直投影仪	≤0.3%	
	⑤倾斜仪自动跟踪	≤0.1%	
水平位移	①测边或边角法(电磁波测距)； ②前方或后方交会法； ③基准线支距法	≤3.0cm	①必要时进行此项观测； ②观测点设置于建筑底部及顶部的周边； ③沉降缝两侧的相对位移可用固定标尺直接量测
上部结构性状	裂缝观测方法：①比例尺、楔形尺、卡规直接量测；②安没带坐标网的有机玻璃量板；③投影经纬仪；测缝计或传感器自动跟踪	—	①一般选择主要的或变化大的裂缝进行观测。每条裂缝至少布设两组观测标志，一组在最宽处，一组在基末端； ②纠倾过程中，定期访问住户

②适用范围

顶升纠倾适用的结构类型有：砖混结构、钢筋混凝土框架结构、工业厂房以及整体性完好的混合建筑。适用于整体沉降及不均匀沉降较大，造成标高过低的建筑；不适用于采用迫降纠倾的各类倾斜建筑(包括桩基建筑)。对于新建工程或设计时预先设置可调措施的建筑,这类建筑预先设置好顶升梁及顶升洞,根据建筑使用情况出现的不均匀沉降或整体沉降,采用预先准备好的顶升系统,将建筑物恢复到原来的位置。适用于建筑本身功能改变需要顶升,或者由于外界周边环境改变影响正常使用而需要顶升的建筑。

③顶升纠倾设计

a. 顶升纠倾结构设计

倾斜建筑物的纠倾是在顶托结构物的基础上进行的。要使整栋建筑物靠若干个简支点的支承完成平稳上升转动,除需要结构体的整体性比较好外,尚需要有个与上部结构连成一体且具有较大刚度及足够承载力的支承体系。

砌体结构的荷载是通过砌体传递的,根据顶升的基本原理,顶升时砌体结构的受力特点相当于墙梁作用体系,山墙体与托换梁组成墙梁,其上部荷载主要通过墙梁下的支座传递。也可将托换梁上的墙体作为无限弹性地基,托换梁作为在支座反力作用下的反弹性地基梁。

· 设计原则。因托换梁是为顶升专门设置的,因此,在施工阶段应对托换梁按钢筋混凝土受弯构件进行正截面受弯和斜截面抗剪及托换梁支座上原砌体的局部承压进行验算。

· 设计跨度。一般根据墙体的总延长米及千斤顶工作荷载进行分配,得出平均支承点设计跨度,计算是按相邻三个支承点的距离之和作为设计跨度,进行托换设计。

· 当原墙体强度(承载力)验算不能满足要求时,设计跨度应该调整或对原砌体进行加固补强。

框架结构荷载是通过框架柱传递的,顶升时上升力应作用于框架柱下,但是要使框架柱能够得到托换,必须增设一个能支承框架柱的结构体系,因此,托换梁(柱)体系必须按后增牛腿来设计,为减少框架柱间的变位,可增加梁,利用增设的牛腿作为托换过程、顶升过程及顶升后柱连接的承托支座。

· 对原结构进行剪力、轴力和弯矩内力计算。因为原框架结构其上部结构本身属于整体的超静定结构,其柱脚为固定端。而柱托换施工以后,顶升时的框架柱脚却为自由端,因此,计算的结果与原结构内力结果有一定的改变,为了解除内力改变对结构变形的影响,托换前增设联系梁相互拉接,解除了柱脚的变位问题。

· 后浇牛腿存在着新旧混凝土的连接问题,钢筋的布置处理上也应考虑这一点。

· 设计时应考虑正截面受弯承载力、局部抗压强度及周边的抗剪强度。

b. 顶升纠倾的施工设计

砌体结构建筑纠倾的施工平面设计,包括托换梁的分段施工程序及千斤顶位置的平面布置。

· 托换梁的分段施工。墙砌体按平面应力问题考虑,具有拱轴传力的作用,一般在墙体内打一定距离的洞,并不影响结构的安全,为了保证托换时的绝对安全,在托换梁施工段内设置若干个支承芯垫。分段施工应保证每墙段至少分三次,每次间隔要等托换梁混凝土强度达到50%后方可进行临近段的施工,临近段的施工应满足新旧混凝土的连接及钢筋的搭焊要求。对门位、窗位同样按连续梁筑成封闭的梁系,同样应考虑节点及转角的构造处理。

· 千斤顶的设置。顶升点的设置一般根据建筑物的结构形式、荷载及起重器具和工作荷载来确定。同时考虑结构顶升的受力点进行调整,避开窗洞等受力薄弱位置。

框架结构建筑托换施工包括托换牛腿的施工程序及千斤顶的设置。

· 托换牛腿的分段施工。钢筋混凝土柱在各种荷载组合的情况下,应具有一定的安全度,当削除某钢筋保护层后尚能保证其安全。但为了确保安全施工,应控制各柱位相互间距,邻柱不同时施工,必要时应采取交替措施,同时应注意,一旦施工开始就要连续进行混凝土浇筑。

·千斤顶的设置。千斤顶的设置一般根据结构荷载及千斤顶的工作荷载来确定,同时考虑牛腿受力的对称性。一般顶升量应包括建筑物已有不均匀沉降的调整值;根据使用功能需要的整体顶升值大,地基土剩余不均匀变形预估调整值大,选择方案的变形测点处测得小于3%。

·顶升频率的确定。顶升的频率应根据建筑物的结构类型以及它能承受抵抗变形的能力来确定,千斤顶在操作过程中必然产生不均匀的上升,即出现差异上升量,这个量必须控制在结构允许的相对变形内。

c.顶升纠倾施工要点

顶升纠倾主要施工技术和机具:

托换。人工开凿;冲击钻孔后人工开凿;用混凝土切割锯开槽段。三种施工方法各具优越性,其中混凝土切割锯机械化程度高,施工比较文明,对原墙体的损伤较小,但机械费用较高。

千斤顶。千斤顶有手动和机械两种。采用人工操作的千斤顶顶升时需要大量的操作工,操作过程中会出现不均匀性,但其成本低;采用高压泵站控制的液压千斤顶,机械化程度高,但成本费用较高,高压油泵—液压千斤顶系统,该系统要经过专门设计,特殊制造,一个高压油泵站同时带动多台千斤顶。

顶升量的测控设备。顶升量一般都比较大,整个过程最大达1.5m,当使用小量程计量时,调整次数过多,反而影响精度,因此,顶升过程量的控制,通常选择指针标尺控制及电阻应变滑线位移计控制两种,后者累计误差±1mm,前者误差大一些,但完全可以满足顶升频率的要求。

承托件、垫块。千斤顶顶升到一定位置后,要更换行程,这时就需要有足够的随压力的稳固铁块作为增加高度的支承体,一般采用混凝土外包钢板盒的专用承托垫块,这些垫块要求要有各种规格以适应不同行程的需要,同时,要制一些楔形块,以备顶升后的空隙使用。

顶升纠倾主要施工步骤:

托换梁的施工应按设计要求的顺序及几何尺寸进行,施工中的钢筋混凝土施工尚应按照《混凝土结构工程施工及验收规范》及相应的规程标准进行施工及质量控制,托换梁的施工要采取一定措施以保证混凝土与下部墙体的隔离。

千斤顶的设置。千斤顶按设计位置设置,个别的可按现场实际情况作调整。为了确保每个千斤顶位置顶升梁及底垫的安全可靠,千斤顶自身要安全可靠。顶升前应进行不少于10%的抽检,抽查加荷值应为设计荷载的两倍。

顶升实施。在托换梁、千斤顶、底垫等都达到要求后,即可进入顶升实施。顶升的实施要有统一指挥,同时配有一定数量的监督人员,操作人员应接受过训练,要有纪律,有组织,服从指挥,因此福建省建科院大多邀请当地工程兵等支持帮助参加实际顶升操作。这样就能保证施工的顺利进行。对较小的建筑物在高压泵站系统足够的情况下,可采用全液压控制,也可以采用液压系统及人工操作相结合进行。

千斤顶行程的更换必须间隔进行,更换时两侧应用三角垫进行临时支顶。顶升完毕后,紧接着进行砌体充填,要求填充密实,特别是勺托换梁的连接处要求堵塞紧密,而后间隔拆除千斤顶。千斤顶的拆除必须待连接砌体达到一定强度,方可拆除。根据原砌体的强度等级,采用砌体堵筑或采用钢筋混凝土堵筑。

千斤顶底座的处理。当顶升到一定高度后,千斤顶底座垫高,这时建筑物的稳定性降低,要继续顶升已有危险,则应该对千斤顶底垫进行逐个处理。处理的方法一般是间隔浇筑早强混凝土底座，加适量的构造配筋，将底座升高到初始顶升位置。

顶升操作台。新增加的底层墙体要能承受整栋建筑物的荷载，因此，除保证墙体的强度外，尚应对每个节点加设与基础连接的构造柱（框架柱需按新的轴力、弯矩复核其断面）。利用托换梁作为原一层底（新一层顶）的圈梁，对门洞尚应另作加强处理。

4.4 托换技术

建筑物的基础托换技术主要是基础托换，应属基础工程，但往往处理时涉及地基和岩土问题。如城市修建地铁往往穿过既有建筑和线路时，需切断既有建筑的基础，尤其是桩基，此时，如何保护既有建筑物的安全和稳定，并顺利进行下部工程施工，托换技术比较关键。如图4-30所示。

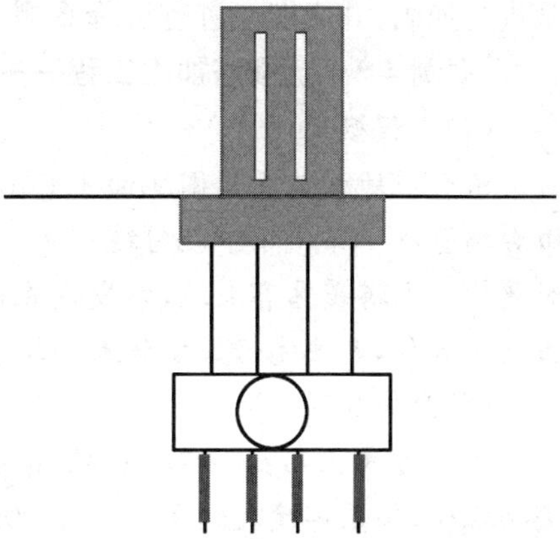

图4-30 地铁施工的托换技术

托——托住上部建筑物和结构；换——换成新的基础，以达到转移应力。

托换技术分为基础加宽技术，墩式、桩式、地基处理和综合措施，一般综合措施用得比较多。

坑式静压桩托换法适用于基础及地基需要加固补强的下列建筑物：地基浸水湿陷，需要阻止不均匀沉降和墙体裂缝发展的多层或单层建筑；部分墙体出现裂缝或严重裂缝，但主体结构的整体性完好，基础地基经采取补强措施后，仍可继续安全使用的多层和单层建筑。地基土的承载力或变形不能满足使用要求的建筑，其坑式静压桩的桩位布置，应符合下列要求：纵、横墙基础交接处；承重墙基础的中间；独立基础的中心或四角；地基受水浸湿可能性大或较大的承重部位；尽量避开门窗洞口等薄弱部位。坑式静压桩宜采用预制钢筋混凝土方桩或钢管桩。方桩边长宜为150～200mm，混凝土的强度等级不宜低于C20；钢管桩直径宜为59mm，壁厚不得小于6mm。坑式静压桩的人工深度自基础底面标高算起，桩尖应穿透湿陷性黄土层，并应支承在压缩性低（或较低）的非湿陷性黄土（或砂、石）层中，桩尖插入非湿陷性黄土中的深度不宜小于0.30m。托换管安放结束后，应按下列要求对压桩完毕的托换坑内及时进行回填。托换坑底面以上至桩顶面（即托换管底面）0.20m以下，桩的周围可用灰土分层回填夯实；基础底面以下至灰土层顶面，桩及托换管的周围宜用C20混凝土浇筑密实，使其与原基础连成整体。坑式静压桩的质量检验，应按下列要求：制桩前或制桩期间，必须分别抽样检测水泥、钢材和混凝土试块的安定性、抗拉或抗压强度，检验结果必须符合设计，检查压桩施工记录，并作为验收的原始依据。

纠倾法湿陷性黄土场地上的既有建筑物，其整体倾斜超过现行国家标准《建筑地基基础设计规范》规定的允许倾斜值，并影响正常使用时，可采用下列方法进行纠倾：湿法纠倾主要为浸水法；干法纠倾包括横向或竖向掏土法、加压法和顶升法。

对既有建筑物进行纠倾设计，应根据建筑物倾斜的程度、原因、上部结构、基础类型、整体刚度、荷载特征、土质情况、施工条件和周围环境等因素综合分析。纠倾方案应安全可靠、经济合理。在既有建筑物地基的压缩层内，当土的湿陷性较大、平均含水率小于液限含水率时，宜采用浸水法或横向掏土法进行纠倾，纠倾施工前，应在现场进行渗水试验，测定土的渗透速度、渗透半径、渗水量等参数，确定土的渗透系数；浸水法的注水孔（槽）至邻近建筑物的距离不宜小于 20m；根据拟纠倾建筑物的基础类型和地基土湿陷性的大小，预留浸水滞后的预估沉降量。在既有建筑物地基的压缩层内，当土的平均含水率大于塑限含水率时，宜采用竖向掏土法或加压法纠倾。当上部结构的自重较小或局部变形大，且需要使既有建筑物恢复到正常或接近正常位置时，宜采用顶升法纠倾。当既有建筑物的倾斜较大，采用上述一种纠倾方法不易达到设计要求时，可将上述几种纠倾方法结合使用。距离拟纠倾建筑物 20m 内，有建筑物或有地下构筑物和管道，靠近边坡地段，靠近滑坡地段，上述情形不得采用浸水法纠倾。在纠倾过程中，必须进行现场监测工作，并应根据监测信息采取相应的安全措施，确保工程质量和施工安全。为防止建筑物再次发生倾斜，经分析认为确有必要时，纠倾施工结束后，应对建筑物地基进行加固，并应继续进行沉降观测，连续观测时间不应少于半年。

案例 4-5 金刚塔加固工程——顶升法加基础托换

(1)工程概况

墩台现地面低于周围地面 1.6m，在地下水位线 260mm 以下，造成塔基长期浸泡在水中；墩台墙壁八十年代用水泥勾缝；“十”字券洞基本完好。墩台上栏杆基本完好，北侧为清代维修时更换。主塔覆钵有裂缝，塔尖向东南偏斜 240.5mm，其他完好。四角小塔除西北角小塔宝盖残 1/3 外，其他完好。塔体表面均有不同程度风化，主塔风化尤为严重。

(2)分析原因

塔基为浅埋毛石(片筏)基础，未放脚，自现地面下埋深仅 140mm，地基土为三合土，土中夹杂螺壳，垫层厚度大约 1.50～2.00m，四周放脚 400mm。地下水位高，地下水类型为上层滞水——潜水型，年水位变幅主要受大气降水控制，丰水季节场地地下水位会上升，反之，枯水季节水位降低。地基垫层下有软弱下卧层，该土层为高压缩性、欠固结状，在地下水及上部荷载作用下长期变形，地基的沉降量较大；沉降过程中，由于存在不均匀性，致使塔尖产生偏斜。同时，长期以来，螺峰村建设发展，村中废土倾倒于塔四周，提高了自然地坪。

(3)处理方案

金刚塔重量 13500kN，重心低，体积不大，塔尖偏离 240.5mm，考虑采取整体顶升，尽最大限度减少对金刚塔塔体的干预，保存金刚塔的价值，彻底解决长期水浸、沉降问题，顶升过程中同时纠偏。具体步骤为：现状加固→降水→基础托换→顶升→就位，核心是基础托换，并全程进行监测。

①现状加固

为确保顶升过程中塔体安全，需对金刚塔先进行整体加固。采用加槽钢“圈梁”、拱形钢架、斜向钢架支撑的方法。同时用钢板封护附属文物。

②降水

采用深层搅拌桩止水帷幕挡水，然后坑内分步降水，对塔身沉降进行观测，确认无安全隐患后进行下一步降水。

③基础托换

a. 做静压桩作为本顶升工程的支撑结构。

b. 制作托架，顶进混凝土空心箱梁，顶进过程中做好观测，发现偏差及时纠正；开挖中间券洞下基础，扎筋，将箱梁内部用钢筋混凝土灌实并现浇托梁混凝土。

c. 浇注钢筋混凝土承台及承台梁。

④顶升

托换完成后，在承台梁与托梁间安放千斤顶。金刚塔本身重量约 13500kN(含基础)，加上托换后托架的重量 7000kN，顶升重量共约 20500kN。沿塔基周围共布置两组千斤顶，每组各 18 台 2000kN 液压千斤顶，两组轮流工作，可满足顶升要求。

凡放置千斤顶处，托梁相应位置预埋钢板，千斤顶与承台梁(垫块)之间放置承托板，以防止混凝土局部受压破坏。

顶升时各千斤顶要保持同步，每顶升一个行程，在托板和底板间放置垫块，每个塔座下布置四个垫块，并在千斤顶下放置垫块，再进行下一行程的顶升。垫块用高标号混凝土垫块。

4.5 建筑物移位技术

随着国民经济的飞速发展，城市建设正发生着日新月异的变化。近年来，城市道路交通状况不断的改善，城市规划不断完善，旧城改造和道路拓宽工程越来越多，相应出现了许多建筑物影响城市改造和道路拓宽的情况，一些新建建筑物和一些仍具有使用价值或保留价值的建筑物面临拆除的威胁，若拆除这些建筑物会造成很大的浪费和经济损失。如果对这些建筑物根据周围条件与环境规划的要求，在允许的范围内实施整体移位，使其得以保留，可取得良好的经济效益和社会效益。如上海音乐厅成功实现 70m 的整体平移，既保护重要文物建筑，又拓宽了道路。

建筑物移位通常又称为平移、迁移、搬移。在国际上许多发达国家对重要的古建筑及新建建筑物的保护性的迁移早有所闻，这种保护性迁移技术，采用全包装式的搬移，既安全又可靠，虽有时代价较大，但文物保护的意义更大。作为一种常规的平移技术，既要做到安全可靠，又要使成本尽可能低于拆除重建的造价，这就要求我们深入细致的开展研究工作。因此，在我国已有数家专业公司致力于这方面的研究开发工作，取得了许多成功的经验。正是这些成功的经验推动了我国的建筑物整体移位技术的迅速发展。这对建筑物整体移位技术的理论研究以及系统的试验研究将起到导向的作用。即便如此，仍有许多问题有待于我们在今后的实践中对其进行认真的探讨，如建筑物平移前及平移过程中托换梁受力性能，建筑物平移过程中的结构静力及动力分析等，随着这些问题的解决，建筑物整体移位技术将不断得到完善。

4.5.1 概述

建筑移位是通过托换技术将建筑物沿某一确定标高进行分离，而后设置能支承建筑物的上下轨道梁及滚动装置，通过外加的牵拉力或顶推力将建筑物沿规定的路线搬移到预先设置好的新基础上，连接结构与基础，即完成建筑物的搬移。

(1)移位的适用范围及分类

移位技术，适用于各类在城市规划及工程建设中需要搬迁的具有可托换及一定整体性的多层及多层以下一般工业与民用建筑，也可适用于构筑物。实施平移应以不破坏建筑物整体结构和建筑功能条件为原则。根据移位的路线及方位，建筑物整体移位可分为整体直线平移、整体斜线平移、整体折线平移和水平原地转动平移，实际施工时可以采用以上一种或几种组合的方式，平移距离可根据需要确定。见图 4-31。

(2)建筑物移位可行性分析

在整体移位可行性分析中，主要以安全可靠、经济合理作为是否可行的衡量标准，平移之关键在于建筑物本身结构的整体性及平移路线。结构的整体性是整体移位的必要条件，因此确定移位的可行性，应先对结构自身进行全面检测、分析和计算。当需要对建筑物进行维护且费用过大或者结构无法通过维护满足整体性要求时，平移方案就不可行。

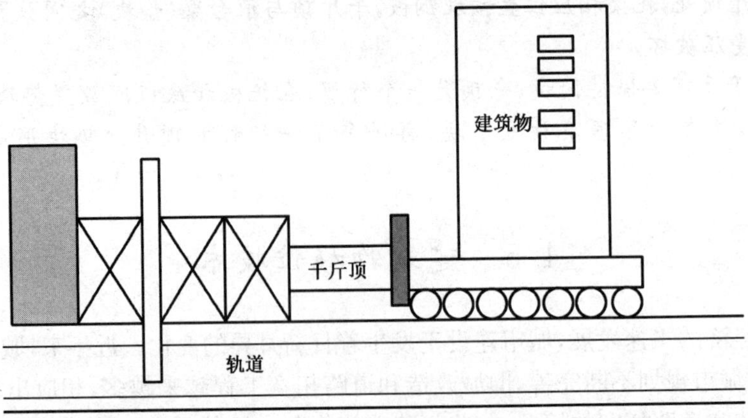

图 4-31 顶推法移动平移建筑物

行走机构、外加动力、基础处理要求与建筑物自重有关，如建筑物自重过大，引起行走机构变形，则整体平移无法进行。随着建筑物自重的增加，对行走轨道基础承载力的要求随之提高，则地基处理费用相应增加。平移的费用与平移路线和距离成正比，平移过程中如存在换向或旋转，则需增加一定的费用。除特殊情况外，当建筑物的整体平移费用超过该建筑物拆除重建所需工程造价的 80%时，对其实施平移将失去意义，其平移的可能性也不大。

(3)稳定性分析

在外力作用下，建筑物开始移动，在实际施工中，一般采用机械手摇千斤顶或电动油压千斤顶两种方式提供推力。当采用机械手摇千斤顶提供外加动力，由于千斤顶空载时的速率约为 0.2mm/s，重载时的速率为空载时的 1/3。实际施工时。由于人为因素导致推力的不连续性，顶推点无法保持同步，推进时似撬杆作用，建筑物移动速度缓慢，位移不明显。当采用电动油压千斤顶时，顶推力是连续的、均匀的，因此平移速度可达到 150mm/ms。顶推时建筑可明显看清位移，但人员在建筑物内无明显感觉。

建筑物平移中，结构在推力和摩擦力作用下，处于变速运动状态。相应地，结构内部件也将由于运动而产生额外的内力(即平移内力)。平移内力是任何一个建筑物在原设计时都不可能考虑到的。因此，必须对平移中的建筑物进行受力分析，以确定平移过程不会危及建筑物的稳定性。为确保结构的安全，平移速度当然是越慢越好。但对施工效率而言，平移速度却是越快越好。如何确定平移速度也是目前建筑物平移中的一个难题。通过对结构进行动力分析可以为建筑物平移提供一个合理的速度。

(4)风险评估

①建筑物移位应首先进行综合技术经济分析和可靠性论证，按国家现行有关规范和标准进行检测、核算和鉴定。经综合评定适宜移位后，方可进行整体移位设计。

②建筑物移位设计应符合国家现行设计规范和标准，在进行整体移位设计前应预先确定如下参数：移位的路线和距离。基础加固处理方案。托换梁(上轨道梁)的计算方法。在砖混结构中可根据实际情况适当考虑墙梁，下轨道梁形式，下轨道可采用装配式钢构件、现浇钢筋混凝土结构或砌体结构，基础可按墙下条形基础设计。

③对于临时受力构件如整体平移线路上台阶的基础设计，其设计安全系数可适当降低，即

其承载力设计值可考虑相应的折减系数，一般可取0.8。对于反复受力构件，如上轨道梁及推力支座，由于循环反复受力，其安全系数可适当提高并加强构造措施。

④整体移位后，若出现新旧基础的交错，则应考虑新旧基础间的地基变形差异，分别计算既有建筑物基础残余沉降值和新基础部分沉降值。设计时根据实际情况可适当考虑既有建筑物地基承载力的提高，必要时应对基础作加固处理。整体移位后，建筑物位于地震区，则应按抗震鉴定标准进行鉴定，不满足时应进行抗震加固处理。

⑤整体移位结构计算简图必须与实际结构相符合，应有明确的传力路线，合理的计算方法和可靠的构造措施。

⑥整体移位时，应尽量保持建筑物原受力特征，使受力符合移位设计的要求，防止建筑物出现过大的变形和产生过大的附加应力。整体移位后，建筑物应有可靠的连接。

采用建筑结构三维动力分析程序对平移工程中的建筑物进行动力时程分析。假定地基为一刚体(即认为地基是不变形的)，建筑物上部结构作为一个整体通过滚轴在轨道梁(即地基)上滚动或滑动。通过实际施工经验发现，当采用油压千斤顶进行平移时，建筑物的移动是按均匀加速度进行的。前30s为加速过程，后30s为减速过程，当每分钟移动150mm时，加速度为$0.17mm/s^2$。加速反应谱长度为千斤顶一个回程，即60s。若原建筑物按7度抗震设防，相应地把平移的加速度放大到$350mm/s^2$。进行时程分析，得到各楼层剪力。实际平移时的楼层剪力可按实际平移时的加速度值进行折减得到。实际平移加速度远小于地震时的加速度，仅达到0.5%，因此楼层剪力也是极微小的。这也就是施工中人员在建筑物内无明显感觉的原因。建筑物平移可用的最大平移加速度，应保证各楼层剪力均小于原设计的地震剪力。

4.5.2 既有建筑移位

对于已使用多年的建筑物，特别是一些古建筑和旧建筑，其抗震能力和可靠性等一般都低于现行设计规范，而对一些新建筑，虽然符合现行设计规范要求，但由于整体移位时上部建筑结构与基础需切断，其基础受力形式与托换受力有一定差异，因此，如何掌握建筑物整体移位的设计标准和计算准则，仍是当前建筑物整体移位中迫切需要解决的问题。

(1)既有建筑移位设计时应具备的条件

①场地地质状况，包括平移路线及就位场地的工程地质资料。

②原有建筑物的设计图纸，施工内业资料、施工期及使用期的有关观测资料。

③建筑的使用情况调查，包括建筑物的结构、构造、受力特性及现场实地勘察情况及必要的检测与鉴定。

④建筑物移位方案及可靠性论证和分析。

(2)移位的基本步骤

建筑物移位与大型设备(如重物)的水平搬运相似，建筑物整体水平移位差，体形大，且建筑物平面复杂，与基础之间有可靠的连接。基本步骤为：

①将建筑物在某一水平面切断，使其与基础分离，变成一个可搬动的“重物”。

②在建筑物切断处设置托换梁，形成一个可移动托架，其托换梁同时作为上轨道梁。

③既有建筑物基础及新设行走基础作下轨道梁，对原基础进行承载力验算复核，如承载力不满足要求，需经加固后方可作下轨道梁。

④在就位处设置新基础。

⑤在上下轨道梁间安置行走机构。

⑥施加顶推力或牵拉力将建筑物平移至新基础处。

⑦拆除行走机构，将建筑物上部结构与新基础进行可靠连接，修复验收。

(3)迁移力的估算

迁移力主要指顶推力或牵拉力，即克服各种摩擦阻力，其大小与建筑物荷重、行走机构材料等有关。

外加动力是指对建筑物平移时所施加的外力，它一般可分解成若干个平移分力，其总和等于或大于平移需要的动力。其力作用点应尽可能降低，以利移动。通常情况下，根据作用力作用的位置不同，外加动力分为顶推力和牵拉力两种。顶推力作用于建筑物平移方向后端，其优点是比较稳定，平移偏位易调整。其缺点是作用点偏高，平移时，建筑物移动一定距离后反力支座需重新安装。给施工带来一定困难。实际平移过程中，由于传力装置——垫箱之间存在间隙，随着平移距离的增加，平移效率将降低，同时，垫箱稳定性能随之降低，需采取一定的加固措施。因此，一般平移 10～20m 后，应重新安装反力支座。顶推力一般由油压式千斤顶或机械式千斤顶提供。

牵拉力作用在建筑物前方，在远距离单向平移中，只要设置一个反力装置即可实现平移，千斤顶及反力装置无需反复移动，其动力可由油压千斤顶提供。牵拉力传力由拉杆或拉绳提供，其作用点较低，可施加在上轨道板上。建筑物平移常采用滚动平移行走，滑动平移稳定性好，但摩阻力大，需要提供较大的动力，移动速度缓慢，需一种高强度、高硬度、摩擦系数小的材料。滚动的优点是摩擦系数小，需提供的移动动力小，移动速度快。其缺点是稳定性差，易产生平移偏位。建筑物平移常采用滚动平移行走机构设计，机构本身应具有足够强度及适宜的刚度，也即滚轴及轨道板具有足够的强度和硬度，平移轨道具有足够的承载能力，加上合理的外加动力布置、施工过程完善的测量措施，从而建筑物平移过程中的安全性和稳定性是完全可以得到保证的。

(4)迁移的主要设备(图 4-32)

①轨道：轨道板的作用在于扩散滚轴压力和减少滚轴摩擦，轨道板一般通长布置，建筑物平移中荷重较大，轨道板均采用钢结构。通常布置的轨道板其接缝处应保持平整，并有一定的连接处理，以形成一个整体。轨道板根据位于滚轴上下的位置分为上轨道板与下轨道板。轨道宽度等于墙体厚度。

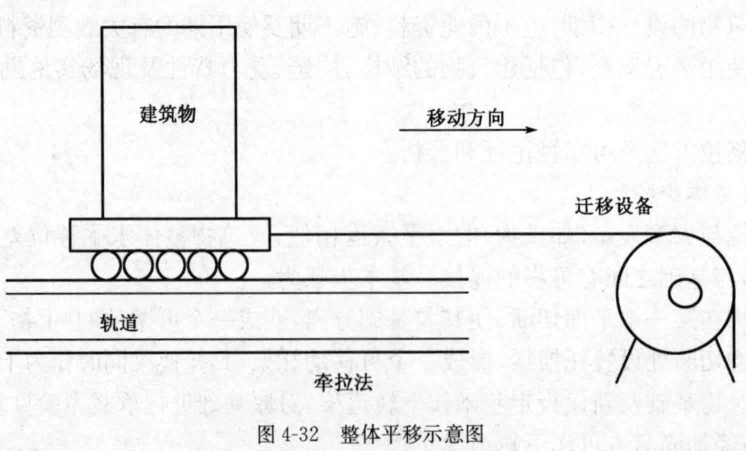

图 4-32　整体平移示意图

上轨道板可选型钢，如槽钢、工字钢、H 型钢，组合钢轨或者普通钢板，通常情况下，为了安装方便，多数采用钢板，其轨道板宽同上部托换梁宽，其板厚一般在 10～20mm 之间，具体板厚应根据建筑物荷重及现场加工能力确定，当板厚大于 20mm 时，由于切割加工的困难，可采用多层钢板叠合使用或采用其他高强度钢板代换。钢筋板厚 10～20mm 的钢板，宜在钢厂剪切成型，以保证其尺寸及平整度准确。在现场加工时，应采取预防措施，防止切割变形。下轨道板当不需要提供动力支座时可采用钢板，其要求同上轨道板。当外加动力支座由下轨道板提供时，应采用组合式型钢结构。组合式型钢可提供一个活动的动力支座，给顶推平移提供帮助，提高工效。这一点在远距离平移中具有明显优势，另外，组合式型钢刚度较大，能调整地基局部沉降差。组合式型钢下轨道板设计通常采用槽钢，根据具体情况确定其断面尺寸、材料及形式。

②拉杆或拉绳：拉杆或拉绳受力后变形较大，因此，应尽量采用应变值一致的拉杆或拉绳，同时对于单台千斤顶牵拉多根拉杆或拉绳时，对其应变值有更高的要求，以防止拉杆或拉绳受力不均。一般应优先采用弹性模量较大的牵拉材料。根据牵引力，可选择钢筋、钢丝绳、钢绞线。采用牵拉方式平移时，其动力施加一般采用预应力张拉设备。

③滚轴：建筑物平移，一般情况下重量较大的建筑物常优先采用圆钢作为滚轴材料。荷重相对小的建筑物，滚轴可采用高压钢管，但必须进行室内抗压试验，以确定其承压能力及变形值是否满足要求，如不满足要求，则应采用在钢管内灌细石混凝土的措施，混凝土需掺适量膨胀剂，混凝土强度不低于 C30，并在两端进行封口处理。采用钢管混凝土滚轴不适用于远距离平移工程。因为在远距离的平移中，钢管中的混凝土经反复碾压后易产生破坏，且两端由于反复敲打将产生变形。

·滚轴的长度。滚轴的长度一般比轨道宽 150～200mm，这样当出现偏位时，滚轴可通过斜放来调整，同时外露一定长度以便人工用锤敲击滚轴端头，对滚轴进行矫正。

·滚轴直径。滚轴直径与外加动力有关。随着直径增大，外加动力将减小，但由于直径增大以后，成本费用将增加，因此，直径与重量成平方关系，且滚轴直径过大，其平移时稳定性不易控制，因此，建议钢管滚轴直径为 100～150mm；圆钢滚轴直径为 50～150mm。

·钢滚轴允许荷载值。荷载过大，钢滚轴将产生变形，从而引起外加动力急剧增大，因此，对钢滚轴上的荷载应加以限制。当钢滚轴行走在钢轨道上时，以 $W=(53\sim42)D$ 取值。

·钢滚轴间距。钢滚轴的数量决定了其间距大小。

·滚轴最小间距。钢滚轴应有最小间距限制，以利滚动正常，避免滚轴相互卡住。一般情况下，应控制其最小间距 5mm 内。

既有建筑移位的施工依据工程移位设计图和建筑工程施工及验收规范。

4.6 爆破法加固地基

4.6.1 爆破方法加固地基的基本机理

利用爆炸产生的巨大冲击和挤压力加固地层，如图 4-33 所示：利用定向和控制爆破技术，使得药包之间的地层被瞬时挤压，药包周围土层发生剧烈塑性变形或液化，地层的水被瞬时挤出，同时，爆破法可以震密地层，从而加固地基。如台湾用爆破法加固液化地层，效果明显。

爆破法的技术要素：爆破网络，起爆顺序，炸药量，排距与层距，土性。

4.6.2 爆夯法

将药包捆至大块岩石上，引爆炸药，爆炸产生的冲击力夯实，在山区、交通不便、大面积初步处理地层,用爆夯法技术简单,成本低,工期短,见效快,常用于军事临时机场等处理。对大型设备不能进入的地方可以考虑。见图 4-34。

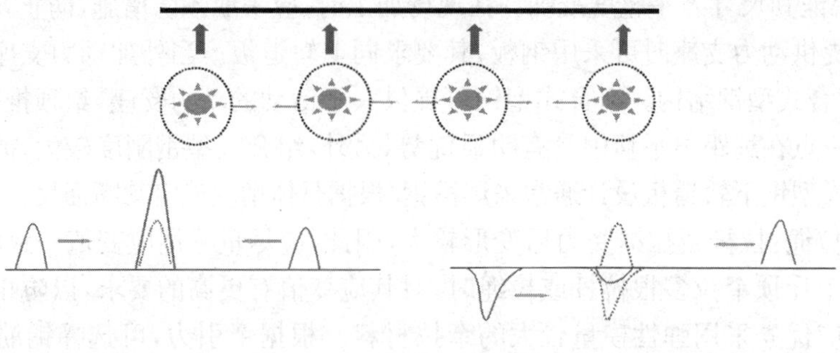

图 4-33　爆破方法加固地基

水下爆夯法是一种非常有效的水下地基处理方法,利用水下爆破和强夯技术加固地层。见图 4-35。

图 4-34　爆夯法示意图

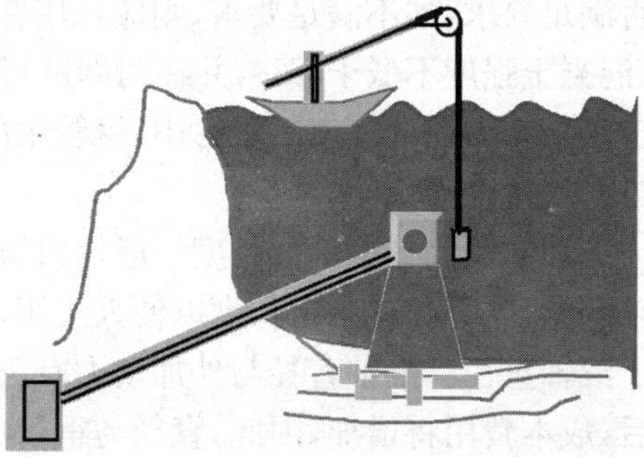

图 4-35　水下爆夯法加固某水电站进水混凝土墩的淤泥地层

4.6.3　水下爆破

在水下采用定向爆破方法不仅能破碎水下岩体,还能将爆破后的岩渣按照一定角度,沿着预定方向抛掷,堆积在指定部位,或堆积成满足一定要求的水工建筑物(堤、坝),不仅能减少水下清渣量,而且能够提高水下爆破工程质量;随着水下施工技术不断发展,水下定向爆破在我国已广泛应用于河道疏浚与拓宽、港口建设、水中筑坝、拆除废弃的水中构筑物,以及水下岩塞爆破、水下预裂爆破、水下控制爆破工程等。由于水下爆破产生多种多样的爆渣形状;抛掷岩块初始运动速度难以准确计算;抛起的岩块在水中运动时,处于岩块间的部分水体也随着运动,使抛掷速度和方向剧烈变化,岩块彼此相互碰撞,水阻力更难以准确计算。因此,至今难以建立严格理论公式来准确描述水下定向抛掷爆破全过程及其效果。

(1)利用裸露药包进行水下定向爆破

利用水底裸露药包进行定向爆破,效果差,耗药量大。在工程中仅用在拟爆目标附近有深槽又缺乏水下清渣设备情况下,炸除位于水底的少量块石、孤石及礁石。

①裸露药包水下定向爆破方法

a. 利用带空气包的药筒(图 4-36),设置提前爆破的辅助药包及气泡帷幕等方法减少要求抛掷方向的介质密度。形成阻力较小的抵抗线,实现水下定向爆破。

b. 采用设置端侧面药包、聚能药包等的定向聚能作用,使爆破岩块沿着预定方向抛掷。

②裸露药包水下定向爆破计算

当采用端侧面包围药包进行水下定向爆破时，可把保持抛掷方向的侧面外围药包的总重量，取为等于主推进药包的重量。沿岩块各面设置药包重量之比，外围药包不宜均匀布置，靠近主推进药包侧的药量较大，远离端较小，如图 4-37 所示。

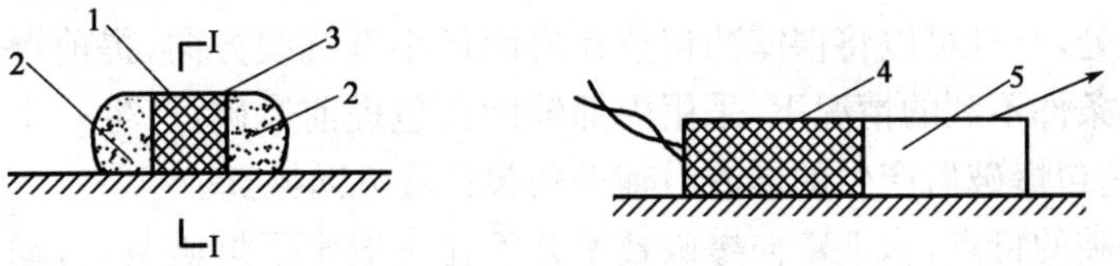

图 4-36　带空气包的药筒

1-炸药筒；2-砂袋；3-绳索；4-炸药；5-空气包

岩块轮廓不规则，端部药包和侧面外围药包就应当尽可能对称于预定抛掷方向。

采用主辅裸露药包进行水底定向抛掷爆破时，主辅药包的质量比与主药包的装药量有关。当主药包装药量在 200kg 以内时，取 1∶3；200～500kg 时，取 1∶5。主辅药包间距与辅助药包的装药量及水深有关，也称殉爆距离（m）。水下爆炸的冲击波能使附近的药包受到殉爆作用而爆炸。为避免产生殉爆，主辅药包间距还应大于水中可能产生殉爆的距离。当辅助药包用药量超过图 4-38 所示范围时，可按殉爆距离与辅助药包装药量的平方根成正比求出。主辅药包之间的迟发间隔应使主药包在辅助药包形成最大炸坑，而水尚未合拢前爆炸。当辅助药包质量小于 50kg 时，取 10～30ms；当辅助药包质量大于 50kg 时，取 30～50ms。

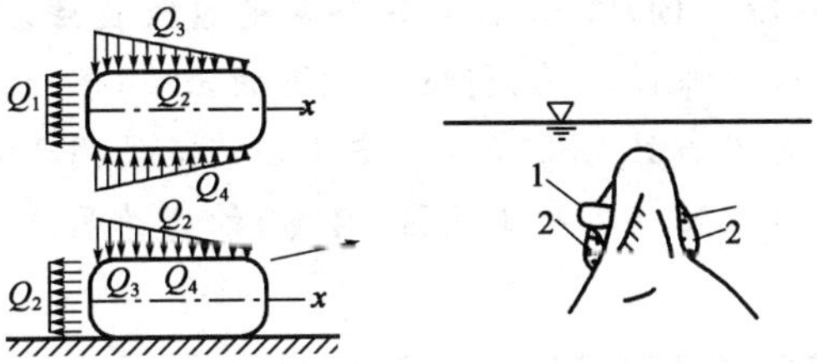

图 4-37　水下定向爆破

1-聚能药仓；2-坠石

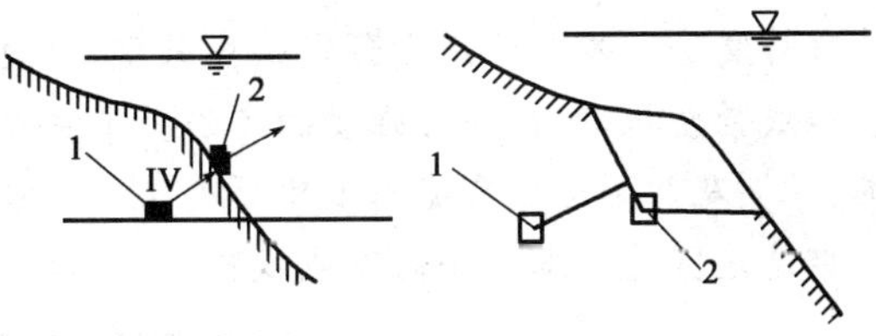

图 4-38　主推进药包质量与抛掷距离的关系

1-主药仓；2-辅助药仓

③被爆碎岩块的重心至落地点的抛掷距离

根据炸药爆炸传给岩块的总能量和消耗在克服水流阻力与河底摩擦力的能量，以及损失能量之间的平衡关系来确定。主推进药包的装药量与抛掷距离的关系可用下述经验公式表示：

$$Q = 4.03d^{3.5}e^{0.318x/d} \tag{4-46}$$

式中：x——抛掷距离；

d——换算成立方体的边长。

水下堆石体，以及与基岩连接的礁石也可以用上述公式计算抛掷距离或用药量。对堆石体根据外形尺寸确定密实体积，再求出换算长度（即密实体积的立方根），然后用上式计算抛掷距离，或根据要求抛掷距离计算用药量。对礁石，按水下爆破同体积孤石所需药量再增加 25%。将体积为 1m³ 岩块水下抛掷 2m 远，需裸露药包药量 10kg；若要求抛掷 6m 远，要 30kg 炸药。可见，用裸露药包进行水下定向爆破的单位耗药量是相当大的。

(2)利用内部药包进行水下定向爆破

利用埋入水底岩层内部的延长药包(水下钻孔爆破)或集结药包(水下药壶爆破、水下洞室爆破)进行水下定向爆破,单位耗药量较水底裸露爆破大为减少,且定向抛掷效果好,还能实现水下大量定向爆破,是水下定向爆破主要形式。

内部药包水下定向爆破方法:一般利用天然地形,将药室布置在适当位置,使最小抵抗线指向凹面或陡坡处,并且可以将裸露药包放在岩面最小抵抗线方向,提前爆炸,来加强定向抛掷效果。在地形条件不利的情况下,采用内部辅助药包提前爆破,产生一个新的、比较短的最小抵抗线,使主药包爆破后产生的爆渣沿辅助药包设置方向抛掷。

水下定向爆破的特点:水下定向爆破技术并不比一般水下爆破复杂,却可提高爆破质量,减少水下清渣量,或堆积成一定形状,从而能降低工程造价,缩短工期。在有条件的地方应尽量采用。在水下爆破工程中,可以通过减少抛掷方向的介质密度(用空气代替水体,或用水体代替岩体)、形成定向坑(天然的,或利用辅助药包造成)及定向聚能药包、延期爆破方法,达到水下定向爆破目的。水下定向爆破的抛掷距离受水深影响比较大。浅水区效果比较好,但在深水区抛掷距离短,效果不理想。影响水下定向爆破效果的因素错综复杂,目前还只能凭有关经验公式与试验数据估算。本文所提方法可以满足一般工程设计要求,重要爆破工程仍须通过爆破试验验证有关参数。水下定向爆破是一门发展中的爆破技术,有待于结合爆破试验,系统总结实践经验,从地质力学、水动力学及爆炸力学方面进行深入探讨,提高预测精度。

案例 4-6 爆破法处理液化土层

(1)简介

深层液化夯实工法(Blasting Densification Method,BDM)又称炸震夯实地盘改良法,或简称炸震法。本工法用于预定改良深度,以规划方格状布设炸药,引爆大范围的土壤,使土壤重组成紧密状态,提高其强度的工法。工法概要示意图如图 4-39 所示。本工法广泛使用于日本、欧洲及北美地区已有五十年历史,于 2000 年 6 月 5 日在彰滨工业区(台湾)的鹿港西三区一期造地区进行本工法的现地试验。

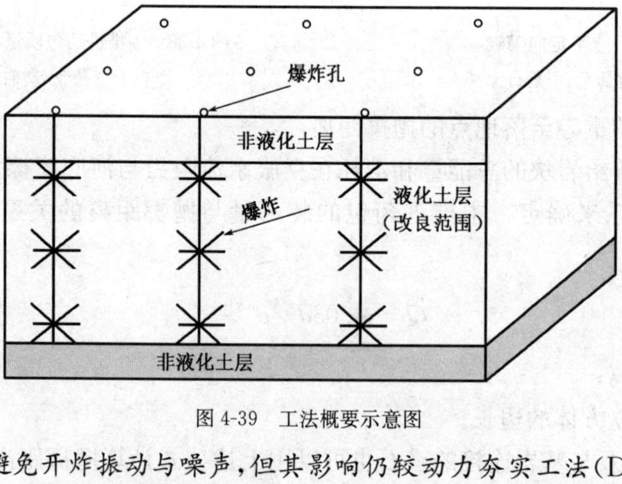

图 4-39 工法概要示意图

本工法虽无法避免开炸振动与噪声,但其影响仍较动力夯实工法(Dynamic Compaction Method,DCM)小,且本工法不必使用特殊机具设备,施工快速并且工程费低,可符合环保及施工要求,极适用于大规模的填海或广范围的新生地之地盘改良。

(2)施工步骤

本工法的施工步骤(如图 4-40)为:

• 决定开炸孔的间距后(一般间距为5m～10m),以钻机或钻堡进行钻孔。

• 安装保护炸药的PVC管。

• 将炸药单元插入PVC管内。

• 开炸。

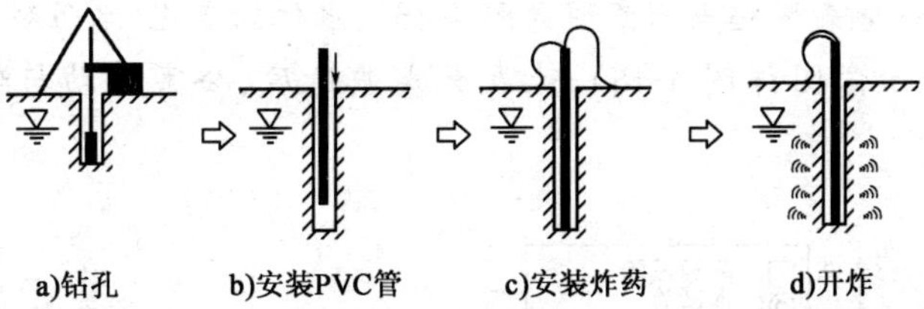

图4-40 施工步骤

(3)适用范围

本工法一般应用于5～10m,亦有深至30～35m之案例,最深的案例为非洲的45m。本工法适用地层为地下水位以下,细料(黏土与粉土)含量在20%以下的砂及砂砾质地盘。

本工法适用之对象为:

• 大规模的抽砂填筑新生地(图4-41);

• 码头岸壁背面(图4-42);

• 厂房、住家建筑物等基础地盘(图4-43);

• 河川堤防(图4-44)。

图4-41 大规模抽砂填筑新生地

图4-42 码头崖壁对面

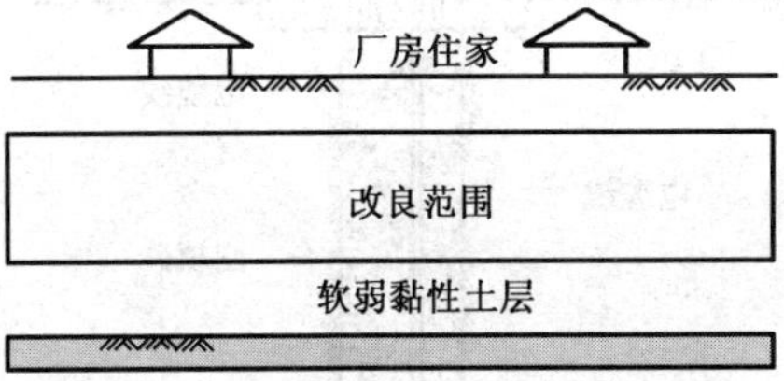

图4-43 厂房住家地盘

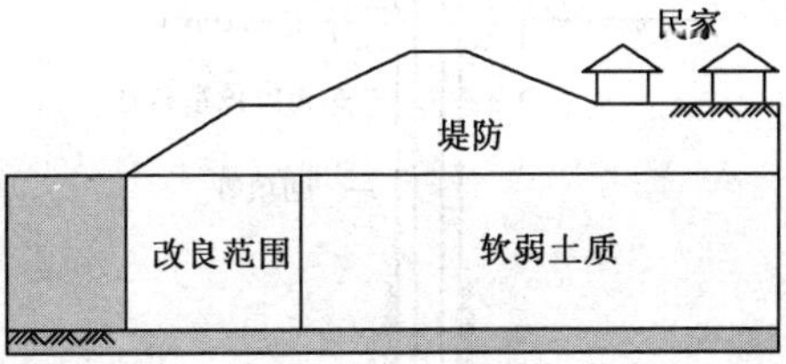

图4-44 河川堤防

(4)施工方法

①炸孔与药量配置

一般须先做前导试验,先配合地质钻探资料,于适当孔距孔深装置适量炸药,由试验量测振动、噪声及地盘改良成效,经逐步调整改进后,决定整个改良区炸孔的布置及所需药量。前导试验及整个改良区炸孔的布置示意图如图4-45所示。以改良深度20m为例,炸药平均分为三段(6m、12m及18m处)装置,炸药量为60g/m^2(每孔分配之地面面积),其沉陷量约为改良深度的10%;采用40g/m^{2}时,则约为改良深度的6.5%。

②开炸

开炸之顺序一般由上而下引爆,主要原因为避免若先开炸下方将使上方炸药移位到地表爆炸而发生危险。另考虑开炸造成的震波互相干扰而影响改良成效的问题。邻孔爆炸与爆炸孔间需延迟约 3s,同一炸孔之上下引爆亦需有约 0.03～0.06s 之延迟。

③计测

炸震夯实工法须进行计测工作,以作为施工期间与施工完成后的后续作业参考。计测项目包含地表沉陷情形(地表沉陷点示意图详图 4-46)、水位的变化(水位观测井示意图图4-47)、水压的消散(水压计示意图详图 4-48)、地表面震波速度、公害振动与噪声(噪声量测计见图4-49)。

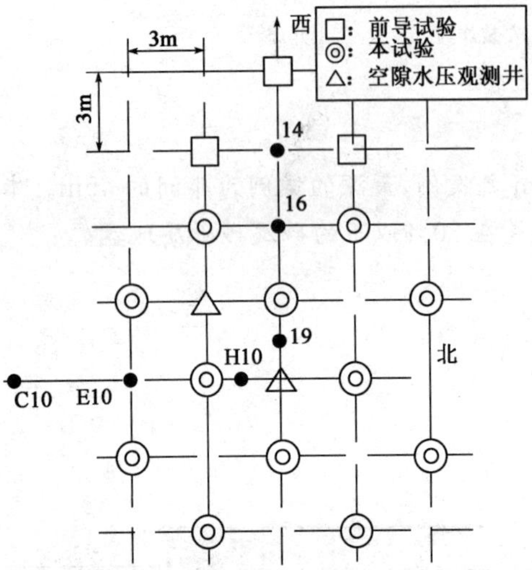

图 4-45　炸孔布置示意图

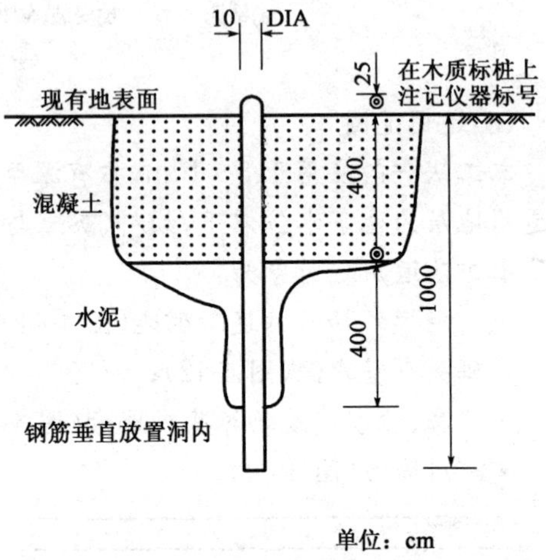

图 4-46　地表沉陷点示意图

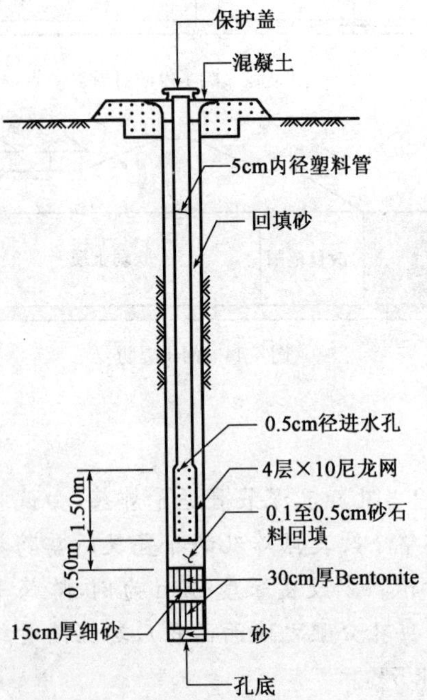

图 4-47　水位观测井示意图

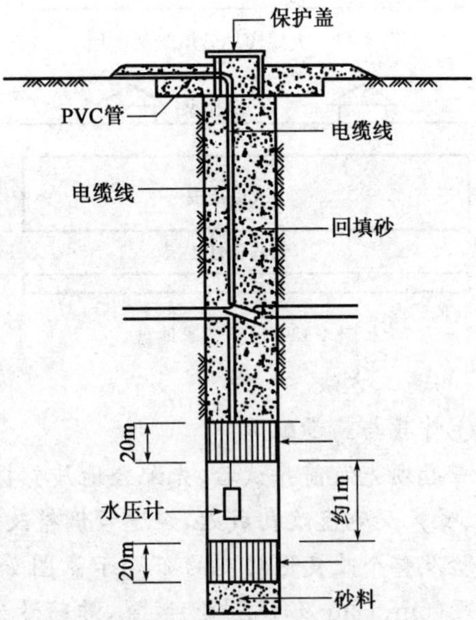

图 4-48　水压计示意图

④开炸后情形

开炸后大部分地表产生裂痕，水压立即消散，并产生喷出水柱与土壤液化，显现出良好的爆炸夯实的效果。若开炸分数次实施，将可获得更佳改良的效果。

图 4-49　噪声量测计

⑤改良成效检验

改良成效的检验主要进行标准贯入试验(SPT 法)及圆锥贯入试验(CPT 法)。其改良前后的关系详见图 4-50 及图 4-51。一般比较土层于改良前后的 N 值，开炸后 N 值会大幅提高，于细料含量较少的均匀砂质地层中，N 值可提高至 25 左右。

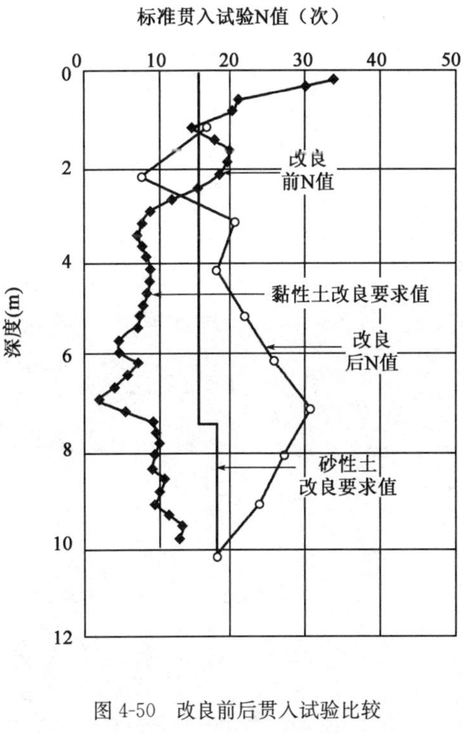

图 4-50　改良前后贯入试验比较

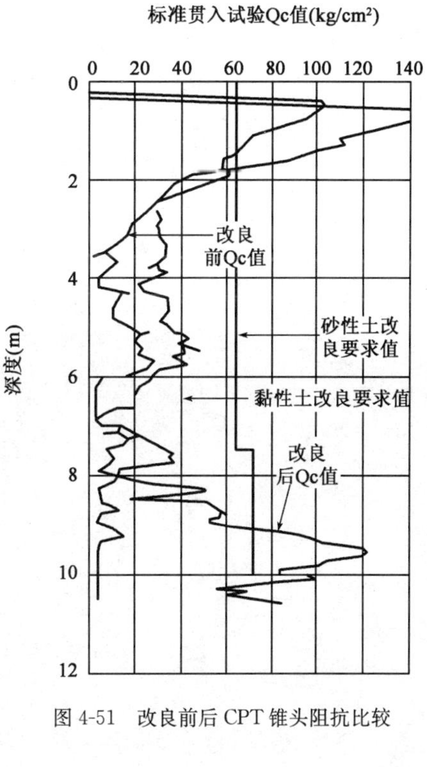

图 4-51　改良前后 CPT 锥头阻抗比较

(5)与其他改良工法之环境影响与费用比较

①噪声比较

挤压砂桩工法(Sand Compaction Pile Method，SCPM)＞砾石桩工法(Stone Column

Method,SCM)＞动力夯实工法(DCM)＞深层液化夯实工法(BDM)。BDM之噪声偶在100dB(分贝)以上,一般低于69dB,对于结构物振动一般要求在80dB以下。

②改良费用比较

砾石桩工法＞挤压砂桩工法＞动力夯实工法＞深层液化夯实工法。费用比例约在2.8∶2.3∶1.2∶1.0。

深层液化夯实工法目前已广泛使用于欧美及日本,对于大面积及深层的土壤改良,本工法有效且快速,符合经济效益。在环保意识抬头及砂石材料不易取得之情况,本工法值得加以引进并推广,作为地层改良工法的另一选择。

第五章　城市交通、环境和重大工程中的地基处理

5.1　地铁地基处理技术

随着经济的快速发展，城市交通面临的压力越来越大，国外发达国家城市建设的成功经验表明，开发利用城市地下空间资源，建立以地铁等大容量快速轨道交通为主体的现代化城市综合交通体系，是解决这些城市交通问题的一个重要措施。因此，我国一些大城市，例如北京、上海、天津、南京、广州、深圳等都启动了地铁建设。地铁建设过程中的地基处理主要涉及地铁车站、区间隧道、地铁施工对环境影响的地基处理和车辆段的地基处理。城市地铁地基处理重点是车辆段的地基处理，其次是区间，车站等处理。由于车辆段面积巨大，费用巨大，周期长，区间是地铁主体部分，跨越的线路较长，穿越各种各样的复杂地层和地表环境，对处理方法的选择要求苛刻，难点在区间。车站处理与施工和基坑支护联系进行。地铁地基处理是为了确保地铁建设工程质量的同时，经济有效地控制由于地铁施工引起的周围土层的移动，保护邻近建(构)筑物与市政道路、管线等设施的安全而采取的措施；控制地铁附近的岩土工程施工对地铁的影响，保护地铁本身的安全而采取的措施。

5.1.1　车辆段地基处理

车辆段由于面积巨大，一般应慎重选择处理方法，国内在这方面有很多深刻的正、反两方面教训。整个过程中，地基处理方法的确定尤为重要、复杂和困难。一旦方法不妥，必将造成巨大的经济损失和工程质量问题，严重影响工期，甚至给后期运营带来巨大隐患，广州、天津、北京等地均有类似的情况。表5-1列举了几个典型城市车辆段的地基处理问题。

几个典型车辆段地基处理　　表5-1

车辆段	赤沙车辆段(广州)	回龙观(北京)	万柳(北京)	月牙河(天津)
主要问题	软基砂土液化	软基，池塘回填	内涝、排水，拍打冒浆	软基，砂土液化
特点	果树林和河岸	池塘、填埋场	公园	古河道、漫滩
面积(m^2)	40万	—	17万	30万
地基处理方法	吹砂回填，塑料排水板等法	强夯	置换	拟采用爆破法
评价	基本成功	不理想	不理想	—
出现问题	周期	不均匀沉降	成本较高	—

5.1.2　区间隧道穿过不良土层

地铁工程属重大基础设施，造价巨大，一般在几十亿到几百亿。若地铁修建在液化地层

中，还必须进行抗液化处理，设计的抗液化费用也非常巨大，不同的抗液化方法带来的投资和产生的效益差别较大。好的方法，可以降低成本，节省工期，加固效果好；相反，一个不恰当的措施，往往给国家和企业造成巨大的经济损失，给企业和社会带来较大的负面影响，也会影响工程的进展，这方面可供参考的国内外经验较少。

案例 5-1　南京地铁许府巷—南京站区间盾构施工进行抗液化方法和措施

许府巷—南京站区间要穿越中央路，住宅，古城墙及玄武湖，龙盘路下，长度1460.46m，该区间位于古河道及漫滩之上，深度变化较大，土层主要为软弱黏性土及饱和砂性土组成，地面以下15.0m深度范围内土层为软弱土层，表土层为稍～中密粉土、饱和，稍密～中密，部分为低塑性软～流塑粉质黏土，层厚0.6～3.4m；第二层为松散～稍密粉砂夹细砂。层厚1.5～7.8m；第三层为粉土：饱和，稍～中密，局部为低塑性淤泥质粉质黏土～粉质黏土。层厚1.6～7.8m；第四层为粉砂夹细砂，饱和，稍密～中密，局部夹薄层粉质黏土，层厚2.0～8.9m，第五层为粉细砂，灰色，饱和，稍密～中密，局部夹薄层粉质黏土。在VII度地震烈度下，根据液化判别研究成果，并考虑了南京砂的结构特性，地铁许府巷—南京站区间地基的地震液化以中等为主，部分为严重液化区，少部分为轻微液化区，液化深度有所起伏，液化分布的平面和剖面示意见图5-1。

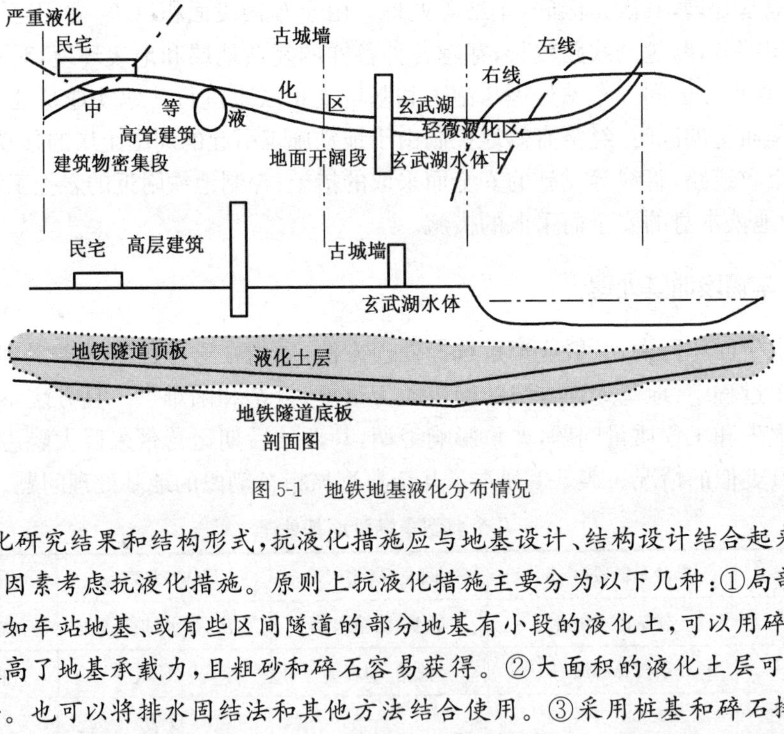

图5-1　地铁地基液化分布情况

针对液化研究结果和结构形式，抗液化措施应与地基设计、结构设计结合起来，从可行性、成本、工期等因素考虑抗液化措施。原则上抗液化措施主要分为以下几种：①局部液化土层可以采取换填；如车站地基、或有些区间隧道的部分地基有小段的液化土，可以用碎石换填，既防止了液化，提高了地基承载力，且粗砂和碎石容易获得。②大面积的液化土层可采用强夯、振冲、爆破等法。也可以将排水固结法和其他方法结合使用。③采用桩基和碎石排水桩。碎石排水桩使用一定注意城市相邻建筑物，但是由于南京地区雨水较多，地下水位较高，排水系统可能受正常的地面结构影响较大，地铁地基的液化特点既区别于一般场地，又区别于建筑物地基，必须针对地铁地基的液化特征进行方案选择。方案确定时应考虑以下因素：地基液化程度，建筑物和结构物的重要性和保护程度，液化土层的赋存状况，地铁地基的液化特征，液化地基可能产生的危害，液化土层与地铁结构相对空间位置。

针对图5-1的液化情形，初步选定以下三种方法：方法之一，采用隧道内高压旋喷注法浆，在管片中预留注浆孔，注浆孔排距为1.2m，孔深由液化土层的相对位置确定。方法之二，振冲法，此方法主要适合于中等液化和轻微液化地段，加固效果较好，由于城市建筑和上部结构存在，使得这种方法仅适合于古城墙以外至南京站。液化土层与地铁相对位置分为液化土层位于结构之上，之中，之下。方法之三，地面注浆法和振冲相结合，原理基本同方法一，不同之处在于，在地表施工，提前施工。优点是不受管片的尺寸影响，比地下施工工艺简单，但会破坏地表，同时受结构影响较大。总之，应充分考虑地下、地表和工期、工程造价来选择抗液化处理方案。对于此区段应不同地段采取不同方法更妥。表 5-2 叙述上述三方法的具体步骤和抗液化效果分比较。

总的比较表 表 5-2

方法	成本	工期	设备材料	施工条件	环境保护	加固效果	对施工的影响
单一注浆法	最大	最长	最少	最差	最好	较好	最大
注浆与振冲	最小	短	较多	最好	较好	较好	较大
注浆—置换—振冲	较大	最短	最多	较差	最差	最好	最小

最合理的方案是在盾构隧道内注浆加固的同时考虑开阔地带和在玄武湖水体下进行超前振冲方法，古城墙地基须进行地表预加固，然后进行抗液化处理。

(1)抗液化的范围的确定

抗液化范围的确定主要指隧道断面加固深度和加固宽度确定，沿线可液化地层的范围确定了加固地基的长度，由于地铁的特殊性，尤其大面积长线路的地基液化处理，加固范围多大，加固程度多高，加固多大范围才合理有效，直接涉及地铁地基设计和软基处理问题。对于盾构法施工，加固范围主要指管片围岩的加固宽度和加固深度。研究发现，加固地铁地基宽度是与加固地基的地基处理形式和液化程度直接相联系的：上文提到的之上、之下、之中，地层液化程度分别为严重液化、中等液化、轻微液化。对于轻微液化，若在地铁结构的上方和左右两侧，可不加固；中等或严重液化地基，已有部分研究成果表明：地铁地震液化危险性主要发生在地铁结构的两侧和基础下的局部范围，一般加固这些范围即可。加固深度的确定：液化土层埋深小于 20m，以液化土层埋深 h 定。若砂土层埋深超过 20m，加固深度以 20m 定。地铁的底板正好在地表 15m 以下，而且大部分液化的埋深在 15m 以上，因此，地铁结构主要受侧向液化土层的影响；同时，也有液化层在结构之上，因此，在南京市区地下结构液化加固层的深度暂定为结构上 1m，加固深度为地下 8～15m。桩基作为基础的一部分加固了地基，降低了液化的可能性，提高了抗液化能力，作为基础静力设计时桩基对于轻微的地基下方的液化基本上可以得到控制，但中等及中等以上的液化则不能用桩基予以消除，虽然桩基抗液化效果很好，但它没有从根本上消除地层的液化可能性。图 5-2 为地铁地基段面抗液化范围的示意图。

液化层在盾构隧道之上

$$h < H \quad w = 0 \tag{5-1}$$

盾构位于液化层之中

$$w = (h - H)\tan\alpha$$

$$W = (h - H - b)\tan\alpha \tag{5-2}$$

液化层位于盾构下

$$w = b\tan\alpha$$

$$W = b\tan\alpha - 0.5b \tag{5-3}$$

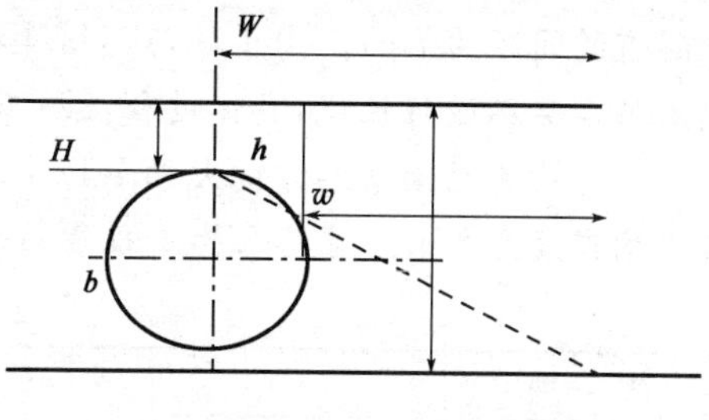

图 5-2 地铁地基断面抗液化范围示意图

H-隧道顶板距地表距离；h-液化土层的埋深，小于 20m，按实际深度取，大于 20m，取 20m；w-单侧加固宽度；W-结构边缘加固宽度；b-地铁管片外径上述加固宽度是基于地铁结构的动力扩散影响，液化影响结构的范围用结构的动应力扩散角 α 表示，取 $\alpha=60°$。一般工程还考虑一个安全贮备系数 n，由工程定，但最大宽度不应超过

$$w = n\times(0.5b + h\tan\alpha) \tag{5-4}$$

(2)隧道内施工的特殊工艺

①由于隧道内空间狭小，并且盾构设备已占用了很大的空间，因此，必须对高压注浆的设备进行修改。②因为需要进行倾斜和向上注浆，因此，钻机的支架需要转动灵活。③可以利用盾构施工的轨道安装小车运输注浆设备和浆液，浆液的配置可以在盾尾进行。需要注意的是必须合理布局，配置人员，最大限度地利用有限的轨道，协调配合盾构施工。

南京地铁南北线一期工程玄武门站—许府巷站—南京站区间，分为玄武门站—许府巷站和许府巷站—南京站两个区间段。玄武门站—许府巷站区间段位于童家巷—模范马路之间的中央路下，长度 831.59m(里程桩 K11+592.9～K12+424.49)，许府巷站—南京站区间段位于南昌路—龙盘路之间，要穿越中央路，3～6 层房屋的宅，古城墙及玄武湖，龙盘路下，长度 1460.46m，两个区间段均采用盾构隧道家圆形装配式衬砌。

南京地铁许府巷至南京站区间抗液化：单管法和二重管法由于破坏能力欠佳，所形成的旋喷桩固体直径较小(不到 1.5m)故这里不采用；而多重管法设备复杂，体积过大，若在地下进行施工会影响盾构的施工进度，因此，通过比较决定选用三重管中的 CJG 法(高压旋喷注浆法)。主要特征：三重管施工的高压旋喷法使用的设备主要系统有造孔系统(主要是钻机)，供水系统(包括高压水泵，压力表，截止阀，高压管和供水泵)，供气系统包括压缩积，风量计，气量计等；搅拌系统，搅拌机和输气管等；喷射系统，注浆管和卷扬机。这里只对主要设备的选择进行论述。

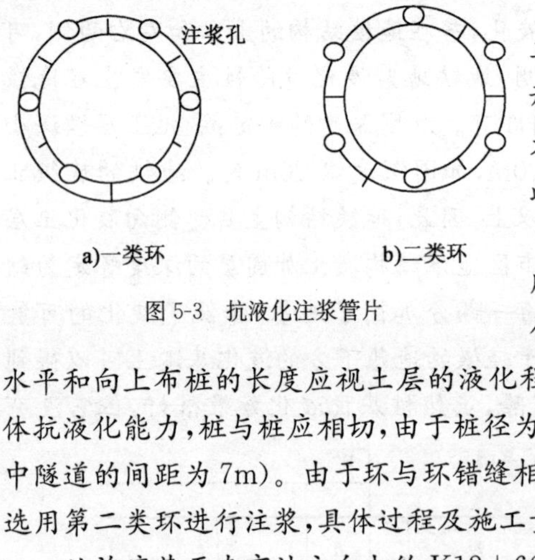

图 5-3　抗液化注浆管片

南京地铁一号线许府巷至南京站区采用盾构施工，初次衬砌采用预制混少接缝及整个衬砌环的变形。每个管片宽 1000mm，厚 300mm，中间预留直径为 50mm 的注浆孔。由于环与环之间错缝相连，因此，分为一类环和二类环，如图 5-3 所示。

由于这里采用三重管法，桩长根据布桩的形式所定。由于在地表以下 20m 深的土层可以忽略其液化问题，因此，向下的长度达到地表以下 20m 就可；水平和向上布桩的长度应视土层的液化程度而取隧道半径(3.17m)的 1～1.5 倍。为加强整体抗液化能力，桩与桩应相切，由于桩径为 2m，因此，桩间距为 2m，每间隔一个环注一排浆(其中隧道的间距为 7m)。由于环与环错缝相连，因此，所注的旋喷桩都在同以类环上，通过比较，选用第二类环进行注浆，具体过程及施工量的计算如下。

从许府巷至南京站方向大约 K12+660～K12+800 区间为中等液化区，长度为 140m，底板平均厚度为 15m。表 5-3 为工程量的计算表格。

工程量计算表　　表 5-3

区　间	(一)	(二)	(三)	(四)	总　计
液化程度	中等	严重	中等	轻微	—
平均底板深(m)	15	16	18	16	—
区间长度(m)	140	80	1020	220	1460
排距(m)	2	2	2	2	—

续上表

区　间	(一)	(二)	(三)	(四)	总　计
排数(m)	70	40	510	110	730
区间桩数(个)	630	560	4590	660	6440
单排桩长(m)	59.1	84.7	39.5	34	217.3
注浆量(m^3)	7145	6038	34790	6459	54432
总延米(m)	4137	3496	20145	3470	31581
处理面积(m^2)	4200	2560	30600	5720	43080
处理体积(m^3)	47628	41961	225204	22880	337673

(3)施工程序

①钻机就位：将使用的钻机安置在盾构管片预留的孔位上，使钻杆头对准孔位的中心，同时，为保证钻孔达到设计要求的垂直度，钻机就位后，必须做水平校正，使其钻柑轴线对准钻孔中心线位置。②钻孔：将钻头钻入预定的地层中。③插管：将旋喷注浆管插入地层预定的深度，由于这里使用地质钻机，在钻孔完毕后必须拔出岩芯管，并换上旋喷管插入预定深度。在插管过程中，为防止泥砂堵塞喷嘴，可以边射水，边插管，但需要注意的是水压不应太大，否则容易将孔避射塌。④旋喷作业：当旋喷管插入预定深度后，应立即按设计配合比搅拌浆液，指挥人员宣布旋喷开始时，即提升喷管。现场技术人员必须时刻注意检查注浆流量，风量，压力，旋转提升速度是否符合设计要求，并做好记录，绘制作业过程曲线。⑤冲洗：当旋喷提升到设计标高后，旋喷即告结束。施工完毕后应把注浆管等机具设备冲洗干净，管内机内不得残余水泥浆。⑥移动机具进行下一个孔的施工。

从南京地区的土壤情况看，施工的对象主要是第四纪冲积层，由于天然地基的地质土质情况沿深度变化较大，土质种类，密实程度，地下水状态等都有明显的差异。在这种情况下，若只采用单一的固结旋喷参数，势必形成直径不均匀的上部较粗、下部较细的固结体，将严重影响旋喷固结体的抗液化能力。因此，对不同的地层土质的情况，选用合适的旋喷参数，才能获得均匀密实的固结体。在一般情况下，遇到土质较硬的土，可以采用增加压力和流量或适当降低旋转速度和提升速度等方法。

由旋喷机理可知，在不同的介质环境中有效喷射长度差别很大，对土体进行第一次喷射时，喷射流冲击对象为原状结构土，若在原位进行重复喷射，则喷射流所冲击破坏的对象已经变为浆土混合体，冲击破坏所遇到的阻力将减少。因此，在一般情况下，重复喷射有增加固结体直径的效果，但是由于增径率难以控制和影响施工速度，所以，在实际施工是不把它作为增径的主要措施，只在发现浆液喷射不足而影响了固结质量时使用。

(4)冒浆处理

在旋喷过程中，往往有一定数量的土粒，随着一部分浆液沿着注浆管壁冒出管外，通过对冒浆的观察，可以及时了解土层情况，旋喷的效果和旋喷参数的合理性。根据经验，冒浆量小于注浆量的20%为正常现象，若超过20%或者完全冒浆时，应查明原因并采取相应的措施。若是由于土层中有较大的孔隙引起的冒浆，则可以在浆液中掺加适量的速凝剂，缩短固结时间，把浆液控制在一定的范围内。而一般冒浆过大的原因是由于施工参数选用不当所致，可以适当提高喷射压力，缩小喷嘴孔径和加注浆管的提升速度和旋转速度等。

应该采用高压注浆法进行抗液化处理，主要考虑以下几方面因素：

①若采用两种以上的方案，比如在区间的陆面部分采用高压注浆法进行施工，在玄武湖区间采用振冲法进行施工，虽然碎石比水泥价格低且在原材料的价格上能大大降低造价，但是由于要采用两套设备，两套施工技术人员，在玄武湖面施工还需要架设辅助设备，并且两种方案的差价并不是太大，因此若采用两种方案施工其总造价非但不会减小，还会增加，故在这里采用单一的施工方法。

②高压注浆法的施工速度快，工期短，沿线进度可以达到 8.1m/d(双线同时施工)，超过了盾构的施工速度(6～8m/d)，可以与之配合施工，不会影响地铁的工期；而其他两种方案施工速度慢，工期长，并且由于需要在地铁开挖前进行预处理，可能会影响到盾构施工的进度。若采用增加施工设备以提高施工进度的方法，必然会增加人力、物力和财力，并对环境带来更不利的影响。

③从环境的角度考虑，高压注浆法在地下施工，虽然有一定振动，但是不会产生噪音污染；施工中产生的污水会有专门的排污系统排出，并且沉淀后的清水可以二次使用，不会产生水污染；施工中设备都在地下，不会产生大面积尘土，不会产生空气污染。而另两种方案由于在地面施工，虽然限定了施工时间，但是由于钻孔、振动不可避免会产生噪音污染，对城市会带来许多负面影响；而振冲法会产生大量的污水，有可能会渗入到地下，对地下水产生污染；因为从地面施工，必然会产生大量尘土会造成大气污染，对南京市的市容市貌会带来一定影响。

④由于高压注浆法在地下施工，不会对地表的建筑物产生太大影响，即使有一些重要建筑物，因为地下振动需要进行加固，而在盾构施工时已经考虑过，在这里可以不再考虑；振冲法和沉管砂桩在地面施工，为防止对地表的重要建筑物产生破坏，必须对这些建筑物的地基进行加固，避免影响施工进度和造价。

⑤由于线路需要经过一段古城墙，属于不良地基。从文物保护的角度，选用注浆法。由于施工在地表下 15～18m 处不会对此产生影响或影响很小，而其他两种方法则有可能由于振动作用产生破坏。

⑥注浆法的施工设备简单，小巧灵活，不会存在其他两种方法的大量机械作业(土石料进场，运输)。只需要安排好与盾构施工的运输系统合理搭配，最大限度地利用有限的地下运输系统。

⑦由于高压注浆法在地下施工，可以不考虑对玄武湖的生态破坏问题。而其他两种方法在地面施工，对于玄武湖区间需要水上施工，必然会对玄武湖的环境景观造成严重影响，对于其中的水质、水生物都极为不利。

⑧虽然处理液化体积较小，但因为对主要承载的隧道下方土层都进行了处理，从理论上可以达到其抗液化处理目的。

综上所述，决定采用高压注浆法进行地基抗液化处理。考虑到需要与盾构施工配合施工，因此，工期和造价在预算的基础上可能会增大。

抗液化处理的地基中插入竖向排水通道(如砂井、袋装砂井、塑料排水板等)，在严重液化区做处理。联合使用振冲碎石桩法在中等和轻微液化区进行振冲密实。之后，在地面上铺设一层透水的砂或砾石，再在其上覆盖一层不透气的薄膜，借助抽真空泵和埋设在垫层中的管道，将膜下土体间的空气抽出。透水材料中产生较高的真空度，使土中的孔隙水逐渐渗流到井中，从而达到土体排水振密的效果，完成对地基的抗液化处理。浆液选用 425 号硅酸盐水泥浆，由于该工程在地下施工，要求早期承重，而纯水泥的凝固时间太长，浆液易被冲蚀而不固结，故可以在浆液中掺入速凝早强剂。常用的早强剂有氯化钠、水玻璃和三乙醇胺等。通过比较选用0.1%的三乙醇胺和1.0的氯化钠组成的复合剂，通过实验得出的早期强度在1d,2d,7d,14d和28d分别为2.3MPa,4.6MPa,9.8MPa,12.6MPa和15.2MPa，几乎是纯水泥的两倍。同时，还可以在浆液中加入25%的粉煤灰，以在保证强度的同时降低成本。为了解喷射注浆后固体可能具有的强度和决定浆液合理的配合比，应在施工前进行现场试验，查明喷射固结体的直径和强度及其他设计所需要的参数，验证设计的可靠度和安全度，并进行调整，选用最合理的配合比。

注浆材料及配方和现场喷射试验是高压喷射注浆法的整体组成部分，采用的恰当与否将会影响到固结体的质量，物理力学指标和工程造价。根据喷射工艺要求，浆液应具备以下特点：

①有良好的可喷性。目前国内基本上采用以水泥为主剂，掺入少量外加剂的喷射方法，水灰比一般采用1∶1～1.5∶1，由于南京地铁一号线许府巷至南京站区间的地层主要为饱和砂土层，含水量发达。若水泥浆中的水的含量过大，不利于浆液在土壤中固结，因此，这里可以选用1∶1的水灰比以保证较好的喷射效果。

②有足够的稳定性：指其在初凝前析水率小，水泥的沉降速度慢，分散性好以及浆液混合后经高压喷射而不改变其物理化学性质。

③气泡少：若浆液带有大量的气泡，则固结体硬化后就会有许多气泡，从而降低喷射固结体的密度，导致其性能降低。

④无毒，无臭：浆液对环境无污染对人体应无害。

⑤结石率高：固化后的固结体有一定粘接性，能牢固地与土颗粒相粘接，要求固结体耐久性好，能长期耐酸、碱、盐及生物细菌等腐蚀，并不受温度、湿度的变化而变化。

⑥成本不高。

5.1.3 区间隧道地基处理技术

在地铁区间隧道建设过程中，为了减少盾构施工对周围环境的影响，在施工过程中要尽可能地减少对周围土体的扰动。在软土地区如果在区间隧道建设中不采取措施对隧道周围土体进行处理加固，将很难满足对周围环境保护的要求。区间隧道地基处理主要可以分为：①盾构推进过程中控制隧道周围土体位移的同步注浆加固；②联络通道施工过程中的地基处理加固；③盾构隧道穿越已建隧道时隧道地基处理加固；④盾构隧道进出洞口时洞口周围地基处理加固。

盾构施工引起的地层损失和盾构隧道周围扰动或受剪切破坏的重塑土的再固结，是导致地表沉降的重要原因。为了减少和防止地表沉降，在盾构掘进过程中，要尽快在脱出盾尾后的衬砌背面环形建筑空隙中充填足够的浆液材料，一般使用均布在盾壳体外的同步注浆管来控制地表变形。

(1)同步注浆

上海地铁建设盾构掘进过程中同步注浆最初采用的是法国FCB提供的非结硬性(惰性)浆液配比。在盾构施工过程中，因超挖刀等原因，该配比浆液的压注量不仅大，而且控制地表沉降的效果也不理想。后经过上海地铁1号线南段1号盾构的反复施工实践，大胆地提出了割除超挖刀并采用新的浆液配比方案，这一改进，不仅有效地控制了地表沉降，减少了浆液的压注量，增强了浆液的可泵性，而且也降低了地表的后期沉降。

为了进一步有效地降低惰性浆液的成本，更重要的是解决浆液的可泵性(施工方便)、经济性和使其静强度略大于原状土，还要特别注意解决在长期列车振动下包裹在圆隧道外侧惰性注浆具有抗液化性能。如果改进浆液配比能提高浆液的动强度，满足抗液化要求，省去圆隧道外壁的二次注浆(确因环境保护需要而采用二次压浆除外)，则可以降低整个盾构隧道区段的投资。为此，对同步注浆浆液材料配比进行了优选，达到了预期的要求。

惰性浆液配比的优化原则如下：

①有一定的静强度，压入建筑空隙后一天内应略大干周围土体的抗压强度。

②便于浆液的泵送，有一定的和易性，同时，具有较小的体积收缩性，一般收缩率不大于3%～5%。

③在列车振动荷载和地震荷载作用下，浆液不产生液化，要求材料中必须满足一定的黏粒含量和控制含水率(稠度)。

④尽可能地降低浆液成本。

(2)注浆压力

同步注浆时要求在压入口大于该点的静止水压力和土压力之和，做到尽量填充而不是劈裂。注浆压力过大，管片外的土层将会被浆液扰动而造成较大的后期地层沉降及隧道本身的沉降，并易造成跑浆；而注浆压力过小，浆液填充速度过慢，填充不充足，也会使地表变形增大。经过上海地铁建设的不断探索，按隧道的不同埋深采用同步注浆，其压入口的压力一般为1.1～1.2倍的静止土压力。

(3)注浆时间

衬砌背部注浆时间一般应在衬砌脱出盾尾及盾构掘进时同步进行，并在推进一环的时间内(60min)完成。

(4)注浆量

理论注浆量为

$$V=\frac{\pi}{2}L_1DG_p \tag{5-5}$$

式中：L_1——环宽；

D——盾构外径；

G_p——建筑总空隙。

但考虑到盾构推进过程中的纠偏、跑浆和注浆材料的收缩等因素，注浆量一般为理论计算值的120%～180%，并要通过地面变形观测来调节。视地表沉降大小还可以采用二次压浆弥补注浆量的不足。盾构二次注浆一般在盾尾第6～8环施加。

盾构进出洞是盾构施工中技术难度大、工序较复杂的施工阶段。一旦处理不当，洞外土体易塌方或流失，甚至使盾构失去控制，因此需要在认真做好地质与环境调查的基础上，对洞口周围土体进行加固处理，确保工程安全。

洞门外土体加固范围：进出洞口处要做地基处理。进洞口处地基处理范围为：加固长度一般为8m，加固宽度为盾构外径两侧各2～2.5m；出洞口处加固长度一般为6m，加固宽度同进洞口。

盾构工作井土体加固多采用井点降水及注浆加固，但由于井点降水会导致地层产生固结沉降而使洞口外地面建筑物和地下管线保护困难，故在市中心一般不宜采用，而以注浆加固地层为主。

注浆加固一般在盾构进出洞口前一定的范围内采用分层劈裂注浆与搅拌桩相结合，此法适合于黏性土层，在砂性土中宜采用旋喷桩加固以使加固土体密封防止流砂。从上海地铁建设经验来看，注浆与水泥土搅拌桩的施工质量及均匀性是重要环节，搅拌桩质量不佳会导致地表坍塌事故。因此，要高度重视工艺质量，并充分注意被加固土体强度的均匀性。要求当盾构覆土厚度为6～10m时，加固体的一个月无侧限强度为0.3～0.55MPa。

盾构出洞处地表沉降主要是由于洞口暴露的加固土体发生移动、洞圈周围泥水流失以及盾构土舱土压力未与原土层土压平衡等造成的，盾构进洞处地表沉降的主要原因为盾构进洞纠偏引起上方土体下沉及盾尾临时封门时同步注浆效果欠佳。为了减少沉降量，要加强衬砌环壁后的注浆及洞口处的多次注浆，通常采用水硬性注浆材料，以达到迅速控制地表沉降的目的。必要时甚至采用地表注浆来填充地层空隙，从而控制地表沉降。

5.1.4 车站地基加固

地铁由于其功能的原因，必然位于城市的中心区域，而且越是建筑密集越是交通繁忙的区段越要修建地铁，这必然会出现大量紧邻建筑引起的岩土环境问题。就北京地铁而言，待建地铁车站距离已有建筑几米远已经很普遍，最近的地方近距仅几十厘米。另一方面由于我国城市规划发展落后，当初的规划常常跟不上建设的要求，在北京地铁建设中就出现在很多后期换乘要求导致的紧邻已有地铁车站的再建问题。这些情况都要求后期建设中不能对已有建筑产生过多的影响，要求严格控制在建基坑工程的位移场，因此，要在基坑开挖前对基坑周围的地层进行加固处理，降低基坑开挖施工引起周围地层的移动。

地铁车站地基加固常用的方法有降水、注浆、深层搅拌桩和高压旋喷桩四类。在地铁建设中，根据车站基坑保护等级的不同，选择其中的一种或几种处理方法对基坑进行加固。地铁车站高压旋喷加固常用的施工方法为三重管旋喷加固法，使用分别输送水、气、浆三种介质的三重注浆管。在以高压泵等高压发生装置产生20MPa左右的高压水喷射流的周围，环绕一股0.7MPa左右的圆筒状气流，进行高压水喷射流和气流同时喷射冲切土体，形成较大的孔隙，另由泥浆泵注入压力为2～5MPa的浆液填充，喷嘴作旋转和提升运动，最后便在土中凝固为直径较大的圆柱状固结体。

地铁车站施工降水：国内外降水的发展看，最初的降水都是为了方便施工，后来发展到固结地基提高承载力，从现在的应用情况看，在很多情况下只用基坑内降水再结合相应的施工控制就能达到基坑变形的要求，因此，这里把基坑内降水作为一种地基加固方法。

(1)基坑内降水

存在于饱和黏性土层孔隙中的地下水主要是自由水和结合水，后者受到静电吸引和分子引力等作用，牢牢地吸附在黏土颗粒周围而不能自由活动。结合水具有较大的抗剪强度，它在土体中的含水率相当于液限。深基坑开挖前的降水是逐渐抽汲坑内饱和软土孔隙中的自由水，最终将坑内地下水位降到坑底下一定深度。地下水位下降使得原水位以下土体的有效应力增加，随着土体孔隙中自由水渐渐排出而产生固结，土体的抗剪强度有了明显的提高，当然随着土质条件的不同，抗剪强度提高的幅度存在着较大的差异。降水提高了土体的抗剪强度的和减少土体流变。伴随着自由水的流失，软土层就从原来的饱和流塑状态变成非饱和软塑状态，从而减少了土体的流变性。

(2)降水工法

基坑建设一般挖深在10～30m之间，属于深基坑或超深基坑，采用普通轻型井点已经不能满足降水要求，通常采用真空深井降水。大口径井点设在基坑内，一般沿基坑纵向设置两排，井点间距约 10～15m，在基坑平面上每 100～130m² 面积设置一根井点。用于加固作用的降水深度要求达到设计底面以下 5～6m。降水在基坑开挖前 20d 开始。降水开始后，要定期对水位观测孔进行监测，检查降水效果，以保证基坑内自地面向下至坑底一定深度的土体得到疏干和一定的固结。基坑外观测水位比原地下水位下降深度不应大于 lm，否则，要考虑用回灌水法或隔水围幕法以防止降水引起坑外地面沉降。

基坑工程降水要求采取超前降水的方法，即在基坑开挖前 20d 左右开始降水。目标是使降水区域内土层静探值达到 1.0～1.2MPa。要求根据砂层或夹砂层埋深位置，在井管上可设置一节或多节滤管，滤管周围应均匀填充填料，以保证水可以透过填料，而土体颗粒不会透过而堵塞滤孔。填料应根据土体颗粒组成确定。

注浆是指利用液压、气压或电化学原理，通过注浆管把浆液均匀地注入地层中，浆液以填充、渗透和挤密等方式，赶走土颗粒间或岩石裂隙中的水分和空气后占据其位置，经人工控制一定时间后，浆液将原来松散的土粒或裂隙胶结成一个整体，形成一个结构新、强度大、防水性能高和化学稳定性良好的“结石体”。

从注入浆液的分布形态上的不同，一般将注浆分成充填注浆、渗透注浆、劈裂注浆、劈裂渗透注浆和挤压注浆。地铁车站通常使用劈裂和挤密两种方式对软土进行注浆加固，这是因为软土的特性决定了充填和渗透两种注浆方式不适合。压密注浆和劈裂注浆两种工法是在土体中形成团块和脉状分布的浆体。浆液进入土体经历一个短暂的压密过程后，劈裂土体并沿破裂面前进发展。

注浆工法：目前常用的注浆工法有三种：单液袖阀管、双液袖阀管和振动插管双液注浆。地铁车站基坑中注浆分为两类性质：一类是以基坑被动区加固为目的的注浆施工，另一类是在工程抢险时采用的补救措施。抢险注浆由于对浆液初凝时间有特定要求，因此，基本是采用双液注浆，采用水泥与水玻璃双液混合作为注浆的主要材料。地铁车站基坑内被动区的加固大多采用振动插管注浆方法，该方法在施工时能够较少地破坏土体而使得注浆后强度提高较大。

①注浆顺序和注浆孔布置。各注浆孔的顺序宜采用间隔交替注浆法，各注浆管内的注浆顺序可采用由上而下或由下而上分层注浆方式，由上而下的注浆方式更为有效。对于多排注浆管一般是自外周开始间隔一根采用分层注浆方式顺次往内侧进行。

注浆间距的选定仍以经验为主。在黏性土中注浆可按下式计算。

$$D=2R\sqrt[3]{I_p}$$

式中：D——注浆管间距；

I_p——土的塑性指数；

R——浆液泡体半径。

②注浆压力。在注浆施工前首先定出极限注浆压力，当注浆压力超过最大极限注浆压力时，浆液就会溢出地表导致地表隆起，给周围结构物带来不良影响。当注浆压力小于最小极限注浆压力值时，注浆的有效范围将因此而减小。上海地区的劈裂注浆实践表明，在软土层中进行劈裂注浆，注浆压力常常达不到 0.6MPa 就会产生劈裂现象。不同深度的极限压力也不相同，注浆最大极限压力通常是按被动土压力理论计算。

③注浆量 Q 及配比。上海地区的经验是加固土体的水泥用量按土体容重的 9%计。

考虑到黏性土中注浆为压密——劈裂型，在计算时应考虑土中水的流失或压缩程度，可以从土的含水率来求注浆率。注浆后使天然含水率(W)降到塑限(W_p)，其含水率的差应为浆液所置换：

$$Q=\lambda=VfG(W-W_p)/(1+e_0) \quad (5\text{-}6)$$

其中 $$\lambda = fG(W - W_p)/(1 + e_0)$$

式中：λ——注浆率；

e_0——初始孔隙率；

W——天然含水率；

W_p——塑限；

G——土颗粒容重：

V——待注浆的土量；

f——浆液收缩系数，根据施工情况而定。

地铁车站基坑都是狭长的长条型基坑，这种类型的基坑内被动区注浆加固的布置形式通常有：①抽条加固；②抽条加固结合墙裙加固；③网格式加固；④满堂加固。标准段中常用抽条加固形式，条宽约3m，条间距约3m，抽条位于墙幅连接的位置；在邻近有重要保护对象时采用抽条结合3～5m宽墙裙加固的形式。端头井中常用网格式加固，在邻近有重要保护对象时用满堂加固。注浆加固深度一般是位于基坑设计开挖面以下3～5m，也有少数基坑出现分多层注浆加固的现象。注浆加固的深度一般为3～5m。

搅拌法地基加固是饱和软土地基的一种常用加固方法，它是利用水泥、石灰等材料作为固化剂的主剂，通过特制的深层搅拌机械，在地基深处就地将软土和固化剂(浆液或粉体)强制搅拌，利用固化剂和软土之间所产生的一系列物理—化学反应，使软土硬结成具有整体性、水稳定性和一定强度的优质地基。目前使用的搅拌桩施工机械有国产双轴搅拌机和日本三轴搅拌机。国产机械的生产成本低于进口机械，而且使用普遍、工程经验丰富。

高压旋喷注浆法是利用钻机把喷嘴和注浆管钻进至土层的预定位置后，以高压设备使浆液或水成为高压流从喷嘴中喷射出来，冲击破坏土体，同时钻杆以一定速度逐渐向上提升，将浆液和土粒强制搅拌混合，浆液凝固后，在土中形成一个固结体。高压旋喷加固方法在地铁地基处理中的广为应用。

高压旋喷法加固一般用在变形控制要求极为严格的区段，或是加固的位置较深而超出深层搅拌法的加固范围的地方(深度超过20m)。旋喷桩能进行较深位置的地基处理，在特别深的基坑中进行坑底加固是一种较理想的选择。旋喷桩加固强度是常用基坑加固方法中最高的，但是由于旋喷加固造价较高，不可能大范围的使用，因而，一般要结合坑内降水加固才能取得较好效果。通常旋喷法在平面内采用抽条加固的形式，也有少数应用，在剖面上分为单层和多层两种，如图5-4所示。

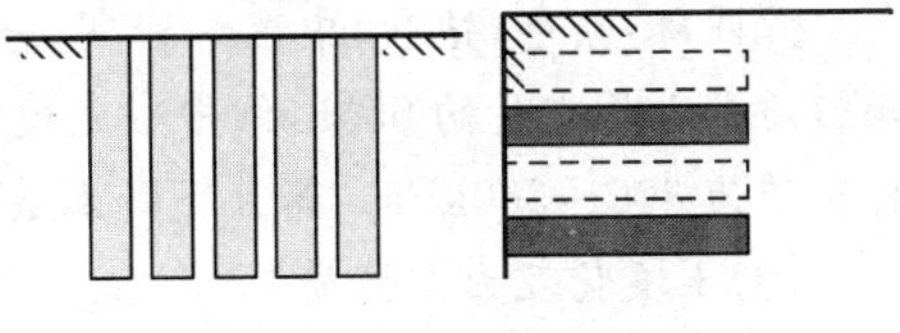

图5-4　旋喷加固处地基

旋喷加固处地基处理效果评价：根据上海地铁旋喷加固狭长型基坑地基处理的经验来看，旋喷桩加固一般用在变形要求严格的超深基坑中并结合坑内降水措施，如果按照时空效应原理施工，在正常的各工况有支撑暴露放置一周以内的情况下，当采用双层加固并且挖土支撑采用 $B=6$m 时能实现一级环境保护要求；如只在坑底进行一层旋喷加固，并采用通常施工参数($B=6$m)时，基坑变形可满足二级环境保护要求；特别是当施工参数控制得不严格($B>6$m)时，采用单层坑底旋喷加固的基坑只能达到三级环境保护要求。

案例5-2　万柳公园地铁奥运支线设备检修车辆段工程

(1)地层断面

见表 5-4。

《钻孔波速测试成果图》32 号井示意图 表 5-4

土壤编号	岩土名称	柱状图	底层深度(m)
①	黏质粉土素填土		0.4
	砂质粉土素填土		2.5
	黏质粉土素填土		5.1
②xz	细砂		7.0
⑤	圆砾		11.0

(2)土壤性质

①粉土填土:黄褐色～褐色,湿,中密,含砖渣、灰渣,局部有粉砂填土(人工堆积地层 Q^{ml})。

②xz、细中砂:褐黄色,湿,中上密,含云母、氧化铁、砾石(新近沉积地层 Q_4^{2+3ad})。细中砂②层在场区内基本连续分布,为低压缩土,地基承载力特征值为 200～260kPa,在能满足上部结构要求的条件下可做天然地基持力层。

⑤圆砾:杂色,饱和,中密～密实,一般粒径 15～22mm,最大粒径 80mm,粒径大于 2mm 颗粒质量占总重量的 65%,细中砂充填(第四纪晚更新世冲刷洪积地层 Q_3^{al+pl})。地基承载力特征值为 300～360kPa。而且下卧土层中没有软弱土层,可以作为建筑物的天然地基持力层。

(3)土壤物理力学性质

见表 5-5。

土壤物理力学性质 表 5-5

φ	c(kPa)	P(g/cm³)	γ(kN/m³)	H(m)
8°	10	1.83	18.0	4.7
25°	0	1.98	19.5	1.9
35°	0	2.10	20.6	4.0

(4)墙体说明

整个车辆段设计地面标高为绝对标高 44.00m，墙体要高于地面 3m，即挡土墙设计的绝对标高为 47.00m。挡土墙东侧为 50m 宽绿化隔离带，绿化隔离带的设计相对高度为 2.00m，即路堑边坡为 1∶1.0，由《公路挡土墙设计》P11 表 1-4 可知，$q=18\text{kN/m}^3$。

南北长 466m。

(5)设计方案——悬臂式挡土墙

①拟定尺寸

埋深取为 1.0m，则 $H=4.0\text{m}$。墙趾板宽度为$(1/20\sim1/5)H$，即为 0.2～0.8m，取为$B_1=0.2\text{m}$；立壁宽度不得小于 0.2m，取为 $B_2=0.3\text{m}$；墙踵板宽度为$(1/4\sim1/2)H$，即为 1.0～2.0m，取为 $B_3=1.8\text{m}$。墙底板厚度不应小于 0.3m，取为 0.3m。总基础宽度为 2.3m。如图 5-5 所示。

②土压力计算

采用朗肯公式。主动土压力系数：

$$K_{a_1}=\tan^2\left(45^\circ-\frac{1}{2}\times 8^\circ\right)=\tan^2 41^\circ=0.756$$

$$K_{a_2}=\tan^2\left(45^\circ-\frac{1}{2}\times 25^\circ\right)=\tan^2 32.5^\circ=0.406$$

则

$$P_a=K_{a_1}q-2C_1\sqrt{K_{a_1}}=\tan^2 41^\circ\times 18-2\times 10\times\tan 41^\circ=-3.8\text{kPa}$$

$$P_b=K_{a_1}(q+\gamma_1H_1)-2C_1\sqrt{K_{a_1}}=\tan^2 41^\circ\times(18+18.0\times 2.84)-2\times 10\times\tan 41^\circ=34.8\text{kPa}$$

$$P'_b=K_{a_2}(q+\gamma_1H_1)=\tan^2 32.5^\circ\times(18+18.0\times 2.84)=28.0\text{kPa}$$

$$P_c=K_{a_2}(q+\gamma_1H_1+\gamma_2H_2)=\tan^2 32.5^\circ\times(18+18.0\times 2.84+19.5\times 1.16)=37.2\text{kPa}$$

如图 5-6 所示，由下到上：

$$P_1=\frac{1}{2}\times 1.16\times(37.2-28.0)=5.336\text{kPa}$$

$$P_2=1.16\times 28.0=32.4\text{kPa}$$

$$P_3=\frac{1}{2}\times 2.56\times 34.8=44.5\text{kPa}$$

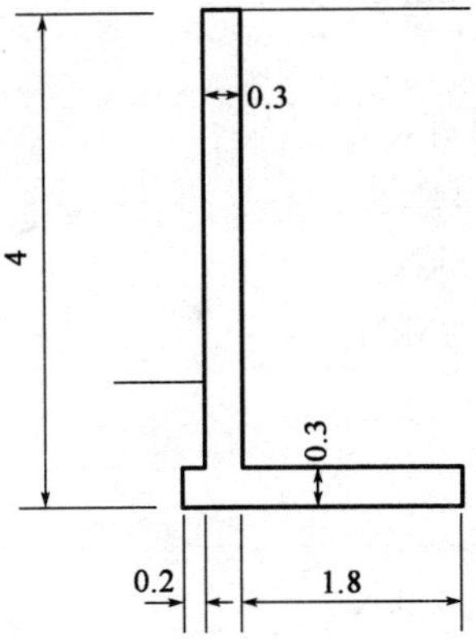

图 5-5　悬臂式挡土墙的纵断面形式(尺寸单位：m)

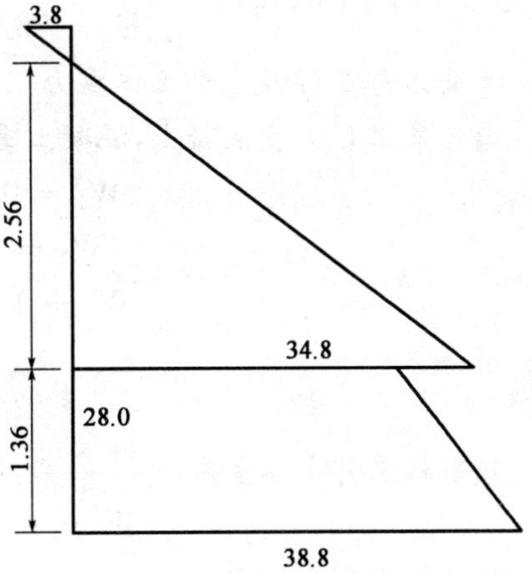

图 5-6　主动土压力(尺寸单位：m)

力臂为

$$h_1 = \frac{1}{3} \times 1.16 = 0.386\text{m}$$

$$h_2 = \frac{1}{2} \times 1.16 = 0.58\text{m}$$

$$h_3 = 1.16 + \frac{1}{3} \times 2.56 = 2.0\text{m}$$

解得

主动土压力：$E_{a_1} = P_5 = 44.5\text{kN/m}$

$$E_{a_2} = P_1 + P_2 = 37.7\text{kN/m}$$

作用点高度：

$$h_{a1} = 2.0\text{m} \quad h_{a2} = 0.55\text{m}$$

被动土压力系数：

$$K_{p_2} = \tan^2\left(45^\circ + \frac{1}{2} \times 25^\circ\right) = \tan^2 57.5^\circ = 2.464$$

则

$$p_e = 0$$

$$p_f = K_{p_2} \gamma_2 H_2^* = \tan^2 57.5^\circ \times 19.5 \times 1.0 = 48.0\text{kPa}$$

解得

被动土压力：$E_p = 24.0\text{kN/m}$

作用点高度：$h_a = \frac{1}{3} \times 1.0 = 0.3\text{m}$

③墙背摩擦角

取 $\delta_i = \varphi_i$，则

$$E_{x_1} = E_{a_1} \times \cos 8^\circ = 44.0\text{kPa}$$

$$E_{y_1} = E_{a_1} \times \sin 8^\circ = 6.2\text{kPa}$$

$$E_{x_2} = E_{a_2} \times \cos 25^\circ = 34.1\text{kPa}$$

$$E_{y_2} = E_{a_2} \times \sin 25^\circ = 16.0\text{kPa}$$

解得

$$\sum E_x = 78.1\text{kPa} \qquad \sum E_y = 22.2\text{kPa}$$

④墙体自重 G 及上部土体重力

墙体采用 C20 素混凝土，混凝土重度 $\gamma = 24\text{kN/m}^3$，则有，

$$W_1 = 0.2 \times 0.3 \times 24 = 1.44\text{kN}$$

$$W_2 = 0.3 \times 4 \times 24 = 28.8\text{kN}$$

$$W_3 = 1.8 \times 0.3 \times 24 = 12.96\text{kN}$$

解得

$$G = 43.2\text{kN/m}$$

墙趾板上部土体重为：

$$W' = 0.7 \times 0.2 \times 19.5 = 2.73\text{kN}$$

墙踵板上部土体重为：

$$W = 1.8 \times (18 + 2.84 \times 18 + 0.86 \times 19.5) = 154.602\text{kN}$$

$$\sum N = G + W + W' + E_y = 211.7\text{kN}$$

⑤稳定性验算

a. 抗滑验算

查《公路挡土墙设计》P11 表 1-6，可知基底摩擦系数为 0.5。

$$K_c = \frac{\mu \sum N + E_p}{Ex} = \frac{0.4 \times 211.7 + 24.0}{78.1} = 1.39 > 1.3$$

符合要求。

b. 抗倾验算

力臂：

$$Z_1 = 0.1\text{m}$$

$$Z_2 = 0.35\text{m}$$

$$Z_3 = 0.2 + 0.3 + \frac{1}{2} \times 1.8 = 1.4\text{m}$$

$$Z_y = 0.5\text{m}$$

$$Z_p = 0.3\text{m}$$

力矩：

稳定力矩：

$$\sum M_y = 0.1 \times (2.73 + 1.44) + 0.35 \times 28.8 + 1.4 \times (154.6 + 12.96) + 24 \times 0.3 + 22.2 \times 0.5 = 271.76\text{kN} \cdot \text{m}$$

倾覆力矩：

$$\sum M_0 = 44.0 \times 2.0 + 34.1 \times 0.55 = 106.8\text{kN} \cdot \text{m}$$

抗倾验算：

$$K_0 = \frac{\sum M_y}{\sum M_0} - 2.67 > 1.5$$

符合设计要求。

⑥基底应力验算

a. 偏心矩计算：

$$Z_N = \frac{\sum M_y - \sum M_0}{\sum N} = 0.77\text{m}$$

$$e = \frac{B}{2} - Z_N = 0.37 < \frac{B}{6} = 0.383$$

b. 验算：

由前可知 f=200～260kPa。

$$\frac{\sigma_1}{\sigma_2} = \frac{\sum N}{B}\left(1 \pm \frac{6e}{B}\right) = \frac{180.88}{3.2}$$

符合要求。

⑦弯矩和剪力计算

a. 墙趾板：作用于墙趾板上的力有地基反力、墙趾板自重以及墙趾板上的填土重等。

墙趾板根部宽度处的剪力及弯矩(P110,《公路挡土墙设计》)。

$$Q_1 = B_1\left[\sigma_1 - (\sigma_1 - \sigma_2)\frac{B_1}{2B} - \gamma_h t_{pj} - \gamma(h_D - t_{pj})\right]$$

$$=0.2\times\left[180.88-(180.88-3.2)\times\frac{0.2}{2\times2.3}-24\times0.3-19.5\times(1.0-0.3)\right]$$

$$=30.46\text{kN}$$

$$M_1=\frac{B_1^2}{6}\left[3(\sigma_1-\gamma h_D)-(\gamma_h-\gamma)(t_1+2t_{pj})-(\sigma_1-\sigma_2)\frac{B_1}{B}\right]$$

$$=\frac{0.2^2}{6}\left[3\times(180.88-19.5\times1.0)-(24-19.5)\times(0.3+2\times0.3)-(180.88-3.2)\times\frac{0.2}{2.3}\right]$$

$$=3.1\text{kN}\cdot\text{m}$$

式中：B_1——墙趾板计算宽度(m)；

σ_1、σ_2——墙趾和墙踵处的基底应力(kPa)；

t_{pj}——墙趾板厚度的平均值(m)；

t_1——墙趾板端部厚度(m)；

γ_h——钢筋混凝土重度(kN/m^3)；

γ——填土重度(kN/m^3)。

b. 立壁：立壁主要承受墙后的主动土压力。

立壁根部的剪力和弯矩：

$$Q_{2gb}=\sum Ex=44.0+24.5=68.5\text{kPa}$$

$$M_{2gb}=M_h$$

$$=44.0\times1.71+27.0\times\cos25°\times0.41$$

$$=85.27\text{kN}\cdot\text{m}$$

立壁 2/3 高度处的剪力和弯矩：

$$Q_{2gb}=\sum Ex=3.44\text{kPa}$$

$$M_{2gb}=M_h=3.44\times\frac{1}{3}\times0.71=0.814\text{kN}\cdot\text{m}$$

立壁 1/3 高度处的剪力和弯矩极小，不予验算考虑。

c. 墙踵板：其上作用有计算墙背与实际墙背间的土体重力、墙踵板自重、主动土压力的竖向分力以及地基反力等。

墙踵板根部的剪力和弯矩：

$$Q_3=B_3\left[\sum\gamma_iH_i+\gamma_ht_3-\sigma_2-\frac{1}{2}B_3\frac{\sigma_1-\sigma_2}{B}\right]+E_{B3}\sin\delta$$

$$=1.8\times\left[(18+18\times2.84+19.5\times0.86)+24\times0.3-3.2-\frac{1}{2}\times1.8\times\frac{180.6-3.2}{2.3}\right]+$$

$$10.88\times\sin25°=41.3\text{kN}$$

$$M_3=\frac{B_3^2}{2}\left[3\sum\gamma_iH_i+3\gamma_ht_3-3\sigma_2-B_3\frac{\sigma_1-\sigma_2}{B}\right]+E_{B3}\sin\delta Z_{EB3}$$

$$=\frac{1.8^2}{6}\times\left[3\times(18+18\times2.84+19.5\times0.86)+3\times24\times0.3-3.2-\frac{1}{2}\times1.8\times\frac{180.6-3.2}{2.3}\right]+$$

$$10.88\times\sin25°\times1.8=78.8\text{kN}$$

⑧立壁及底板厚度计算

计算用的数据如下：

混凝土设计安全系数：$\gamma=1.25$，$K=1.55$。

裂缝容许宽度：$\delta_{max}\leqslant0.3$mm

C20 混凝土：$R_w=11\text{MPa}$，$R_a=10\text{MPa}$，$R_l=1.1\text{MPa}$，$R_f=1.6\text{MPa}$，$E_h=2.2\times10^4\text{MPa}$

I 级钢筋：$R_g=210\text{MPa}$，　$E_h=2.1\times10^4\text{MPa}$

a. 立壁厚度检算

$$Q_{2gb}=\sum E_x=68.5\text{kPa}$$

$$M_{2gb}=M_h=85.27\text{kN}\cdot\text{m}$$

· 按配筋要求确定

通过配筋验算厚度，配筋率为 $\mu=0.3\%\sim0.8\%$。

当 $\mu=0.3\%$，

$$\xi=\mu\frac{R_g}{R_w}=0.057\qquad A_0=\xi(1-0.5\xi)=0.055$$

按照弯矩要求：

$$t\geqslant\sqrt{\frac{M_i\gamma_c}{A_0LR_w}}=\sqrt{\frac{85.27\times1.25}{0.055\times1\times11\times10^3}}=41.9\text{cm}$$

按照剪力要求：

$$t\geqslant\frac{K\cdot M}{0.3b\cdot R_a}=\frac{1.55\times68.5}{0.3\times1\times10\times10^3}=4\text{cm}$$

当 $\mu=0.8\%$，

$$\xi=\mu\frac{R_g}{R_w}=0.153\qquad A_0=\xi(1-0.5\xi)=0.141$$

按照弯矩要求：

$$t\geqslant\sqrt{\frac{M_i\gamma_c}{A_0LR_w}}=\sqrt{\frac{85.27\times1.25}{0.141\times1\times11\times10^3}}=26\text{cm}$$

按照剪力要求：

$$t\geqslant\frac{K\cdot M}{0.3b\cdot R_a}=\frac{1.55\times68.5}{0.3\times1\times10\times10^3}=4\text{cm}$$

· 按裂缝宽度要求确定

$$t\geqslant\frac{Q}{0.05\sqrt{RL}}=\frac{68.5}{0.05\times\sqrt{20\times10^6}\times1}=30\text{cm}$$

由上述结果可知，应对立壁底端进行加宽为 0.42m，上部保持不变。

b. 墙踵厚度验算

$$Q_{3gb}=41.3\text{kPa}$$

$$M_{3gb}=78.8\text{kN}\cdot\text{m}$$

· 按配筋要求确定。

通过配筋验算厚度，配筋率为 $\mu=0.3\%\sim0.8\%$。

当 $\mu=0.3\%$，

$$\xi=\mu\frac{R_g}{R_w}=0.057\qquad A_0=\xi(1-0.5\xi)=0.055$$

按照弯矩要求：

$$t \geqslant \sqrt{\frac{M_i \gamma_c}{A_0 L R_w}} = \sqrt{\frac{78.8 \times 1.25}{0.055 \times 1 \times 11 \times 10^3}} = 40\text{cm}$$

按照剪力要求：

$$t \geqslant \frac{K \cdot M}{0.3b \cdot R_a} = \frac{1.55 \times 41.3}{0.3 \times 1 \times 10 \times 10^3} = 2.1\text{cm}$$

当 $\mu=0.8\%$，

$$\xi = \mu \frac{R_g}{R_w} = 0.153 \qquad A_0 = \xi(1-0.5\xi) = 0.141$$

按照弯矩要求：

$$t \geqslant \sqrt{\frac{M_i \gamma_c}{A_0 L R_w}} = \sqrt{\frac{78.8 \times 1.25}{0.141 \times 1 \times 11 \times 10^3}} = 25\text{cm}$$

按照剪力要求：

$$t \geqslant \frac{KM}{0.3bR_a} = \frac{1.55 \times 41.3}{0.3 \times 1 \times 10 \times 10^3} = 2.1\text{cm}$$

·按裂缝宽度要求确定

$$t \geqslant \frac{Q}{0.05\sqrt{RL}} = \frac{41.3}{0.05 \times \sqrt{20 \times 10^6} \times 1} = 18.5\text{cm}$$

由上述结果可知，应对墙踵底端进行加宽为 0.40m。

c. 墙趾板厚度不变仍为 0.30m。

5.1.5 保护既有铁路、公路和地铁

在地铁隧道上方或附近的岩土工程施工会引起隧道的变形，当隧道的变形超过一定的限值的时候，将会危及地铁列车运行安全。因此，在隧道周围的岩土工程施工过程中，保护已有地铁隧道的变形就成为重中之重。在邻近隧道边的深基坑工程施工主要控制隧道的水平位移和沉降变形。控制隧道的水平位移可以通过控制深基坑围护结构的水平变形来实现。

在隧道上方进行大面积大深度开挖会引起隧道的隆起变形，危及地铁列车运行安全，故在进行类似岩土工程施工时，要对隧道周围地基进行处理，将隧道隆起变形控制在限制范围之内。隧道上方的深基坑开挖卸载而采用的保护地铁隧道安全的常用地基处理方法是值得总结的。减小隧道隆起变形的隧道周围地基处理的方法有注浆法、搅拌桩法和高压旋喷桩法等。水泥土搅拌法，适宜于加固淤泥、淤泥质土等土层，加固效果较好，成桩可采用国产双轴搅拌机或进口三轴搅拌机，其中双轴机施时对周围环境影响较大，而三轴机施工时对周围土体扰动较小；注浆法，可采用双液、分层、快凝、振冲注浆，对周边环境影响较小，但加固效果打限，施工质量不易控制；高压喷射注浆法，适用范围较广，加固效果好，施工速度快，施工质量易于控制，但是，施工时对土体扰动程度较深层搅拌桩大。应用这些地基处理方法主要是提高隧道周围土体的强度以及回弹模量，从而减小基坑的变形，减小基坑底部的回弹和隧道的隆起。

地铁车站建设和地铁区间隧道盾构推进过程中都会引起周围土层的移动，如果周围土层的移动超过了一定的范围就会危及周围的建(构)筑物和市政道路、管线等设施的安全。因此，从环境保护要求考虑，通常要在地铁建设施工前或过程中对周围地基进行处理，以便将地铁建设施工引起的周围土体位移控制在预定的范围之内，确保周围建(构)筑物的安全。另外一方面，在地铁附近的岩土工程施工往往会引起地铁隧道的变形，因此，要求在地铁附近岩土工程施工时为保护地铁自身安全考虑，也要对地铁周围的地基进行处理加固。

5.1.6 联络通道等加固技术

地铁两站间的区间隧道长度大于一公里者，上、下行隧道间均设有联络通道，以便区间隧道内列车发生火灾等意外事故时，乘客能就地下车，并通过通道安全疏散至另一条平行隧道内，同时也可以供消防人员使用。联络通道一般与泵站合并建造。

通道和泵站施工中地基处理的常用方法有以下四种：三重管旋喷加固法；深层搅拌桩加固法；注浆加固法；冷冻法施工。

在工程实施中，因受施工进度，通道、泵站部位地面环境，工程、水文地质条件等影响，地基加固的时间、方法和范围也各不相同。

(1)加固范围

联络通道和泵站施工前，应按照设计要求对地基加固范围内的土体进行地基加固，在有条件的情况下，应在盾构掘进前加固处理。当然具体加固区域还要结合工程特点具体确定。经加固的土体应有很好的匀质性、自立性。

(2)地基加固中盲区的处理

地基加固的时间分为盾构通过前加固和盾构通过后加固两种。若在盾构先行掘进后，再在通道和泵站位置处从地面进行地基加固，则在隧道周边局部范围内(尤以底部)留下了无法加固的盲区，盲区的处理是通道和泵站开挖施工的一个难题，在具体工程要根据实际工程情况合理选择盲区的处理方法，如在地铁1号线的通道和泵站建设中分别采用了隧道内二重管高压旋喷加固法、冻结法加固、置换式注浆等方法对隧道盲区进行处理。

值得注意的是，在采用注浆法加固盲区为砂性土的地基时，注浆量要与砂性土置换量平衡，同时，应保证注浆的匀质性和止水性；在使用冻结法对盲区处理时，要考虑饱和含水软土冻胀溶沉引起的隧道变形，为避免隧道沉降的增加并考虑其长期稳定性，在隧道底部可进行双液注浆加固。

(3)施工过程中涌水冒砂土层的处理

在通道和泵站施工过程中，若其所在位置地层复杂，黏性土层中夹薄层粉砂，或有砂土层和承压水时，易发生涌水冒砂现象。若地基出现冒砂涌水，将会增加地基处理的难度，根据地铁1号线的处理经验，通常采用冻结加固或分段双液注浆方法处理。如南方地铁施工过程中曾多次大量涌水、冒砂，在双液注浆未能奏效的情况下，采用局部冻结法加固时因冒砂涌水导致冻结管打压试验不合格，后采用小冻结管、液氮速冻方法处理成功；在某上行侧式泵站涌水冒砂后，用分段双液注浆，分段掘进施工的方法保证了工程顺利进行，但隧道变形与地面沉降较大，故在其下行侧式泵站用地面盐水冻结法补强，在开挖中局部未很好交圈的地方采用液氮速冻法加固，取得了良好的效果。

5.1.7 盾构穿越已建隧道地基处理技术

城市地下管线与隧道日益密集，当采用盾构法修筑新的地下管线与隧道时，盾构必然穿越已建隧道，因此，必然就遇到盾构近距离或超近距离穿越已建隧道的保护问题。在北京地铁已建成的1号，正在建的4号，5号，9号，10号等会穿越已建隧道，甚至穿越南水北调的充水隧道。上海地铁2号线、4号线以及8号线的建设过程中，都遇到了类似的盾构穿越问题。盾构推进过程中，盾构推进会引起周围土体的变形，由于盾构推进中正面土压力的不平衡而导致地层下沉或隆起，以及开挖面的崩裂。盾构外壳与土体之间摩擦而导致地层隆起；盾构姿态的变化引起地层损失而导致地层下沉；盾构推进后盾尾空隙引起地层损失而导致地层下沉；盾构推进后的注浆而使地层隆起等变形作用，盾构施工的机械运动会引起周围土体产生超孔隙水压力和受到扰动而进行固结和蠕变导致地层下沉。

隧道近距离穿越已建隧道时，为保护已建隧道采取的地基处理，通常是在盾构穿越前，通过已建隧道内的注浆孔对隧道周围土体进行注浆加固，提高已建隧道周围土体的强度和抗变形能力，减小盾构推进对已建隧道周围土体的扰动，同时，盾构穿越过程中，通过在盾尾后面进行同步注浆加强在建隧道周围的土体，及时填补由于管片脱出盾尾时留下的空隙，减小地层损失，减小由于盾构推进引起的变形。上海、南京、北京的地铁实践证明，在盾构穿越已建地铁隧道前，对隧道周围土体通过管片上预留注浆孔注浆加固隧道周围土体，然后在盾构推进过程中采取同步注浆方法及时填补管片脱离盾尾留下的空隙，能够有效地控制已建隧道的变形。

案例 5-3　盾构隧道过南京古城墙的地基加固

仅考虑双线隧道过古城墙段对古城墙的次生破坏，（即盾构隧道引起的工后沉降）对古城墙下的地基基础进行加固处理，选用合理的方案，并对加固后的古城墙地基视为复合地基，采用置换率概念，进行加固后的地基承载力计算。

盾构隧道过古城墙段的剖面形式如图 5-7 所示。

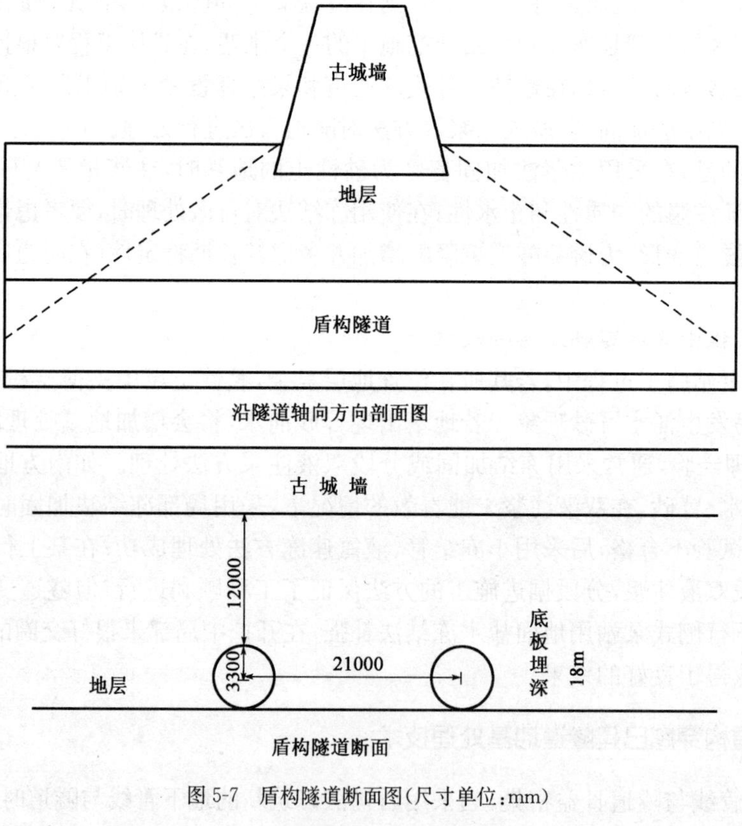

图 5-7　盾构隧道断面图（尺寸单位：mm）

相关数据：古城墙上底宽 $a=6\text{m}$，下底宽 $b=10\text{m}$，高 $h=6\text{m}$；

盾构隧道：半径 3m，埋深 15m。

(1)工程概况

南京地铁南北线一期工程玄武门站-许府巷站-南京站区间，分为玄武门站—许府巷站和许府巷站—南京站两个区间段。玄武门站—许府巷站区间段位于童家巷—模范马路之间的中央路下，长度 831.59m(里程桩 K11+592.9～K12+424.49)。许府巷站—南京站区间段位于南昌路—龙盘路之间、要穿越中央路、3～6 层房屋的主宅、古城墙及玄武湖、龙盘路下，长度 1460.46m(里程桩 K12+659.69～K14+120.15)。两个区间段均采用盾构隧道家圆形装配式衬砌。根据平面示意图，该段区间线路主要技术指标如表 5-6 所示。

区间线路指标 表 5-6

区　间	许府巷站—南京站			
里程	K12+680～K12+880	K12+880～K13+370	K13+370～K13+860	K13+860～K14+130
设计标高	−2.652～−6.652	−6.652～−8.122	−8.122～−6.162	−6.162～−1.302
设计坡度	20‰	3‰	4‰	18‰

南京地铁南北线一期工程许府巷站—南京站区间段(全长 1460m)分为四段，具体情况如下：

从 K12+660～K12+800 为中等液化区域，全长 140m。

从 K12+800～K12+880 为严重液化区域，全长 80m。

从 K12+880～K13+900 为中等液化区域，全长 1020m。

从 K13+900～K14+120 为轻微液化区域，全长 220m。

(2)地层情况

南京地铁南北线一期工程许府巷站—南京站区间段位于南昌路—龙盘路之间，要穿越中央路，3～6 层房屋的主宅及商业楼，包括油料技术培训中心商业楼，住宅楼；73853 部队商业大楼，住宅楼；古城墙(高 6m)；鱼池；玄武湖；龙盘路下，长度约为 1460m。其中玄武湖段大约 400m 长，鱼池段大约 150m 长。

许府巷站—南京站区间位于古河道及漫滩之上，基岩埋藏深度变化较大，上覆土层主要为软弱黏性土及饱和砂性土组成。根据初勘(99130－N8)区间报告中波速测试资料，地面以下 15.0m 深度范围内土层实测平均剪切波速 $v_{sm}=113.5$m/s，判定为软弱场地土，III 类建筑场地。该段区间的地层情况如下：

不液化土层：

②～1c_{2-3}稍～中密粉土、②～1d_{3-4}松散～稍密粉砂夹细砂、②～2c_{2-3}稍～中密粉土、②～2d_{2-3}稍～中密粉砂夹细砂为可液化土层，②～3d_{2-3}粉细砂。

可液化岩土层详细描述：

②～1c_{2-3}粉土：灰黄～灰色，饱和，稍密～中密，部分为低塑性(I_P=11～12)软～流塑粉质黏土：该土层透水性较好，含水较丰富，具中等压缩性。层顶埋深 1.2～3.6m，层厚 0.6～3.4m；

②～1d_{3-4}粉砂夹细砂：灰色，饱和，松散～稍密，含云母。该层含水丰富，透水性好，层顶埋深 1.2～4.0m，层厚 1.5～7.8m，本区间缺失；

②～2c_{2-3}粉土：灰色，饱和，稍～中密，局部为低塑性淤泥质粉质黏土～粉质黏土，呈中等压缩性。层顶埋深 6.0～11.2m，层厚 1.6～7.8m，分布于本区间北部；

②～2d_{2-3}粉砂夹细纱，灰色，饱和，稍密～中密，局部夹薄层粉质黏土，含水丰富，透水性好，层顶埋深 9.5～15.0m，层厚 2.0～8.9m，分布于本区间古河道河床范围；

②～$3d_{2-3}$粉细砂，灰色，饱和，稍密～中密，局部夹薄层粉质黏土，含水丰富透水性好，层顶埋深15.0～19.0m，层厚3.8～11.5m，分布于本区间古河道河床范围。

(3)分析计算：地基附加应力及加固范围的确定

附加应力计算：

将古城墙视为条形荷载作用在自身底面上，埋深为0m，基本尺寸如下：

①底附加应力值为：

$$P_0 = G/A = \rho g h(a+b)/2b$$

$$= 2.0 \times 10 \times (10+6) \times 6/(2 \times 10)$$

$$= 96\text{kPa}$$

②算基底中心点下的竖向附加应力

为简化计算，将承载层视为砂土层，地下水位为0m，仅计算到盾构隧道的底板位置，即埋深18m处，其余的影响可以忽略不计。

本算例中取$x/b=0$，计算结果如表5-7所示：

计算结果表 表5-7

标　　点	0	1	2	3	4
深度Z(m)	0	5	10	15	18
$m=Z/b$	0	0.5	1.0	1.5	1.8
附加应力系数α	1.0	0.81	0.55	0.40	0.346
附加应力P(kPa)	96.0	77.76	52.80	38.40	33.22

③应力影响范围的确定（图5-8）

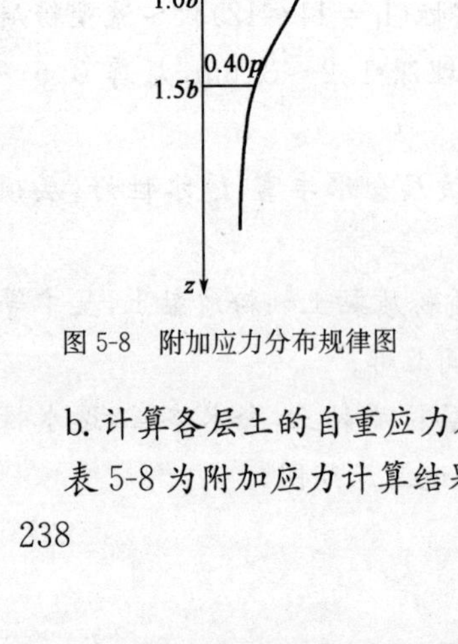

图5-8　附加应力分布规律图

深度范围：由于盾构隧道的底板必须加固，是施工中的一部分，土层性质会发生较大的变化，所以，仅考虑其上部分的应力范围，即深度取18m。

宽度范围：在砂性土层中仅考虑剪应力的影响，由工程实践经验可知，取剪切角β为60°，考虑宽度的范围。

沉降计算

初步估算沉降：

采用分层总和法计算由古城墙引起的初步沉降，地基土体未经过处理。考虑地下水位0m，由城墙荷载产生的附加压力已求出，即$P_0=96$kPa。古城墙视为条形荷载，宽度为$b=10$m，$L/b>10$。

a.将基底分层，形式如图5-9：第一层土分为层厚2.5m的3层，第二层土分为层厚1.5m的3层，第三层土分为层厚3.0m的2层，每层土的厚度均小于$0.4b=4$m。

b.计算各层土的自重应力及竖向附加应力，结果见图5-9。

表5-8为附加应力计算结果。

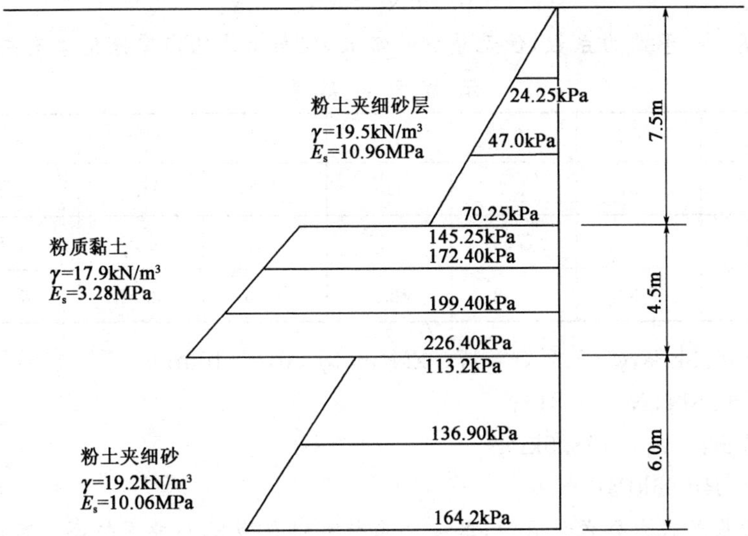

图 5-9　自重应力分布图

土层附加应力计算表　　表 5-8

分层点	深度 Z_i(m)	自重应力 δ_c(kPa)	附加应力 δ_z(kPa)	层号及层高	附加应力均值 ΔP_i(kPa)	压缩模量 E_s(MPa)	沉降量 S_i(mm)
0	0	0	96.0	—			
1	2.5	24.25	91.48	① 2.5m	93.74	10.96	57.06
2	5.0	47.00	78.53	② 2.5m	84.80		
3	7.5	70.25	64.32	③ 2.5m	71.42		
4	9.0	172.40	58.74	④ 1.5m	60.76	8.00	30.60
5	10.5	199.40	51.05	⑤ 1.5m	54.13		
6	12.0	226.40 113.20	45.79	⑥ 1.5m	48.41		
7	15.0	136.90	38.11	⑦ 3.0m	41.95	10.06	23.08
8	18.0	164.20	32.83	⑧ 3.0m	35.47		

总沉降量：$S=\sum_{i=1}^{8}S_i=110\text{mm}$。

注：由于古城墙下的黏土层无法取样，在长期的地质作用下黏性土会固结，压缩模量要变大，不能采用其周围黏土层的压缩模量。所以，采用了80%的砂土层的压缩模量来进行近似计算。

地基承载能力计算

未加固的城墙地基承载能力：

将古城墙地基视为条形基础，埋深为0m，所以，可以应用太沙基地基极限承载能力公式进行计算。基底以上的土体看作是作用在基础两侧底面上的均布荷载，此例中$q=rd=0$，可以不用考虑。砂土地基的承载能力较高，所以仅计算黏性土的承载能力。

太沙基极限承载力公式：

$$P_u = 0.5rbN_r + qN_q + cN_c$$

式中：N_r，N_q，N_c——承载力系数，使无量纲的常数，仅与土体的内摩擦角 φ 有关，详见表 5-9。

承载力系数表 表 5-9

φ	0°	5°	10°	15°	20°	25°	30°	35°
N_r	0	0.51	1.2	1.8	4.0	11.0	21.8	45.4
N_q	1.0	1.64	2.69	4.45	7.42	12.7	22.5	41.4
N_c	5.71	7.32	9.58	12.9	17.6	25.1	37.2	57.7

已知：　$c=10.3\text{kPa}$，$\varphi=7.2°$，$r=17.9\text{kN/m}^3$，$q=0$，$b=10\text{m}$；

查得　$N_r=0.814$，$N_c=8.314$；

代入数据得出：　$P_u=158.5\text{kPa}$；

上覆荷载：　$P=96\text{kPa}$；

一般用太沙基承载力公式计算时，其安全系数可以取为 3，对要求较高的可以取 $K=5$；

$$P_u/P = 1.65 < K = 3.0$$

所以，地基承载力不符合要求，需要提高地基基础的承载能力。

计算复合地基承载力

a. P_{sf}的取值（天然地基承载力）

一般取黏性土为 300kPa，砂性土为 2000kPa。

b. P_{pf}单桩极限承载力

本例选用沉管灌注桩：ϕ400mm×15000mm，①入土 12m，桩端作用在砂土层中，桩身位于第一层砂土和第二层黏土层中。由土性参数查表格得到相关数据如下：

$$q_{sk1} = 28\text{kPa} \quad q_{sk2} = 22\text{kPa} \quad q_{pk} = 3500\text{kPa}$$

$$Q_{uk} = 0.4\pi(28 \times 7.5 + 22 \times 4.5) + (3500 \times 0.42 \times \Pi)/4$$

代入得出：　$Q_{uk}=828\text{kN}$

而灌注桩的有效直径可以取 0.3d，即 1.2m，则：

$$p_{pf} = Q_{uk}/A_{有效} = 732.5\text{kPa}$$

c. 此时变化置换率 m，得出如表 5-10 所示的结果。

计算结果表 表 5-10

m	10%	20%	30%
P_{cf1}(kPa)	1498	1397	1295
P_{cf2}(kPa)	274.6	309.2	343.8

P_{cf1}、P_{cf2}为砂土层和黏土层的承载能力。

(4)地基加固范围

沿盾构隧道的轴向长度（古城墙视为条形荷载），如图 5-10 所示。

双盾构隧道的端面对古城墙影响的宽度确定：

宽度 W 范围：　$15+2\times6+2\times15\text{tg}60°=78.96\text{m}$

深度 H 范围：取盾构隧道的底板埋深，即18m。

故为简化计算，取加固的范围为：长度 $L=74$m，宽度 $W=80$m，深度 $H=18$m。

(5)地表加固及隧道支护联合加固

①注浆

根据该段区间的工程地质和水文地质条件，盾构隧道通过砂土层，上覆黏土层和砂土层，即穿越多种地层。所以南京地铁南北线一期工程许府巷——南京站区段地基用渗入性注浆法处理。

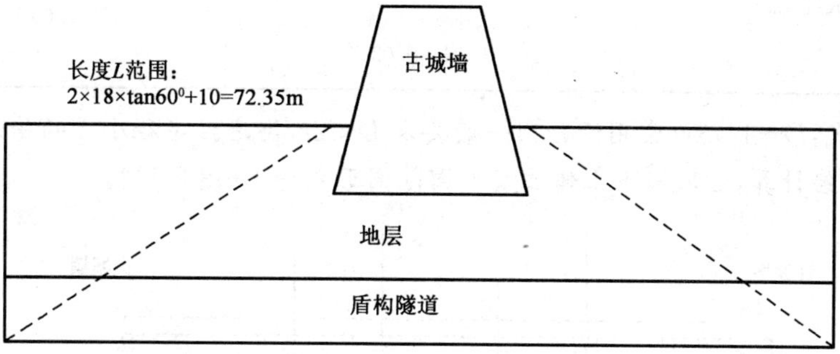

图5-10　加固范围的轴向长度

施工方法：本设计注浆的目的在于加固地基，以降低地基基础的变形量，且加固措施为永久性工程，加固的建筑为重要建筑，所以，本工程采用单管无收缩注浆工法，对盾构隧道底板(12m埋深)以上，城墙左右32m，沿盾构隧道轴向方80m的范围的土体进行辐射型注浆加固处理，形成具有一定强度复合地基，以达到稳固土体的预期目的。

加固工法有：双重管单液注浆施工法、双重官多液注浆施工法、双重管双段施工法、单管注浆施工法(用于局部施工)。

注浆材料：

水泥——32.5级普通硅酸盐水泥；

水玻璃　　模数2.8～3.2，浓度30～35Be；

缓凝剂——Na_2HPO_4 水泥用量的2%。

部分参数的确定：

注入率和注入量：利用地基调查结果，取注入地基的孔隙率 n，填充率 a，考虑施工中的损耗 β。将处理对象的土方量乘以注入率等于注浆量。

浆液凝结时间：根据注浆目的来确定，当地下水量较大，扩散半径要控制在一定范围内，一般凝固时间较短；若地下水量较大，扩散半径也较大，则需要的凝固时间也长。凝结时间不能过短，一定要满足施工时的要求，一般在5～20min内调节。

注浆压力。岩基注浆：根据浆液的黏度和岩石的裂隙率。裂隙率的大小由现场进行的注浆试验来确定，但在注浆结束时注浆压力 P_i 一定要大于注浆的起始压力 P_0。$P_i=P_0+(0.2-1.0)$。软土注浆：根据经验，每深1m，注浆压力增加20～30kPa，最大容许注浆压力 P_i 可取土的饱和重度的两倍。

注浆孔距：注浆孔距 b 和浆液的扩散半径 r 和注浆体的设计厚度 T 有关。

$$b=2\sqrt{r^2-T^2/4} \tag{5-7}$$

另外：灌注的有效半径通过现场试验或参考表5-11。

土的渗透系数和有效灌注半径 表 5-11

加固方法	土的渗透系数(mm/s)	有效灌注半径(m)
压力双液硅化法	0.02～0.10 0.10～0.20	0.30～0.40 0.40～0.60
	0.20～0.50 0.50～0.80	0.60～0.80 0.80～0.10
压力单液硅化法	0.001～0.003 0.003～0.005 0.005～0.01 0.01～0.02	0.30～0.40 0.40～0.60 0.60～0.90 0.90～1.0

有经验公式：$D=1.73r$(常用间距)，一般要求 $D<2r$，即灌注半径小于两倍的有效半径。

注浆范围：经计算，古城墙下土体注浆加固范围形式如下(图 5-11)。

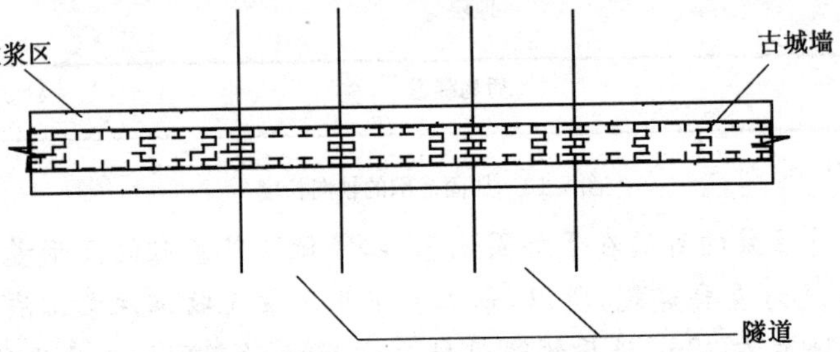

图 5-11 注浆形式图

隧道结构外轮廓线：底部以上 12m 以内的土体；底板加固。城墙左右 32m，沿盾构隧道轴向方向 80m 的范围的土体；断面纵向每次加固长度 12m；采用垂直、水平和斜向成孔注浆加固。

注浆孔的布置：正方形法(现场试验)。

a. 先在 a、b、c、d 点上钻孔，进行注浆试验；

b. 对 e 孔做观察，若效果不理想，再钻孔 f；

c. 对 g 孔做第二次观察，若效果不理想，再钻孔 h；

d. 对 i 孔作第三次观察，依序可取得最佳孔距。

根据隧道结构及地质状况，注浆孔于开挖断面上呈正方形布置，平面布置的纵横向间距为 1.5m，全加固区域布置；在靠近城墙的两侧，注浆孔距离城墙 1.0m 对称布置。在古城墙下斜向注浆，其注浆长度及角度分别为(与水平向夹角)：30^0，45^0，60^0，75^0，其注浆长度依次为：10.0m，14.0m，14.0m，12.5m。具体形式如图 5-12 所示。

②地表锚杆加固

锚杆设计

经计算：锚杆自由段长度为 8m；锚杆锚固段长度为 4m。

垂直打入地表的锚杆总长为 12m，与公式的计算结果 12.5m 相近。

在计算所得到的锚杆长度需要加上附加长度 $c=350$mm。

用公式(3)锚杆选用的钢筋截面为：$A=119.4\text{mm}^2$，选用 3 根直径为 22mm 型号为 HRB335 的热轧钢筋，此时有 $A=1140\text{mm}^2$，满足设计的要求。

但实际设计中一般采用经验值，即：钻孔直径 100～120mm，钻孔中插入直径为 25mm～

32mm 的粗钢筋，间隔采用 1.5m×1.5m～2.0m×2.0m。本例集中最终选择的锚杆为三根直径为 25mm 的钢筋，间隔采用 2.0m×2.0m，钻孔直径为 100mm，锚杆的安设角度(与地表夹角)是变化的，具体的见表 5-12：

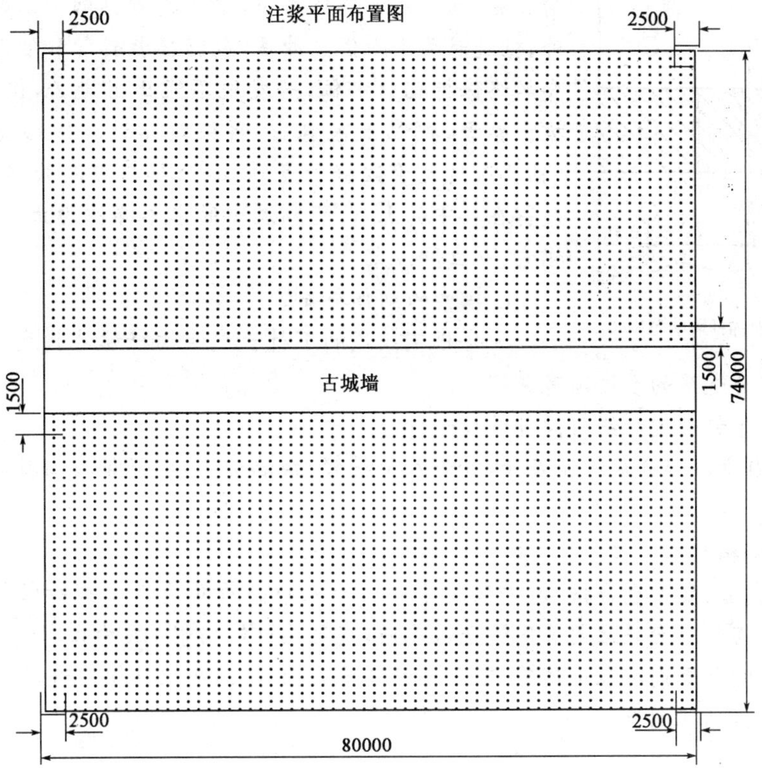

图 5-12　注浆孔平面布置图(尺寸单位:cm)

锚杆安设角度及长度　　表 5-12

项　　目	①	②	③	④
安设角度(°)	30	45	60	75
锚杆排数	2	2	2	26
锚杆长度(m)	8.5	13.5	14.2	12.8
锚杆根数	80	80	80	80

其余锚杆是垂直地表打入的，长度为 12.5m，其中包含了附加的长度 350mm。

土层锚杆施工

采用梅花形布置。本设计采用方形布置，形势如图 5-13 所示，阴影部分面积表示每根锚杆的作用面积。

a. 调整钻杆角度

钻孔就位后，由机长调整钻杆钻进角度，并经现场技术人员用量角仪检查合格后，才可正式开钻。另外，要特别注意检查钻杆左右倾斜度。钻孔过大的左右倾斜度会导致相邻两根锚杆锚固体的间距变小，出现应力集中，影响锚固效果，入射角允许偏差±2°。

b. 钻孔

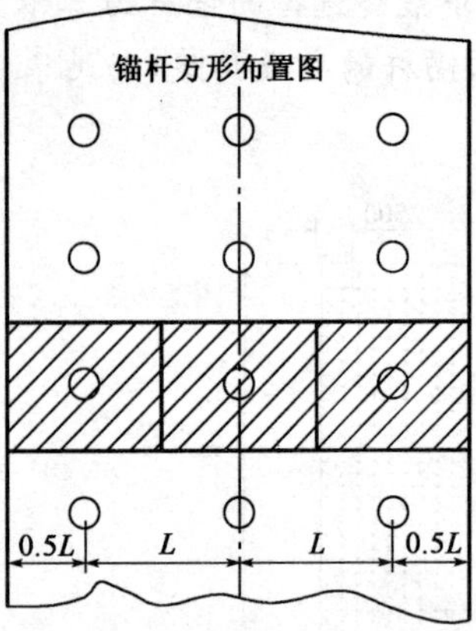

图 5-13 单根锚杆影响范围

因本工程地质较复杂，锚杆黏土及砂土，通过黏土层时容易堵管，而通过砂土时极容易塌孔。经比较，采用等同锚杆直径的套管跟进，压水钻进的方法钻孔，钻进时压力水从钻管流向孔底，在一定水头压力下，水流携带钻削下来的土屑排出孔外，钻进时要不断供水冲洗，包括接长钻管和暂时停机，而且，要始终保持孔口水位，若发现不能压水进去，说明已堵管，应拔出钻管，把黏土塞取出，再继续钻进。待钻进至规定深度(钻孔深度大于锚杆长度 0.5m)，钻机继续旋转，并压水冲洗残留在孔中的土屑，直到流出的水不浑浊为止。此时，应安插锚索，并立即注浆。

c. 锚索的制作与安装

• 每根钢绞线的下料长度＝锚杆设计长度＋锚索张拉时端部最小长度(与选用的千斤顶有关)。

本工程为：下料长度＝锚杆设计长度＋1m。

• 钢绞线自由段部分应满涂黄油，并套入塑料管，两端绑牢，以保证自由段的钢绞线能伸缩自由。

• 锚索的安插

锚索加工完成，经检查合格后，安装前小心运至孔口。入孔前将 4″镀锌管(作注浆管)一起平行并入，然后将锚索与注浆管同步送入孔内，直到孔口外端剩 1m 为止。如发现锚索安插人管内困难，说明钻管内有黏土堵管，不要再继续用力插入，而应把钻管拔出，清除出钻孔内的黏土，重新在厚位钻孔到位。

d. 注浆

• 本工程采用边注浆边拔管的注浆方法，拔管比注浆滞后不小于 5min。

• 采用 425 级普通硅酸盐水泥配制水泥浆，水灰比控制在 0.4～0.45，注浆压力控制在 0.4～0.6MPa，直到孔口溢出浆。此时，就把钻管全部拔出，注浆管不拔。

• 接着用水泥袋湿黏土加钢板封口，并严密堵实，以 0.4～0.6MPa 稳压注浆 5min，才拔出注浆管。

• 注浆量要大于其理论计算量的 1.2 倍。本工程所有锚杆的注浆量均大于 1.25 倍。

e. 锚索张拉与锁定

• 张拉前首先处理好锚索孔口使其平整，避免张拉应力集中，用 60kN 的拉力进行预拉。

• 张拉时，锚固体的强度应达到 15MPa(以试块试压为依据)。

• 考虑到设计要求，张拉荷载要达到设计拉力，而锁定荷载为设计拉力的 85%，因此，张拉时的锚头处不放锁片，张拉荷载达设计拉力后，卸荷到 0，在锚头安插锁片，才张拉到锁定荷载。

• 张拉过程中，按照设计要求张拉荷载分级及观测时间进行，每级加荷等级观测时间内，测读锚头位移不应少于三次。当张拉等级达到设计拉力时，保持 10min(砂土)至 15min(黏性土，在观测时间内测读锚头位移)三次，每次测读位移值不大于 1mm 才算变位趋于稳定，否则，继续观察其变位趋于稳定方可。

• 考虑到相邻锚杆的水平间距为 2m，锚杆张拉对邻近锚杆的影响可以忽略(详见表 5-13)。

锚杆施工工艺对支护效果的影响 表 5-13

序号	现象	主要原因	影响
1	眼孔不直	钻孔时,钻机下端位置移动	锚杆不易安放;注浆管不能插入孔底
2	钻孔过深或过浅钻孔直径过大或过小	未按设计要求施工	降低锚固能力
3	孔内有泥浆	钻孔时放水不足	安放锚杆、注浆均困难
4	锚杆打击不进	眼孔不直、有台阶;先灌后锚时砂浆过稠	达不到锚固力
5	锚杆下端打劈	打击力不正	达不到锚固力
6	注浆时注浆管外壁黏浆过多	注浆时,注浆管未同时抽出或所用砂浆过稀	减少了孔内砂浆降低了锚固能力
7	灌浆时砂浆下淌	砂浆过稀或孔口填塞不良	孔内砂浆不饱满降低锚固能力
8	打击锚杆时,孔内砂浆溢出	孔内空气未排出砂浆未灌到孔底	砂浆不饱满降低锚固能力
9	先灌后锚时,插入锚杆前砂浆硬化	掺入的氯化钙含量过多,砂浆,拌和后使用时间过长	锚杆不易打入
10	承托板或横梁局部松动	未采用打击套管打击承托板,横梁空隙未楔紧	降低锚固能力

施工质量检验

验收试验锚杆的数量应取锚杆总数的5%,且不得少于三根。

最大试验荷载不超过锚杆应力筋截面面积 $fptk$ 的80%,并满足以下规定:永久性锚杆的最大荷载设计轴向拉力的1.5倍,临时性锚杆的最大荷载设计轴向拉力的1.2倍。

验收试验对锚杆的施加荷载与测读锚头位移应遵守以下规定:初始荷载宜取锚杆设计轴向拉力值的0.1倍。验收试验锚杆的加荷等级与观测时间见表5-14。

加载等级与观测时间 表 5-14

加载等级	测定时间(min)		加载等级	测定时间(min)	
	永久性锚杆	临时性锚杆		永久性锚杆	临时性锚杆
0.1Nt	5	5	1.0Nt	15	10
0.25Nt	5	5	1.25Nt	15	15
0.50Nt	10	5	1.50Nt	15	—
0.75Nt	10	10			

观测时,测读锚头位移不应小于三次。最大试验荷载观测15min后卸荷至0.1Nt量测位移,然后加荷至锁定荷载。

锚杆验收标准:验收试验所得的总弹性位移超过自由段长度理论弹性伸长的80%,且小于自由段的长度与0.5锚固长度之和的理论弹性伸长。在最大试验荷载下,锚头位移趋于稳定。

③地表注浆和锚杆联合加固

由于本设计的特殊性,在采用注浆法和垂直锚杆法加固地表土层时,其加固形势要求必须在古城墙下斜向注浆或打锚杆,而注浆工法不易掌握注入的角度,锚杆法很适合斜向打入并能充分发挥其抗剪能力。同时,由于锚杆的间距较小,在加固范围内的工作量相对注浆法而言较大，对工期和成本都有一定的影响。所以，地表加固选用注浆法和锚杆法联合的支护措施。其加固形式如图 5-14 所示。

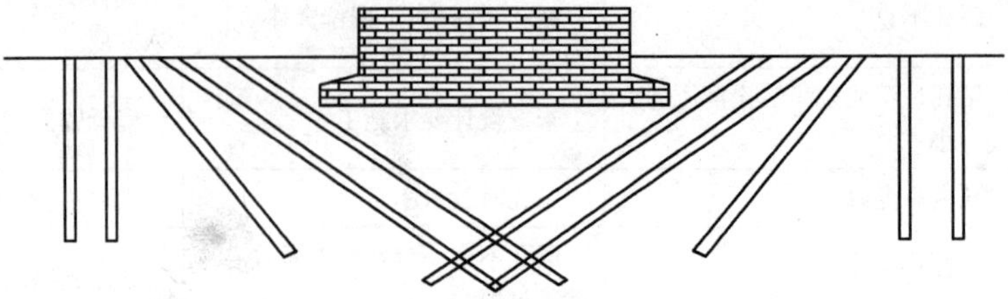

图 5-14 古城墙下注浆形式

注浆加固工法，能改善地层土的物理力学特性，从而有效的控制地表沉降，形成防渗帷幕，减少围岩洞室的变形；锚杆法是利用锚杆与砂浆共同组成锚固体，提高岩土体的整体强度和刚度（C、ϕ 值），增强岩土体的摩擦阻力 τ 和抑制岩土体的沉陷滑移，进而达到减少土体压力的效果。充分利用这两种加固方法的优势，采取联合的手段进行加固地表土体。

具体的设计步骤同上，结果如表 5-15 所示。

设计结果 表 5-15

锚杆	锚杆间距 2.0m×2.0m			
安设角度(°)	30	45	60	75
锚杆排数	2	2	2	2
锚杆长度(m)	8.5	13.5	14.2	12.8
锚杆根数	80	80	80	80

锚杆中钢筋仍然取直径为 25mm 的钢筋，三根为一组，每个钻孔直径为 100mm。锚杆是属于点装支护的类型，一般成网状配置。由于间距较大，群锚的作用效果不明显。

注浆参数基本同上，选用浆液和配比以及注浆压力、速度等参数不变，注浆孔距仍选用 1.5m，浆液扩散半径为 0.8m，此时，注浆孔的个数为 1696 个。注浆工法的注浆孔和锚杆的注浆孔的水平向间距取 1.0m。注浆孔呈方形布置，间距较大，相互间的影响较小。

施工过程中要注意每种施工方法的施工要点，合理安排施工顺序，并做好施工管理及效果的监测。

④隧道支护方案

在软土地层中，无论采用何种施工方案，都将引起地层的运动，产生地面沉降。地面沉降是由于盾构法施工而引起隧道周围土体的松动和沉陷，它直观的表现为地面沉降。由于盾构法施工而引起的地层损失和经扰动后的土体颗粒再固结是形成地面沉降的另一个主要因素。

按照地表沉降变化，可以分为初期沉降，开挖面沉降（或隆起），尾部沉降，尾部空隙沉降和长期延续沉降等五个阶段。引起地表沉降或隆起的主要原因是：a. 主观上：盾构严重超挖（或欠挖）引起地面沉降（隆起）；推进参数不合理；注浆量不足或注浆不及时；推进过程中盾构偏离和盾构后退。b. 客观上：设计阶段盾构选择，特别是盾构外径、盾尾空隙等尺寸的选定；注浆材料本身的体积收缩；盾构移动中对地层的摩擦和剪切，造成对临近土体的扰动；土压力作用下隧道衬砌变形引起少量的地层损失；施工结束后，隧道本身的沉降，也会引起地面沉降。

为了有效控制上部断面的下沉，并确保底部的承载能力，可以采用加强底部的方法，如加强基底、向底部地层注浆或设置底部锚杆等。盾构隧道的底板必须加固，防止工后沉降，隧道顶板采取锚杆或注浆锚杆加固的方案，防治盾构隧道通过后的地表沉降。

盾构隧道的底板加固

盾构隧道的底板必须进行加固，可以采用注浆工法进行加固。盾构隧道的底板埋深为18m，其下部土体为$-2d_{2-3}$粉砂层（见表5-16），承载能力较好。

古城墙下的土层性质及层厚　　表5-16

土层名称	土层性质	层厚h(m)	重度γ(kN/m^3)	摩擦角φ(°)	黏聚力c(kPa)	压缩模量E_s(MPa)
②-1d4	粉砂夹细砂	7.5	19.5	29.3	0	10.96
②-2b4	淤泥粉质黏土	4.5	17.9	7.2	10.3	3.28
②-2d2—3	粉砂夹细砂	6.0	19.2	28.6	0	10.06

在盾构施工中，一般在底板注浆，其目的在于提高土颗粒间的内聚力，利用压密效应提高土体强度，防止地层变形（具体表现为地表沉降），即强化土层改变土体的受力结构，减少施工后隧道本身的沉降。

注浆工法设计：

a. 胶凝时间：

双液型浆液的胶凝时间与普通的地基加固中使用的浆液的胶凝时间相比，一般要短，通常其胶凝时间≤1min。其中，胶凝时间大于30s的称为缓结型，胶凝时间小于20s的称为瞬凝型。通常胶凝时间越长，限定范围内的充填越困难也易发生向掘削面的泄漏和向限定区域以外的流失。到胶凝止的一段时间里被地下水稀释，同时产生材料分离。

b. 注入压力：

在盾构隧道底板向地层注浆必须以一定的压力压送浆液，才能使浆液很好地遍布于限定区域。其压力大小大致等于地层阻力强度加上0.1～0.2MPa的和。另外，与先期注入压力相比，后期注入压力要比先期注入压力大0.05～0.1MPa。所谓阻力强度是地层的固有值，它是浆液可以注入地层的压力的最小值。地层阻力强度因土层条件及掘削条件的不同而不同，通常在0.1～0.2MPa以下。

注入压力，通常选用的值为地层阻力强度和注入条件决定的附加项的和，一般为0.2～0.4MPa。若选择压力过大，会导致钢管片的管环变形，混凝土管片的螺栓剪断。所以，选择最大压力应慎重。此外，由于土质、浆液、注入工法及施工条件不同的原因，有时也出现高压，以及对先期和后期注入压力的差值难以确定。

c. 注入量的估算：

浆液的注入量Q，通常可按下式估算：

$$Q = V \cdot a \tag{5-8}$$

式中：V——空隙量；

a——注入率，对估算注入量至关重要。

影响a的因素很多，其中主要的四种因素叙述如下：

• 注入压力决定的压密系数a_1。拌和好的浆液在压送和注入过程中，由于注入压力的作用产生压密变大体积减小的现象。这种增加压力浆液密度变大的现象的程度，因浆液种类不同而存在较大的差异。从回填起到浆液固化的一段较长的时间内的连续注浆的过程中，可能出现下列现象：不加气体，在一般溶胶状态下不发生压密。加气体，A、B液混合后，黏性降低直到凝胶止的时间内，一部分空气析出，使体积减小。从胶凝开始到固结前的流动固结及可塑状固结的一段时间内，加压使脱水压密。固结后的加压压密现象减少。

·土质系数 a_2(增加部分)。注入率与土质有密切的关系，盾构法的对象几乎均为软土地层。在软土层中，就浆液流失到掘削空隙以外的周围土体中去的损失程度而言，粒径小的黏性土由于粒径大的砂质土。当然这项土质损失中也包括向其他区域的流失等内容。此外，加压浆液的压密现象也和周围地层的抗渗性有很大的关系，抗渗性越好、压密现象越小。

·施工损耗系数 a_3。通常在盾构法中，在浆液压送过程中，浆液的损耗是不可避免的，残留在注浆管内的浆液量增多。例如：每次的注入量为 500L，设隧道长 500m，平均距离是 250m，舌注浆管的直径为 50mm，则注浆管内残留浆液量为 500L，几乎和注入量相同。

·超挖系数 a_4。是理论空隙量的修正值。超挖时施工产生的，与浆液没有直接的关系，但与注入率的关系极大。超挖系数因工法、土质、有无曲线及其他施工条件的不同而存在较大的差异。

综上，用数值表示注入率很困难，所以，把施工经验数据作为大致的选定目标，具体数据如表 5-17 所示。

注入率系数表 表 5-17

符号	因素		估算增加比例的范围	设定系数
a_1	注入压力产生的压密	加气	1.30～1.50	0.4
		不加气	1.05～1.15	0.1
a_2	土质		1.10～1.60	0.35
a_3	施工损耗		1.10～1.20	0.10
a_4	超挖		1.10～1.20	0.15

因此，当实际设计时，从表中选择系数，再在四个系数和的基础上加 1 得出 a 值，即：

$$a = a_1 + a_2 + a_3 + a_4 + 1 \tag{5-9}$$

然后再按下式求注入量 Q：

$$Q = \left[\frac{\pi}{4}(D_1^2 - D_2^2)\right]ma \tag{5-10}$$

式中：D_1——理论掘削外径；

D_2——管片外径；

m——盾构的推进长度。

d. 注入范围：首先确定注入方式和注入材料，然后设定注入地层的加固强度和渗透系数。具体程序如下：设定加固后的强度和渗透系数的值；用设定的值，根据计算求出必要的加固范围；考虑安全系数求出注入范围；

本设计中，考虑盾构隧道正穿越古城墙正下方，在古城墙的荷载应力分布区域时，通常注浆范围呈马蹄形，其宽度 $B_0 = D/2 \sim 5.0$m，式中 D 为隧道直径。详见图 5-15。

确定注入范围的注意事项：

·注入固结土内聚力的变化情况

浆液凝胶后砂质固结土的强度通常有所提高，这是砂质土内聚力的增加造成的。就表中的双重钻杆双滤管(单液)的情形而言，若原地层的标准贯入值超过 40 时，则注入后固结土的内聚力会下降，同时，抗渗性也会变差，这是由于使用短凝浆液其渗透性差的原因造成的。

·固结土的抗渗性

注入后的土的抗渗性取决于原地层的颗粒分布、密度等土的参数值。设计中可以采用经验值。

• 注入厚度应确保在1.5m以上

为了确保注浆效果的质量，注入厚度不应小于最小值，双排注入可确保厚度，多数情形的双排注入取得良好的效果。单排注入时，因为渗透状态决定的加固范围没有连成一片，出现未加固到的区域。双排注入时，第二排的加固范围覆盖了第一排未加固到的部位，并形成一个加固的整体。

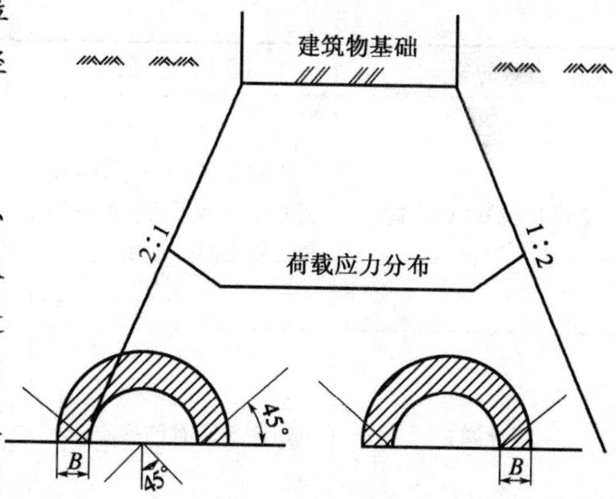

图5-15　注浆范围图

• 地中障碍物、周围有散乱土等情形

周围有散乱土体时必须进行人工回填散乱土处理。盾构隧道穿越地层有地下埋设物和地中构造物等，必须拔除障碍。

e. 固结强度。早期强度，由于双液型浆液的使用和地基加固处理注浆浆液相同的水玻璃，从而可以调整胶凝时间和表现早期强度的缘故。目前以1h为标准的情形居多。实际上应根据现场的条件及注浆方法来确定长短。大致标准为：从注入结束到下一环掘削前的一段时间内的早期强度的表现值为0.08～0.1MPa。对于1h的早期强度的值，建议定为0.04～0.05MPa。然而，对于不能自立的超软地层和易坍落的渗水地层、小曲率半径及邻接重要构造物，1h的早期强度的值定为0.1MPa。长期强度，浆液的长期强度，可用使用材料的差异分为单液型长期强度和双液型长期强度两种。就砂浆等单液型浆液而言，施工实际较多。一般达到1～2MPa为好。由于双液型浆液使用水玻璃作硬化剂，与单液型相比，无论是强度还是耐久性都比砂浆好，所以，双液型水玻璃浆液的长期强度比单液型浆液的长期强度更好，通常可以达到3MPa以上。

f. 注入工法的选择

就常用的几种注入方式及其选择标准作一个简单介绍见表5-18和表5-19。

注 浆 方 式

表5-18

注入方式		混合方式	使用的凝胶时间
双层管过滤管	单液	喷比为2	几秒～几十秒
	双液	喷比为1、1.5、2	整个时域均可
双层管双栓塞		喷比为1	十几分钟以上

选择注入方式的大致标准

表5-19

方式的分类	适用地层	理　由
双层过滤管(单液式)	所有地层均可适用，特别适用于砂层和黏土层	可防止向预定范围以外扩散；希望把浆液停留在限定区域内的短凝时间的注入方式。在软的复杂层中，一方面能阻止浆液扩散；另一方面，使其注入均匀，注入效果好。因此，适于在密实情况均匀的地层和覆土浅的地点注入，在高压密的砂层中，存在渗透极限。混合方式，一般喷比为2

续上表

方式的分类	适用地层	理由
双层过滤管(双液式)	所有地层均可适用,特别适用于高压密实的砂层和含黏土的砂土层	一方面用短凝浆液防止扩散;另一方面用长凝浆液使其渗透到地层较小的间隙中。在较密实的地层和砂土层中使用短凝浆液注入,还会出现效果不均匀的情形,这种情形下,采用中心长短凝的组合注入,则注入效果好。混合方式,喷比为 1、1.5、2 种的任意一个,一般以短凝为 2,长凝为 1
双栓塞式	适用于所有的砂质地层	该方式以长凝浆液小的注入速度进入,缓慢注入可以得到好的均匀的加固。注入费用偏高,工期长等问题,但因可以低压注入,可在重要结构物的正下方和非常接近埋设物的位置上注入,施工对其影响最小。混合方式,一般喷比为 1

g. 注入浆液的选定

在选择浆液时,必须在充分掌握浆液性能的基础上,对地层、掘削条件和注入工法等进行充分的研讨,选择最佳的浆液。各种浆液性能的比较见表 5-20。

双液浆液性能表

表 5-20

注入形式	双液性能								
注浆分类	缓凝固结性			瞬凝固结型		可塑型			
	不加气体		加气	不加	加气	不加气			加气
	砂浆	LW	—			—			
限定注入	困难					可能			
注入范围	注入范围宽								
填充性	较好	较好	较好	较好	较好	非常好			
注入率	稍低	低	稍低	稍低	稍低	高	高	高	稍高
注入工法	比例式 1.5 喷比								
均匀性	稍高	稍低	稍高	高	稍高	高	高	高	高
防水性	较好	好	较好	好	较好	好	好	好	较好
施工管理	须对双液同时管理								
适用地层	软土层除外			全部土层					

该表是以前经验的标准配比,也可以自行选用不同的材料、配比和方法改进浆液的性能,选择适应施工现场条件的浆材、配比和注入工法。

h. 浆液的耐久性

浆液必须具备良好的长期固结强度和耐久性。影响耐久性的因素很多,但是影响较大的是浆液的特性(特别是双液型浆液的化学性质)、固结强度及其周围环境(有无地下水、水的种类和养护条件)。

单液型浆液的耐久性。单液型浆液以水泥为主要材料,有加砂为骨料的砂浆,添加黏土的黏土灰浆以及上述两者的加气砂浆。在设计阶段认为这种浆液的强度≥0.5～1.0MPa,并认为耐久性不存在问题。但是,尽管同样的水泥,W/C 增大时,水泥+黏土类浆液接触水的情况下,长期固结强度下降。因此,在要求耐久性的条件下,浆液的强度必须大于某一定值。

水玻璃类双液型浆液的耐久性。理论上它是地基加固注入中的水泥加水玻璃类浆液

(LW)的改进型浆液。其耐久性取决于固结强度、周围环境特别是水的种类、养护条件等。对水玻璃类的双液型浆液耐久性影响较大的因素是浆液的配比、固结强度和周围环境，特别是养护条件和水的种类。这些因素中对耐久性影响较大的是养护条件。因此，使用矿渣比纯水泥更好，当要求必要的早期强度和胶凝时间作为施工条件时，选用以矿渣为主的添加水泥的浆液为最佳。

i. 注入孔的间隔和布置

按注入范围内可获得均匀加固的注入目的确定注入孔的间隔及布设方法。

·注入孔的间隔。虽然注入孔越多，每个孔的注入量越少，但可靠性增加。考虑施工性、经济性使用的经验数据为：

止水的场合下，0.8～1.2m；

地层加固的场合下，1.0～1.5m。

另外，按注入材料确定时，应按如下范围设置：

悬浊型浆液：1.0～1.5～2.0m；

溶液性浆液：0.8～1.0～1.2m。

·注入孔的布设基本上可分为单排布设和双排布设两种。另外，在下面的情况下，注入孔的间隔应选取较小的效果好：

斜注入、水平注入；

黏土中劈裂注入可能性高的场合；

钻孔深度深的场合。

在斜注入等情形中，当注入管的布设为扇形时，应按注入管喷枪间的间距的准则布设注入管。注浆参数的选择见表5-21。

选择的注浆参数 表5-21

浆液扩散半径r(m)	1.0	注浆孔距b(m)	1.0
注浆速度(L/min)	20～40	注浆压力(MPa)	0.4～0.6
注浆终压(MPa)	1～1.2	注浆孔数	790
水灰比	1∶1～1∶1.4	胶凝时间	30s～3min
注入方式	比例式	水泥水玻璃体积比	$m_c : m_s = 1 : 0.5$

浆液选择瞬凝固结型双液型A液(水泥类)和B液(水玻璃类)，喷比为1.5，注浆孔方形布置，沿盾构轴向间距为1.0m。注浆孔沿隧道纵断面的平面布置图如下，各个注浆孔的水平间距为1m。其角度为：45°，60°，75°，90°，长度依次为8.0m，6.0m，5.0m，4.5m，4.0m。详见图5-16。

j. 注浆工法的施工

为实现注浆的效果，需要注意以下事项：土质条件和注浆浆液的选择；注入时间和注入工法；注入量和注入压力；防止浆液损失；注入的设备及施工管理。

土质条件和浆液的选择：浆液的选择受土质条件、工法的种类、施工条件、价格等因素支配。所以，应该在掌握浆液基本

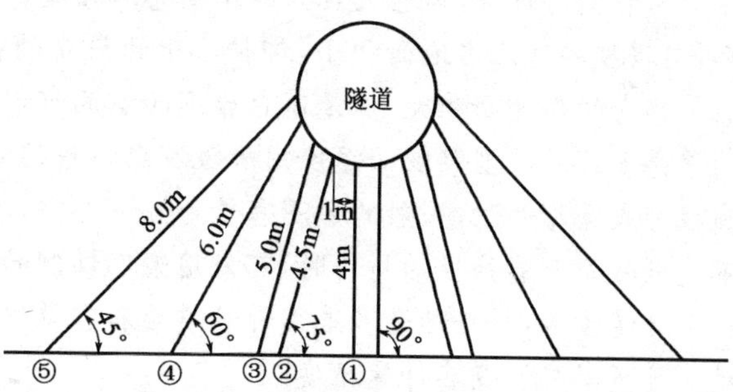

图5-16 隧道底板注浆形式

性质的基础上按实际条件选择合理的浆液。就砂砾层、砂层而言，60%均使用双液型浆液；淤泥层、黏土层中使用双液型浆液的小于50%；使用急凝充气砂浆与瞬凝型注浆材料的比例大致相等。另外，对砂层、淤泥层来说，使用砂浆中添加纸浆纤维的浆液的比例占10%。对于砂砾层地下水含率大的地层来说，选定不易被水稀释的浆液也至关重要。

注入时期和注入方法：注入浆液的最佳时期是在盾构隧道推进后进行注浆，及早形成后期支护结构，防止工后沉降，注入应以不扩散到其他区域去为宗旨。地层条件是确定注入工法的先决条件，对易坍塌的均粒系数小的砂质土和含黏性土少的砂、砂砾及软黏土而言，必须在背后注浆完成后进行。注浆多选择在掘进结束后从没有机械障碍的后方进行注入。

注入量和注入压力：注入量必须能较好的填充尾隙，形成具有足够强度的水泥砂浆柱。注浆通常受到向土体中的渗透、损失量、超挖、浆液的种类等因素影响，但这些因素的影响程度目前尚未明确。一般来说，使用双液型浆液时，注入量较多为理论空隙量的150%～200%。而注入量低于预定注入量时，可能是注入浆液的配比、注入时期、注入地点、注入机械不当或出现故障所致，必须认真检查并采取相应的措施。

具体注入量的计算，通常要用到注入率。另外，注入压力的选定除了考虑管片的强度之外，还必须考虑注入浆液能很好地填充空隙。管片注入口的压力一般为0.1～0.3MPa，并应参考覆盖土的厚度、地下水的压力及管片的强度进行设定。预先设定注入压力时，如果设定值太大会导致管片破坏，造成浆液的外溢。所以，必须控制压力不能过高。对钢管片注入孔的压力为0.4～0.6MPa时，首先会使钢管片变形。混凝土管片情况下，管片的螺栓在0.4MPa下就可能被剪断。所以，必须观察最大压力。

注入压力并不是泵的喷射压力，而是指注入孔附近的压力。施工中，若注入口附近不能设置压力表，须事先在注入管附近设置并测定该压力表指示的压力与注入孔的压力关系，然后在此基础上进行管理。此外还必须注意注入管的长度和注入浆液造成的注入管的阻力差异，做到心中有数。

在注浆过程中，通常注入压力和注入量的管理是同时进行的。注入压力的管理若采用始终维持设定压力的方法，则注入量不固定。而注入量的管理，因为常按注入一定量浆液的方法进行，所以，注入压力是改变的。总之，单纯考虑注入量或注入压力的一方的管理方法均不理想，故需要综合进行管理。

注浆的设备

注浆设备基本上由材料储存设备、计量设备、拌浆机、贮浆槽、注浆泵、注入管、注入控制装置、记录装置等构成，注入方式不同其构成也不同。

· 注入设备

材料储存设备：筒仓大致为纵型筒仓和横型筒仓两种。纵型筒仓用于材料自由下落的情形，与横型的相比占地面积小，即使20t的筒仓的高度不过距地表10m。设置时基础必须可靠。横仓的占地面积大，但是筒仓台下的空间可以利用，由于荷载分散，故设置工作比纵型要简单得多。双液型浆液必须使用贮藏液态材料的罐。其中使用最多的是硅酸罐、铁制，形状有圆柱形或箱形两种，一般的贮藏容量为6～10m^3，直径为2.0～3.0m。另外，当装入罐的材料不是硅酸而是腐蚀性的材料时，可采用聚乙烯制的贮藏罐。

计量设备：材料计量多采用计量质量和容量这两个参数。通常粉体计量质量，液体计量容量。计量器应检查其计量精度。

拌浆机：混拌水泥、砂、膨润土和水等材料的拌浆机。从结构上分为：搅拌式、旋喷式两种，目前以搅拌式为主。搅拌式的拌浆机由圆筒形的罐和旋转叶片组成，有单槽形、横双槽形、上下双槽形等多种，通常横双槽形使用较多。搅拌容量为 200～600L、叶片转数 250～500r/min。

贮液槽：拌浆机拌好的砂浆在向洞内压送前或者运输之前需要料仓或者贮液槽贮存。由于砂浆可用时间的增长，所以，可用带搅拌器的贮液槽，槽的容量一般为 1.5～4m^3。另外，搅拌器的旋转速度以 20～30r/min 为好。

注浆泵：注浆泵有适于压送浆液的泵和适于注浆的泵两种。另外，浆材改变泵的使用条件也会改变。泵的设置位置不同时呈现的优缺点见表 5-22。

泵的设置地点及优缺点比较 表 5-22

设置地点	优点	缺点
竖井	略去注入浆液的运送作业； 不重复掘削面附近的作业； 适于小口径断面	注入泵和材料均有限制； 注入管理困难； 输浆管的堵塞等事故多
洞内①后方台车	注入管理容易； 输浆管的事故少，清水简单； 注入材料，对泵的适应范围广	给掘削、管片组立作业带来障碍； 增加注入材料的运送作业
洞内②背后专用列车	不用台车	建立注浆作业的专用路线； 掘削面与拌浆的联系困难

另外，双液型注浆中，因为 B 液的注入量比 A 液少，为黏性小的液体，所以 B 液的压送、注入泵使用小莫诺泵及横型柱塞泵。泵要求的喷射压力与输浆管的口径、压送量、距离等多种因素有关，可以估算。压送泵使用活塞型注浆泵，适于长距离压送，但存在脉动注浆量控制困难。莫诺泵无脉动，但不适于长距离压送，并且，当用砂做骨料时，转子、定子的损耗大；双缸双向活塞泵能控制流量，也能长距离压送，但是脉动大，不适于稠浆的压送。

注入输浆管、注入装置：

注入输浆管；通常从制浆设备向洞内运送浆液时，一般 A 液砂浆使用 51mm 的普通低压钢管，B 液使用 19～38mm 的钢管。管的口径不同其阻力也不同。

注入装置：注入双液型浆液的场合下，必须使用 A 液和 B 液的混合装置。

· 制浆设备

制浆设备的布置规模因现场条件不同而不同。

· 控制系统

控制系统主要由以下装置构成：注入量调节装置、压力调节装置、A 液 B 液注入比例的设定装置。

施工顺序的考虑。注入施工前对设计中的基本施工条件、周围环境条件等作详细的讨论，策定施工计划，必须按这个顺序施工。与确认施工条件一起复核调查中确认的附近构造物、地下埋设物和主体及拟定的施工方案，或者作业空间和道路交通等施工条件，地下水、公共水域及农作物植被状况等。设置一套能迅速处理事故的检测体制、联络体制，把可能发生的事故控制到最小的限度。注入施工，通常是前期注入施工作为试注施工，以此检查施工计划是否与现场实际符合。但对于事前做过现场试验的情况来说，因为施工参数可以由现场试验数据确认，所以，可以略去前期的试工试验。试注需要确定的注入参数如下：

工法关系：注入顺序、注入速度、注入压力、节长。

注入作业就是以施工计划为基础实施设计中确定的内容，为了得到更好的结果，诸如作业中必须进行严格的施工管理，因为注入顺序影响加固结果，所以应该给予足够的重视。

· 注入顺序

在地下水有流速的情况下，应考虑在上游注入，另外，还应限制注入浆液不向地层阻力小的区域流动。如果仅考虑上述限制因素，则必然导致未排水间隙水压上升产生的注入压力的上升，阻碍注入浆液的渗透，导致产生劈裂注入的情形居多，甚至发生浆液由地表溢走的现象。每次注入时军营长时间监测注入速度、注入压力的情况及施工时周围环境的状态、注入速度降低时产生的注入压力的变化等，同时取出流量、压力测量装置的记录结果。

· 注入速度

注入速度即单位时间内的注入量，单位为 L/min。一般规律为，注入速度增大，注入压力也上升；注入速度上升到一定数值后，注入压力开始下降；随后，如果注入速度继续增大，注入压力基本不变。一般情况下，注入速度低，效果好，但实际通常是采用兼顾有效利用浆液和注入方式的特性对地层和地下埋设物、林近构造物没有影响的注入压力，经济效益等因素，综合考虑注入速度。通常选用表 5-23 中的数值(指平均值)。

单位喷射量

表 5-23

注入方式		标准速度	一般的范围
双重过滤管	单液	16	8～20
	双液	14	8～20

· 注入压力

注入压力与注入地层的土质特性，浆液特性、注入要求、邻近构造物的埋设状态等多种因素有关。把注入压力固定在一定数值上而忽略注入压力的相对变化的做法是不正确的。在确保注入压力对地中近接物无影响的前提下，确定注入压力，同时，考虑浆液的注入形态、故障等原因。由注入压力判定注入效果：

压力逐渐上升，但达不到要求的压力，这说明存在如下可能。即浆液在黏土中形成脉状劈裂渗透，或浆液的浓度低、胶凝时间长或部分浆液溢出；

注浆开始后压力上升，甚至离开初始值呈下降趋势，这表明浆液溢出；

压力上升后突然下降，表示浆液可能从注浆管的周围溢出，或注入速度过大，扰动土层，或遇到空隙薄弱部位；

压力反复升降，总的趋势呈逐渐上升，胶凝时间短的浆液常出现这种现象；

压力上升很快，而速度上不去，表明土层密实或胶凝时间过短；

压力有规律上升，即使达到容许压力时注浆速度也正常，这表明注浆是成功的；

压力上升后又下降，然后又再度上升，并达到预期的要求值，这可认为是 c 种情况的空隙部位全部已被浆液填充，也是注入成功。

注入压力对邻近构造物的影响如下：

地层中的土压变化与注入压力决定的固结形状有关，而固结形状受注入形态支配。注入形态为实质性渗透注入的球形固结的场合下，无论注入压力大小，均与浆液的胶凝时间无关，故土压不断增加；

胶凝时间比注入时间长的缓结性浆液的情形下，由于注入速度控制得比极限注入速度小，故地层不发生劈裂，所以，土压几乎不增加。胶凝时间不注入时间短的急结性和瞬结性浆液的情形下，尽管注入速度小于极限速度，但在先行浆液的固结体重产生劈裂，所以，土压增加较大，然后随着注入时间的增长注入压力增加构成穿孔的渗透注入阶段，尽管注入压力大胆未产生劈裂，故土压增加小；

在渗透系数大的土质中土压稍有增加，并与浆液无关，随着渗水系数越小，土压越大；

不构成渗透注入的情形下，注入后的残余土压增量比注入过程中的增量要小，但是这种情形还与浆液的凝胶时间有关，凝胶时间越短，残存土压力越大。

材料关系

·注入材料的配比

注入材料配比，通常主剂水玻璃的量为一定的，为了做到配比适当，利用卡普倒立法在作业开始前、上午、下午对凝胶时间个测定一次以上，与此同时，按固化剂、助剂等顺序投入混合。

·凝胶时间

凝胶时间还与注入方式密切相关，施工中凝胶时间的选择余地较宽，可依据需要选择。注入地层中的凝胶时间受注入速度、地下水量、水温等因素的影响，比大气中的凝胶时间长些。

k. 注浆施工的管理

现场质量及数量的管理：

·概况

有关材料搬入现场的管理，特别是浆液主材水玻璃的管理，按有关材料的规定实施管理。

·水玻璃质量证明

具体规定如下：

若水玻璃产品属于规范标准内的产品，则应提交产品合格证书。

若水玻璃产品属于规范标准以外的产品，则事先应把这种材料的质量资料向技术监督部门呈报得到同意。实际使用时还应向上述单位提交符合他们要求的技术合格证。

施工前及施工后每月提交一次质量证明，填写好最新一批运入现场的水玻璃的检查结果。

·水玻璃的数量证明

·固化剂、辅助剂的质量证明

通常把制造公司的质量证明书和不含重金属的分析结果的证明报告两者编成一组。这里的质量证明书，在记载材料证明项目的同时，还应满足排水标准的有关规定，即有关有害物质的种类和排放量，均不超过允许极限。同时，重金属的检测极限与检测报告相同，故应附带上无需检测的证明分析结果的报告书。其有效期为一年。另外，固化剂、辅助剂的证明书为施工前一次认定的。

·验收

原则上监理人员必须到场，并摄制照片。

注入量和材料使用量的确认：

·概要

运入材料的使用管理如下：水玻璃的使用量的管理；记录纸的管理；日报表和照片的管理。

·水玻璃原液使用量的管理

现场水玻璃可保持原样，货量可以现场验收确认。可以用每天的剩余量天天确认估算数量。因此，日用量可由供货量和剩余量求出，再由注入量求得的数值对照确认使用量。

·流量仪

累积流量仪以基本流量计为基础，采用施工现场方便的积木式结构，精度高，无需现场操作即可显示数值。

对目前使用的流量仪应作如下改造：

各注入孔在注入结束后，应能显示注入施工的时间、总注入量、施工机械编号。

定时的打印记录纸的速度，确认注入量、注入压力的总刻度。

使用统一的记录纸。

· 日报表及记录纸的统一

每天的注入量都要记录在日报表上，以便提交。为了减少各地施工差异，容易验收，需要统一日报表用纸格式，记录内容等。

· 照片

其宗旨在于：以证人到场为原则，记录其状况；材料交货的状况必须拍照；钻孔和注入状况，应在监理在场时拍照。

· 其他

明示合同中的事项和相应的措施。

协商施工计划时向承包商提出的事项及相应措施。

防止注浆污染环境的管理准则：

为防止注浆浆液对地下水等环境的污染，对工法的选择、设计、施工和水质量监测等项目做了规定，主要内容如下：

注浆工法中使用的浆液，目前为水玻璃类浆液，不允许含有剧毒物或者氟化物。

关于注浆工法的设计和施工，要求注浆地点周围的地下水或公共水域应维持在表 5-24 的水质标准，应切实掌握该地区的地层的性质、地下水和公共水域等情况。

水质标准 表 5-24

浆液种类	检查项目	检查方法	水质标准
不含有机物的水玻璃	H^+浓度	①比色法：H^+浓度变化时指示剂颜色变化。 ②玻璃电极法	pH<8.6。若工程开始前的测定值大于 8.6 时，注入后的测定值应小于等于注入前的测定值
含有机物的水玻璃	H^+浓度		
	$KMnO_4$ 消耗量	酸性法	1×10^{-5}以下，若工程开始强测定值大于 1×10^{-5}，注入后的测定值应小于等于注入前的测定值

注入机械的清洗水，浆液注入地点的用水等废水排向公共水域时，应符合一定的标准。

为防止注浆造成的地下水和公共水域的水质污染，施工单位必须监视注浆点周围的地下水和公共水域的状况。

· 注浆效果勘察的必要性

虽然注入技术有很大的进步，但是，仍存在一些亟待解决的问题。例如：浆液很难按设计要求进入预定的注入范围，出现没注到的部位及遗漏部位，这些隐患发展成事故需要一定的时间。注浆的可靠性不理想。对于上述问题，通过勘查遗漏部位进行二次注入。这些勘查均属于点勘查，事后勘查，结果具有很大的偶然性；同时，二次注入与一次注入的间隔时间较长，注入机械两次进场、退场、安装拆除，会耗费较多的人力和物资，经济效益差。显然，这种事后勘查发现问题再补注的方法是不理想的。

· 注浆效果勘察方法的分类及选用

所谓的注浆效果指浆液在地层中的实际分布状态与设计的预定注入范围的吻合程度及注浆后复合土质参数(抗剪强度、承载力、密度、渗透系数)的提高状况。

根据注浆的目的、客观条件选择勘查的方法。例如:若场地平坦,注入深度浅可以采用地表勘查法;注入深度深或者场地狭小、复杂,可采用钻孔法;若注浆的目的是为了防水,可选用测渗透系数的方法;若注浆的目的是为了提高地层承载力,首先考虑荷载试验(地表或钻机)及标准贯入试验;若注入的目的是浅固地层、纠偏建筑的位置及地表抬升,则考虑使用水准仪、经纬仪测定纠偏和抬高的情况;若想测浆液对土体孔隙的填充率,应考虑选用钻孔取点,然后化学分析;若想在注入过程中及时了解浆液的分布形态,可以选用注入压力和注入速度的关系来判断。

还应重视以下问题:提高注浆施工的全面质量管理水平,实现信息化施工;开发标准贯入和取芯同时进行的技术,再由测算出的N值及洋芯的土质,推算土的各种参数;对取芯土样进行硅成分的分析测定,确定填充率,进而估算出抗压强度;重视现场简单快速测定渗透系数的方法的开发。

盾构隧道顶板加固

盾构隧道的顶板采用注浆锚杆进行加固。此时锚杆的主要作用是悬吊顶板,使顶板和地层形成一体,改变古城墙下的地层受力特性。通过注浆和系统锚杆挤压黏结的作用,加固盾构隧道以外一定范围内的土体,提高其自身弹性抗力及改善防渗体并形成一定的连续承载圈。同时,锚杆体作为支撑和拉杆与隧洞衬砌的管片结构可有机地结合,形成共同工作体。

结论:

总体来看,该方案中采用了从地表向下打锚杆和注浆,同时从隧道向上打注浆锚杆的方案,在地层中形成了一定距离的搭接,其加固效果明显改善,并且隧道底板的注浆孔形成的柱状加固体改变了地层的受力特点,大大提高了加固的可靠性。南京古城墙由于年代久远,抵抗扰动的能力大大降低,所以,采用该方案能保证施工的顺利进行,且后期工作的投入非常少,达到了一劳永逸的效果,对于未来可能的建设也带来了良好的效益。

5.2 南水北调中遇到的地基处理问题

南水北调、西气东输、青藏铁路、西电东送是举世瞩目的四大工程。经过几十年的准备,南水北调的工程已投入紧张的实施阶段,即分别从长江流域上、中、下游调水,形成南水北调东线、中线、西线三条调水线路,与长江、黄河、淮河和海河相互连接,形成“四横二纵”的总体格局。利用黄河贯穿我国从西到东的天然优势,通过对黄河水量的重新分配,可协调东、中、西部经济社会发展对水资源的需求,达到我国水资源南北调配、东西互济的优化配置目标。年调水量约 380 亿 m^3～480 亿 m^3,相当于在黄淮海平原和西北地区增加一条黄河,可基本缓解我国北方地区水资源严重短缺状况。详见表 5-25。

南水北调线路总体规模 表 5-25

线路	起 止 地 点	主干线长(km)	年调水量(亿 m^3)	调 水 形 式	主要技术问题处理措施
东线	扬州天津	1150	143	河道和湖泊	冻胀,膨胀土,冻胀,砂土液化,多年冻土与季节冻土
中线	丹江口水库北京	1264	130～140	河道和湖泊,隧道	
西线	长江源头河段黄河	—	一期 40	隧道	

东线工程是从长江下游扬州附近抽引长江水，利用京杭大运河及与其平行的河道为输水主干线与分干线逐级提水北送，并连通作为调蓄水库的洪泽湖、骆马湖、南四湖、东平湖，在位山附近通过隧洞穿过黄河后可以自流，需新挖位临运河进入京杭运河的卫运河、南运河到天津。输水主干线长 1150km，输水渠道的 90%可利用现有河道和湖泊。

中线工程从丹江口水库引水，经长江流域与淮河流域的分水岭方城垭口，沿唐白河流域和黄淮海平原西部边缘开挖渠道，在郑州以西穿过黄河。

南水北调由于大量采用了明渠，在北方及西部渠道冻胀问题也是一个相当重要的问题。南水北调中线工程总干渠河北段即属冻胀渠道。冻胀问题不同程度上普遍存在，影响了渠道的安全和使用，工程效益不能充分发挥，浪费了大量的人力、物力。防止冻胀破坏是南水北调工程中渠道所面临的关键性技术问题之一，近几年的试验研究发现，依照地基土中地下水位的不同，渠道冻胀可以分为两种不同特征类型，地下水深埋时冻土层中存在着主冻胀带，层次位置靠近冻土层上部；地下水浅埋时，主冻胀带位置下移到垫层下伏冻土层下部，由于渠基挖深多在 1m 左右，主冻胀带正好处于垫层底部。此外，土层冻胀率与土壤黏重程度成正比，土壤黏重程度越高，持水性越强，冻胀度越高，当地下水浅埋时，垫层下黏重冻土层多呈现高冻胀率，因此，部分置换冻土层的措施仅在地下水位较低，土层属轻壤土或砂壤土时方为有效。

治理渠道冻胀的主要工程措施之一就是砂砾换基，在砂砾料比较丰富的地区使用尤为普遍。而换基厚度的确定，则沿用“主冻胀层”的概念，即认为整个冻土层中，靠上部约 1/2～2/3 的层次中，集中了主要的冻胀量，只需将此“主冻胀带”置换即可基本解决冻胀问题。在工程实践中，一般采取换基厚度为冻深的一半左右，经过运行检验，这种做法在地下水深，冻土层较轻的地区，效果较好，但在地下水较高或虽然地下水位深(3m 以下)，土层内有黏重土层，则效果不好。经过对不同类型地区的渠道冻胀变形的系统观测，认为渠道土壤水分条件对渠床土壤冻胀特征有决定性的影响，从而使砂换基措施的效果各异。

不同土壤水分条件对冻胀特征的影响不同，地下水位较高时，整个冻土层都发生冻胀，没有或很少有冻而不胀的层次，“主冻胀带”不明显，或者是较高冻胀率的层次发生在冻土层下部，这种情况以张掖大满干渠试验渠为代表。渠道地下水位在渠底以下 0.8～1m，土质以中、重粉质壤土和粉质黏上为主，夹有中、细砂层，层次比较复杂。渠道断面下部测点位置更接近地下水位，因而，下部测点冻胀量向冻土层下方集中程度更大，其 20cm 平均冻胀率可达 20～30%，个别甚至达 50%，分层冻胀越接近地下水就越大。产生这种分层冻胀特征之原因是，冻结时的水分迁移得到地下水源的补给，冻层越接近地下水，地下水位附近毛细饱和区与冻锋面上未冻含水率之间的梯度越大，水分迁移使下部冻层含水率可达很大数值。冻胀率高的层次与含水率大的层次互相对应，并都分布在冻层下部。

其次，不同水分条件下，砂砾换基的措施的合理性，采用砂砾换基措施后，引起断面分层冻胀特征的改变。地下水深埋时，“主冻胀层”将从原来上部位置下移，往往在紧接垫层底部的冻土层中发生。根据测验，无地下水顶托时，冻结砂垫层的含水率小于 10%，冻胀率很低，为 0～2%，这是由于垫层中的水分在渠道停水后，很快向深层排除。如下伏土层排水性差，则水分可在垫层与土层之间滞留，冻结时形成厚层冰晶，垫层以下冻土层的冻胀率大小，依土壤黏重程度而定，因冻胀率与冻结层在水分积聚后的总含水率成正比，故可用含水率来标志冻胀率的大小。在地下水位较高时，换基厚度应达到全部冻深，方能基本消除冻胀，即使这样，在垫层中还有可能发生中等强度的冻胀，除非采取措施，排除垫层中的水分，在一些渠道中，曾采用过这种措施。例如在渠底设砂砾排水井、设横向砂涵等。这些措施在运行初期是有效的，但灌溉水中带有泥砂，在砂砾垫层和排水设施中长期沉积，而使垫层污染，成为冻胀性土，而且这种工程措施造价也比较昂贵。因此，渠道土壤分层冻胀特征因土壤水分条件不同而差异很大，仅当地下水深埋时，才能在冻土层上部出现“主冻胀带”，而采用垫层部分换基后，“主冻胀带”即下移到垫层以下的下伏冻土层顶部，当地下水位很浅时，冻胀率高的层次反而出现在冻土层下部，越接近地下水位，冻胀率越高。因此，应用“主冻胀带”概念来设计垫层厚度时，要考虑土壤水分条件，否则，可能得不到预期效果。采用垫层部分置换冻土层的措施，仅在地下水位较深，土质较轻时有效，在砂壤土或轻壤土的土层内，换基深度可采用冻土层的1/2～2/3，此措施在实践中是可行的，而在土质黏重时，垫层换基要基本达到冻土深度才有效。在地下水位较高的地区，则要完全置换冻土，并采取使垫层排水的措施，后者造价大，同时容易失效。在地下水较浅时或土层质地黏重时，全部置换冻土层的措施，工程量很大，不够经济，尤其是在砂砾料较远的地区更为如此，应采用防渗膜、沥青玻璃丝布等材料铺设，防止渠道渗水，采用防渗膜切断地下水对冻土层的水分迁移。这类措施已在某些地区渠道运行中证明是有效的。

西线工程从长江上游的大渡河、雅砻江和金沙江的源头河段，向黄河上游调水，补偿黄河水资源的不足，缓解西北地区干旱缺水问题。供水范围初步考虑为青海、甘肃、宁夏、陕西、内蒙古和山西六省区。分三期建设，一期工程准备调水40亿m^3，整个投资是470亿元。二期工程投资640亿元。三期规模比较大，需要1930亿元。2010年以前，将实现南水北调东线、中线工程，总投资需要1810亿～1860亿元。中线工程分两期建设，总的投资规模是1677亿元。东线工程将在2010年以前建成，建设的一、二期工程总投资是565亿～641亿元。

从长江支流汉江干流上的丹江口水库引水，沿伏牛山和太行山山前平原开渠输水，跨长江、淮河、黄河、海河四大流域，在郑州西穿过黄河，输水到北京、天津，重点解决湖北、河南、河北、北京及天津等沿线城市的用水，兼顾农业和其他用水。中线工程可为京、津及河南、河北沿线城市生活、工业增加供水64亿m^3，增供农业用水30亿m^3，改善供水区生态环境和投资环境，推动我国中部地区的经济发展。中线总干渠是1264km，黄河以南是462km，黄河以北774km，总调水量130亿～140亿m^3。

东线工程从长江下游扬州附近抽水，利用京杭大运河及其平行河道逐级提水北送，经洪泽湖、骆马湖、南四湖、东平湖，穿过黄河后可自流，终点为天津。涉及苏、皖、鲁、冀、津五省市，可为五省市净增供水量143.3亿m^3，其中生活、工业及航运用水66.56亿m^3，农业用水76.76亿m^3，可基本解决天津市、河北省、山东鲁北、鲁西南和胶东部分城市的水资源紧缺问题，具备向北京供水的条件。东线工程输水的主干线1150km，黄河以南560km，黄河以北590km。

这三条线路各有合理的供水范围，又可以相互补充，最终目标是实现长江、淮河、黄河、海河和内陆河水资源的合理配置。调水工程工程规模巨大，大型建设物数量多，工程地质条件复杂，环境影响范围大。总的技术问题有：

①强地震区饱和砂土液化及其对工程的影响，软土地基加固技术等。

②主要水工建筑物的结构和工程力学性质，穿黄隧道的结构分析；跨河越岭；巨型输水建筑物的新结构、新材料、新工艺及可靠度分析；混凝土坝加高和结构、材料和施工技术，水工结构抗震安全性研究等。

③长距离巨型输水系统的水力学及泥沙规律，总干渠的运行控制模式；输水明渠最优等容量控制断面；穿黄隧洞的非恒定流分析；建筑物的水力学和泥沙问题，冬季输水问题；输水系统安全监测等。

④施工技术，泥水盾构施工技术，高寒地区筑坝技术及施工艺等。

⑤水质保护与环境问题，深埋长隧洞施工技术，大型薄壳渡槽高强混凝土，水源区的水质保护与生态建设；调水对水源区下游水质与生态环境的影响及对策措施；输水渠道的水质管理与保护技术；输水沿线的生态变化与对策措施；供水区供水、排水、污水处理；输水系统自然灾害规律、预测及防灾等。

⑥水资源高效利用与优化配置，有效水量的研究，水资源优化调配；多水源、多户联合调控技术：水量实时监控调度自动化技术，调水信息系统研究等。

西线调水工程可以说是一项利用和改造地质环境的宏伟工程。工程建设不仅要适应复杂的环境地质条件，而且会改变环境地质固有的平衡状态，它在改善环境地质的同时也会诱发新的环境地质问题。调水区的大地构造单元为巴颜喀拉——印支地槽褶皱系，地层走向和构造线方向以 NW—SE 向为主，线性褶皱和断裂构造十分发育。区内的主要断裂大多形成于印支期，在第四系早期，NW 向断裂大多有活动，活动方式多为 NE 盘上升。晚更新世以来，特别是全新世以来，除南北边界断裂（玉树断裂、鄂陵湖南断裂）和桑日麻断裂有人规模活动外，其他断裂仅在局部地段有活动，活动方式以水平左旋走滑为主。调水区内由重力作用和冻融作用形成的蠕动变形、崩塌、滑坡、岩屑坡、冻融滑塌等不良地质现象非常普遍。地带冻土的发育具有明显的分带性，在垂向上，多年冻土与季节冻土的分界线在海拔 4100～4250m；在平面上，调水区自北向南、自西向东冻土发育程度（厚度）逐渐减弱（减薄）。冻土是一种特殊类型土，其特有的构造决定着特殊的工程性质，即冻胀性和溶沉性。冻土的冻胀性作用在建筑物基础上可产生切向、法向和水平冻胀力；冻土的融沉性一般随着土体中的含水率增高而增强，在相同含水率条件下颗粒越粗融沉性越弱。

这主要表现在：①隧洞进出口出现拦墙开裂；②引水线路的泵站、厂房、渡槽等建筑物出现不均匀变形，导致建筑物弯曲或断裂；⑧引水明渠的衬砌体遭受冻胀破坏；④库岸出现热融滑塌和冻融泥流，引起库岸再造和库区淤积。为避免冻害发生，可采取土体置换或防止线路渗漏等措施。

多见工程问题：

(1)水库诱发地震

从水库诱发地震的环境地质条件分析，西线工程有发生水库诱发地震的可能。防止水库诱发地震的对策主要有：①配合设计阶段，做好建库前水库诱发地震的安全性评价工作；②设立地震台网进行地震活动性监测，同时，还可进行断层活动性观测及地应力、地应变等方面监测；③调节水库运行方式，控制水库诱发地震的发生；④库区移民安置，应尽可能避开诱震区。

(2)库岸变形破坏

西线工程的部分库区发现有滑坡体存在，如在长须库区距枢纽约 17km 处有一滑坡，体积近百万立方米，距长恰线入口仅 1～2km，其滑动不仅直接威胁线路进口，而且该库段河道顺直，对大坝也会产生一定的影响。

库岸变形破坏的形式主要有塌岸、蠕动变形和水库滑坡等，其中水库滑坡是指在库水作用下岸坡上规模较大的岩土体沿一定软弱结构面的整体性下滑，其危害极大，滑落时常激发很高的涌浪，不仅危及大坝及库区附近建筑物的安全，而且会给下游的城镇和居民带来极大的灾难。造成水库滑坡的因素主要是：①水库蓄水，地下水位升高，使不稳定岩土体底部的潜在滑动面浸水软化或泥化，孔隙水压力增大，抗剪强度降低；②库水位，原来为阻滑体的前缘部分，受库水浮托，降低了阻滑力；③库水位迅速回落对库岸岩土体产生拖曳下滑力。另外，滑坡的发生还与降雨、地震等因素有关。

库岸稳定问题的防治措施:①加强岸坡稳定的工程地质研究,查明影响岸坡稳定的主要因素;②对不稳定岸坡进行有效监测,做好预测预报工作;③采取挡墙、抗滑桩、锚杆(索)利支撑等抗滑措施;④排除地表水和地下水;⑤削坡减荷;⑥修筑防冲扩坡。

(3)高地温

在西线调水区,存在着两个对工程有影响的地温梯度高值异常带,分布于清水河和达日两个地区。前者在长约120km、宽约30km范围内,温泉分布较为集中,最高水温达51℃。以雅砻江调水为例,在线路将要穿过的断层处,温泉水温38~48℃,由此提示引水线路的深埋隧洞中有可能出现高水热活动引起的高地温问题。对高地温问题应加强工程勘察,分析研究产生高地温的因素效的降温措施。并在施工时采取通风。

(4)高地应力

据西线工程长恰引水线路CQK01钻孔原地应力测试结果,该区存在十分明显的构造应力作用,水平主应力占主导地位。尤其是长恰引水线路深埋长隧洞还要穿越2.5km长的石英,1km的辉绿岩体,地应力可能更高,即出现高地应力问题,由于这些坚硬脆性岩体具备了储存高能量的条件,施工开挖时有可能会遇到大规模的岩爆问题。应结合西线特点研究岩体深部的应力状态,分析和预测产生岩爆的可能性。

除上述问题之外,还有活断层、地震、地下涌水、围岩稳定、水库渗漏、泥石流等问题也不容忽视,因为每一个问题都可能对工程和环境地质带来极大的危害。

南水北调中线工程,渠首自湖北省丹江水库,途径湖北、河南、河北三省直至北京,全长约1265km。据地质勘探,干渠沿线存在局部的工程地质问题,膨胀土边坡稳定、砂土液的上述特性是由其自身的矿物成分以及孔隙结构所引起。由于干旱或半干旱气候的影响,膨胀土孔隙间常有负孔隙水压力——吸力,吸力的存在使得膨胀土成为性状复杂的非饱和土。

膨胀土边坡在一定深度范围内的含水率随着降雨、温度、蒸发等环境因素发生变化,而含水率的变化使得长期处于地下水位以上部位的土体的负孔隙水压力——基质吸力随之改变。由于非饱和土的抗剪强度中一项十分重要的分量是与基质吸力密切相关的,因而,非饱和土的抗剪强度随之呈现出显著的"变动强度"特性,即干强度极高,饱和强度极低。膨胀土的胀缩特性及抗剪强度变化主要受土壤含水率的影响。通常,在膨胀土地区人气环境对土壤含水率的影响深度为3~4m。在渠道设计中应该考虑这些因素,使工程设计更趋合理。对于南水北调中线工程的膨胀土渠坡,其坡内水位受地下水位以及渠内水渗透的影响。与此相应,土体由三个区域组成:即水位以下的饱和区、水位附近的变动区和水位以上的常年非饱和区。针对不同区域土体宜采用相应的工程措施使设计优化。对于饱和区,按照膨胀土的饱和强度来设计边坡坡比。对于水位变动区和常年非饱和区,则应当分别按照饱和与非饱和抗剪强度来验算边坡稳定安全系数。可以考虑采用喷锚、支护、土工织物加筋或化学处理等工程措施,抵抗土体胀缩力作用,在边坡坡面辅以防渗、排渗的工程措施,减少降雨等环境因素对边坡稳定的影响。

针对中线膨胀土的工程特点,可采用以下措施进行改良:

①土质改造与置换。膨胀土的改造可采用石灰浆灌注、粉煤灰矿渣灌注水泥浆、掺和料等以改变膨胀土的化学成分和力学性能,改善膨胀土的胀缩性能。对膨胀土层厚度较薄,可采用换填非膨胀土材,采取换填一般黏性土或砂垫层。

②表面防护。一般渠坡、路堤易受冲蚀,都需表面防护措施。其防护措施有植草皮,干砌块;浆砌块及混凝土预制块等护砌。另外是进行排水防渗,设置纵横向排水沟,以排除地表水,设置竖向排水井,排除地面渗水,保持膨胀土体内水量稳定,避免土体膨胀。

③变形防护。在渠坡、路堤的一些关键部位设置适当的加固结构物，以阻止土体沿坡面的膨胀位移及蠕变位移，从而减小由于应变软化引起的强度降低。可采用坡脚挡土墙，锚杆挡土墙和抗滑桩等结构物。

(5)采空区坍塌

渠线通过河南省焦作矿务局所辖韩王、演马庄、九里山三矿区地段，由于煤层开采引起地表移动盆地和地裂缝的发生，使之成为一种特殊的工程地质问题。埋藏于地下的煤层人面积挖掘斤，其上部的岩层失去支撑，平衡条件受干扰，随之产生弯曲、冒落、断裂等一系列变形与破坏。当这种破坏与变形反映到地表时，地表下沉变形，随着采空区的不断扩大，变形越发强烈，形成地表移动盆地或称地表塌陷。地表移动盆地的界进性变形与破坏过程，将对上部建筑物(构筑物)造成强迫性的变形与破裂，使建筑物丧失其稳定性。采空区上覆岩层的变形与破坏的发生、发生及其最终状态，主要取决于上覆岩层的岩性、组合结构形式、开采方法及受采动影响后采场同岩的平衡结构状态。

南水北调中线拟通过焦作矿区的韩王、演马、九里山二矿区，由于煤层上覆岩体的结构特征，决定了地表移动盆地的强烈发育性，移动盆地中心最大沉降量达十余米。为避免通过采空区的渠体发生破坏，需要从渠体的结构措施和以煤层开采方式的限制为主的技术措施综合考虑预防的方案。根据国内外通用的采空沉降量预计方法，对未来采空区地表岩移量进行预测，由预测沉降量加宽加高渠体，使之开采后不影响渠道的正常进行。其次是铺设防渗材料，渠基预注浆加固，这种方法主要适用于预测的岩移盆地的边缘区。再者是在开采过程中及时对渠体进行变形监测，运用加高浆体、注浆堵封裂缝等防御渠体开裂而漏水现象的发生，保障渠道的安全运行。

南水北调东线的关键就在于穿越黄河隧道的修建。

穿黄河工程位于山东省东阿与东平县境内的河下游中段，属黄河冲积平原的一部分。原地面高程 38.7～40m，地形平缓。后经人工多次清淤筑堤，使现有地面起伏不平，堤顶高程 40.6～43.7m，渠底高程 37.2～37.5m，渠底宽分别为 26m 和 50m。穿引黄渠埋涵段在勘探深度范围内均为第四系松散堆积物。下河流冲积层主要为壤土；冲积湖积层主要为砂壤土、壤土夹黏土；现代河流冲积层主要有粉砂、壤土、砂壤土等；人工堆积层以粉砂为主，含有壤土和黏土团块。砂壤土属第四纪全新世冲积湖积层松散堆积物，颜色为灰、灰黑色或灰黄色，呈可塑至软塑状态，一部分是粉砂与黏土互层，局部夹黏土、壤土薄层，呈现出该层砂壤土的不均匀性，土层厚度不等，两渠部位砂壤土厚度分布比较稳定，一般厚度为 3.1～3.5m，砂壤土顶板分布高程一般在 29.6～31.0m。该工程区全新统第四系冲积湖积层中的砂壤土属轻微液化土，饱和砂壤土的液化主要由于土层在外力作用孔隙水压力上升，有效应力减少至零，土体呈流动状态。因此，抗震液化的工程措施宜从完全或部分排除液化沉降的措施入手或从结构措施上考虑。对南水北调东线工程穿引黄渠埋涵段冲积湖积层砂壤土地基，以采取强化结构和碎石桩地基加固处理为宜。

工程由尔平湖内引渠白东平湖深湖区引水，通过东平湖出湖闸调控水位与流量，经南岸输水干渠输水至黄河南大堤—子路堤，子路堤以后为黄河滩地，采用埋管输水方式至黄河主河床接穿黄隧洞，经穿黄隧洞穿越黄河主河床及北人堤之后建出口闸，并采用埋涵方式穿过位山引黄渠与黄河以北输水干渠相连接工程段总长 1689km。穿黄隧洞在黄河南岸解山与北岸位山之间的地面以下岩层中穿越黄河，是工程的关键，主要由南岸竖井、过河平洞、北岸斜井等部分组成，长 58387m，采用直径为 930m 的圆形断面，钢筋混凝土衬砌。

经过多年的地质勘探，查明解山和位山之间黄河河床窄，基岩面较高，围岩成洞条件好，在此处开挖隧洞位置较佳。为进一步查明河底岩层岩溶发育及水文地质情况，落实穿黄隧洞的施工方法，1984 年原水利电力部决定在穿黄隧洞的轴线位置上开挖一条穿黄勘探试验洞。

穿黄探洞位于黄河水面以下七十余米深处岩溶发育的石灰岩地区，所穿过的岩层主要为占生界寒武系崮山组灰岩夹页岩和张夏组灰岩，且岩溶裂隙水与覆盖层潜水、黄河水相通。穿黄探洞自 1985 年 6 月开始进行施工准备，1986 年 4 月份正式钻灌开挖，至 1988 年 1 月底探洞主体工程全部完成。查明了河底地质构造和岩溶发育等地质情况，落实了在岩溶地区采用超前灌浆堵水开挖水下隧洞的施工方法。实践证明，南水北调东线穿黄河工程采用隧洞方案技术可行，探洞采用超前灌浆堵水开挖水下隧洞的施工方法是成功的，达到了预期目的。

我国的年降水量一般从南向北、从东南向西北减少，南方水多地少，北方水少地多。考虑到长江流域水多，黄淮海平原和西北地区水少，南水北调工程势在必行，但由于西线地形条件复杂，本世纪难于解决。中线和东线南水北调要把大量的长江水引进黄淮海平原，这将势必引起黄淮海平原生态系统，包括农田生态系统、河流和湖泊等生态系统的变化。

5.3 地基处理在环境工程中的应用

人类在生产、工程活动中引起的若干环境岩土工程问题；高层建筑岩土工程问题；地下工程主要工程地质问题；边坡地质灾害与环境；城市其他几个环境岩土工程问题的研究。21 世纪最具挑战性的环境岩土工程，必须为之寻找行之有效的地基处理方法。

地基处理与环境工程的结合点为环境岩土工程。环境岩土工程是应用岩土工程的特点、技术和方法为环境服务的，近代和现代岩土工程活动对地理环境的影响已超过了历史上任何时期，人类的工程活动严重影响城市环境的各个方面，构成整体效应，而人类对环境的任何破坏都可能造成严重的难以弥补的灾害。

大气圈、生物圈、水圈、岩石圈在地球环境中相互关联，形成正常环境。生态岩土环境是岩土的一部分，通常有三类问题：如泥流、沙漠、湿地等与地质、气候有关的问题；与健康有关的问题，如酸雨、核废料；与文化有关的问题等。它们对生态环境因素相当敏感，都直接或间接地与环境岩土工程有关。国际上将城市垃圾和工业废料填埋处理作为重点，国际上对垃圾填埋场的研究十分系统，检测手段十分先进。国际上环境岩土工程的研究内容中强调了环境与各类岩土工程间的相互作用，治理和防治相结合，不是单纯的岩土工程性质调查与监测相结合；我国重点放在滑坡、地面沉降方面。目前我国环境岩土工程仍处在快速发展之中。

5.3.1 人类工程活动引起的环境岩土工程问题

伴随着 21 世纪的到来，人口城市化与城市基础设施相对落后的矛盾日益加剧，城市道路交通、房屋等基础设施需要不断更新和改善，我国大城市的工程建设进入了大发展时期。在城市特别是大中城市，楼群密集、人口众多，各类建筑、市政工程及地下结构的施工，如深基坑开挖、打桩、施工降水、强夯、注浆、各种施工方法的土性改良、回填以及隧道与地下洞室的掘进，都将对周围土体稳定性造成重大影响，例如由施工引起的地面和地层运动、大量抽水及地下水引起地表沉降，将影响到地面周围建筑物与道路等设施的安全，致使附近建筑物倾斜、开裂甚至破坏，或者引起基础下陷不能正常使用，更为严重的是，由此引起给水管、污水管、煤气管及通讯电力电缆等地下管线的断裂与损坏，造成给排水系统中断、煤气泄漏及通讯线路中断等等，将给工程建设、人民生活及国家财产带来巨大损失，并产生不良的社会影响。事故的主要原因之一是对受施工扰动引起周围土体性质的改变和在施工中对结构与土体介质的变形、失稳、破坏的发展过程认识不足，或者虽对此有所认识，但没有更好的理论与方法去解决。由于施工扰动的方式是千变万化、错综复杂的，而施工扰动影响到周围土体工程性质的变化程度也不相同，如土的应力状态与应力路径的改变、密实度与孔隙比的变化、土体抗剪强度的降低与提高以及土体变形特性的改变等等。以往人们很少系统地研究上述受施工扰动影响土的工程性质变化及周围环境特性的改变。长期以来，人们利用传统的土力学方法，以天然状态的原状土为研究对象，进行有关物理力学特性的研究，并将其结果直接用于上述受施工扰动影响的土体强度、变形与稳定性问题，显然不符合由施工过程所引起的周围土体的应力状态改变、结构的变化、土体的变形、失稳与破坏的发展过程，从而造成的许多岩土工程的失稳与破坏，给工程建设与周围环境带来很大危害。因而，在确保工程自身安全的同时，如何顾及周围土体介质与构筑物的稳定，已经引起人们的重视，这些问题都与地基处理密切相关。

(1)特高层建筑的岩土工程问题

20 世纪是高层建筑发展的时代。近二十年来，高层建筑发展更是十分迅速，仅八十年代以来，我国各地兴建二十层以上的高层楼厦就有八千余幢。高层建筑的突出优点是有效地利用空间资源，占地面积小，可缓解大城市的住房困难、交通拥挤和用地紧张等问题。高层建筑的兴建，对地基工程地质和环境效应问题必须给予特别注意。因为高层建筑的基础一般具有较大的埋置深度，一般可达 10m，有的可达 30m，这是为了满足建筑功能(地下空间的利用)和抗震与地基稳定性的要求。这一方面意味着开挖的基坑较深和要采取相应的降水措施；另一方面，若采用挤土型桩，则振动与挤土影响问题随之产生。由于高层建筑多建造于城市的建筑群中，为了防止基坑开挖或沉桩挤土振动危及场地周围建(构)筑物、地下管道和道路交通的安全与运行，必须采取严密的防护措施。例如构筑兼有挡土与防渗功能的边坡支护结构、设置隔振沟和排水砂井或塑料排水板等。例如，上海某电话局机务大楼预制打入桩施工造成附近房屋严重损坏，仅赔偿费就达 40 万元，超过了该桩基工程的费用 12 万元。南京某银行工程也因深基坑围护问题导致邻近电影院严重损坏，只好拆除重建。实践说明，在高层建筑的建设过程中必须考虑和注意环境问题特别是其施工和使用过程中的岩土与地基及环境变化问题。

高层建筑地基评价主要应强调下列内容：①整个场地的长期稳定性和抗震稳定性评价以及侵蚀性地质条件下的长期抗侵蚀稳定性评价。②当可能采用天然地基时，应给出有关基础埋置深度、适宜的持力层选择(包括地基承载力和有关强度指标)、地基的不均匀性和变形模量的评价和建议。③当可能采用桩基时，应说明在桩基可达的深度范围内可能的桩尖持力层深度与厚度，土层摩阻力指标的估价，判定是否存在软弱下卧层，并对欠固结土层的存在和对桩基产生负摩阻力和可能性作出评价。④根据需要提出有关施工降水、坑底处理，以及边坡稳定与相邻建筑环境的评价与建议。⑤针对建筑物的特殊要求或特殊地质条件作出相应的评价和建议。

(2)地下工程中遇到的主要问题

远古时期，人类就开始利用天然地下空间。工业革命后，随着各种工程技术手段不断提高，人类开始大规模开发人工地下空间。地下工程在扩大城市空间容量和提高城市环境方面有着广泛的前景。大规模建造城市地下工程，始于 20 世纪五十至六十年代。现在，地铁、地下停车场、地下街等城市地下工程已经是一个现代化大都市必不可少的基础设施。

地下工程的工程地质问题主要有围岩变形、破坏，水害，地表移动和变形，岩爆，瓦斯，高温热害，冻害等。从环境的角度来研究，反映了工程与环境相互影响和作用的科学内涵，对于保证地下工程的稳定性和使之与环境的协调发展有重要意义。

开发地下空间引起的主要城市地质灾害有地层开挖造成地层损失，产生地面沉降、地裂缝。漏水，涌水或大规模人工降水改变了水文地质条件，使围岩稳定性更差，促成土层固结沉降。由于水位下降，在沿海城市甚至会造成海水入侵，使地下水环境进一步恶化。沟槽开挖中的护壁泥浆、盾构及顶管施工中的管道外围回填浆液、灌浆加固中使用的水泥浆及化学浆等都会造成城市地下水水质污染。

保护地铁施工对环境影响的地基处理方法：在地铁车站施工过程中，基坑开挖会引起周围的环境保护问题。在上海地铁建造过程中，针对地铁施工引起的周围环境保护提出了以下三种方法：①被动区压力控制注浆法；②地下墙后跟踪补偿注浆法；③水平注浆法。通过实践证明这几种方法在保护周围环境中效果很好，值得其他类似工程借鉴。

①被动区压力控制注浆法

被动区压力控制注浆法是在软土分层注浆法的基础上，根据施工监控的具体要求发展而来的。所谓被动区压力控制注浆就是当基坑及其周围环境变形或变形速率达到或超过警戒值时，在基坑被动区距挡墙较近的区域内，实施一次或多次双液（水玻璃溶液和水泥浆的混合液）分层注浆，一方面利用注浆时的挤压效应，控制本层开挖支撑结束到下层开挖这段时间内基坑挡墙的流变位移；另一方面，利用注浆对被动区土体加固作用，提高被动区土体的抗力，从而减小下一步开挖的基坑变形增量（甚至小于设计预测的变形增量），最终达到控制基坑挡墙水平位移变形以减小对周围环境影响的目的。

②跟踪注浆法

基坑开挖卸载引起围护结构向基坑内的变形，围护结构的变形引起其后面的土体位移以填充由于围护结构变形增大的体积，并逐渐向后面的土体传递，在一定时间内传递到地面和建筑物处引起地面以及建筑物的沉降。地下墙后跟踪补偿注浆的原理就是利用围护结构变形和建筑物位置处相应变形的时间差，在基坑变形传递到建筑物之前将由于结构的变形造成的土体损失通过注浆补充进去，从而有效地减小周围地层位移，达到保护周边环境的目的。

地下墙后的跟踪补偿注浆设计主要包括注浆孔布置、注浆深度、注浆量、注浆压力、注浆时机和浆液配比等。a. 平面位置。根据基坑和周围建筑物的相对位置和建筑物的保护等级等因素，注浆孔平面可布置成一排或两排，根据 45°扩散，同时，相邻注浆孔注浆后以浆体能够重合为前提，另外，由于开挖的空间作用，布孔范围还要包括建筑物以外一定距离。b. 注浆深度。注浆位置应根据支撑的设计情况来决定，每层注浆范围一般位于对应支撑以上 1m 到上层。c. 注浆压力。如果注浆位置距离围护结构太近，注浆压力将会威胁到围护墙的整体稳定，在未经过试验之前要限定最大注浆压力，现场试验之后再作相应调整；在可能情况下同时监测支撑轴力在注浆期间变化。d. 浆液配比。采用水玻璃加水泥浆双液浆。由于注浆目的是以填充为主，对于浆液的强度没有太高要求，另外，由于以填充为主，为避免注浆期间对建筑物基础的扰动，初凝时间要尽可能短。e. 注浆时机。为了在围护结构的位移传递到注浆位置处，通过注浆将位移传递切断，要在施工中注意注浆时机。f. 注浆量估算。注浆量以基坑围护结构变形引起的体积增大为标准，再考虑到浆液向周周的渗透损失和土体压密造成的体积减小量。g. 注浆速度。为使注浆时压力不至很高，注浆速度要小，提升也要有一定速度，具体以现场情况来定。

③水平注浆法

水平注浆法是专门为了控制地铁深基坑邻近地铁隧道的沉降变形而采取的一种新的注浆

工艺。该方法是将注浆管从侧向打入隧道的下部，用添加速凝剂的水泥浆作为注浆材料，利用浆液的速凝特性，使已初步凝结具有较大的粘度与稠度的浆液在钻孔周围对土体起排挤与压密作用，达到使隧道抬升，并加固地基土体、减少工后沉降的目的。实际工程实践中发现，单次注浆隧道隆起较大时，后期会产生较大的沉降，甚至超过前期抬升量，于是注浆实践中往往通过每次注少量浆液，分多次将浆液注入隧道下方，每次隧道变形都比较小，但总的效果是使隧道抬升。其理论依据在于，控制单点注浆量，将每次注浆限制在挤密扩展阶段，以使土体产生超孔隙水压力不至于造成土体破坏而有可能托抬隧道，随后孔隙水压力消散，隧道下沉较小，保证水平注浆效果。从该法在上海地铁建设中的应用经验来看，采用该方法保护邻近隧道或管线时，水平注浆各设计参数可参照如下：a. 注浆压力一般不超过 1.0MPa，一般以 0.1～0.5MPa为宜，对于无经验时可采用 0.3MPa 压力先进行现场试验后确定注浆压力；b. 根据不同的注浆要求采取不同的注浆速率，注浆速率控制在 0.04～0.06m^3/min 为宜；c. 针对不同的工程要求采用不同的注浆量，水平注浆按注浆管拔管长度进行计算，双液循跟踪注浆极限注浆量约 1m^3/min，以 0.4～0.6m^3/min 为宜；d. 水平注浆配比按凝结时间进行控制，一般控制初凝时间为 45～70s 之间。

(3)边坡地质灾害与环境

人类活动对地质环境的影响在不断增强，常诱发各种不同的地质灾害，边坡失稳是其中最主要的一种灾害类型。边坡失稳是一种典型的地质灾害，它既可自然形成，也可因人为诱发而产生；它可单个或成簇出现，也可与地震和洪水等相伴而生。边坡失稳不仅会产生重大的经济损失，而且常造成人员伤亡。事实上，在人地关系方面，边坡问题已成为人类与自然间相互作用、相互冲突、相互协调和相互顺应的最典型代表。如同地震一样，大型边坡一旦发生破坏，人类力量难以抗拒；从问题的普遍性、复杂性和频繁性方面来说，边坡问题又远远超过地震问题，它已成为我国最重要的地质灾害类型。据不完全统计，仅二十世纪八十年代，平均每年有一次重大边坡失稳，造成灾害事故。

边坡研究的根本任务是通过对边坡深化自然规律的研究以减少自然地质灾害的危害，通过对人类工程和活动影响及人地关系的研究以避免或减轻人为边坡灾害的发生。研究的目标则是以预测和预报为中心，通过监测、预警、灾情估计、辅助决策和决策等一整套完整程式，以达到防灾抗灾目的。研究的具体手段则是地基处理理论及具体的处理方法。滑坡灾害是地质最主要的类型和最活跃的研究领域，滑坡灾害研究现状和方向可作为地质灾害研究的典型代表，而地基及岩土理论是其战胜灾害的法宝。城市其他几个环境岩土工程问题的研究如下：

①地面沉降问题

随着城市化进程的加速，城市工业用水和生活用水量猛增，而地表水资源不足和水环境污染加剧，使许多城市过量抽取地下水，因而不同程度地出现了地面沉降现象。概括地说，地面沉降的主要危害包括：造成沿海城市地面标高降低，使其受到海潮侵袭的威胁增大，因此，地下水位降低导致海水入侵；桥墩下沉，桥梁净空缩小，造成航行困难；不均匀地面沉降致使地下管线坡度改变，发生排水不良，甚至地下管道破裂诱发地面水平位移等。对已发生地面沉降地区的治理方法主要有：a. 压缩地下水开采量，控制水位下降幅度，地面沉降剧烈时暂停开采地下水；b. 向含水层进行人工回灌，回灌时要严格控制回灌水源的水质，以防地下水污染，根据地下水动态和地面沉降规律制定合理的采灌方案；c. 调整地下水开采层次，进行合理开采，适当开采更深层的地——厂水。对于可能发生地面沉降的地区，主要是预测地面沉降发生的可能性及其危害程度。具体方法有：a. 估算沉降量，并预测其发展趋势；b. 结合水资源评价，研究确定地下水资源的合理开采方案，在最小地面沉降量条件下达到最大可能的地下水开采量；c. 采取适当的建筑措施，如避免在沉降中心或严重沉降地区建一级建筑物，在进行房屋、道路、管道、堤坝、水井等规划设计时，预先对可能发生的地面沉降量作充分考虑。

②城市地面塌陷问题

塌陷是承压岩溶含水体在地下水位下降到盖层底板以下时发生的地质灾害，其形成机制主要有：a. 盖层失去溶水压力水头之浮托力支撑，产生塌落拱，即隐伏的土洞。随着水位不断下降，土洞潜蚀扩大；或者地表水体沿着裂隙灌入，引发土洞扩大而塌陷；b. 盖层透水性差，封闭条件好，岩溶洞穴在水位急剧下降条件下，形成相对真空，对围岩产生真空吸蚀作用，促使土洞和岩溶洞穴产生突然塌陷。人们一般将溶塌陷（土洞和溶洞塌陷）主要归之于地下水潜蚀和真空吸蚀所引起。当然，暴雨大量灌入岩溶洞穴和管道水位陡增，发生岩溶气爆冲破盖层产生气爆塌陷，这种机制和情况也是存在的。地面塌陷的防治应注意以下问题：a. 富水优势断裂分布地段、低洼和覆盖层薄的地区和强烈抽排水地区是塌陷的重点研究和设防区。b. 控制地表水灌入和地下水超采，及时回填塌陷坑并埋设通气管以防负压产生。c. 地面防治以“铺、填、截、拦、疏、排”六种措施为主。井下采取“防、排、堵、制”对策为主。

5.3.2 城市固体垃圾处置

随着城市人口增加，城市所产生的垃圾也在增加。目前全球每年产生的垃圾总量约为 45 亿吨。国内城市垃圾与国外相比，总的说来具有产量增速快、垃圾成分经济价值低、垃圾成分变化快和垃圾产量与成分随季节波动较大等特点。城市垃圾中有有害微生物、有机和无机污染物以及其他的污染物。因此，城市垃圾的危害不仅表现在侵占大量土地，而且还会污染水体、大气、土壤及农作物，有时还会引起火灾、爆炸等其他灾害。

垃圾卫生填埋始于 20 世纪 60 年代，它是在传统的垃圾堆放基础上，以保护环境免受二次污染和有益于人类健康的角度出发而发展起来的一种较好的垃圾处理方法。垃圾卫生填埋的通常做法是，每天把运到填埋场的垃圾在限定物区域内铺散成 40～75cm 的薄层，然后夯实，并在每天用一层厚 15～30cm 的土覆盖、压实。垃圾层和土壤层共同构成一个单元，即填筑单元。具同样高度的一系列相互衔接的填筑单元构成一个土层，卫生填埋场是由一个或多个地层组成的。当土地填埋达到最终的设计高度之后，再在该填埋层之上覆盖一层 90～120cm 的土，压实后就得到一个完整的卫生填埋场。

核能在我国国防和经济建设中正在发挥越来越大的作用，在核能利用过程中，会产生许多对人类不再有用的放射性废物。而这些日益增多的放射性废物，使人类的生存环境受到越来越严重的威胁。因此，如何处理和处置这些放射性废物，是个亟待解决的问题。

(1)高放射废物的处置

对于长寿命、高水平放射性废物的最终处置问题，最长远的解决办法是将其置入地壳深层中。这种方法优点在于，在可按照地质年代计算的长时段中，从所有同人类接近或接触的环境中消除了具有潜在危害的物质；再就是有确实的保证，使这些物质在可能重返地表之前早已衰变掉。目前，已经研究或拟研究的高放固体废物地质处置方案主要有坑道处置方案、层状盐岩处置、海底沉积层或基岩处置、岩溶自埋法、“犁头”法、深穴法、地壳板块沟槽处置、冰层处置。

(2)中、低放废物的浅地层处置

中、低放废物中的大部分核素经过十个半衰期后，放射性强度已衰变到原来的 0.01%。根据半衰期估计，掩埋的低放废物危险期为 500A。所有中、低放废物中最大浓度的放射性核素也不会对公众健康和安全造成危害。中、低放废物广泛采用浅地层处置。其主要处理方法有填沟法、包气带法、地下坑道处置。

5.3.3 最具挑战性的环境岩土工程

21世纪具挑战性环境岩土工程可能变成现实。

(1)台湾海峡横跨工程

在半个世纪前就已提出兴建隧道、大桥或轮渡来连接大陆和台湾岛的横跨台湾海峡:工程的构想。台湾海峡的宽度变化大,从厦门到高雄大约310km。相当不利的环境条件有地震、火山活动、海啸、台风、暴雨、强海浪及复杂的地质构造和地理特点,如果能克服这些困难,兴建横跨台湾海峡工程,将获得巨大收益。清华大学二十一世纪发展研究会和台湾大学联合福建省海洋局和有关当局于1998年7月25日到27日在厦门召开了横跨台湾海峡工程第一次正式可行性研讨会,与会代表不仅有技术人员,而且有政治、经济、财政和管理人员。横跨台湾海峡是一项复杂工程,环境条件相当不利,覆盖了工程、政治、环境、经济和社会诸方面问题。技术方面问题有,施工阶段庞大的施工动作、巨大的材料供应和复杂运输体系使用中冗长的日常维护和监测。此处建议的方法包括三个要素:a.变以前单一运输目的为多目的的系统,使该工程的目的多样化;b.在施工中把整个领域分成分地带观测,形成分地区阶段作业;c.扩大海洋水界和土地开发,发展海洋集合体及多目的和多局面的专家系统。

(2)戈壁沙漠绿化

戈壁沙漠位于中国西北地区,是世界第二大沙漠,占地1295000km^2。沙漠的主要环境问题有:热、风和水,沙漠绿化目的是使沙漠—水—环境的相互作用处于最佳状态,从而使广大的废地变成人类有用的农田。这里主要考虑沙漠水源和水的分布系统。运用多种地基处理方法保持最有效的应用水资源。利用太阳能溶化天山冰雪获取大量水以满足干旱和沙漠地区的灌溉需要,这是利用免费能源和水源及自动灌溉系统的唯一方法,它必须符合三个基本准则:①利用太阳能费用低和节约能源;②利用天山雪水是无限的水源;③正确处理渗漏及相关的地基处理问题。

人类生产活动和工程活动造成许多环境公害,如采矿造成采空区坍塌,过量抽取地下水引起区域性地面沉降,工业垃圾、城市生活垃圾及其他废弃物,特别是有毒有害废弃物污染环境,施工扰动对周围环境的影响等。另外,地震、洪水、风沙、泥石流、滑坡、地裂缝、隐伏岩溶引起地面塌陷等灾害对环境造成的破坏。上述环境治理和预防给岩土工程师们提出了许多新的研究课题。随着城市化、工业化发展进程加快,环境岩土工程研究便更加重要。应从保持良好的生态环境和保持可持续发展的高度来认识和重视环境岩土工程研究。

随着生活水平的不断提高,人们对生活质量的要求也随之提高。然而由于工业的发展,环境污染日益加剧,因而矛盾变得更加突出和激烈。为此,人们不得不寻求各种各样的方法抵制这种发展趋势。环境工程师已对这方面问题做了大量工作,然而,有些问题更适于用地基处理技术来进行处理。如人们已开发了类似孔压静力触探探头的电导探头来监测地下水的污染情况以及将地基处理技术用于废料处理。

同时,由于人民生活水平的提高,固体废弃物的排放量骤增,而堆放和处置场地却日益减少,处置费用也越来越高,以及由于有害废气物处置不当所造成的对大气、水和土壤的严重污染,加剧环境恶化,危害人体健康。另一方面,由于全球范围的天然资源逐渐减少,迫使大家重视固体废弃物的再利用,增加社会的物质财富。因此,固体废物的处理和利用,也已成为环境工程中急需解决的问题之一。

目前，土工织物已广泛应用于环境工程，它在废料处理中发挥着极其重要的作用。美国环境保护局推荐采用由土工膜构成的双层膜系统贮存废料。通过地基处理将一些生活垃圾、工业废料作为地基基础的填充物进行强夯、压实直至固结，同时，也可利用地基处理技术进行有害物质渗漏防止或者是有害废料的清除。美国环境保护局对双层膜系统作了如下规定：①初始沥滤收集系统须能维持沥滤水头小于 30cm；②初始沥滤收集系统和二次沥滤收集系统必须有 10^{-10}cm/s 的渗透系数；③对初始沥滤收集系统必须有一层滤层覆盖在排水层之上；④土工膜的最小厚度为 0.08cm。美国某公司还发展了一种简称 GLC 的土工聚合物黏土衬垫，其基本原理是在两块土工聚合物间夹一层膨润土，其优点是渗透性小；⑤易施工和经济等特点，可替代压实黏土层，可获得更大的废料填埋数量（其厚度一般为 5mm，但相当于厚 900mm 压实黏土层的作用）。

最古老和常用的地基处理技术已广泛应用于废料的处理和贮存可用来压实城市固体废料、黏土衬垫和覆土。在填埋过程中，压实城市固体废料是一个非常重要的环节，因为，这样可增加填埋废料的数量。由此可延长填埋场地的使用时间；可增大废料本身的强度，提高废料堆整体的稳定性；另外，压实废料亦可减少沉降，同时，亦可减少对衬垫和覆土的损坏。目前已有一些特殊的压实机。在压实过程中可切碎废料，由此，可提高城市固体废料的压实效果。国外某公司提供了一个工程实例：如何通过压实来提高填埋场地的使用寿命。某填埋场地的容积为 153 万 m^3，每年可接收垃圾 10.4 万 t，由于使用寿命直接与废料的密度有关，每增加 0.12t/m^3 的密度可延长场地的使用寿命 1.9 年。

强夯能使较大深度范围内的土体或废料得到更大程度的密实，它较压实法更能提高废料的强度和填埋场地的使用寿命。国外有报道，某填埋场地通过强夯夯击，能获得较压实法高 8%的废料密度。强夯还可减少填埋场地的后期沉降，这是因为强夯能减小废料间的空隙以及较大空隙的。填埋场的沉降主要有以下原因：①由于废料的自重和覆盖材料的重量使松散废料的空隙减小而产生压缩；②由于渗流、地下水位的突然下降、振动等使细颗料废粒流入大孔隙中或大空隙的坍塌而引起的沉降，这类沉陷往往是很难预料的；③由于生物分解和化学反应产生的体积变化，这种变化在高含水率、温度较高、较差密实状态及含有大量有机物质等条件下比较迅速；④废料物质在渗流水和浸出液中溶解而产生的体积变化；⑤填埋场地的下卧软弱土层的压缩变形。

堆载顶压常用来减少软土地基的后期沉降，但它同样可用于处理废料填埋场。堆载顶压通常是在废料填埋场最后铺设顶盖之前进行的，这样可减少顶盖铺设后的沉降，因为顶盖下的沉降，尤其是差异沉降，可能会致顶盖的开裂以及破坏。加载的荷载方法为堆土、砂井或塑料排水带以加速地基固结。然而垂直排水体不能用于废料填埋场的处理，因为，它将提供排出有害液体的一个排水通道。堆载作用下废料堆的变形非常迅速，它类似于地基的主固结变形。废料自重作用下的沉降以及荷载作用的长期沉降则类似于地基的次固结变形，化学反应和生物分解则影响次固结变形。

灌浆法减小地基土的渗透系数，适用于环境工程中对废料的原位处理及充填。渗透灌浆是将粒状浆液（如水泥、石灰、黏土、粉煤灰等）或化学浆液灌入地基以充填颗粒间的孔隙或裂隙、浆液的选择应根据工程的具体情况而定，主要取决于浆液与地基土所存在的化学物质的相溶性、浆液灌入的难易程度以及密封地基的能力。废料中化学物质的存在将影响浆液的凝固时间以及灌浆体的长期渗透性。渗透灌浆在废料处理中的制作灌浆帷幕或密封坑底，灌浆帷幕的作用就是将废料隔离，为了保证帷幕的封闭，常将灌浆泡搭接，注浆管间距通常采用1.3～2m，灌浆帷幕至少采用二排灌浆孔，最好采用三排。

压密灌浆是通过灌入高黏滞度的浆液来压密周围的填料或地基土。在环境工程中，它可用废料或废液作为“浆液”来压密并灌入固体废料堆中的空隙，以提高废料堆的利用率、常用的废料“浆液”有细颗粒城市废料、粉煤灰或底灰、污泥。用粉煤灰或底灰可提高废料堆放的稳定性；污泥可促使微生物的活动以及沼气的产生。对压实良好的填埋废料，其孔隙率约为 30%～60%，而对压实不好的填埋废料，其孔隙率可达 60%～100%。为此，通过压密灌浆的方法可将填埋废料压密，并将废料“浆液”灌注其中。

高压喷射灌浆是利用一个非常高的压力液体流将土冲刷并原位搅拌，可用来制作帷幕墙隔离废料，也可用来清除污染土或原位处理。若用作隔离墙者，则可用旋喷或定喷技术。高压喷射灌浆用作清除污染土时，则可用稀泥浆作为“切割”原有土体或废料体，使“切割”下来的材料处于悬浮状态。当填料填入孔内时，悬浮材料就被排出，被冲刷出和排出的污染土在地面进行回收和净化处理。净化处理的土有时还可用作回填料，以节约材料用量。德国用它来清除场地酚的污染。

美国 1984 年起，迁移和安置污染土已受到了土地法的限制，从一个场地迁移到另一个场地须满足一定的标准。而搅拌法不必迁移污染土，因此，可不受此法令的限制。另外，采用深层搅拌法还可减少气体的逸出。目前主要有两种搅拌法，即地面搅拌法和深层搅拌法。这两种方法都要采用一些固化剂、微生物降解剂和酸碱中和剂。地面搅拌通常采用农业机械或推土机械，农业机械用来将土和无机肥混合在一起进行微生物降解。深层搅拌法中的固化剂与污染土搅拌混合，对整个场地的处理通常采用柱体与柱体的相互搭接；另外一个应用方面，就是形成隔离层用以防止污染源通过土进入地下水；一个称为“去毒机”的深层搅拌机，它可将蒸气和热空气注入土中。蒸气和热空气可清除挥发性的有机物质和半挥发性的碳氢化合物。

当直流电作用在土水电解质系统时就会产生电渗和电泳的两种电动化学现象。电渗可用来清除污染物、注入浆液以及建立电动化学的隔离层。电泳者用来浓缩、降水和固结废料泥浆和污泥等。加热法可在中等温度提高土蒸气萃取的回收率或在很高温度下使土成为玻璃状。加热可通过泵入热空气或蒸气，然后从排气孔排出。当加热渗流区时，会增加挥发性有机物质和半挥发性碳氢化合物的蒸气压力，由此增加通过土中排气孔挥发和排出污染物质的数量。

在饱和土中，通过冻结可形成不透水的“冰墙”。如果土是非饱和的，可注入附加水，这种方法常作为永久措施采用前的一种临时补救方法。它可防止污染物溢出和地下水污染。国外有文章报道，当土体从底部到顶部冻结时，非水相液体在土体冻结过程中会从土和水中分离山来，从而 90%的三氯甲烷可从土体中被清除。

同时，还有几种消除垃圾的地基处理方法：

①钻孔填料强夯法、采用钻孔机具成孔 300～400，然后向孔内分段填料(建筑垃圾、生活垃圾及钢渣、煤矸石等工业垃圾)，用圆柱形重锤(锤重 2～4t，落距 10m 以上)分段夯实、该方法适用于地下水以上的黏性土、填土和湿陷性黄土，加固形成的复合地基承载力可提高一倍以上，标准值可达 380～400kPa 以上，已在华北、东北、西北地采用，取得了很好的效果。

②内击沉管法、它与“福兰克桩”的工艺相似，不同之处在于“福兰克桩”所用材料是混凝土，而它则是碎石或粗粒径的渣土，渣土桩与挤密的桩间土构成复合地基，其承载力标准值可达 250kPa 以上。该方法可适用于地下水以下或以上的黏性土、杂填土(可穿透含有硬灰层的地层)、该方法的缺点是效率比振动沉管低，夯锤的钢丝绳易断。

③干振渣土桩、采用干振碎石桩的工艺，只是填料采用建筑垃圾或工业垃圾、该方法主要适用于松散的非饱和的黏性土、杂填土及湿陷性黄土、加固后对于杂填土，其复合地基承载标准比天然地基提高1.30～2.25倍，对于黏性土，提高0.9～1.5倍，复合地基承载力标准在180kPa以上、建筑物沉降一般在2～4cm。

④重锤充填建筑垃圾法、将圆柱形重2～4t的锤，提高至一定高度，使之自重下落，锤击原地基，数击后冲成深达2m左右的孔，然后用铲车向孔内抛填适量稍加粉碎的建筑垃圾，提锤并夯击填料，将填料锤入孔中，击数以能托住夯锤为宜、然后再次填料，夯击，直至填满孔形成一泡状夯击体为止、夯击体在场区内可按矩形、三角形布置。按一定顺序完成各夯击体后，天然地基便形成复合地基，其承载力可提高50%～100%、该方法适用于杂填土，饱和软黏土及其他强度低的土，已在沧州、衡水及天津等地推广应用。

⑤振动沉管挤密废渣桩、采用的机具是振动沉管打桩机，但在沉管端部设计一个活动式变径桩尖，先用锐头成孔，然后向孔中倒入渣土，用平头托盘把渣土振动冲压成桩、加固后其复合地基承载力可达200～300kPa。该方法适用于松散的饱和粉细砂、粉土、粉质黏土、杂填土、对有振密和挤密效应的土采用该法加固效果最佳、复合地基承载力设计值不大于250kPa。

⑥强夯置换法、采用的机具与强夯法相同，只是在夯击的夯坑内采用翻斗车向夯坑内填碎石或粗粒径的建筑垃圾。

⑦粉煤灰垫层和高炉干渣垫层法、粉煤灰垫层是用电厂粉煤灰为材料的垫层、经过人工压实(夯实)的粉煤灰垫层，当压实系数控制在0.9及其干密度为0.9t/m^{3}时，其承载力可达到120～150kPa，当其压实系数控制在0.95及其干密度为0.9t/m^{3}时，其承载力可达200～300kPa。高炉干渣垫层是采用高炉重矿渣的垫层。

地基处理技术在废料贮存、有害废料的清除以及废料填埋应用方面有着十分广泛的应用，在当今城市垃圾日益增多环境污染日益严重的情况下，有着十分积极的意义。地基处理技术在环境工程中应用较广，不少问题有待进一步的研究和探讨。

5.4 高速公路地基处理方法

5.4.1 高速公路的发展现状

高速公路发展和公路运输现代化水平的不断提高，使其在发达国家的各种运输方式中客货运量及周转量所占比重大大提高，自五十年代至八十年代，在客货运输中，铁路运输所占比重下降，而公路运输占的比重大大增加。三十年代，美国及德国开始兴建高速公路，但总里程很短，至五十年代，世界各国大力修筑高速公路，发展异常迅速，对各国经济的发展起了巨大的推动作用。目前，全世界有六十多个国家共修建高速公路14万km，其中美国有8万km，占全世界的57%以上。在高速公路总里程增长的同时，逐步形成了高速公路的网络，使高速公路的优点得到充分的发挥。目前，在美国，5万人以上的城镇均通高速公路；在欧洲正在规划和实现着三条贯穿欧洲东西及南北向的高速公路干线，即东自奥地利经荷、法至西班牙，全长3200km；北自丹麦经德、奥地利至意大利，长2100km；北自波兰经捷、奥、意、南、保、土、叙、伊拉克至伊朗，全长5000km；日本2000年实现在一小时内达高速公路的地区占全国面积的70%，两小时内进入高速公路的地方占90%。韩国提出“全国5小时生活圈化”，从任何地区出发，5小时内可达边远山区。

到七十年代末期，我国公路的特点是，里程少，等级低，通过能力低，没有高速公路。随着改革开放的深入，商品经济的迅速发展，日益显示出交通运输及能源对经济发展的制约作用。为此，国家将交通及能源置于国民经济建设的首位，不断调整运输结构，改变国民经济依赖一种运输方式的局面。至八十年代中期，国家确定了要发展高速公路的方针以及将汽车工业作为支柱产业而重点发展。于1988年10月，大陆第一条高速公路——沪嘉高速公路建成通车，不久之后，沈大、京津塘高速公路相继投入运营，从此，我国的高速公路建设进入一个新时期。至1991年底，已拥有574km，至1995年底达到2141km，其中，沪宁、沪杭、杭甬、佛开、泉厦、沈长、石新、长湘、太旧、京沈等高速公路又将陆续投入使用。至九十年代各种运输方式的运输量所占比重已发生了很大变化，高速公路在短短的几年中已显示出巨大的优越性，在已建高速公路的沿线及腹地迅速兴起了工业企业的建设热潮，地价增值，地方税收增加，投资环境发生了巨大变化，许多资金投向已建和拟建的高速公路沿线，原来落后地区的经济得到发展。以嘉定县为例，沪嘉高速公路通车仅一年，其工农业生产总值增加近15%。因此，各地对修建高速公路表现出巨大热情，多条高速公路正在施工和规划。和世界各国情况一样，我国的高速公路始建于大城市，特别是沿海港口城市的进出口段，以及大城市之间形成短的单条的高速公路，之后向大片联网的方向发展。改革开放二十年来，高速公路建设在我国发展很快，正在形成交通运输高速化、网络化、信息化、城际化、国际化。到目前为止，总的里程到3.2万km，而且以惊人的速度递增。国内高速公路快速网已初具规模。

5.4.2 高速公路的特点

高速公路与普通公路相比较，具有路面宽、路堤高、桥涵多、弯道半径大等特点，如高速公路最小弯道半径一般为800m左右。高速公路工后沉降和工后沉降差控制值小。高速公路的这些特点对路堤地基提出了较高的要求。在软土地基上修建高速公路，这些特点反映的问题更明显。例如，路面宽、路堤高则表明作用在地基上的荷载大而且作用范围宽，其结果是地基中附加应力大，而且影响范围深。特别是荷载作用影响范围深，不仅使地基可能产生较大的沉降量，而且沉降持续发展的时间长。深厚软土地基沉降发展过程较长，也是处理地层要考虑的问题之一。高速公路路堤高，为解决路堤两侧人、畜交通问题，则桥涵（包括人行通道）多。桥涵多，桥涵和路堤基础形式不一、荷载不一，于是就可能产生沉降差，产生沉降差就可能发生“桥头跳车”现象。“桥头跳车”现象轻者影响车辆行车速度，影响行车的舒适度，重者可能导致交通事故。保证路堤和地基的稳定，减小高速公路工后沉降是地基处理要解决的问题。如何预估工后沉降量以及工后沉降的发展规律，如何减小工后沉降差，这些都是在软土地基上修建高速公路需要解决的问题。

高速公路具有汽车专用、分隔行驶、全部立交、控制出入，以及高标准、设备完善等功能，与一般的公路相比，高速公路具有以下优点：

①车速高，最高时速一般为120km/h。由于速度提高，汽车行驶时间缩短，从而带来巨大的经济效益和社会效益。

②行车安全，事故率大大降低，据统计仅为一般公路事故率的30%～40%。

③通行能大，要比一般公路高几倍至几十倍。发达国家其高速公路占全国公路总里程的0.3%～1.7%，但其运量却占公路总运量的10%～25%。

④运输成本低，货物损耗低。日本名神高速公路的运输成本比一般公路低17%。

⑤能促进沿线工业的发展和资源、国土的开发。

⑥我国是一个汽车工业的大国，也是一个高速公路的大国。高速公路的修建，提高了对汽车制造业的技术要求，汽车向大吨位及高车速发展，从而带动了冶金、电子、石油、精密仪器、橡胶、玻璃制造业的发展，而不断采用新技术的工业，又使国家经济高速发展，人民生活水平不断提高，汽车已经家庭化。

我国东部沿海经济发达地区土地面积仅占国土的13.5%，但人口占全国的41%，工农业总产值约占全国的60%左右。其中辽宁半岛、山东半岛、京津地区、长江三角洲、珠江三角洲是我国经济繁荣，资金、技术与智力高度密集的地区。此地区对高速公路的需要更迫切，建成后的经济效益和社会效益更大。连接辽宁省至海南岛沿海12个省市的南北大通道与垂直于海岸线的沿海大城市间的支线连成一片，高速公路分布范围广、地质条件变化复杂的特点与勘探、试验的现状是不适应的，给高速公路的设计带来很大困难。其主要问题有：

(1)软黏土变形和流变特性

对软黏土基本特性的认识与利用，特别是土的结构性对地基压缩性的影响还研究的不多。将有结构性的正常压密黏土与超压密土相混淆的情况时有发生，这种混淆可能会导致采取不同的工程措施。定量的测定结构性对压缩特性的影响，并在设计及施工中利用这一因素，是一项很有实际意义的工作。

(2)软黏土地基加固方案的选择

高速公路对地基变形量的要求是很高的，一般要求在使用期内路堤的工后沉降量不超过30cm，路桥搭接处低于10cm。由于软黏土地基具有高压缩性、低渗透性、低强度的特点，要想满足设计要求就必须对天然地基进行加固，地基加固的费用占总投资的比重是很大的，约1/3左右，甚至更大一些。根据国内外的经验，对正常压密的软黏土而言，排水预压法将是经济、有效的，只有在某些特殊条件下，如工期过急、荷载过大等情况，才会考虑采用其他加固方案。应该说，选取合适的加固方案是在软基上造路的关键课题，它直接关系到工程的成败及投资的大小。这是一项系统工程，要考虑土的特性、产生压缩变形的机理、加固方案的成熟性和质检的难易程度以及施工队伍的素质等条件，只有这样才能确定科学、合理的加固方案。

(3)控制路基沉降量

总沉降量包括瞬时沉降量、固结沉降量及次固结沉降量。

固结沉降量是占总沉降量的大部分或绝大部分，其计算成果对确定总沉降量及工后沉降量的数值有重要影响。结构性黏土的压缩性与应力水平有密切关系，在固结沉降计算中应考虑土的结构性及其影响程度。瞬时沉降量是由于土的剪切变形引起土的侧向挤出而产生的附加沉降。对瞬时沉降量的影响因素很多，目前还没有合适的计算公式。所以，一般是以固结沉降量乘以大于1的修正系数，以此考虑瞬时沉降量。以大量的实测资料进行反馈分析，建立起半理论半经验的计算公式是一条可行的途径。如在沪宁高速公路考虑了土层厚度、土的特性、荷载大小，荷载范围及应力水平等因素，建立的经验公式计算结果较好，则有可能使其更臻完善。从工程的实用来看，次固结的作用只对少数土类有实际意义。我国沿海一带的土类含有较多的粉粒及砂粒，次固结系数是不大的，在使用期的计算次固结量充其量只不过5%左右，此影响程度远低于总沉降量的计算误差及由于施工程序不当而产生的附加沉降量。所以，除少数黏粒含量及有机质含量较大的土类应认真加以考虑外，选择加固方案时，不应以次固结的因素对方案的优劣加以评论。

5.4.3 修建高速公路可能遇到的地基问题

高速公路所遇到岩土工程问题主要是路基下的地基稳定性问题和地基变形问题，在软土地基上修建高速公路遇到的问题按工程类型将其分为下述几类：

①新修主干线路路堤地基处理(可能包括所有的地基问题)。

②路桥过渡段的路基和地基问题。

③高速公路过既有线路(铁路、地铁、城市公路、生命线工程)的地基处理。

④高速公路拓宽地基处理。

⑤新老高速道路接头处地基处理。

⑥建设过程中路基失稳地段地基处理。

⑦涵洞与人行通道地基处理。

在软土地基上修建高速公路,往往需要对天然地基进行地基处理以保证路堤路基的稳定性,控制工后沉降和工后沉降差以满足设计要求。

(1)减轻路堤荷载

减轻路堤荷载可有效减小作用在地基上的荷载密度。作用在地基上的荷载小了,地基稳定性就容易满足,也可有效减小软土地基的沉降量。减轻路堤荷载,一是尽可能降低路堤设计标高,二是利用轻质材料填筑路堤。前者受使用和设计标准要求的限制,这里主要指利用轻质材料填筑路堤。如采用粉煤灰填料路堤、EPS 超轻质填料路堤等。

(2)工后修补

在满足地基稳定性前提下,允许建成的道路产生较大的工后沉降和不均匀沉降。通过预留高和工后对路基路面进行修补,调整产生的不均匀沉降差,以满足设计要求,这也是一种处理对策。在工后修补对维持交通影响不大的条件下应是二种很好的方法。据称,国外某一高速公路通车后第一年修补高达 13 次,通过持续几年修补后满足质量稳定要求。通过高标准的一次处理尽量避免工后修补,还是尽量节省建设费用,通过工后修补来保证质量,应通过综合分析确定。通常,在某些路段采用工后修补可大量节省工程投资。

(3)综合处理

综合处理是指综合应用上述各类方法进行处理。如对路堤地基进行地基处理和减轻路堤荷载相结合;对路堤地基进行初步地基处理与计划工后修补相结合;以及多种地基处理技术的综合应用,如真空预压与堆载预压相结合等。应用综合处理方法往往可带来较好的经济效益和社会效益。

5.4.4 高速公路常用的处理方法

在公路工程软土地基处理中应用的地基处理方法很多,有预压法、振密挤密法、置换法、灌入固化物和加筋法。公路常用方法又可分为土质改良和复合地基两大类;土质改良是指对地基土体性质进行全面改良,如通过采用排水固结法、强夯法等地基处理方法处理,使地基土体抗剪强度提高,压缩性减小,从而达到提高地基承载力、减小沉降的目的;复合地基法是指在地基中采用置换、插筋、部分土体改良等方法设置增强体形成复合地基以提高地基承载力、减小沉降的目的。如采用水泥土桩复合地基,低强度桩复合地基,土工布加筋垫层等。

如何进行压缩层厚度的考虑:在我国地基规范中曾先后提出过三个标准,压缩层厚度对投资量是有很大影响的。这次在宁高速公路试验中,以实测的沉降量对三个标准进行检验,从而肯定了最新的标准。对此还应注意积累更多的使用经验。地基预压时间的确定:确定预压时间的目的是要在满足工后沉降量要求的前提下确定上路面的时间,所以,要从施工期及部分预压期间已发生的沉降量,推测将来要发生的沉降量,此值应低于设计允许的工后沉降量。准确的确定地基预压时间对确保工程质量、加快施工进度是有重要意义的。路堤填筑速率的确定：对有结构性的软黏土地基而言，确定合理的填筑速率是至关重要的，过快的填筑速率会破坏结构性，加大沉降量，要控制外荷填筑的速率，使之与地基固结速率(从而是强度增长速率)相适应，尽量减少附加沉降。填筑速率应以填土临界高度为界，采取不同的数值，填土高度较低时采取较高的填筑速率，高度越大填筑速率应越小。

通过在地基中设置桩基础，架设桥梁跨越软土地基地段，如桥梁跨越。或通过采用桩基础承担路堤路面荷载等。高速公路的地基处理方法在不断发展，如北方较多用强夯法，置换法；南方较多用排水固结法、搅拌桩等。常用的处理方法见表5-26。

高速公路常用的处理方法 表5-26

方法	加固机理	应用范围
置换法	将路基下地层挖走，换成强度和刚度较大的粗颗粒砂、碎石、混凝土等	较广
复合地基法	复合地基理论	较广
粉体搅拌桩	喷水泥浆或水泥粉，通过机械搅拌，水泥浆或粉与土体充分搅拌	深度大
排水固结法	利用堆载	面积大
塑料排水带	利用塑料排水带的三维排水功能	较广，沿海
土工格栅(金属格栅)	土工格栅(金属格栅)具有较好抗变形能力	膨胀土、黄土等
复合土工布	具有加筋和排水两种作用	—
强夯法	见强夯法机理	粉土
桩基	—	较广

5.5 高速铁路的路基处理方法

修建高速铁路中遇到的地层处理，或叫路基处理，严格说是路堤下的地层处理也是目前不少部门关注的问题，如何修建高速铁路路基，许多技术有待突破，但目前，在中国，由于缺乏这方面的实践和经验，很大程度依赖高速公路、一般铁路的修建技术，同时吸收和引进国外成果。

5.5.1 高速铁路发展状况

德国、法国、日本等发达国家，高速铁路已运营多年，形成了各自的修建技术。我国也于多年前开展了高速铁路前期技术准备和研究，鉴于中国国情，首先修建“准高速铁路”，再过渡到高速铁路，准备中的京沪高速铁路可能是中国第一条高速铁路，无论采用哪个国家的技术，都回避不了由北向南可能遇到不同地层的土质，液化土，膨胀土，软土等。如何处理，必须慎重。

5.5.2 运营中的高速铁路路基的特点

不同于高速公路和一般铁路，如何分析高速铁路路基的特点是很重要，高速铁路路基的动力特性比较复杂，虽然，现在也有些理论进行解释，基于理想或一般简化或假设的基础上，形成的一些理论，在一定精度范围内解释或预测一些高速铁路的路基的特点，正如所有解释土的特性的理论一样,往往与实际误差大,所以,大量细致的工作亟待解决。高速铁路路基的特点主要分为荷载特点和路基及路堤的变形特点。高速公路和一般铁路与高速铁路路基的比较见表5-27。

高速铁路路基与高速公路和一般铁路的比较 表5-27

项目	内容	高速公路	一般铁路	高速铁路
荷载特点	—	单体静力荷载小动力荷载:面波	单体静力荷载中等动力荷载:压缩波	单体静力荷载中等动力荷载:压缩波
	路基单位面积扩散应力	小	较大	最大
	动应力扩散范围	小	小	较大
路基结构特点	—	较复杂	简单	复杂
减震性能	—	无	有	必须最好
变形特点	—	系统的弹性变形、和路基的土层长期变形	系统的弹性变形、基床累积压缩变形和路基的土层变形和压密	系统的弹性变形、基床累积压缩变形和路基的土层动力变形和动力压密
	弹性变形	不大	不大	稍大
	永久变形	提前完成大部分	维修控制	最严格控制
	差异变形	严格控制	控制	最严格控制
路桥过渡段变形差异	—	最严格控制	严格控制	最严格控制
设计理念	—	改进的静力设计	静力设计	应按动力概念设计路基
地基处理方法的适应性	—	有选择性	广	重点提高地基的整体刚度

高速铁路路基的荷载主要分为静载和动载两部分。静载主要制上部车辆和轨道及路基结构的重力。动载主要指高速列车运动产生的各种力在路基中的传播。获得动应力最好的办法是进行大量检测,以获得动应力的传播和分布规律,用于指导设计和施工。当然,这个动应力的传播和分布规律与很多因素有关,具体说,与车辆及轮轨有关,与路基结构及材料有关。这方面已有大量日本、美国和德国的资料可以借鉴。

高速铁路路基的变形是设计者最关心的问题。高速铁路路基的变形主要包括以下弹性变形:基床累积压缩变形和路基的土层变形和压密。

5.5.3 高速铁路路基处理技术

高速铁路路基不同于一般路基,不良地层或软弱地层的地基处理方法,在中国确实经验不足,虽然有许多国外方法可以参考,但一定要结合中国具体的岩土条件。目前,一方面可以学习国外的先进技术,并参考高速公路的地基处理措施,同时,要积极研制新的方法。

基于高速铁路路基的变形特点,选择地基处理方法时,既要满足强度,更重要的是大幅度提高路基刚度。只有适合上述要求的方法才可以考虑为初选方案。由于高速铁路路基研究处在起步阶段,同时,高速铁路路基是专门的路基技术,这里从土性和土力学以及地基处理角度建议以下方法，仅供参考。详见表5-28。

建议的高速铁路路基的处理方法

表5-28

方　法	加固机理	应用范围
置换法	将路基下地层挖走，换成强度和刚度较大的粗颗粒砂、碎石、混凝土等	软土、液化土和湿陷性的高速铁路路基
复合地基法	复合地基理论	路桥过渡处
粉体搅拌桩	喷水泥浆或水泥粉，通过机械搅拌，水泥浆或粉与土体充分搅拌	软土、深度大
土工格栅(金属格栅)	土工格栅(金属格栅)具有较好抗变形能力	膨胀土、黄土、路桥过渡处等
强夯法	见强夯法机理	粉土与其他方法结合
桩基	—	软土、深度大
爆破法	压缩和液化	预处理大面积液化土层

5.6　沙漠中修筑公路、铁路的路基及地基处理技术

5.6.1　沙漠中砂层力学与工程特点

我国是一个多沙漠的国家。由于中国的沙漠深居内陆，远离海洋，加上周围的高原、大山阻挡了湿润的海风吹入，因此，气候干燥、日照强烈、雨量稀少、气温差较大、风沙频繁、植被稀疏低矮等成为这一地区共同的自然地理特征。我国沙漠面积为80.89万km^2，约占国土面积的8.43%。沙漠及周边地区往往自然环境恶劣，经济欠发达，但却可能是石油、天然气和煤炭等资源的富集区。越来越多的高等级沙漠公路、沙漠铁路开工建设。从穿越"死亡之海"的第一条长距离等级公路，到毛乌素固定沙漠的第一条高速公路，沙漠筑路技术日益受到关注。

①低强度：我国沙漠地区分布较广，且多为风积流沙。沙漠地区人烟稀少、路基填料极其缺乏。为降低工程造价，本着就地取材的原则，路基填筑以风积沙为主。风积沙的物理力学性质和实践结果表明，风积沙在天然条件下呈松散状态，内聚力几乎为零，抗剪性能极差，一般机具难以行驶，普通钢轮压路机根本无法碾压至规定的压实度。同时由于沙漠地带特殊的气候、地质状况，使得沙漠路基的施工比一般气候、地质条件下的路基施工难度要大得多。

②易流动：中西部省区有12个流动、半流动沙漠，沙漠面积达到66万km^2。

③风荷载：据不完全统计，沙漠分布区的公路大约95%以上受到不同程度的风沙侵蚀和破坏，相当一部分公路发生严重"干翻浆"，路面破坏，交通受阻，沙漠公路面临着技术改造的迫切任务。

④地震频发及地震液化：我国大部分沙漠处在强震带上，对地震烈度在VI度区的沙漠地带，且地下水埋深较浅时，饱和砂土发生地震液化。

⑤盐腐蚀与温差影响：地下水埋藏较浅地段，由于强烈的蒸发及毛细作用，盐分向地表方向运移积累，土中含盐量较高，地表易形成盐壳，局部形成盐湖或盐田。该类地段易溶盐总含量多在1%以上，严重地段10%以上，地基土具有中强超强的腐蚀性，对于这类建筑场地，除评价其腐蚀性外，还应评价其溶陷、盐胀等内容，并采取相应的地基处理措施。

冷热剧变：日温差可达 40℃，最高地温可达 80℃。

5.6.2 沙漠中砂层一些病害和工程危害

风沙地区沙害类型有如下四种，其中以沙埋和风蚀最为显著：

1)沙埋。沙埋是铁路沙害的主要形式，对铁路、公路危害性也大。第一勘测设计院与 1961 年对集二、包兰、兰新、干武等线的沙害做过详细的调查，根据路基积沙形态分为片状的、舌形的和堆状的三类。

①片状沙埋：为路基沙埋最普遍的形式，多发生在地形平坦的流动沙地和戈壁风沙流地区。短时间(二三十分钟)即可埋没很长一段线路，延续长度从几百米至几公里。沿路基成均匀分布，轻则灌满道床，覆盖坡面，重则掩埋钢轨，这类沙害对行车影响虽不大，但给养护作业增加很大困难。

②舌状沙埋：在风口地带或路基两侧有突起的地貌，以及路堑两端有斜向风吹入时，易于形成舌状沙害。其特点是，分布范围不大，一般长数米至数十米，厚数十厘米至二三米，呈舌状向前延伸。数十分钟内即可埋道，出现险情，而且难以预测，对行车威胁很大。

③堆状沙埋：在流动沙丘地区，个别新月形沙丘或沙丘链，由于防护措施不足，或半固定、固定沙丘植被遭到破坏，形成流动沙丘，整个丘体逐渐向线路移动，对基于路基旁，形成堆状积沙。沙丘移动方向及速度能够预测，且移动缓慢，可事先采取预防措施，对行车危害性较小。

2)风蚀。路基被风蚀，是铁路和公路沙害又一普遍类型。

路堤：以路肩及边坡上部较为严重，并随着路堤的增高而加重，通常路肩被风蚀成浑圆状，坡面有风蚀槽，使路肩宽度不足，甚至枕木头外露，危及行车安全。当风向与线路垂直，迎风侧路肩处风速最大，风蚀也较严重，背风侧因气流涡旋作用，容易产生陶氏现象；如风向与线路接近平行，路堤两侧的风蚀程度大致相等，路堤坡面受风的作用，同时产生风蚀和堆积，按蚀积状况，通常分为两带，即上部为风蚀带，下部为堆积带，均为坎坷不平的坡面。

路堑：以边坡风蚀较为严重，一方面随着路堑的加深而逐渐减轻，同时又随着主风向与线路交角有所不同。如主风向与线路平行，坡面常风蚀成犁沟状，且两侧大致相同；当风向与线路垂直，则迎风侧收到风力冲击最大，坡面掏蚀成蝶状或袋形，其范围大小，视风力及砂层结构而定。

3)磨蚀。具有一定硬度的沙粒，在气流运动中含有较大能量，往往对机车车辆及通讯设备进行撞击和磨蚀，产生一些不良影响。

4)能见度低，影响施工。

5.6.3 沙漠中修筑公路、铁路常遇到一些难题

(1)风沙的危害及应对措施

①对人的影响

对人的影响主要包括呼吸急、视力能见度低、情绪烦躁、精神抑郁等。因而，应增加防沙防风劳保用品、洗澡(衣物)次数，增加饮水和降温防暑药物等。

②对机械的影响

主要包括行车视线差、不安全，机械易侧翻、滑动，使机车部件填塞积沙、磨蚀，轮胎损耗大、易爆胎，机械故障多、折旧年限缩短、使用寿命减少。因而，增加的费用包括修理费增加、润滑油品更换次数增加、擦拭清洁次数增加、台班油耗大等。

③对工程实体的危害

对工程实体的危害具体包括掏蚀、磨蚀、积沙、沙埋等。其中，掏蚀是指风沙对路基及边坡结构的稳定性破坏；磨蚀是指风沙高速运动对路面、构筑物及设施表面破坏；积沙是路基边坡、路肩、路面积沙；沙埋是指沙体前移压埋建筑物及防护栅栏、固沙草方格等。

④对工程施工的影响

对工程施工的影响主要有：测量控制桩、木桩易被风沙掩埋或风蚀作用移位倾斜；水分极易蒸发；工程材料极易被沙尘污染、沥青表层易积沙污染；械板、支架易被倾覆、偏位；已完工程被沙埋、风蚀等。沙漠地区的施工，严格受到气候的限制，春季风沙弥漫，施工条件困难；夏季气温高，沙面温度高达 70℃以上，严重影响工人的劳动强度；秋冬两季降水多，气温低，沙层较湿润，有利于提高施工效率。

⑤风沙地区施工困难

与一般地区施工比较，风沙地区施工困难突出表现为：无施工便道，修筑施工便道非常困难；沙基加宽量大，一般挖方段两侧各加宽 1～2m，填方段两侧各加宽 0.5～1m；夏季高温干旱；半固定、固定沙漠地区利用风积沙填筑路堤时，风积沙运输损耗大；社会化供应程度低（包括交通通讯困难，生活、生产用品较缺、运输困难，临时设施搭建费用高，机械设备租赁困难等）。

应对措施：目前采用比较多的应当属于生物治沙，主要指利用植物来防止风沙过程的出现，植物对其附着的地面有活沙障、隔离大气层及固着土壤等作用外，植物还能通过其茎叶的强烈呼吸和光合作用，增加空气的水分，吸收二氧化碳，增加氧气，从而改变小气候环境，枯枝落叶能增加土壤的腐殖质含量，改良土壤。

(2)沙漠公路目前存在的问题

①沙漠公路路线优化不够；

②景观单调多样化不够；

③沙漠公路的高路基较多，高路基对行车安全非常不利，对公路防沙不利，对环境保护不利，同时增加工程造价，应竭力控制，尽量避免；

④沙漠公路的防沙工程非常重要，没有好的、完善的防沙体系，就难保证沙漠公路的畅通。

5.6.4 沙漠中修筑公路、铁路地基处理技术及进展

(1)多层结构砂基构筑技术

清理与开口，碾压基层，步骤如下：

①施工放样，砂基施工前，应依据设计文件，在施工现场恢复规定路线主要控制点、转点、平曲线和缓和曲线的起讫点。对主要控制点，应依据地形条件，采用有效的固定方法，中线恢复测定后，应复核沿线水准点。

②原地面清除，沙漠边缘地带地基上有植被、草木根等杂物，必须清除干净，然后进行原地面碾压。

③推筑砂基分为路堤填筑和路堑开挖，路堤填筑采用分层填筑，这样有利于压实，保证施工质量。

④分层碾压，每推筑一层，用推土机沿路线纵向大致整平，并用振动压路机振动碾压 3～4 遍。

⑤调平整度，采用平地机按放样标高和宽度调平顺适。

⑥精平，用平地机进行精平，使砂基高程、宽度、路拱度达到设计要求。

⑦振动碾压，填方地段采用振动压路机高频、低幅碾压3～4遍，挖方地段采用振动压路机高频、低幅碾压2～3遍，在振动碾压过程中，碾压遍数不宜过多，碾压遍数过多将使沙粒重新分布组合，达不到压实效果。

路基基底处理方法与普通路基相同。除去表面浮沙等杂物，测定其含水率。如未达到最佳含水率，进行“水坠”确保达到最佳含水率（试验测得沙土的最佳含水率11.8%）。本施工段沙土的天然含水率为5.8%～6.1%。

路基采用风积沙填料填筑。填层的风积沙填料选择纯风积沙，各分层中不能夹杂黏土、植物等杂质。采用推土机并配合平地机整平。填料的松铺厚度不超过45cm，压实厚度控制在30cm。

填料摊铺宽度比该层的设计坡脚宽度两侧分别加宽，迎风面80cm、背封面50cm。路基整平后，分段设围堰。设置围堰时根据设计纵坡、横坡大小适当划段，一般长度在10m左右，宽度5m左右。围堰高度为30cm，宽度30cm。洒水量控制在$1m^3$水洒面积$10m^2$的沙。喷灌机每小时$20m^3$的排水量，持续放水，放水时水流流速较大一些，沙基顶面上的水头高度控制在20cm以上达到彻底渗透。

采用振动压路机碾压，碾压时轮迹重叠单轮宽度的一半，当轮迹布满整个作业面为一遍。振动压路机的行驶速度，开始时不超过4km/h；碾压时直线段先两两侧后中间，小半径平曲线段由内侧向外侧，纵向进退式进行碾压。前后两相邻区段，纵向重叠2.0m以上，达到不漏压、无死角，确保碾压均匀。每层铺层厚度控制在45cm，碾压六遍后厚度32cm，每次碾压后对沙层进行地基系数K_{30}和压实系数K_h进行检测。依据规范，II级铁路基床以下路堤浸水部分压实系数应达到0.89以上，K_{30}应达到0.8MPa/cm以上。

直接进行碾压处理的地基形式，如图5-17所示。

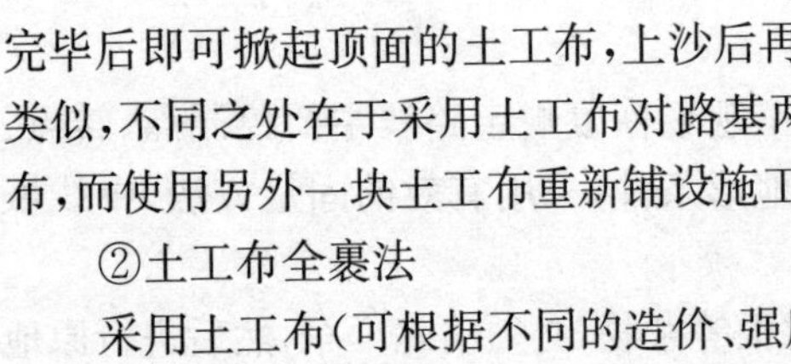

图 5-17

(2)土工合成材料技术

土工合成材料在公路工程固沙中的应用方法及效果，在设置侧向约束方面提出以下多种设想并在试验路工程中加以实施。

①土工布边裹法、双边层边裹法

采用土工布对路基两侧的侧边进行包裹，限制沙基的侧向位移。若需进行两层以上的施工，下层施工完毕后即可掀起顶面的土工布，上沙后再包裹碾压，直至施工完毕为止。双层边裹法与边裹法类似，不同之处在于采用土工布对路基两侧进行分层包裹，在一层施工完成后不用掀起土工布，而使用另外一块土工布重新铺设施工。

②土工布全裹法

采用土工布（可根据不同的造价、强度要求、适用环境等选用不同型号的土工布）对路基进行包裹，限制沙基的侧向位移，在碾压过程中通过对路基的包裹作用起到增加路基压实度的作用，而且自以后的行车过程中减少路基的侧向位移。

③堆垛法

如图5-18在路基的两侧采用装满风积沙的编织袋通过一层一层的堆积形成支挡结构，在碾压过程中提高风积沙的压实效果。由于沙漠地区风蚀严重及紫外线很强，这些编织袋就需要经过抗老化、抗紫外线处理。整体上说，堆垛法所得到的效果比较不错，只不过施工过程中所需的人力比较多，并且在是工程的机械化程度比较低，严重影响进度，有一定的局限性。

④土工格室侧限法

如图 5-19 所示，与堆垛法类似，在路基的两侧用装满风积沙的土工格室通过一层一层的堆叠形成支挡结构，在碾压过程中提高风积沙的压实效果，此法施工进度要快得多，也便于施工，但造价要高一些。

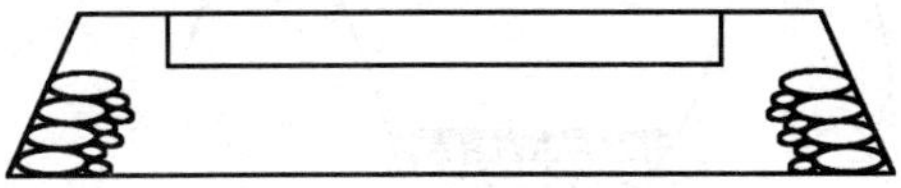

图 5-18

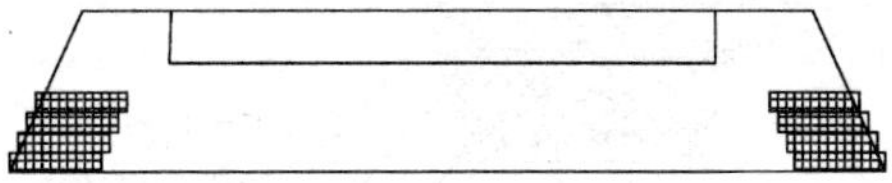

图 5-19

⑤土工隔障法

如图 5-20 所示，采用合适的材料制成隔障与立桩，中间采用土工合成材料拉筋进行侧向位移的限制，道路施工及使用中，外荷载对路基有向下的作用力，使沙基有向两侧推移的趋势，由两侧的土工合成板及拉筋产生向内的力限制沙基的塌落及提高其压实度，降低路基的沉降量保证路基的稳定性。施工时限制路基侧向位移的效果较明显。

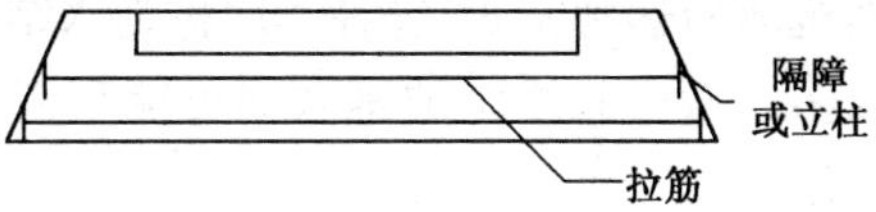

图 5-20

设土工布置加筋方面，从路基的加筋方面和压实方面考虑，采用以下方法：

①土工布单层铺压法

在施工每次碾压过程中，在沙层表面加一层土工布，通过这种方法达到增加压实度的作用，也可在每一次碾压完毕，上第二层风积沙之前将表面土工布掀掉，上完风积沙后再盖上土工布，使土工布重复使用，达到节约的目的。

②土工格室路基表面全铺法

土工格室成网状空间结构，类似由许多的筒紧密的结合在一起，当整个土工格室灌满风积沙后，每个筒都对里面的风积沙起到挤压约束的作用，而且各个筒之间都有相互的作用力。

③土工格室路基全铺法

在普通沙基中部及表面加铺两层不同类型、尺寸的土工格室，在碾压过程中，通过土工格室每个筒的圈套挤压作用来增强压实效果，提高压实度。

土工格室的使用相对于土工布、土工隔障、编织袋等是施工方法从效果方面来说是最好的，但造价也是相对最高的。

土工材料铺设地基如图 5-21 所示。

(3)水泥和化学

①水泥稳定沙土结构：对于路堤，无论是高路堤还是低路堤，都可以用水泥稳定沙土的结构形式。考虑到路堤的抗压模量较基层小，因而，水泥用量可以减少。水泥稳定沙土的结构组成是将少量的水泥先和一定量的沙漠沙充分搅拌均匀，然后加适量水进行均匀湿拌后，摊铺到已处理好的地基上，压实成型。

②化学加固沙土结构：用适量的加固粉剂(如耐固酶等)与一定量沙漠土均匀拌和，然后再加适量的水，进行湿拌，直至拌和均匀为止。将拌和好的加固沙滩铺到地基上分层碾压直至规定的压实度。

这两种都属于胶结砂砾地基形式，它的铺盖形式如图 5-22 所示：

另外几种路基结构：

①石灰稳定沙土结构：其组成是将5%左右的石灰与一定量的沙漠拌和均匀，然后浇适量水，再行拌和直至均匀为止。将拌和好的均匀石灰沙滩铺在处理好的地基上，然后分层碾压至规定的压实度。

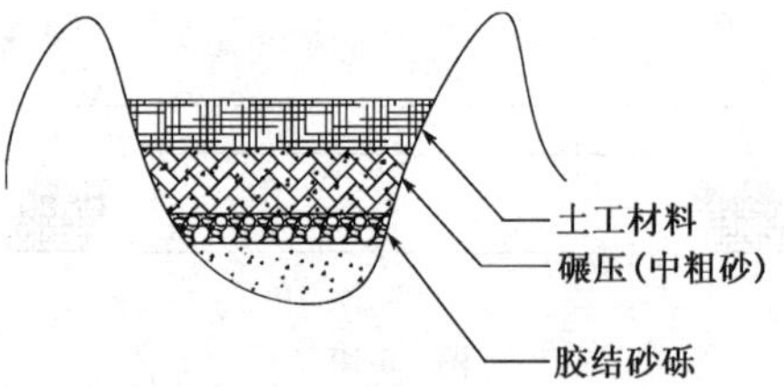

图 5-21

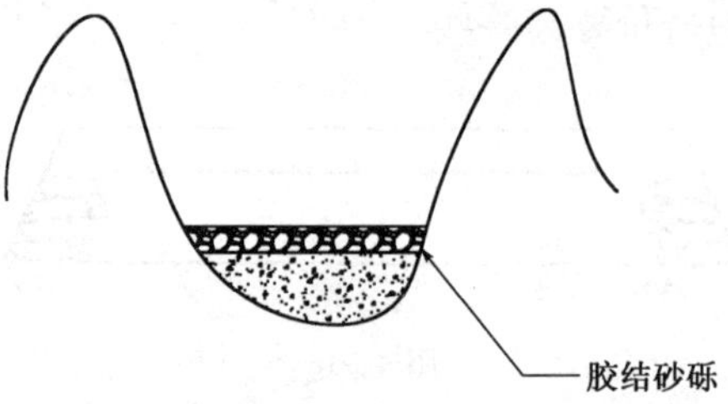

图 5-22

②水结沙基结构：又叫水堕路基，适用于一般的沙漠地区。这种结构是用一定量的水，均匀洒在已用机械或人工铺好的沙基上，水深大致为层厚的1/2，经过一定时间后，沙漠地基自然沉落而达到密实，这种作用称为水结作用。水结法是地基"压实"的一种良好办法，因而用得较多。考虑到水结地基表面可能有浮土，因此，水结后的地基最好再用中型或重型压路机压一遍。

③振压式沙基结构：振压式沙基结构适用于一般的沙漠地区。用铲运机或推土机将沙漠土推到已处理好的地基上，每层厚约30～40cm，先用履带推土机稳压1～2遍，再用振动压路机碾压3～4遍，即可达到规定的压实度。

在上述路基结构中，一般情况下，考虑到经济因素，以②、③两种用得较多。

(4)平地沙基结构

所谓平地沙基结构是指利用原来地基做成沙漠路基的结构。大致有以下几种：

①水结沙基：这种情况与前述相同。但考虑到水结地基的表层有浮土等，因此，在水结后，对沙基表面要用振动压路机稳压1～2遍，以得到整体压实效果。

②分振式沙基：机械振动法沙基需将地基30～50cm深度内的沙子挖出，然后分两层用振动压路机碾压到规定的密实度，同样可以得到较高的沙基强度。

③直振式沙基：该法是上述方法中最简易的一种压实方法。它是在整平、清理干净的地表上，用中型振动压路机先压2～3遍，再用重型压路机碾压1～2遍而成的一种沙基结构。这种沙基结构对于干燥与半干燥沙漠地区来说是适宜的。

④化学加固沙基：是指用一种液体固化，加水配成一定比例的水溶液(试验决定)，然后均匀洒泼在平整好的地基上，经过渗透后表层沙子固化或硬结的一种沙基结构。根据需要，可调节灌注深度，以达到规定的设计密实度要求。

(5)路堑沙基结构

路堑沙基结构与平地沙基结构相似，但需要根据路堑的设计深度及路堑表层与较深层的沙土层情况选用上述方法，也可以采用软质地区路堤结构方式。

(6)新型路基结构

主要施工工艺

新近开发的以沙治沙的方法是有鳍和无鳍沙袋沙障。沙袋沙障的制作材料选用抗老化编织土工布，该材料具有抗老化、密度小、耐酸碱、耐腐蚀、强度高等优点。沙袋沙障可分为有鳍和无鳍两种，有鳍沙障在制作沙袋时，接口处预留出8cm，在第一道缝线外侧每隔1cm增加一道缝线，共增加三道，以增强鳍底部的刚度。在长桶形有鳍沙障的基础上，将缝线以上的编织布横线抽去，使其发挥类似于麦草沙障的作用，对风产生的作用，在袋内装满沙，其直径分别为5cm、10cm、12.25cm；其中沙袋的应用可采用以下三种形式：

①先用沙袋形成路基，然后在砂袋形成的路基上面进行碾压处理，这样得到的路基稳定性要比直接碾压得到的路基更加稳定结实。如图5-23所示。

②在筛选后的中粗砂层之上，选用胶结砂砾铺一层路基，进行碾压平整之后，将沙袋压在上面进行加固地基，在沙袋层之上再将中粗砂进行碾压处理，填补缝隙，此种形式的地基比第①种形式路基更加稳定，抗风能力更强。如图5-24所示。

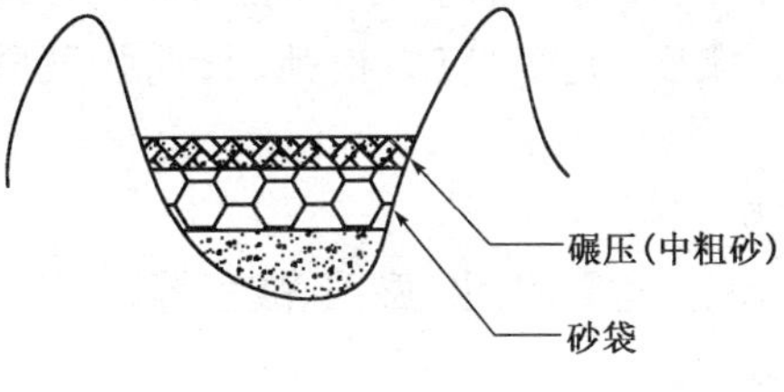

图 5-23

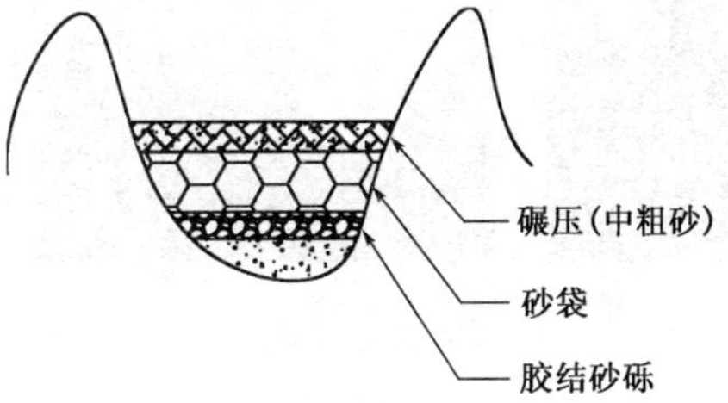

图 5-24

③在已建成的路基两侧采用沙袋来进行护堤，可有效的减轻沙埋和风蚀的危害，以路基采用胶结沙砾混合碾压处理的结构形式，以砂袋作支挡结构进行护堤为例，如图5-25所示。

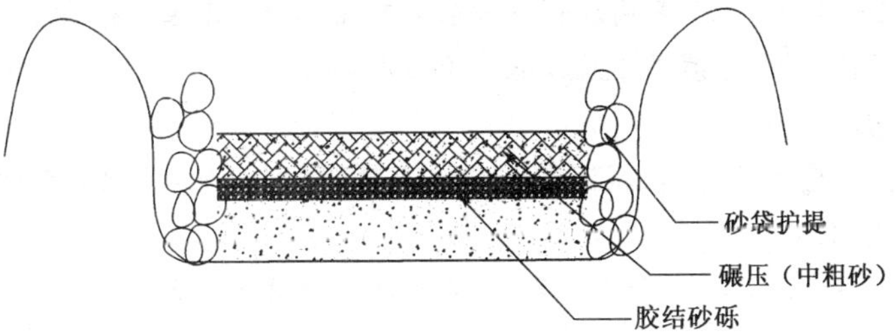

图 5-25

5.7 古代建筑物的地基加固与拯救

5.7.1 建筑物的沉降与倾斜问题

(1)正常沉降与正常倾斜

每种建筑物初期都允许有一定的沉降和倾斜，只要它在一定的范围内。具体见各种规范的要求。

(2)过量沉降与倾斜问题

当建筑物或构筑物等在规定、或一定时间内发生的沉降量超过规范、或建筑物的安全、使用功能要求时，这时为过量沉降。导致过量沉降原因很多，主要原因是地基的刚度较小，抗变形能力差，或可能建筑物重量太大。

严重倾斜是建筑物或构筑物等在规定、或一定时间内发生的倾斜量超过规范、危及建筑物的安全、使用功能要求时，称严重倾斜。

5.7.2 古代建筑物的地基问题

古建筑，主要以庙宇、殿堂、楼、塔、古墓为主，一般为石质、木质，绝大部分存在各种结构和地基问题。如著名比萨斜塔（地层＋工艺＋时间）、我国苏州虎丘塔（软基＋时间）、兰州的白塔（边坡问题）、陕西的木塔、大理的白塔（地震）都或多或少存在沉降与倾斜问题，西安市的大雁塔产生裂纹是由于地下水的严重开采导致的（图 5-26）。

图 5-26　古塔倾斜

5.7.3 原因分析

①设计水平：没有考虑土力学问题，时间效应问题（如土壤的蠕变：流变、应力松弛、长期强度降低等）。

②建筑物材料。

③环境恶变、地震、洪水、腐蚀、战争等。

④其他因素。

案例 5-4　意大利比萨斜塔的治理

（1）斜塔的概况

比萨塔是宗教建筑物，是古罗马建筑的典范，同时具有典型欧亚风格，是建筑史上七大奇迹之一，由于斜而不倒、另外也因为著名的落体实验而闻名于世。全塔分 8 层，塔结构垂直高度为 55m（初始），1～6 层，大理石构成；7～8 层为砖石结构，塔基外径 19.6m，内径 7.65m，自重 145MN。建于 1173 年，封顶于 1372，施工整 200 年。

（2）斜塔倾斜状况

到 1994 年，塔体严重倾斜：北侧下沉 0.9m，南侧下沉 2.7m，塔顶向南移动 5.27m，塔身倾斜 5.5°。2001 年重新对外开放。

如图 5-27，比萨斜塔既发生了过量沉降，又出现严重倾斜问题。

图 5-27　比萨斜塔倾斜状况

(3)塔基的岩土条件

塔基岩土共分8层：地下水位地表下1m，详见图5-28。

第1层	杂填土	1.6m
第2层	粉砂夹黏质透镜体	5.4m
第3层	粉土	3m
第4～7层	黏土	28m夹2m厚砂
第8层	砂土	

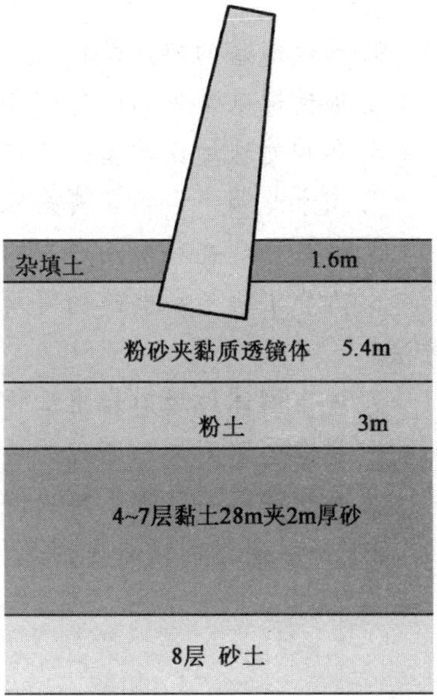

图5-28 塔基岩土与倾斜

(4)过量沉降与倾斜的原因

①过量沉降：

选择的持力不合理；

塔身自重大，塔基基底压力为500kPa，第2层强度不够，较大的塑性变形。

长期流变问题，初期较大塑性变形引起的过量沉降应相对稳定，这主要是地下较厚的黏土层导致的。

②倾斜问题

地层不均匀：认为透镜体砂造成；施工工艺的问题，开始扰动南侧较多，较重。

(5)治理过程与技术比较

①上部结构治理

a.加固上部结构；

b.配重；

c.塔基加固；

d.其他方法。

②地基处理

a.应力解除；

b.加固周围地基；

c.注浆，控制地下水位；

d.成功方案。

5.7.4 吸土技术

吸土技术是用特定的吸土设备，将吸嘴放到指定地层，采用一定的吸力、并控制一定的吸量、在严格的控制和管理下完成取土工作，在施工过程中动态检测、监测土压力、孔压、地层的变形。这种技术有些关键技术设备和参数，现在还处在较少人手里。

吸土技术成功地完成对比萨斜塔塔基的加固。从塔的北侧抽出部分的砂土，使得倾斜自然北移。到一定的程度适可而止。

施工中应注意以下问题：

①方法的可靠与安全性；

②选择方向：南侧、北侧、两侧；

③吸量；

④施工顺序。

习题与思考

1.地铁地基的特点是什么?

2.地铁地基常见问题有哪些?如何处理?

3.各种处理地铁地基的方法的作用机理是什么?技术要点分别是什么?

4.南水北调中遇到了哪些地基处理问题?分别如何处理的?

5.地基处理在环境问题中的应用有哪些?

6.人类工程活动引起的环境岩土工程问题有哪些?请你对其中一个问题提出一些解决方法。

7.城市固体垃圾对岩土工程有哪些危害?请你提出你认为可行的解决方法。

8.高速公路对地基基础的要求有哪些?软基需要解决的问题有哪些?处理方法是什么?

9.高速铁路路基需要解决的常见问题有哪些?处理方法是什么?

10.比萨斜塔的倾斜原因是什么?提出你认为可行的加固方法。

参 考 文 献

[1] 中华人民共和国国家标准. GB 50007—2002 建筑地基基础设计规范[S]. 北京:中国建筑工业出版社.

[2] 中华人民共和国国家标准. GB 50021—2001 岩土工程勘察规范[S]. 北京:中国建筑工业出版社,2001.

[3] 中华人民共和国国家标准. GB 50202—2002 筑地基基础工程施工质量验收规范[S]. 北京:中国计划出版社.

[4] 中华人民共和国国家标准. GB 50011—2001 致筑抗震设计规范[S]. 北京:中国建筑工业出版社,2001.

[5] 中华人民共和国国家标准. JGJ 79—2002 建筑地基处理技术规范[S]. 北京:中国建筑工业出版社,2002.

[6] 中华人民共和国国家标准. GB 50330—2002 建筑边坡工程技术规范[S]. 北京:中国建筑工业出版社,2002.

[7] 中华人民共和国国家标准. JGJ 123—2000 既有建筑物地基基础加固技术规范[S]. 北京:中国建筑工业出版社.

[8] 中华人民共和国国家标准. JGJ 120—1999 建筑基坑支护技术规程[S]. 北京:中国建筑工业出版社,1999.

[9] 中华人民共和国国家标准. JGJ 94—2008 建筑桩基技术规范[S]. 北京:中国建筑工业出版社,1995.

[10] 中华人民共和国国家标准. JB 10114—1997 铁路房屋增层和纠倾技术规范[S]. 北京:中国铁道出版社.

[11] 陈希哲. 土力学地基基础(3 版)[M]. 北京:清华大学出版社,1998.

[12] 叶书麟. 地基处理[M]. 北京:中国建筑工业出版社,1988.

[13] 牛志荣. 复合地基处理及其工程实例[M]. 北京:中国建材工业出版社,2000.

[14] 地基处理手册编写委员会. 地基处理手册[M]. 北京:中国建筑工业出版社,2000.

[15] 叶书麟. 基础托换技术[M]. 北京:中国铁道出版社,1991.

[16] 龚晓南. 地基处理技术发展与展望[M]. 北京:中国水利水电出版社,2004.

[17] 刘建坤. 冻土力学[M]. 北京:中国铁道出版社,2003.

[18] 刘景政. 地基处理与实例分析[M]. 北京:中国建筑工业出版社,1998.

[19] 唐业清. 简明地基基础设计施工手册[M]. 北京:中国建筑工业出版社,2003.

